应用型本科信息大类专业“十三五”规划教材

MATLAB 控制系统仿真教程

主　编　唐穗欣
副主编　王　磊　苏明霞　吴艳玲
　　　　邹　熙　熊薇薇　王　斌
参　编　吕德芳　左　堃　肖　利
　　　　李凤旭　黄　汉

華中科技大學出版社
http://www.hustp.com
中国·武汉

内 容 简 介

本书根据自动控制系统的特点和实践需要，从 MATLAB/Simulink 基础知识、控制系统数学模型、控制系统分析、控制系统工具箱、控制仿真实验等几个方面讲述了运用 MATLAB 进行自动控制系统分析和设计的方法。

全书分为 9 章，包括：自动控制系统仿真概述、MATLAB 语言基础、Simulink 仿真工具、自动控制系统数学模型、控制系统仿真分析、控制系统校正、控制系统工具箱、自动控制仿真实验、自控系统仿真实验室设计，其中自动控制仿真实验为学生设置了 17 个课程实验（每个实验可以安排学生 2 学时上机完成）。

为了方便教学，本书还配有电子课件等教学资源包，任课教师和学生可以登录"我们爱读书"网（www.ibook4us.com）免费注册并浏览，或者发邮件至 hustpeiit@163.com 免费索取。

本书可作为高等院校自动化、电气工程及其自动化、测控技术、控制工程等相关专业学生的教学参考用书，也可作为相关领域的工程技术和研究人员的参考用书。

图书在版编目(CIP)数据

MATLAB 控制系统仿真教程/唐穗欣主编. —武汉：华中科技大学出版社，2016.5（2024.1重印）
应用型本科信息大类专业"十三五"规划教材
ISBN 978-7-5680-1672-8

Ⅰ.①M… Ⅱ.①唐… Ⅲ.①自动控制系统-系统仿真-Matlab 软件-高等学校-教材 Ⅳ.①TP273

中国版本图书馆 CIP 数据核字(2016)第 073675 号

MATLAB 控制系统仿真教程
MATLAB Kongzhi Xitong Fangzhen Jiaocheng

唐穗欣 主编

策划编辑：康 序
责任编辑：狄宝珠
封面设计：原色设计
责任校对：刘 竣
责任监印：朱 玢
出版发行：华中科技大学出版社（中国·武汉） 电话：(027)81321913
武汉市东湖新技术开发区华工科技园 邮编：430223
录 排：武汉正风天下文化发展有限公司
印 刷：广东虎彩云印刷有限公司
开 本：787mm×1092mm 1/16
印 张：19
字 数：520 千字
版 次：2024 年 1 月第 1 版第 7 次印刷
定 价：38.00 元

前言

PREFACE

控制系统仿真技术是近几十年发展起来的，建立在控制理论、系统科学与辨识、计算机技术等学科上的综合性很强的实验科学技术，它为自动控制系统的分析、设计和综合研究提供了先进的手段。同时，仿真实验作为一种科学研究手段，具有不受设备和环境条件限制、不受时间和地点限制、投资小等优点而得到人们越来越多的重视。

在众多仿真软件中，适用于控制系统计算机辅助设计的软件很多，MATLAB(矩阵实验室)以其模块化的计算方法，可视化与智能化的人机交互功能，丰富的矩阵运算、图形绘制、数据处理函数以及模块化图形组态的动态系统仿真工具 Simulink，成为控制系统设计和仿真领域最受欢迎的软件系统，是目前高等院校与科研院所广泛使用的优秀应用软件。

本书以控制系统的分析和设计为对象，以 MATLAB 为工具，既介绍了控制系统的特点与分析方法，又介绍了 MATLAB 的应用问题。结合目前大学教育的现状，本书在内容上采取了以下的几种处理方法。

(1) 内容的安排紧扣自动控制原理课程的内容，因此，本书既可以独立存在，也可以作为自动控制原理课程的辅助教材。

(2) 注重上机实践，本书设置了大量的实验内容和练习题。为适应上机教学需要，本书第 8 章设计了 17 个实验项目。通过编程和上机练习，学生可以进一步理解控制系统的基本理论和计算机辅助工具的用法及作用。

(3) 理论内容尽量少而精，重点阐述如何利用 MATLAB 工具解决实际工程问题，从而适应有限学时的教学要求。

(4) 结合教学科研工作实践，本书以教案为蓝本编写而成，书中所述的大部分内容和例子，是编者多年来从事教学与科研的成果。

本书由武昌理工学院唐穗欣担任主编；由青岛理工大学琴岛学院王磊，武汉华夏理工学院苏明霞、熊薇薇，武昌理工学院吴艳玲、邹熙，武汉平煤武钢联合焦化有限责任公司王斌工程师担任副主编。全书分为 9 章，唐穗欣编写了第 1 章、第 3 章、第 8 章，王磊编写了第 4 章，苏明霞编写了第 5 章，吴艳玲编写了第 2 章，熊薇薇编写了第 6 章和第 7 章，邹熙编写了第 9 章，王斌工程师对课后习题与答案进行了整理，完成教材的校对，全书由唐穗欣老师统稿。本书的编写过程中，涉及工程设计实践部分的第 9 章的内容吸取了武昌理工学院自动化专业 11 级学生林梦娟学士毕业设计论文的部分思路；作者的多位同事也给予了不同形式的帮助和支持。在此，作者一并表示衷心的感谢，本书的编写还参考了大量相关文献，在此向这些文献的作者表示感谢！

为了方便教学，本书还配有电子课件等教学资源包，任课教师和学生可以登录“我们爱读书”(www.ibook4us.com)免费注册并浏览，或者发邮件至 hustpeiit@163.com 免费索取。

由于编者个人水平和经验有限，书中错误与不当之处在所难免，恳请专家、读者批评指正。

编者

2015 年 11 月

目录 CONTENTS

第 1 章　控制系统仿真概述 ……………………………………………………… (1)
1.1　系统模型与仿真的概念 ……………………………………………………… (1)
1.1.1　系统模型 …………………………………………………………………… (1)
1.1.2　系统仿真 …………………………………………………………………… (2)
1.2　控制系统仿真的类型及实现 ……………………………………………… (4)
1.2.1　控制系统仿真分类 ……………………………………………………… (4)
1.2.2　控制系统仿真的实现 …………………………………………………… (5)
1.3　系统仿真的应用与发展 …………………………………………………… (5)
1.3.1　系统仿真的应用 ………………………………………………………… (5)
1.3.2　系统仿真的发展现状 …………………………………………………… (6)
1.3.3　系统仿真技术的发展趋势 ……………………………………………… (6)
习题 1 ……………………………………………………………………………… (7)
第 2 章　MATLAB 语言基础 …………………………………………………… (8)
2.1　MATLAB 开发环境 ………………………………………………………… (8)
2.1.1　安装与启动 ……………………………………………………………… (8)
2.1.2　组成与界面 ……………………………………………………………… (9)
2.1.3　MATLAB 的常用命令 …………………………………………………… (15)
2.1.4　两个简单实例 …………………………………………………………… (18)
2.2　MATLAB 数值计算 ………………………………………………………… (20)
2.2.1　数据类型 ………………………………………………………………… (20)
2.2.2　矩阵运算 ………………………………………………………………… (21)
2.2.3　数组运算 ………………………………………………………………… (24)
2.2.4　常用的基本数学函数 …………………………………………………… (28)
2.2.5　符号运算 ………………………………………………………………… (29)
2.3　MATLAB 绘图 ……………………………………………………………… (35)
2.3.1　图形窗口与坐标系 ……………………………………………………… (35)
2.3.2　二维绘图 ………………………………………………………………… (37)
2.3.3　三维绘图 ………………………………………………………………… (41)

2.3.4 图形输出 …… (44)
2.4 MATLAB程序设计 …… (45)
2.4.1 M文件 …… (45)
2.4.2 程序控制结构 …… (48)
习题2 …… (53)
第3章 Simulink仿真 …… (54)
3.1 Simulink应用环境 …… (54)
3.1.1 Simulink简介 …… (54)
3.1.2 Simulink工具箱的运行 …… (55)
3.1.3 常用模块介绍 …… (55)
3.2 Simulink功能模块操作 …… (58)
3.2.1 模块基本操作 …… (58)
3.2.2 模块的连接 …… (59)
3.2.3 模块参数设定 …… (61)
3.3 模型仿真设置 …… (62)
3.3.1 概述 …… (62)
3.3.2 设置解法器(Solver)选项卡参数 …… (63)
3.3.3 设置数据输入/输出(Data Import/Export)选项卡参数 …… (63)
3.3.4 仿真结果图形输出处理 …… (65)
3.4 Simulink仿真简明实例 …… (66)
3.4.1 新模型创建 …… (66)
3.4.2 模型模块的添加 …… (66)
3.4.3 模型模块的移动 …… (67)
3.4.4 模块参数设置 …… (67)
3.4.5 模型模块的连接 …… (67)
3.4.6 保存模型 …… (68)
3.4.7 模型仿真 …… (68)
3.5 子系统建模技术 …… (69)
3.5.1 子系统的建模方法 …… (69)
3.5.2 子系统的建模操作步骤 …… (69)
3.5.3 子系统的建模实例 …… (70)
3.5.4 Simulink子系统的封装技术 …… (72)
习题3 …… (73)
第4章 控制系统数学模型 …… (74)
4.1 控制系统微分方程 …… (74)
4.1.1 微分方程 …… (74)
4.1.2 微分方程建立实例 …… (75)
4.2 控制系统传递函数 …… (76)
4.2.1 传递函数的基本概念 …… (76)
4.2.2 传递函数的MATLAB描述形式 …… (77)
4.2.3 典型环节数学模型 …… (84)

4.3 状态空间描述 …… (88)
4.3.1 状态空间函数模型简述 …… (88)
4.3.2 状态空间函数的 MATLAB 相关函数 …… (88)
4.3.3 建立状态空间函数模型实例 …… (89)
4.4 模型的转换 …… (90)
4.4.1 模型转换关系 …… (90)
4.4.2 模型转换函数 …… (90)
4.4.3 模型转换实例 …… (91)
4.5 模型的连接 …… (95)
4.5.1 串联方式 …… (95)
4.5.2 并联方式 …… (96)
4.5.3 反馈连接 …… (97)
4.5.4 模型连接综合实例 …… (99)
习题 4 …… (99)
第 5 章 控制系统仿真分析 …… (101)
5.1 自动控制系统概述 …… (101)
5.1.1 自动控制系统的组成 …… (101)
5.1.2 自动控制系统的控制方式 …… (102)
5.1.3 控制系统的基本要求 …… (104)
5.2 时域分析 …… (104)
5.2.1 时域分析的一般方法 …… (104)
5.2.2 稳定性分析 …… (109)
5.2.3 常用时域分析函数 …… (111)
5.2.4 应用实例 …… (114)
5.3 根轨迹分析 …… (127)
5.3.1 根轨迹分析的一般方法 …… (127)
5.3.2 常用分析函数 …… (129)
5.3.3 应用实例 …… (132)
5.4 频域分析法 …… (139)
5.4.1 频域分析的一般方法 …… (139)
5.4.2 基于频域分析法的系统性能分析 …… (146)
5.4.3 常用分析函数 …… (148)
5.4.4 频域分析的实例 …… (157)
习题 5 …… (168)
第 6 章 控制系统校正 …… (170)
6.1 控制系统设计指标 …… (170)
6.1.1 控制系统的性能指标 …… (170)
6.1.2 控制系统的时域性能指标 …… (170)
6.1.3 控制系统的频域性能指标 …… (171)
6.2 控制系统校正方法 …… (172)
6.2.1 串联校正 …… (172)

6.2.2 反馈校正 …… (173)
6.3 基于根轨迹的校正 …… (173)
6.3.1 根轨迹法串联超前校正 …… (174)
6.3.2 根轨迹法串联滞后校正 …… (177)
6.3.3 根轨迹法串联滞后-超前校正 …… (181)
6.4 基于频域分析法的系统校正 …… (182)
6.4.1 基于频域分析法的串联超前校正 …… (182)
6.4.2 基于频域分析法的串联滞后校正 …… (186)
6.4.3 基于频域分析法的串联滞后-超前校正 …… (190)
习题6 …… (194)
第7章 控制系统工具箱 …… (195)
7.1 线性时不变系统浏览器(LTI Viewer) …… (195)
7.1.1 LTI浏览器的启动 …… (195)
7.1.2 不同响应曲线绘制 …… (197)
7.1.3 响应曲线绘制布局改变 …… (198)
7.1.4 系统时域与频域性能分析 …… (199)
7.1.5 图形界面的参数设置 …… (199)
7.1.6 系统分析实例 …… (200)
7.2 单输入单输出系统设计工具(SISO Design Tool) …… (201)
7.2.1 SISO设计器的启动 …… (201)
7.2.2 系统模型输入 …… (201)
7.2.3 系统模型设计与验证 …… (204)
7.2.4 设计实例 …… (206)
习题7 …… (211)
第8章 自动控制仿真实验 …… (212)
8.1 实验1 MATLAB基本操作 …… (212)
8.2 实验2 符号运算与矩阵运算 …… (216)
8.3 实验3 MATLAB程序设计基础 …… (222)
8.4 实验4 Simulink仿真的环境与使用 …… (225)
8.5 实验5 MATLAB模型建立与传递函数输入 …… (230)
8.6 实验6 MATLAB模型转换与连接 …… (233)
8.7 实验7 时域响应基本分析 …… (237)
8.8 实验8 时域响应性能指标分析及LTI Viewer使用 …… (241)
8.9 实验9 线性系统时域稳定性分析 …… (246)
8.10 实验10 线性系统时域响应稳态误差分析 …… (249)
8.11 实验11 根轨迹基本分析 …… (251)
8.12 实验12 根轨迹分析系统性能 …… (254)
8.13 实验13 频率响应基本分析 …… (258)
8.14 实验14 线性系统频率响应性能分析 …… (263)
8.15 实验15 基于Sisotool工具的系统校正 …… (268)
8.16 实验16 综合实验 …… (271)

8.17 实验 17 自动控制原理仿真实验室 …… (275)
第 9 章 自控系统仿真实验室设计 …… (278)
9.1 图形用户界面(GUI)简介 …… (278)
9.2 仿真实验设计介绍 …… (280)
9.2.1 自动控制原理实验方法 …… (280)
9.2.2 仿真实验总体结构设计 …… (280)
9.2.3 仿真实验的实现 …… (280)
9.3 仿真实验界面的建立 …… (281)
9.3.1 引入通道的建立 …… (281)
9.3.2 操作通道的建立 …… (284)
9.3.3 实验界面制作的总结 …… (288)
9.4 实验的实现 …… (288)
9.4.1 二阶系统模型建立 …… (288)
9.4.2 二阶系统阶跃响应曲线 …… (289)
9.4.3 课本实验的演示 …… (289)
9.5 实验平台设计总结 …… (291)
习题 9 …… (292)
参考文献 …… (293)

第1章 控制系统仿真概述

本章简要介绍控制系统仿真的基本知识，包括系统的概念，系统模型、系统仿真的概念；系统仿真的类型与实现方法；控制系统仿真的应用与发展趋势。

1.1 系统模型与仿真的概念

1.1.1 系统模型

1. 系统的概念

所谓“系统”(system)，是指由相互联系、相互作用的实体所构成的，具有具体运动规律，实现特定功能的有机统一体。

例如，一个温度自动控制系统是由温度传感器、控制器、功率放大器和加热装置等多个实体按一定结构构成，可以实现自动控制温度的功能的有机整体。

从系统的定义可以看到，一个完整系统的描述应该包含以下几个方面。

1）实体

系统中具有确定意义的元素称为实体，也就是组成系统的各个具体对象，一个系统中的各个实体一般都具有一定的相对独立性，比如上面谈到的温度自动控制系统里的温度传感器，控制器，加热装置等实体。

2）属性

实体或系统所具有的具体特征称为属性，比如温度传感器的测温范围，功率放大器的功率、放大倍数等。

3）活动

系统的活动分为内部活动和外部活动，系统内部发生的变化过程称为内部活动，系统外部发生的变化过程称为外部活动，比如温控系统中加热装置加热的过程，控制器控制算法的改变等都是内部活动，而温度控制系统中系统的初始温度、设置的目标温度等就是外部活动。

4）事件

使系统状态发生变化的行为称为事件，比如温度控制系统中，设置报警蜂鸣器，当温度超过限定范围时蜂鸣器报警，然后系统自动停止工作，发生状态的变化，在这个过程中，蜂鸣器报警可以看作一个事件。

2. 系统模型概念

系统模型(model)是对实际系统进行简化和抽象、能够揭示系统元素之间关系和系统特征的相关元素实体。通过模型可以分析系统的结构、状态、动态行为和能力。

以系统之间的相似性原理为基础建立的系统模型是进行系统仿真的基础，所谓的“相似性原理”是指：对于自然界的任何一个系统，存在另外一个系统，这两个系统在某种意义上具有并可以建立相似的数学描述。一个系统可以用模型在某种意义上来近似，这就是系统模型建立的意义，也是整个系统仿真的理论基础。

3. 系统模型分类

系统模型可以分为以下三类。

1）物理模型（physical model）

物理模型是根据相似性准则，把实际系统加以缩小或者放大，采用特定的材料和工艺制作的系统模型，通过对物理模型的试验可以完成对实际系统的某些具体性能的估测。

例如：在进行新型船只研制时，需要根据相似性准则，制作缩小的船只模型，同时设计并制造模拟的航行环境，进行船只航行的实验和测试，从而研究船只的各种性能。

2）数学模型（mathematical model）

数学模型采用抽象的符号、数学方程、数学函数或数据表格等来描述系统内部各个物理量之间的关系和内在规律，利用对数学模型的试验可以获得实际系统的性能与特征。

数学模型一般可以分为机理模型、统计模型和混合模型。使用计算机对一个系统进行仿真研究时，利用的就是系统的数学模型。

例如：国家中长期环境经济预测模型、大型数控机床可靠性预测模型、公路交通安全事故预测模型……

3）物理-数学模型（physical-mathematical model）

物理-数学模型也称为半物理模型，是一种混合模型，这种模型综合了物理模型和数学模型的优点。

例如：航空、航天仿真训练器，铁路调度仿真训练器，发电厂调度仿真训练器……

1.1.2 系统仿真

1. 系统仿真概念

仿真（simulation）是一种基于模型的活动，是利用系统模型对实际系统进行实验研究的过程，是一种研究已存在的或设计中的系统性能的重要手段、方法及技术。

通过系统仿真，可以再现实际系统的状态、动态过程及性能特征，用于分析系统结构的合理性、性能特征能否满足要求，同时评估系统的缺陷，从而为系统设计提供科学依据。

要实现仿真，首先要寻找一个实际系统的替代物，这个替代物就是系统模型。它并不是原型的简单复现，而是按研究需要对系统进行的简化与提炼，以利于研究人员抓住本质问题或主要矛盾。计算机仿真技术是当前应用最为广泛的实用仿真技术之一。

系统仿真所遵循的基本原则是相似原理，相似原理主要表现在以下几方面。

（1）模型与描述原型的数学表达式在形式上是完全相同的。

（2）变量之间存在着一一对应的关系并且成比例。

（3）表达式的变量被另一个表达式的相应变量替换后，表达式中各项的系数保持相等。

2. 系统仿真的优点

系统仿真是涉及多学科的综合性技术，是集控制论、系统理论、相似原理、计算机技术于一体的综合性高科技。其过程是利用综合性技术设计出实际系统的可以计算的模拟模型，将模型在计算机上进行试验，运用各种策略进行定性分析和定量计算，以了解系统行为或评估系统。仿真技术虽然才仅仅出现几十年，却在社会、经济、科学、军事、航天航空、教育和企业管理等各个领域得到了广泛的应用。

为什么不直接在实际系统上进行试验，而采用模型做试验？其原因是基于系统模型的仿真试验具有以下几个优点。

（1）如果新系统还处于开发的初始阶段，此时尚没有可供试验的真实系统，系统仿真就成为一个非常可行的方式，系统仿真也是解决问题的唯一方法。例如：新型导弹、汽车等新产品的研制等。

（2）基于系统仿真的系统开发试验成本低。因为系统往往需要多次的试验，才能得到真实、有效的性能指标，而且在试验的过程中，实物的系统有可能会损坏，失去实验价值，所以使得基于实物的试验成本高、试验周期长。

（3）利用仿真技术研究新的系统，具有可靠的安全性，对真实系统的试验可能会引起系统故障或损坏，给系统、环境、研究人员带来危害，造成重大损失，这时，可以采用模拟系统进行试验和操作训练。例如：采用新技术的火箭的发射，船舶系统的操作培训等。

（4）系统试验结果的准确性和可信性的重要保证是试验条件、试验过程的一致性，基于实物的试验在此方面存在较大难度。利用仿真技术研究的试验可以很好地保证这一点，仿真系统灵活方便，因为是在模型上的试验，所以系统的结构和参数往往很容易改变，同时能够避免环境的外在因素的干扰，使试验过程很好控制，也就是说仿真实验操作性强，可以进行量化研究，作为实际工作中重要的决策辅助工具。

（5）仿真技术可以方便地捕捉、观察、保存和重现实际系统中的动态特性和不确定性，这种特点使仿真技术对于动态系统甚至是综合、复杂动态系统的研究变得很容易，仿真技术可以完成复杂逻辑的试验，并能较为方面的重构新的模型系统，所以系统仿真可以有效地应用于众多领域。

（6）有一些系统，很难依靠仅仅建立物理模型或数学模型来进行分析与设计，这时也可通过仿真模型进行混合仿真来顺利地解决预测、分析和评价系统等问题。

3. 系统仿真的三要素

实际系统是仿真的研究对象，系统模型是实际系统在某种程度和层次上的抽象和简化，而仿真的作用是通过对系统模型的试验以便分析、评价和优化并最终完成系统的设计。系统、模型、仿真这三者构成完整的系统仿真过程，因此，系统仿真的三要素是：实际系统、系统模型、计算机，其三者的关系如图 1-1 所示。

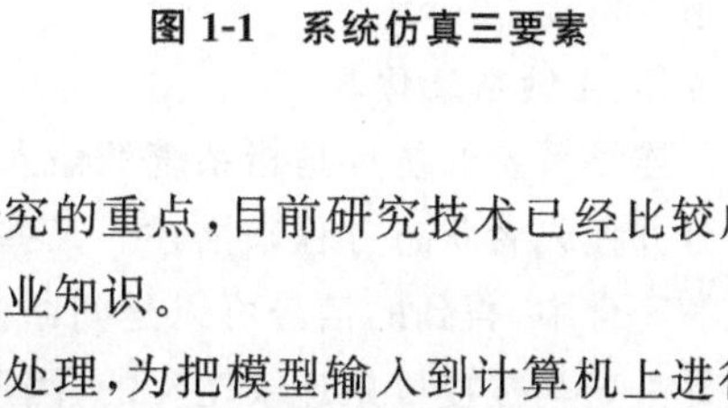

图 1-1　系统仿真三要素

系统仿真有三个基本活动，其特点如下。

系统建模：这一活动过程也称为系统辨识，即是将实际系统抽象简化为数学模型，它一直是系统仿真研究的重点，目前研究技术已经比较成熟，包括抽象的公式、定理等，系统建模需要结合相关专业知识。

仿真建模：数学模型并不能直接输入计算机上进行处理，为把模型输入到计算机上进行处理，必须通过开发的一些仿真算法将实际系统的数学模型转换为仿真模型，仿真建模的难点在于设计合理的算法使系统模型能被计算机正确接受，经过几十年的仿真技术的发展，这方面的技术也已经较为成熟了。

仿真试验及结果分析：系统经过数学建模、仿真建模后，利用计算机的强大运算处理能力，把实际系统的性能特征显示出来，进行分析，用于指导实际系统，是最有实际意义的，其技术难点也很多。

1.2 控制系统仿真的类型及实现

1.2.1 控制系统仿真分类

控制系统仿真是系统仿真的一个重要分支，它涉及控制理论与控制工程、计算技术、计算机技术、系统辨识和系统科学等学科。控制系统仿真的类型按照不同的分类方法有不同的分类结果。

1. 按仿真所采用的模型划分

按仿真所采用的模型划分，可以将系统仿真分为物理仿真、数学仿真和物理-数学仿真。

1）*物理仿真*

物理仿真也称为实物仿真，这时仿真中采用的模型是物理模型，它是在根据实际系统的物理特性生产出一个新的样机后，将系统样机实物引入回路进行的仿真，由于物理仿真能将系统的实际参数引入仿真回路，因此相对于数学仿真，物理仿真更接近系统的运行特性，通过物理仿真可以更为准确地得到系统的参数，检验实物系统工作的可靠性。

很明显可以看出，物理仿真的缺点在于模型制造的费用高，同时模型的参数与结构修改困难，测试时也容易受外部条件的干扰。

2）*数学仿真*

数学仿真采用的模型是数学模型，也称为计算机仿真或数字仿真，其过程是将数学模型编排为数字计算机的程序，也就是将原始数学模型转换成仿真模型，然后通过对计算机仿真模型的运行达到对实际系统分析、研究的目的，在实际系统分析和设计阶段，数学仿真的重要性体现在它可以检验理论设计的正确性。

3）*物理-数学仿真*

物理-数学仿真也称为半实物仿真，是将系统的物理模型（或实物）和数学模型有机地连接在一起进行实验研究的仿真方法。显然，这个仿真方法具有物理仿真和数学仿真各自优点的结合，常用于特定的场合及环境中的仿真。

2. 按系统随时间变化的状态分类

按系统随时间变化的情况进行分类，可以将控制系统仿真分为连续系统仿真和离散事件系统仿真。

1）*连续系统仿真*

连续系统的仿真是指系统的输入、输出信号都为时间的连续函数，此时系统可以用一组微分方程或者状态方程来描述。某些使用巡回检测装置的系统，在特定时刻对信号进行测量的场合中，得到的信号可以是间断的脉冲序列，此类系统虽然是采用差分方程来描述的，但是由于其被控量是连续变化的，因此也将其归类于连续系统，此类系统的仿真也归类于连续系统的仿真。

2）*离散事件系统仿真*

系统的状态变化不是连续发生的，只是在出现在某些离散时刻，并且状态变化是由某种随机事件驱动的，这种系统称为离散事件系统，此类系统大多结构复杂，规模庞大，通常不能用数学模型来描述，而是采用流程图或网络图来表达。例如：车间流水线控制系统、火车票订票系统、财务管理系统等。

除了以上两种分类方法，还有按计算机类型进行的分类，这时可以将控制系统仿真分为基于模拟计算机的模拟仿真，基于数字计算机的数字仿真以及两者相结合的混合仿真，基于现代先进微型计算机的数字仿真是当前主流的仿真技术方法。

1.2.2 控制系统仿真的实现

系统仿真过程即根据实际系统，依据相似性准则建立数学模型、转化为仿真模型，在计算机上运行仿真模型，进行系统检验、分析和修正的过程。与软件开发一样，系统仿真可以分为以下若干阶段。系统仿真的详细结构流程图如图 1-2 所示。

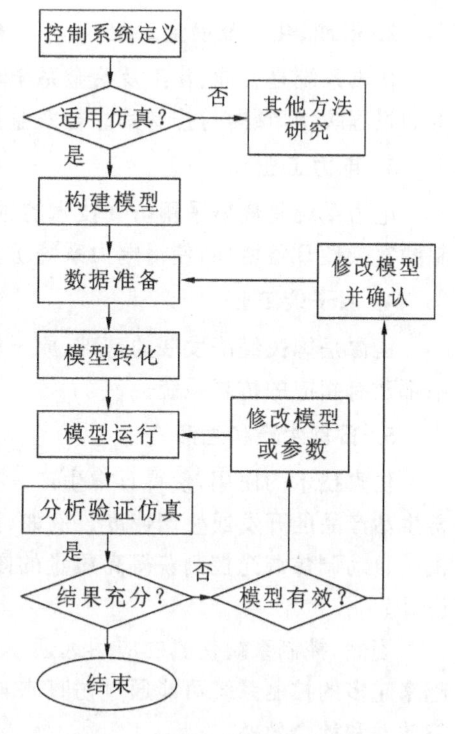

图 1-2 系统仿真的结构流程

1. 定义系统

求解问题前，首先定义系统，提出明确的标准来衡量系统目标是否达到要求，其次必须明确系统的约束条件，确定系统的研究范围，即区分要研究的系统实体与系统环境之间的差别。

2. 构建模型

抽象简化实际系统，确定系统模型的结构、参数及相互关系，明确表达约束条件，使真实系统规范化；同时要求以研究目标为出发点，系统模型的性质应尽可能接近原系统，尽量简化，使其易于理解、操作和控制。

3. 准备数据

收集系统数据，决定使用的仿真方式，保证系统数据完整性、有效性和可能靠检验，用来确定模型参数。

4. 转换模型

将数学模型转换为仿真模型，即用计算机语言(高级语言或者其他专用仿真语言)描述数学模型。

5. 运行模型

利用计算机运行仿真模型，获取被研究系统的数据，分析系统特性，测试系统的运行情况，一般是动态过程，需要通过反复运行仿真模型以获得足够的实验数据。

6. 分析验证仿真

仿真技术往往也包括了比如抽象化、直观感觉和设想等主观的手段，所以，在提交仿真报告之前，应根据仿真实验数据全面分析和论证仿真的结果。

实际上，控制系统仿真过程总体上分为系统建模、仿真建模、仿真实验和结果验证分析这几个重要步骤。其中实际系统、系统模型和计算机就是控制系统仿真的三要素。

1.3 系统仿真的应用与发展

1.3.1 系统仿真的应用

20 世纪 50 年代中期开始出现了数字仿真，经过 60 多年的发展与不断完善，特别是在计算机技术不断发展的今天，仿真技术的作用日益明显，已经在各行各业得到越来越广泛的应用，并作出卓越贡献，是社会和科技发展的重要手段。

1. 航空与航天工业

庞大的系统、昂贵的造价、复杂的运行环境等因素促使航空航天工业的产品必须建立完备的仿真实验体系，以保证安全可靠性。

2. 石油、化工及冶金工业

仿真系统是石油、化工及冶金系统分析与设计的基本手段。这是由于石油、化工生产显著的过程缓慢，预测与控制其综合效益指标比较困难造成的。

3. 电力工业

电力系统是最早采用仿真技术的领域之一。随着电力工业的发展，电力生产、运行和控制的复杂性日益增加，使得电力系统仿真软件的应用也越来越普遍。

4. 原子能工业

能源是国民经济发展的基础，原子能的安全利用在世界范围内广泛重视，几乎所有核电站都建有相应的仿真系统。

5. 日常生产和生活

仿真技术的使用，使得日常生产、生活方面的仿真实验得到大力的发展，从而加快了日常生活产品的开发或生产速度。例如，温室大棚中温湿度的恒定控制促进瓜果蔬菜种植，相机的自动调焦调光控制获得高质量的图像等，都是先经过仿真实验完成分析后进行的正确设计。

当然，控制系统仿真的应用远远不止以上简单介绍的几个方面，随着仿真技术的发展，越来越多的控制系统可能通过仿真来辅助完成分析、设计、开发和研制，从而收获更大的经济效益和社会效益。

1.3.2 系统仿真的发展现状

在计算机出现之前，仿真附属于其他相关学科中，只有物理仿真。在计算机问世之后，数学仿真中对于大量共同性问题的解决能力使系统仿真发展为一门独立的学科。而相似性原理的形成奠定了系统仿真的理论基础。

随着控制技术、计算技术、电子技术和系统工程技术的发展，系统仿真得到有力的科学技术的支持，整个仿真的发展进入一个快速通道，形成了系统仿真自身独立的技术内容。鉴于仿真技术的重要性，我国于1989年成立了系统仿真学会，国内外高等院校的工科专业普通开设了计算机仿真类课程。

工程系统仿真技术作为虚拟设计技术的重要分支之一，它与系统控制仿真、视景仿真、结构和流体计算仿真以及虚拟布置和装配维修等多种技术结合一起，在整个系统的设计、制造、运行维护和改进，甚至退役的完整周期技术活动中，发挥着极其重要的作用，科技的发展同时也对工程系统仿真技术提出了越来越高和越来越复杂的要求。目前，工程系统仿真技术迅速地发展到了协同仿真的阶段。

1.3.3 系统仿真技术的发展趋势

仿真技术成为许多复杂工程系统分析和设计中不可缺少的工具，而且，仿真系统一旦创建，就可以重复运行，修改方便。由仿真技术的发展，也衍生了一批新的研究热点。系统仿真技术的发展趋势和特点体现在以下几个方面。

1. 跨专业多学科的仿真

单一简单的专业仿真退出系统设计的领域，跨专业多学科协同仿真是仿真发展的大趋势，把控制器和控制对象视为一体的仿真技术，满足了控制系统的所有设计特征。

2. 计算技术的发展

随着计算机软、硬件方面的发展，利用计算技术开发各个专业的库，大型工程软件系统具有更强大、优化的算法。

3. 平台化

技术的发展要求仿真工具实验平台化，能够提供建模、运算、数据处理和传输等全部仿真工作流程要求的功能，并且通过数据流集成在更大的平台上。

4. 市场的整合和细分

仿真市场的两种趋势，一个是整合：将来会开发出功能覆盖现代工业整个领域仿真需求的主流仿真工具，能够与其他主流软件通过接口完成数据交互，协同工作。另外一个是专业化：将开发出非常专业的工具，对某些特定领域提供特别专业的支持。同时也将出现整合型工具和专业化工具互补的局面。

5. 智能化仿真

综合了计算机图像处理技术，引进更加友好的图形用户操作界面(GUI)，让软件使用者仿佛置身于真实的环境当中，直接体验到专家开发的后台工具提供的强大功能，同时减少软件学习和使用的困难。

本章小结

本章主要介绍了与自动控制系统仿真有关的基本概念与知识，包括系统模型与仿真的定义、控制系统仿真的类型及实现、系统仿真的应用与发展等，使读者对系统模型与仿真有初步的认识。重点阐述了系统仿真的三要素，系统仿真的基本步骤。通过本章的介绍，读者可以了解本书的主要内容与任务，为后续内容的学习做好必要准备。

习　题　1

1.1　什么是系统模型？系统模型一般如何分类？

1.2　什么是系统的物理模型，什么是系统的数学模型？

1.3　控制系统仿真的三要素是什么？

1.4　系统仿真的过程是怎样的？

1.5　简述系统仿真技术的发展趋势。

第2章 MATLAB语言基础

2.1 MATLAB开发环境

2.1.1 安装与启动

1. MATLAB简介

MATLAB(Matrix Laboratory)是由美国Mathworks公司在20世纪80年代推出的一款高性能数学软件，是一种集数值计算、符号计算和图形可视化三大基本功能于一体的功能强大、操作简单的优秀的工程计算应用软件。

MATLAB的含义是矩阵实验室。MATLAB最初主要用于方便矩阵的存取，其基本元素是无需定义维数的矩阵。经过三十多年的扩充和完善，MATLAB现已发展成为包含大量实用工具箱(toolbox)的综合应用软件，不仅成为线性代数课程的标准工具，而且适合具有不同专业研究方向及工程应用需求的用户使用。MATLAB在控制、通信、信号处理及科学计算等领域中得到广泛的应用，已经被认可为能够有效提高工作效率、改善设计手段的工具软件。

MATLAB允许用户自行建立完成指定功能的扩展MATLAB函数(称为M文件)，从而构成适合于其他领域的工具箱，大大扩展了应用范围。目前，MATLAB成为国际控制界最流行的软件，控制界很多学者将自己擅长的CAD方法用MATLAB加以实现，出现了大量的MATLAB配套工具箱，其中控制类的工具箱主要有以下几种：控制系统工具箱(control systems toolbox)、系统识别工具箱(system identification toolbox)、鲁棒控制工具箱(robust control toolbox)、神经网络工具箱(neural network toolbox)、模型预测控制工具箱(model predictive control toolbox)、模糊逻辑工具箱(fuzzy logic toolbox)以及仿真环境Simulink等。

2. MATLAB的安装

下面将阐述在Microsoft Windows操作系统中安装MATLAB7.0的过程。

将MATLAB7.0的安装光盘置于光驱，计算机将会自动运行里面的文件auto-run.bat。如果auto-run.bat文件没有自动运行安装，用户也可以选择打开里面的执行文件setup.exe来启动安装程序。无论选择哪一种方式，启动之后，计算机都会出现软件的安装初始界面(Welcome to the MathWorks Installer)。MATLAB安装初始界面如图2-1所示。

此时单击[Next]，输入正确的安装信息，之后具体的操作过程如下。

(1) 输入正确的用户注册信息码。

(2) 选择接受软件公司的协议。

(3) 输入用户名和公司名。

(4) 选择MATLAB工具箱(toolbox)。

(5) 选择软件安装路径和目录。

MATLAB具有大量的工具箱(toolbox)，这些工具箱都是由相关领域的专家编写的，工

图 2-1　MATLAB 安装初始界面

具箱分为功能性工具箱和学科性工具箱两类，绝大多数工具箱在进行控制系统仿真时并不可能用到，如果安装时选择缺省安装（全部安装），工具箱将会占据较大的容量，所以建议在安装过程中只选择与控制系统仿真有关的工具箱。对于本课程，相关的工具箱包括如下几个：控制系统工具箱、符号数学工具箱、系统识别工具箱、优化工具箱，以及仿真环境MATLAB、Simulink等。

在MATLAB安装完毕后，可以选择[Restart my computer now]选项以重启计算机。

用户可以点击桌面图标启动、使用MATLAB 7.0。MATLAB 7.0启动过程界面如图2-2所示。

图 2-2　MATLAB 7.0 启动过程界面

2.1.2　组成与界面

1. MATLAB 主体界面系统

MATLAB 7.0启动后的主体界面系统如图2-3所示。

界面平台提供了一系列的菜单操作和工具栏操作，图2-3显示的是MATLAB 7.0启动后桌面布置方式的缺省设置。

MATLAB启动后默认的主体界面包含如下几个重要组成部分：

(1) 菜单栏(Menu)；

(2) 工具栏(Toolbar)；

(3) 命令窗口(Command Window)；

(4) 工作空间浏览器(Workspace Browser)；

(5) 历史命令浏览器(Command History)；

(6) 当前路径浏览器(Current Directory)。

以上6个窗口，用户可以在View菜单下选择打开或关闭。

下面将介绍命令窗口中菜单栏的操作，对每一菜单选项逐一进行描述，说明它们的含义和功能。

2. MATLAB 菜单项

MATLAB窗口从上至下的显示为:第1行是标题,第2行是菜单,第3行是常用命令的图形工具栏,这里先介绍菜单选项。

1) File 菜单

File 菜单如图 2-4 所示。

(1) New:下面有5个选项,其中 M-File 为打开 M 文件,Figure 为打开图形窗口,Variable 为打开变量窗口,GUI 为打开图形用户界面。

(2) Open:打开已存在文件。

(3) Close Command Window:关闭命令窗口。

(4) Import Data:导入数据文件。

(5) Save Workspace As…:将工作空间内容保存为.mat文件。

(6) Set Path…:打开 Path Brower 窗口,添加搜索路径。

(7) Preferences…:设置文档的格式。

(8) Page Setup…:显示一个对话框,它能调整打印页图形的特征。

(9) Print…:打印命令窗口的内容。

(10) Print Selection…:打印所选内容。

(11) Exit MATLAB:退出 MATLAB。

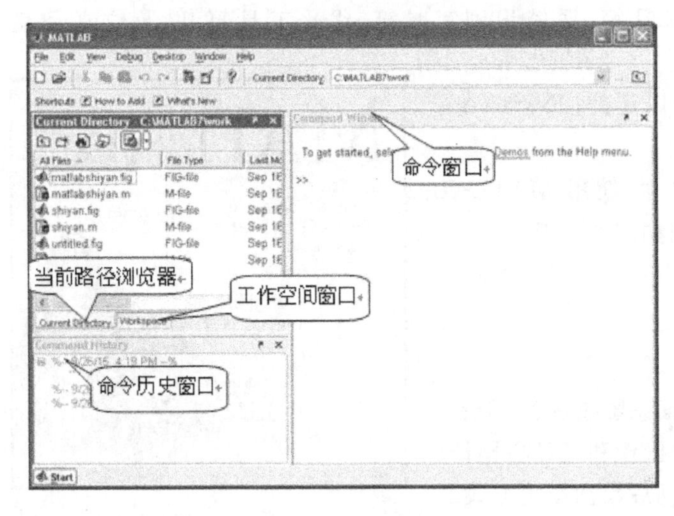

图 2-3 MATLAB 7.0 启动后的主体界面系统

图 2-4 File 菜单

2) Edit 菜单

Edit 菜单如图 2-5 所示。

(1) Undo:删除上次操作。

(2) Redo:恢复上次操作。

(3) Cut:剪切。

(4) Copy:复制。

(5) Paste:粘贴。

(6) Paste Special…:选择性粘贴。

(7) Select All:选择所有操作。

(8) Delete:删除。

(9) Find…:查找。

(10) Find Files…:文件查找。

(11) Clear Command Window:清空命令窗口。

(12) Clear Command History:清空历史命令。

(13) Clear Workspace:清除工作空间的变量。

3) Debug 菜单

Debug 菜单如图 2-6 所示。

(1) Open M-Files when Debugging:调试时打开 M 文件。

(2) Step:往下走一步,把被调函数当成一整条简单的语句。

(3) Step In:跟踪到被调函数里边去。

(4) Step Out:退到当前函数的调用处。

(5) Continue:连续。

(6) Clear Breakpoints in All Files:清除所有文档断点。

(7) Stop if Errors/Warnings…:如出现错误或者警告就停止。

(8) Exit Debug Mode:退出调试模式。

图 2-5 Edit 菜单

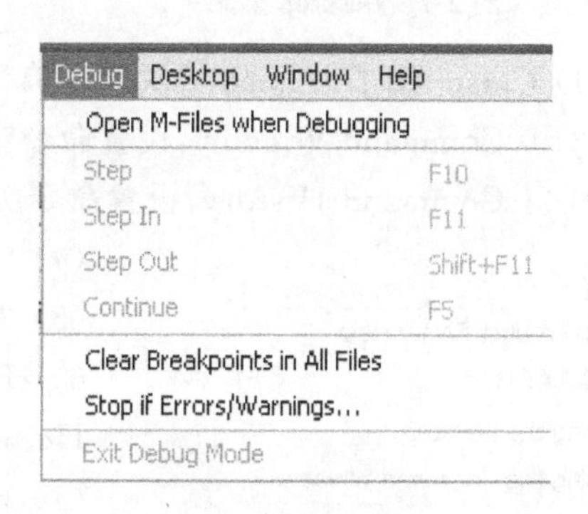

图 2-6 Debug 菜单

4) Desktop 菜单

Desktop 菜单如图 2-7 所示。

(1) Undock Command Window:命令窗口设成独立窗口。

(2) Desktop Layout:桌面布局。

(3) Save Layout…:保存布局。

(4) Organize Layouts…:管理视图层窗口。

(5) Command Window:打钩表示显示命令窗口。

(6) Command History:打钩表示显示命令历史窗口。

(7) Current Directory:打钩表示显示当前目录窗口。

(8) Workspace:工作空间窗口。

(9) Help:帮助。

(10) Profiler:编译。

(11) Toolbar:工具栏。

(12) Shortcuts Toolbar:快捷工具栏。

(13) Titles:标题。

5) Window 菜单

当有多个 MATLAB 窗口打开时,Window 菜单列出了打开的窗口,用户可以在打开的窗口间进行切换。Window 菜单如图 2-8 所示。

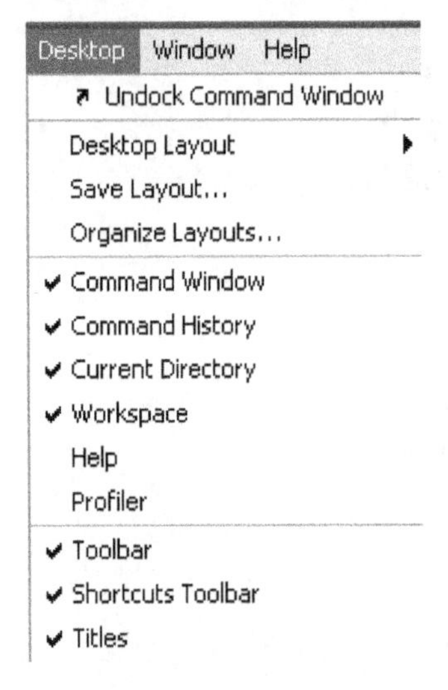

图 2-7 Desktop 菜单

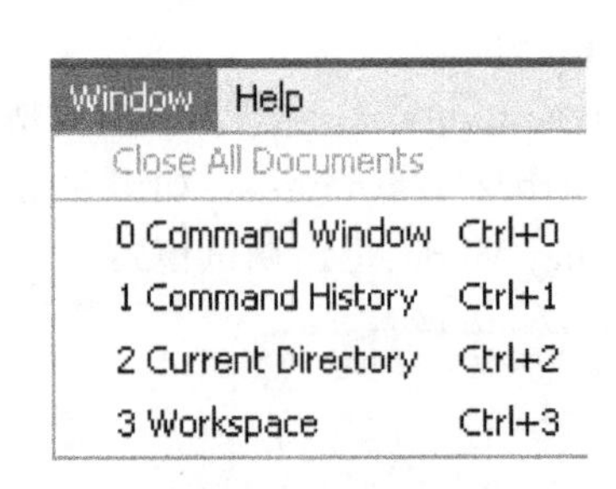

图 2-8 Window 菜单

(1) Close All Documents:关闭所有文件。

(2) 0 Command Window:设置命令窗口为当前。

(3) 1 Command History:设置命令历史窗口为当前窗口。

(4) 2 Current Directory:设置当前目录窗口为工作窗口。

(5) 3 Workspace:设置工作空间窗口为工作窗口。

6) Help 菜单

Help 菜单如图 2-9 所示。

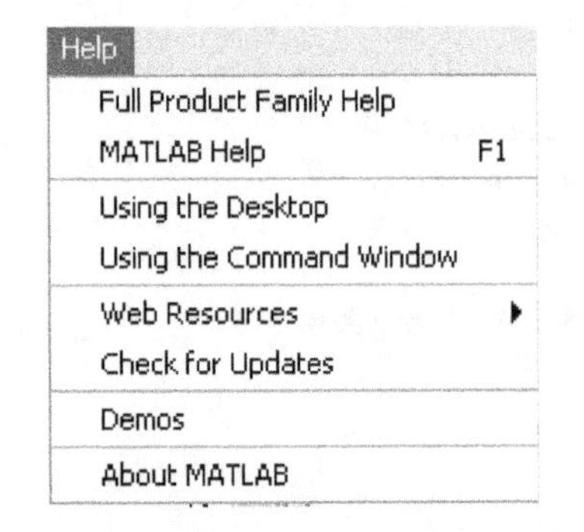

图 2-9 Help 菜单

(1) Full Product Family Help:显示所有组件的帮助。

(2) MATLAB Help:显示帮助文件。

(3) Using The Desktop:使用桌面帮助。

(4) Using the Command Window:使用命令帮助窗口。

3. 命令窗口(Command Window)

命令窗口是用来输入 MATLAB 指令的窗口,在命令窗口中的 命令提示符“>>”后输入命令,并按回车〈Enter〉键之后,MATLAB 会立即对其进行处理,并显示处理结果。

例如在 MATLAB 命令窗口中的命令提示符“>>”后输入:a=4+5,并按回车〈Enter〉键;命令窗口出现:a=9;同时,可以在工作空间(Workspace)找到 a 变量,其值为 9。

如果一条命令用分号“;”结束,则在命令窗口里不显示该命令的运行结果,接着输入“A=4+5;”,命令窗口中没有出现 A=9,如图 2-10 所示。

另外,可以发现在工作空间中,出现两个变量,一个是 a=9,另外一个是 A=9,这说明 MATLAB 变量名是区分英文字母大小写的,也就是说它对英文大小写是敏感的。

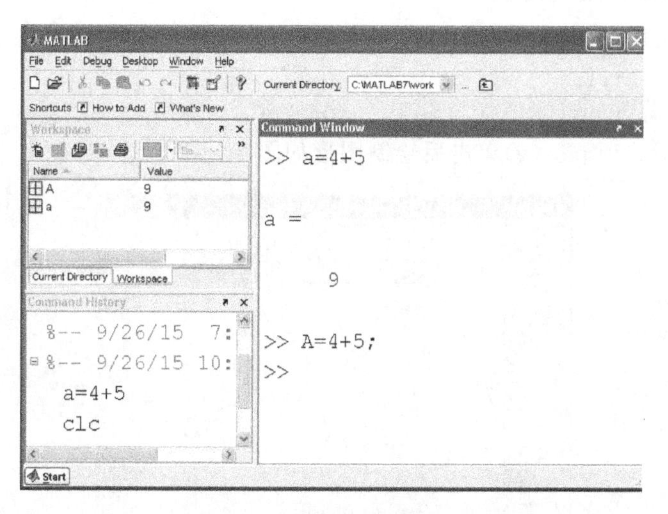

图 2-10　命令窗口命令输入

4. MATLAB 工作空间(Workspace)

MATLAB 的工作空间又称为内存浏览器,类似于电脑的缓存,存储着在命令窗口运行过的所有命令的结果,其作用是查阅、保存和编辑内存变量,在关闭 MATLAB 后内存变量同时清除。在 MATLAB 的运行过程中,可以用 clear 来清除内存变量。对于工作空间的操作,有如下几点。

(1) 用鼠标右键单击所要操作的变量,弹出快捷菜单,可以对变量进行打开、另存为、复制、删除、重命名、编辑变量值和绘制波形等操作(见图 2-11)。

(2) 鼠标选中并单击左键打开选择菜单项(Open Selection),则弹出变量编辑器(Array Editor),选中的变量出现在该编辑器中,用户可以对变量进行修改。

(3) 点击变量,选中另存为选项(Save as…),可以把选中的变量保存到数据文件中。

(4) 在菜单选项中,拷贝(Copy)和复制(Duplicate)菜单项的区别在于拷贝选项是将变量复制到剪贴板上;而复制选项是在工作空间直接产生同样的变量(变量名为原变量名加"Copy"),相当是拷贝+粘贴(Copy+Paste)。

(5) 点击变量,选中删除项(Delete),则删除该变量。

(6) 选中左击绘图选项 plot(y),则绘制该图形。工作空间窗口操作界面如图 2-12 所示。

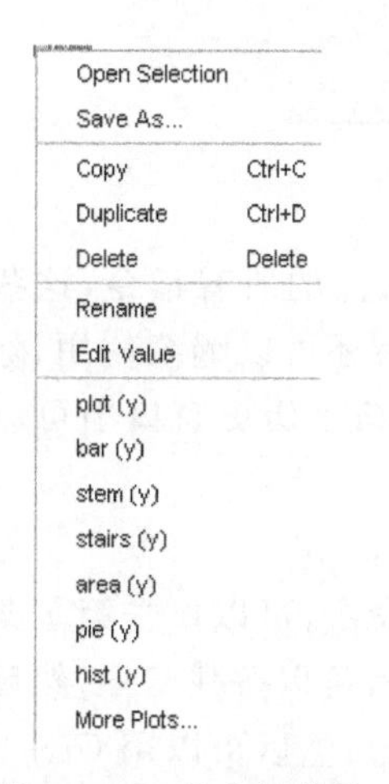

图 2-11　工作空间菜单

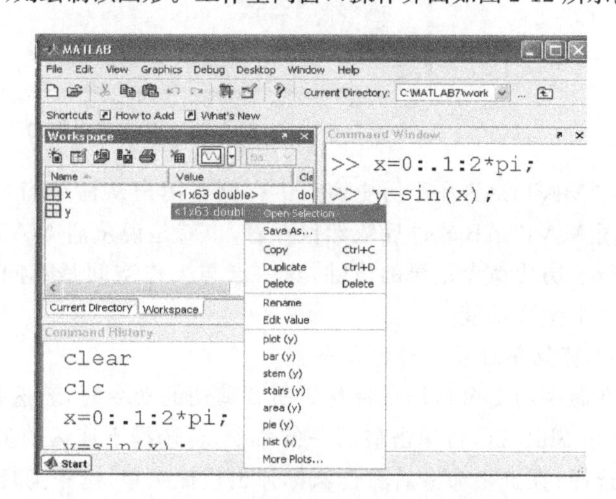

图 2-12　工作空间窗口操作界面

从命令窗口可以看到,本例中输入了一个正弦命令,自变量范围为 0～2pi :

```
>>x=0:.1:2*pi;
>>y=sin(x);
```

选中左击绘图选项 plot(y)单击后绘制图形如图 2-13 所示。

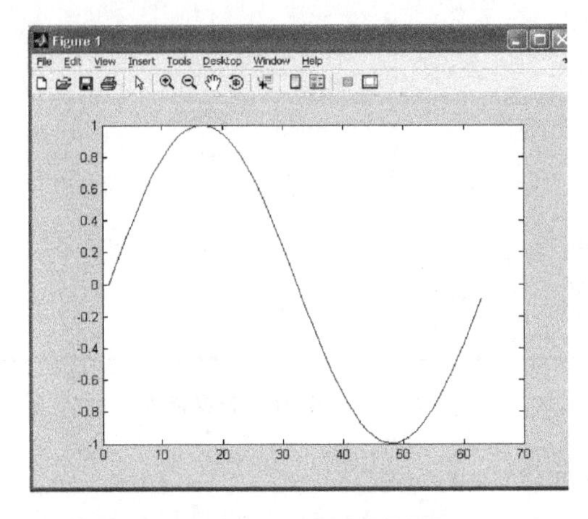

图 2-13　工作空间变量画图

从菜单表列中可以看,图形的绘制有多种样式,如饼图(pie)、柱形图(bar)等。

5. 命令历史窗口(Command History)

命令历史窗口如图 2-14 所示。

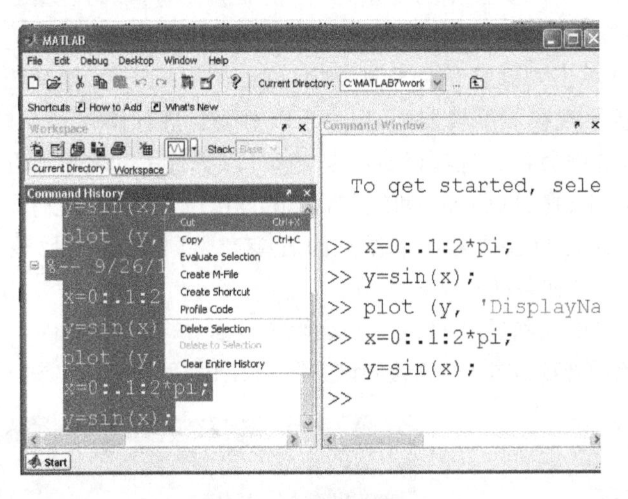

图 2-14　命令历史窗口

在 MATLAB 命令历史窗口中存储着用户从命令窗口中输入过的所有指令,这些命令在关闭 MATLAB 软件后依然保存着,也就是说重启 MATLAB 后还可以继续使用,除非用户进行了历史命令记录的清除,这一点与工作空间是不同的。在命令历史窗口中可以实现以下几个主要功能。

1) 剪切单行或多行的命令

在命令历史窗口用鼠标选定所要剪切的命令时,若选择多行命令,可以单击第 1 条命令后,按住 Shift 键,再单击最后一条命令,若选择不连续的多行命令,可以按住 Ctrl,然后进行多行选择;在选中命令后右击鼠标弹出快捷菜单,选中剪切项(Cut),然后可以用 Ctrl+V 将其粘贴到命令窗口中。

2）复制单行或多行的命令

在命令历史窗口用鼠标选定所要拷贝的命令，通过单击右键弹出快捷菜单，选中 Copy 项，然后用 Ctrl＋V 将其复制到命令窗口或其他地方。

3）运行单行命令

选中单行或多行命令时，单击右键弹出快捷菜单，选中并运算(Evaluate Selection)，即会在命令窗口运行选中的命令；如果只是单行命令，也可直接双击该命令，在命令窗口得到运行结果。

4）运行多行命令

多行命令的运行方法与单行命令的运行方法相似，选中多行命令后，用单击鼠标右键弹出快捷菜单，选中并运算(evaluate selection)，就会在命令窗口运行该多行命令。

5）把多行命令写成 M 文件

选中多行命令，单击鼠标右键弹出快捷菜单后，选中创建 M 文件菜单项“Create M-File”，打开 M 文件编辑器，可以将选中的多行命令拷入，再利用 M 文件编辑器进行操作保存即可。

6）清除全部历史命令

命令历史窗口的 Clear Entire History 菜单选项用于清除所有历史命令记录。

6. 当前目录窗口(Current Directory)

MATLAB 当前路径窗口用来显示系统当前目录下的文件信息，用户可以通过它来管理文件。

2.1.3 MATLAB 的常用命令

1. 常用的控制命令及功能说明

1）常用的控制命令

MATLAB 有很多常用的控制命令，熟悉与运用这些控制命令是掌握 MATLAB 软件所必需的。以下对这些常用的控制命令进行简单介绍，如表 2-1 所示。

表 2-1　命令窗口中常用的控制命令

序　号	命　令	功　能
1	clear	清除内存中所有的或指定的变量和函数
2	clc	清除 MATLAB 命令窗口中所有显示的内容
3	clf	清除当前窗口中的图形
4	cd	显示和改变当前工作目录
5	dir	列出当前或指定目录下的子目录和文件清单
6	disp	在运行中显示变量或文字类型
7	echo	控制显示运行的文字命令
8	hold	控制保持当前的图形窗口
9	home	清除命令窗口中所有显示的内容，并把光标移至窗口左上角
10	quit	关闭并退出 MATLAB
11	type	显示所指定文件的全部内容
12	exit	退出 MATLAB

2）帮助命令

MATLAB提供了强大的帮助功能，用户可以在安装好的软件上通过帮助菜单选项(Help)打开系统提供的丰富的帮助信息，在其指导下逐步熟练掌握MATLAB的应用，另外也可以通过在线帮助轻松入门。可以通过如下两种方式获取帮助信息。

(1) 利用帮助菜单获取帮助信息。

选择并单击MALAB命令窗口菜单栏的帮助菜单选项(Help)，在弹出的帮助菜单选项列表中，选择单击MATLAB帮助选项，则可以打开如图2-15所示的MATLAB帮助主题窗口。

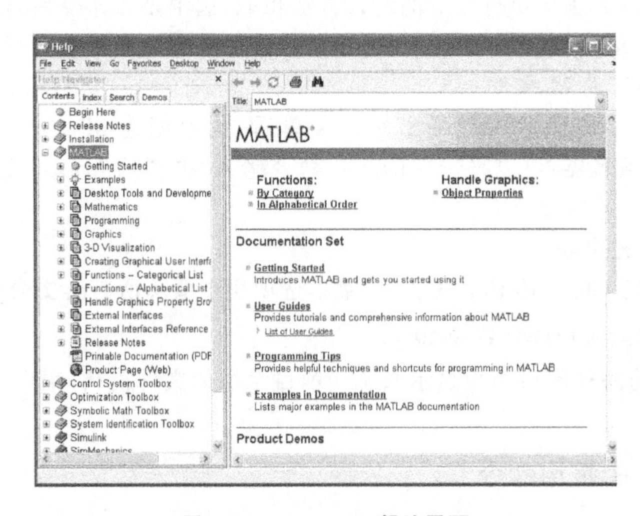

图2-15 MATLAB帮助界面

该窗口列出了MATLAB所有的帮助主题，双击相关主题即可打开有关该主题的详细教程。

(2) 通过命令窗口获取帮助信息。

用户可以通过在命令窗口直接键入帮助命令来获取MATLAB的帮助教程。常用帮助命令及其功能如表2-2所示。

表2-2 常用帮助命令及其功能

序　号	命　令	功　能
1	Help	列出MATLAB的所有帮助主题
2	helpwin	打开MATLAB的帮助主题窗口
3	helpdesk	打开MATLAB的帮助工作窗口
4	Help help	打开有关如何使用帮助信息的帮助窗口
5	Help+函数名	查询函数(或主题)的相关信息

在上述帮助命令中，查询函数"Help+函数名"使用得非常多，当用户对控制仿真中的某个函数的用法不清晰时，可以采用这个帮助，例如，查阅阶跃响应函数的使用方法和功能，可以命令窗口中输入help step。

2. 使用演示功能(Demo)

除了详细的帮助功能之外，MATLAB还设计了很多生动直观的演示程序，帮助用户学习和理解 MATLAB 的强大功能。可通过如下两种方式来启动 MATLAB 的演示程序。

(1) 在 MATLAB 的命令窗口中键入命令 Demo。

(2) 在 MATLAB 的命令窗口菜单中选择 Help 帮助菜单选项,在弹出的菜单列表中选择 Demo 选项。

以上两种方法均可打开如图 2-16 所示的演示程序窗口。

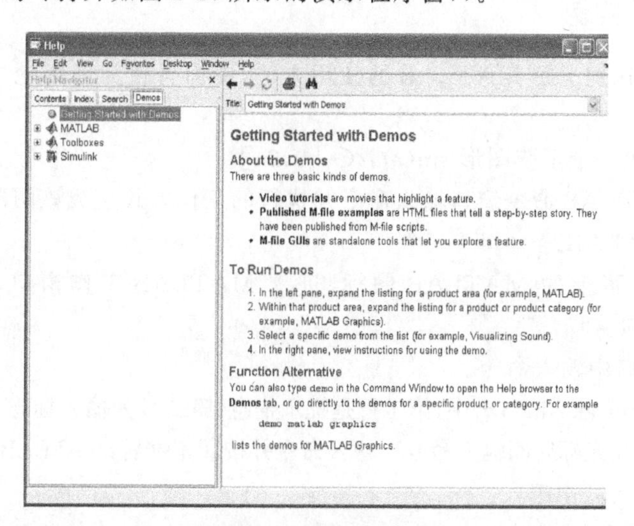

图 2-16　演示程序窗口

演示程序窗口左边列出了演示程序的主题,右边则列出了对应主题的演示项目。

例如,在窗口左边选择演示主题:Toolboxes→Control System→Interactive Demos,然后单击窗口右边的幅值裕度和相角裕度"Gain and Phase Margins"演示项目,则可打开如图 2-17 所示的幅值与相角裕度演示窗口,运行 MATLAB 的幅值裕度和相角裕度演示程序。

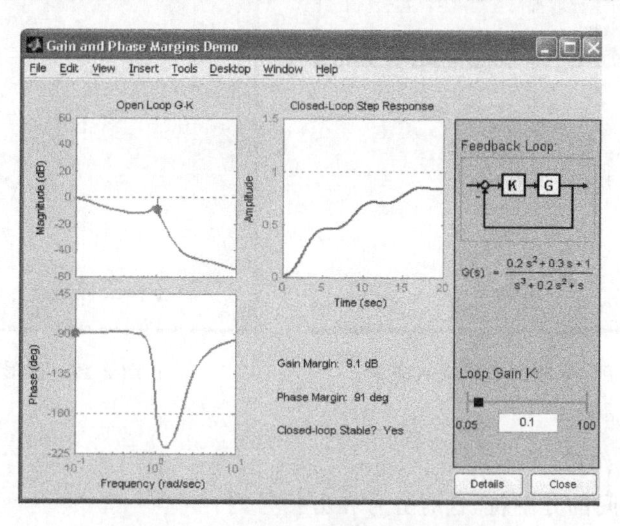

图 2-17　幅值与相角裕度演示窗口

图 2-17 的右边为系统的结构框图、开环传递函数和可以调节的增益,通过改变增益,可以改变左边三个图形的特性。左边的三个图形中,最左边的两个是系统的幅频特性图和相频特性图,右边的是闭环阶跃响应图,右边还在下方标识出系统的稳定裕度和稳定性。通过这种直观、形象的交互式演示,用户可以更加深刻地理解、掌握频域分析法中幅值裕度和相

角裕度的概念。

用户在第一次使用 MATLAB 时，建议在命令窗口提示符“>>”下输入 DEMO 命令，启动 MATLAB 的演示程序，领略 MATLAB 所提供的强大的运算和绘图功能，对 MATLAB 的使用有一个感性的认识。

2.1.4 两个简单实例

为了使读者快速地了解 MATLAB 的使用方法，下面将较为详细地描述两个简单例子的操作过程。

【例 2-1】 生成一个正弦图形 $\sin(t), t\in[0,2\pi]$。

下面采用 MATLAB 命令窗口输入命令并执行的工作方式生成该图形。

(1) 启动 MATLAB。

点击计算机屏幕上的 MATLAB 图标，进入 MATLAB 工作窗口，其中命令窗口是 MATLAB 的主窗口。

(2) 在命令窗口中输入命令。

命令窗口(Command Window)中，第 1 行是提示信息，第 2 行为输入标志符，在输入标志符后是闪烁的光标，用户在光标后面输入命令。输入命令并按回车键后，MATLAB 运行并显示结果。

下面在命令输入区中键入：

```
t=0:2*pi/200:2*pi;
plot(t,sin(t))
```

如图 2-18 所示，运行后出现图形输出窗口，如图 2-19 所示。

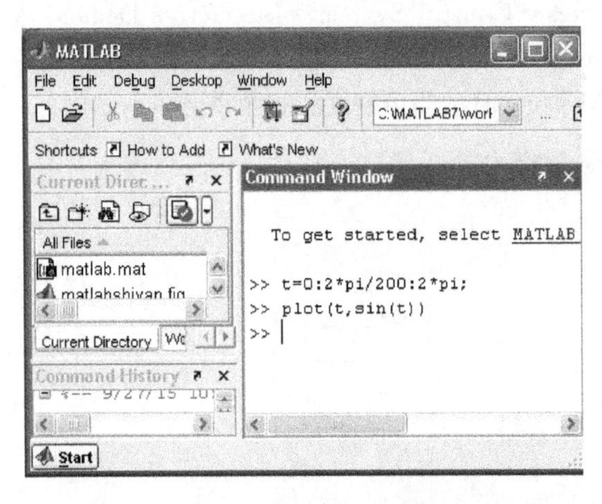

图 2-18 在 MATLAB 命令窗口输入命令

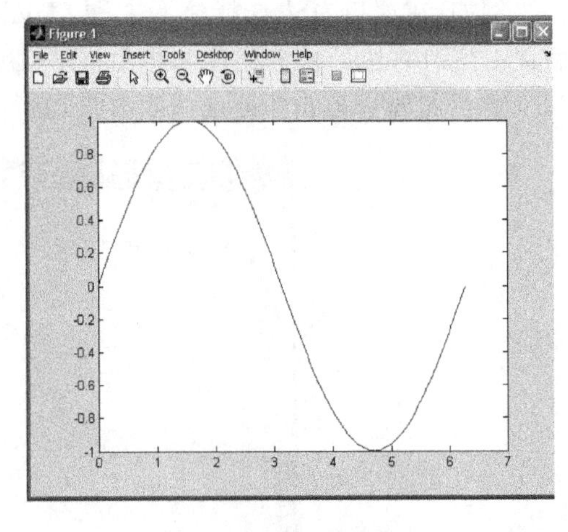

图 2-19 图形输出窗口

命令作用说明如下。

分号“;”的三个作用：

① 作为矩阵行间的分割符，这时分号在方括号内；

② 指令分割符，这时分号在指令与指令之间；

③ 指令执行后的赋值结果不显示在命令窗口中，这时分号在赋值指令后。

逗号“,”的三个作用：

① 作为矩阵元素间的分割符或输入参数间的分割符，这时逗号在括号内；

② 作为指令分割符，这时逗号在指令与指令之间；

③ 将指令执行后的赋值结果显示在命令窗口中，这时逗号放在赋值指令后。

指令中的“pi”在 MATLAB 中代表 π，是一个拥有 16 位有效数字的近似值；指令中的“i”在 MATLAB 中代表虚数单位，“pi”和“i”都是 MATLAB 的预定义变量。

在 MATLAB 中“%”以后的内容是注释，对 MATLAB 的运算不产生任何影响。

在每个指令输入行后按回车键，该指令被 MATLAB 执行。

赋值的变量，都会被存放在 MATLAB 的工作空间（Workspace）中，但不一定会在计算机屏幕上显示，重复赋值变量时，以最后一次的赋值为其变量值。

> **注意**：MATLAB 中的函数采用小写字母（如：cos 求余弦值函数），如果输入如下命令y=COS(30)，则命令窗口的运行结果为??? Undefined command/function 'COS'.（没有定义的命令/函数‘COS’），同时变量也是区分大小写的（如：a 和 A 在 MATLAB 中属于不同的变量）。

由上面的实例可以看到，MATLAB 语言具有编程简单、绘图能力强大的优点。这种直接在命令窗口输入指令行并且运行的方式称为命令行方式，适合处理程序量不大的小问题。如果是比较复杂的问题，用户则可以编写完整的程序，保存为 *.m 的文件，然后运行该文件来解决，这就是程序方式。

【例 2-2】 求闭环系统的单位阶跃响应。

下面的例子涉及自动控制原理课程的知识，一个闭环系统的闭环传递函数为

$$G(s)=\frac{3s+4}{s^2+1s+2}$$

求系统的时域单位阶跃响应图，可在命令窗口中逐行输入下面的命令：

```
num=[3,4];
den=[1,1,2];
step(num,den)
```

三条命令运行结束后，打开一个新的图形窗口，绘制出系统的时域动态阶跃响应曲线，如图 2-20 所示。

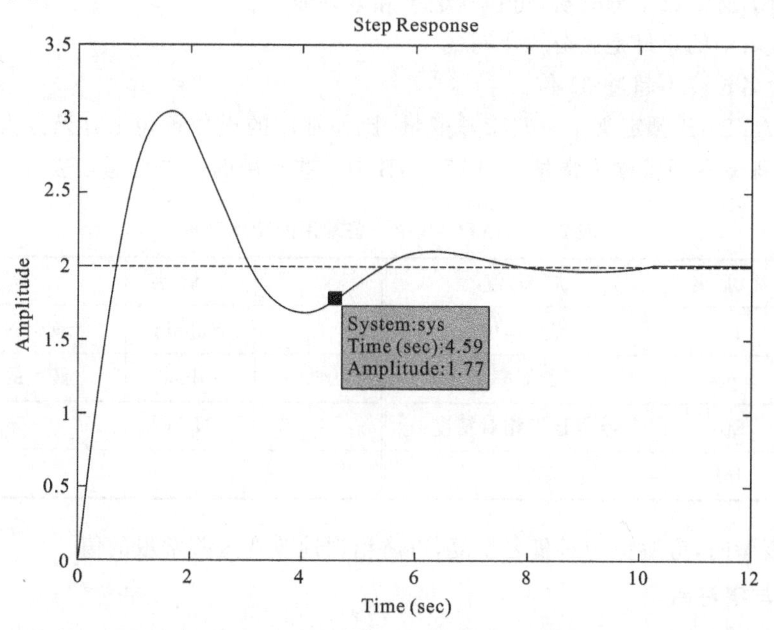

图 2-20 系统的时域动态阶跃响应曲线

用鼠标左键点击动态响应曲线的某一点，系统会提示其响应时间和幅值。按住鼠标左键在曲线上移动鼠标的位置可以很容易地根据幅值观察出上升时间、调节时间、峰值及峰值时间，进而求出超调量。如果想求根轨迹，可将程序的第三行改为 rlocus(num,den)，如果求伯德图则可将程序的第三行改为 bode(num,den)。所不同的是，在根轨迹和伯德图中，$G(s)$ 为开环传递函数。

除了在命令窗口中输入命令获得输出外，也可以通过 M 文件编辑器编写 M 文件后运行 M 文件得到运算结果。

2.2 MATLAB 数值计算

2.2.1 数据类型

数值计算功能是 MATLAB 的基础，MATLAB 强大的数值计算功能使其在众多数学计算软件中脱颖而出，MATLAB 中有 15 种基本数据类型，包括整型、浮点、逻辑、字符、日期和时间、结构数组、单元格数组以及函数句柄等。这里只简单介绍与自动控制仿真关系密切的内容，如变量与常量、字符串等。

1. 变量与常量

跟其他常规程序设计语言一样，变量是 MATLAB 语言的基本元素之一。但是，与其他常规程序语言不同的是，MATLAB 会自动根据所赋予变量的值或对变量所进行的操作来确定变量的类型，也就意味着 MATLAB 语言并不需要对使用的变量进行事先声明，更不需要指定变量类型。

在变量的赋值过程中，如果变量已经被定义，MATLAB 就会自动用新值代替旧值，同时以新的变量类型代替旧的变量类型。

MATLAB 语言中的变量命名方式应该遵循以下规则。

(1) 变量名必须以字母开头，可包含数字和下划线。

(2) 变量名中的字母是区分大小写的。

(3) 变量名长度不超过 31 位。

另外，MATLAB 预定义了一些特殊变量，比如常用的虚数单位 i、j，无穷大 Inf，圆周率 pi 等，这些特殊变量通常称为常量。MATLAB 中一些常用的特殊变量如表 2-3 所示。

表 2-3 MATLAB 中一些常用的特殊变量

序号	常量名	常量值	序号	常量名	常量值
1	i,j	虚数单位	5	realmin	最小的正浮点数
2	pi	圆周率	6	realmax	最大的正浮点数
3	Eps	浮点运算相对精度	7	NaN	不定值
4	Inf	无穷大			

在定义变量时，应避免与常量名重复，以防错误地改变这些常量的值。

2. 字符与字符串

跟其他高级语言相比，MATLAB 语言具有更强大的字符处理能力，字符与字符串运算是其不可缺少的组成部分。

在 MATLAB 语言中，关于字符串的约定如下：

(1) 所有字符串必须用单引号括起来；

(2) 字符串中的每个字符(包括空格)都是字符串的一个元素；

(3) 在 MATLAB 语言中，字符串和字符数组(矩阵)基本上是等价的。

2.2.2 矩阵运算

1. 矩阵的创建与生成

直接处理向量或矩阵是 MATLAB 的强大功能之一，当然首先是要输入向量或矩阵。在 MATLAB 中，矩阵的输入必须以方括号“[ ]”作为其开始与结束标志，矩阵的行与行之间要用回车符或分号“;”分开，矩阵的元素之间要用空格或逗号“,”分隔；矩阵的大小可以不必预告定义，而且矩阵元素的值也可以用表达式表示。

1) 直接输入

【例 2-3】 直接输入一个两行三列矩阵。

```
>>a=[1 2 3;4 5 6]
a=
    1    2    3
    4    5    6
```

注意：(1) 必须使用方括号将所有元素括起来；

(2) 行与行之间用分号或回车符分隔；

(3) 同行元素用空格或逗号分隔；

(4) 该方法只适合创建小型矩阵。

2) 通过函数创建矩阵

对于一些特殊矩阵，可利用 MATLAB 的函数运算创建。

【例 2-4】 计算矩阵的正弦值。

```
>>x=[0,pi/6,pi/3;pi/2,2*pi/3,5*pi/6];
>>y=sin(x)
y=
      0         0.5000    0.8660
   1.0000       0.8660    0.5000
```

3) 导入数据创建矩阵

实验中测得的或通过其他方法得到的数据，可以使用 MATLAB 数据导入向导(Import Wizard)将数据导入到工作空间，创建矩阵。

4) 生成特殊矩阵

对于一些比较特殊的矩阵，MATLAB 提供了用于生成这些矩阵的一些函数，常用的函数有以下几个：

(1) ones(m)：生成 m 阶全 1 矩阵；

(2) eye(m)：生成 m 阶单位矩阵；

(3) zeros(m)：生成 m 阶全 0 矩阵；

(4) rand(m)：生成 m 阶均匀分布的随机矩阵；

(5) randn(m):生成 m 阶正态分布的随机矩阵。

2. 矩阵运算

1) 加、减运算

运算符:“+”和“-”分别为加、减运算符。

运算规则:矩阵中对应元素的相加、减,即按线性代数中矩阵的运算进行。

【例 2-5】 矩阵加、减运算。

```
>>A=[1,2,1;1,2,3;3,3,6];
>>B=[3,2,6;3,5,4;4,9,1];
>>A+B
ans=
      4    4    7
      4    7    7
      7   12    7
>>A-B
ans=
     -2    0   -5
     -2   -3   -1
     -1   -6    5
```

2) 乘法

运算符:*。

运算规则:按线性代数中的矩阵乘法运算规则进行,即放在“*”号前面的矩阵的各行元素,分别与放在“*”号后面的矩阵的各列元素对应相乘并相加。

(1) 两个矩阵相乘。

【例 2-6】 矩阵相乘。

```
>>X=[1 2 3 4;1 2 2 1];
>>Y=[1 2 1;1 2 0;0 0 1;1 0 3];
>>Z=X*Y
Z=
    7    6   16
    4    6    6
```

(2) 数乘矩阵。

【例 2-7】 矩阵和数值相乘。

```
>>X=[1 2 3 4;1 2 2 1];
>>a=3*X
a=
    3    6    9   12
    3    6    6    3
```

3) 除法运算

MATLAB 设计了两种除法运算:左除(\)和右除(/)。x=a\b 可用于求解方程 a*x=b,而 x=b/a 可用于求解方程 x*a=b。

【例 2-8】 求方程组 $\begin{cases}2x_1+4x_2+6x_3=4\\8x_1+4x_2+12x_3=1\\14x_1+8x_2+18x_3=2\end{cases}$ 的解。

```
>>a=[2 4 6;8 4 12;14 8 18];
>>b=[4;1;2];
>>x=a\b
x=
   -0.7500
    1.0000
    0.2500
```

4）矩阵乘方

运算符：^。

运算规则如下。

(1) 如果 A 为方阵，P 为大于 0 的整数时，A^P 则表示 A 的 P 次方，即 A 自乘 P 次。

(2) 如果 A 为方阵，p 为非整数时，则 $A\text{\textasciicircum}p=V\begin{bmatrix} d_{11}^p & & \\ & \ddots & \\ & & d_{nn}^p \end{bmatrix}V^{-1}$，其中 V 为 A 的特征向量，$\begin{bmatrix} d_{11} & & \\ & \ddots & \\ & & d_{nn} \end{bmatrix}$ 为特征值对角矩阵。

说明：如果求解矩阵乘方时出现重根，以上指令不成立。

3. 矩阵其他操作

1）矩阵转置

运算符：′。

运算规则：如果是实数矩阵，则其运算规则与线性代数中矩阵的转置运算规则是相同的；如果为复数矩阵，则转置后的元素由对应元素的共轭复数构成。

【例 2-9】 求矩阵的转置。

```
>>b=[3+i 2 1;6 4-i 2];
>>b'
ans=
  3.0000 -1.0000i      6.0000
  2.0000               4.0000+1.0000i
  1.0000               2.0000
```

2）矩阵的逆

命令：逆。

函数：inv。

格式：Y=inv(X)。

说明：求方阵 X 的逆矩阵，如果 X 为奇异阵或近似奇异阵，无法求逆，系统将给出警告信息；如果 a 为非奇异矩阵，则 a\b 和 b/a 可通过 a 的逆矩阵与 b 矩阵相乘得到：

```
a\b=inv(a)*b
b/a=b*inv(a)
```

【例 2-10】 求 $A=\begin{pmatrix}1 & 2 & 2\\3 & 2 & 1\\3 & 4 & 3\end{pmatrix}$ 的逆矩阵。

```
>>A=[1 2 2;3 2 1;3 4 3];
>>Y=inv(A)
Y=
    1.0000     1.0000     -1.0000
    -3.0000    -1.5000    2.5000
    3.0000     1.0000     -2.0000
```

2.2.3 数组运算

MATLAB数值运算包含两大类运算:数组运算和矩阵运算,而矩阵是数组的子集(一维数组相当于向量,二维数组相当于矩阵)。数组运算与矩阵运算有很多相似的地方,读者在学习时要注意它们两者的区别。

前面学习了矩阵运算,矩阵运算是按照线性代数中的矩阵运算规则进行的数学运算;数组运算的规则是按数组对应元素逐个进行的运算,也称点运算。

数组的运算包括:加、减运算;乘法运算;除法运算;乘方运算和其他操作。

1. 基本数学运算

1) 加、减运算

数组加、减运算为数组元素的加、减运算,数组加、减的运算规则与矩阵加、减的运算规则相同。数组加、减运算利用运算符"+"和"-"实现。需要注意的是相加或相减的两个数组必须有相同的维数,或者是数组与数值相加减。

运算符:"+"和"-"分别为加、减运算符。

运算规则:对应元素相加、减,即按线性代数中矩阵的运算进行。

【例 2-11】 一个三维数组的加、减运算。

```
>>A=[3,2,3;1,2,2;3,3,4];
>>B=[1,2,2;3,3,4;2,6,5];
>>A+B
ans=
    4    4    5
    4    5    6
    5    9    9
>>A-B
ans=
    2      0      1
    -2     -1     -2
    1      - 3    -1
```

和【例 2-5】进行对比,可以发现,数组的加、减运算与矩阵的加、减运算是一致的。

2) 乘法

在乘法、乘方和除法三种运算方面对比数组运算与矩阵运算发现,它们二者的运算符和运算规则都不相同:矩阵运算使用通常符号,按线性代数的运算规则进行;数组运算则使用点运算符,必须按对应元素运算规则进行。

由数组运算规则可知,数组点运算时需要两个数组有相同的维数,同时,在进行除法操作时,作为分母的数组中不能包含 0 元素。

乘法运算符:. * 。

运算规则:两个数组对应元素相乘。

(1) 数组相乘。

【例 2-12】 两个数组相乘。

```
>>X=[1 2 3 4;4 3 2 1];
>>Y=[1 2 1 2;1 2 0 4];
>>Z= X.*Y
Z=
     1     4     3     8
     4     6     0     4
```

(2) 数乘数组。

数乘数组的规则跟数乘矩阵的规则是相同的。

3) 除法运算

除法运算符:点右除 A. /B;点左除 A. \B。

运算规则:两个数组对应元素相除。点右除为 A 中各元素除以 B 中对应的各元素,点左除为 B 中各元素除以 A 中对应的各元素。

从下面的实例中,可以看出点右除与点左除的区别。

【例 2-13】 数值的除法运算。

```
>>a=[1 2 3;2 4 6];
>>b=[3 2 1;6 4 2];
>>a./b
ans=
    0.3333    1.0000    3.0000
    0.3333    1.0000    3.0000
>>a.\b
ans=
    3.0000    1.0000    0.3333
    3.0000    1.0000    0.3333
```

4) 乘方运算

运算符:A. ^k。

运算规则:A 的每个元素进行 k 次方运算。

5) 数组转置

运算符:. ′。

运算规则:数组的非共轭转置,相当于(conj(A′))。

【例 2-14】 数组的转置。

```
>>b=[3+i 2 1;6 4-i 2];
>>b.'
ans=
   3.0000+1.0000i    6.0000
   2.0000            4.0000-1.0000i
   1.0000            2.0000
```

在 2.2.2 节与 2.2.3 节中分别介绍了矩阵运算与数组运算,表 2-4 对两者进行了对比。

表 2-4 矩阵和数组运算对比表(S 为标量,A、B 为矩阵)

数组运算			矩阵运算		
序号	命令	含义	序号	命令	含义
1	A+B	对应元素相加	16	A+B	与数组运算相同
2	A−B	对应元素相减	17	A−B	与数组运算相同
3	S.*B	标量 S 分别与 B 元素的积	18	S*B	与数组运算相同
4	A.*B	数组对应元素相乘	19	A*B	矩阵的乘积
5	S./B	S 分别被 B 的元素左除	20	S\B	B 矩阵分别左除 S
6	A./B	A 的元素被 B 的对应元素除	21	A/B	矩阵 A 右除 B 即 A 的逆阵与 B 相乘
7	B.\A	结果一定与上行相同	22	B\A	A 左除 B(一般与上行不同)
8	A.^S	A 的每个元素自乘 S 次	23	A^S	A 矩阵为方阵时,自乘 S 次
9	A.^S	S 为小数时,对 A 各元素分别求非整数幂,得出矩阵	24	A^S	S 为小数时,方阵 A 的非整数乘方
10	S.^B	分别以 B 的元素为指数求幂值	25	S^B	B 为方阵时,标量 S 的矩阵乘方
11	A.′	非共轭转置,相当于 conj(A′)	26	A′	共轭转置
12	exp(A)	以自然数 e 为底,分别以 A 的元素为指数求幂	27	expm(A)	A 的矩阵指数函数
13	log(A)	对 A 的各元素求对数	28	logm(A)	A 的矩阵对数函数
14	sqrt(A)	对 A 的各元素求平方根	29	sqrtm(A)	A 的矩阵平方根函数
15	f(A)	求 A 各个元素的函数值	30	funm(A,‘fun’)	矩阵的函数运算

注意: funm(A,‘fun’)要求 A 必须是方阵,“fun”为矩阵运算的函数名。

2. 关系运算

关系运算规则具体如下。

(1) 如果参与关系运算的两个变量都是标量,则结果必为真(1)或假(0)。

(2) 如果两个变量都是数组,则要求数组大小相同,结果也将是同样大小的数组,并且运算结果的数组元素必为 1 或 0。

(3) 如果关系运算中的两个变量一个是数组,另一个是标量,则标量与数组的每个元素分别进行关系运算,运算结果是与运算数组大小相同的数组,数组的元素为 1 或 0。

(4) 关系运算中,小于(<)、小于等于(<=) 和大于(>)、大于等于(>=)运算仅比较参加比较的变量的实部,等于(==)和不等于(~=)运算同时比较参与比较的变量的实部和虚部。

两个变量之间的关系运算有 6 种:小于(<)、小于等于(<=)、等于(==)、不等于(~=)、大于(>)和大于等于(>=),如表 2-5 所示。MATLAB 在比较两个变量的大小时,如果表达式为真,则返回结果 1,否则返回 0。

表 2-5 两个变量之间的关系运算

序　号	关系运算符	含　义
1	<	小于
2	<=	小于等于
3	>	大于
4	>=	大于等于
5	==	等于
6	~=	不等于

【例 2-15】 数组的关系运算。

```
>>A=[1,2,3;2,2,1;3,4,3];
>>B=[1,2,2;3,3,4;2,6,5];
>>A>=B
ans=
    1   1   1
    0   0   0
    1   0   0
```

3. 逻辑运算

基本逻辑操作符包括以下 6 个：&(与)、&&(先决与)、|(或)、||(先决或)、~(非)和 xor(异或)。

其中，&(与)、|(或)、~(非)和 xor(异或)这 4 个逻辑运算符的运算规则比较简单，如表 2-6所示。

表 2-6 逻辑运算

A	B	a&b	a | b	~a	xor(a,b)
0	0	0	0	1	0
0	1	0	1	1	1
1	0	0	1	0	1
1	1	1	1	0	0

&&(先决与)：当该运算符的左边为 1(真)时，才继续执行该符号右边的运算。

||(先决或)：当该运算符的左边为 1(真)时，立即得出该逻辑运算结果为 1(真)，不需要再继续执行该符号右边的运算；左边为 0(假)时，就要继续执行该符号右边的运算。

在逻辑运算中，非 0 元素都表示为真(1)，只有 0 元素表示假(0)，逻辑运算的结果为 1 或 0。

关于逻辑运算，MATLAB 还有如下几点约定。

(1) 逻辑数组是数值数组的一种类型，它同时具有真假判断的作用。

(2) 所有逻辑运算的运算结果都是一个由 1 和 0 组成的逻辑数组。

(3) 在逻辑运算中的关系和逻辑表达式及运算结果中，所有非 0 元素都看作"逻辑真"，只有 0 被认为是"逻辑假"。

【例 2-16】 数组的逻辑运算。

```
>>a=0;b=5;c=10;
>>(a~=0)&&(b<c)
ans=
     0
>>(a~=0)||(b<c)
ans=
     1
```

4. 在 MATLAB 中各种运算符的优先级

MATLAB语言的计算能力强大，运算符种类繁多，为了有序地进行计算，MATLAB规定了这些运算符的运算优先级，运算的优先等级从高到低排列如下：

(1) '(矩阵转置)、^(矩阵幂)和.'(数组转置)、.^(数组幂)；

(2) ~(非)；

(3) *(乘)、/(左除)、\(右除)和.*(点乘)、./(点右除)、.\(点左除)；

(4) +、-(加、减)；

(5) :(冒号)；

(6) <(小于)、<=(小于等于)、>(大于)、>=(大于等于)、==(等于)、~=(不等于)；

(7) &(与)；

(8) |(或)；

(9) &&(先决与)；

(10) ||(先决或)。

2.2.4 常用的基本数学函数

MATLAB除了有大量的运算符可进行数学运算外，还提供了大量的数学函数，这些数学函数和大多数其他高级语言的数学函数的书写形式相同，但是读者需要注意的是，在MATLAB中，利用这些数学函数求解时，都是用弧度(rad)来表示角度的。MATLAB常用的数学基本函数如表2-7所示。

表 2-7 MATLAB 常用的数学基本函数

序号	函数名	含义	序号	函数名	含义
1	abs	绝对值或者复数模	10	acos	反余弦
2	sqrt	平方根	11	atan	反正切
3	real	实部	12	atan2	第四象限反正切
4	imags	虚部	13	sinh	双曲正弦
5	conj	复数共轭	14	cosh	双曲余弦
6	sin	正弦	15	tanh	双曲正切
7	cos	余弦	16	rat	有理数近似
8	tan	正切	17	mod	模除求余
9	asin	反正弦	18	round	四舍五入到整数

续表

序号	函数名	含义	序号	函数名	含义
19	fix	向最接近0取整	25	exp	求幂(以e为底)
20	floor	向最接近－∞取整	26	log	自然对数
21	ceil	向最接近－∞取整	27	lg	以10为底的对数
22	sign	符号函数	28	sqrt	求平方根
23	rem	求余数留数	29	bessel	贝赛尔函数
24	^	乘法运算符	30	gamma	伽玛函数

2.2.5 符号运算

1. 符号运算的简介

前面介绍的是MATLAB的数值运算功能,其中参与运算过程的变量是被赋了值的数值变量。在MATLAB环境下,另一种重要的运算功能是符号运算,它是指参与运算的变量都是符号变量,即使是数字也被认为是符号变量,数值变量和符号变量具有不同的特点。

MATLAB符号运算是利用符号数学工具箱(symbolic math toolbox)来实现的,而符号数学工具箱是建立在Maple软件内核的基础上的,Maple软件也是世界上最为通用的优秀数学和工程计算软件之一,被广泛地应用于各个领域。当MATLAB进行符号运算时,它就调用Maple软件的内核去进行计算并将结果返回给MATLAB。

MATLAB的符号数学工具箱几乎包括所有的符号运算功能,主要有:符号表达式的运算,符号表达式的化简、复合,符号矩阵的运算,符号代数方程的求解,符号微分方程的求解,符号微积分、符号作图等。

MATLAB在进行符号运算时,首行要先定义符号对象,实际上符号对象是一种数据结构,它可以是符号常量、符号变量和符号表达式等。符号表达式是指含有符号对象的表达式。在定义符号对象之后,MATLAB在内部把符号表达式表示成字符串进行运算,以便于与数字变量或数字运算相区别。

2. 符号对象的创建

符号对象的创建命令包括两个:sym和syms。

1) sym用来创建单个符号变量

调用格式:符号变量=sym('符号变量')。

2) syms用来创建多个符号变量

调用格式:syms 符号变量1 符号变量2… 符号变量n。

3. 符号对象的基本运算

1) 函数1:conj

功能:求符号复数的共轭。

格式:conj(x)　返回符号复数x的共轭复数。

2) 函数2:real

功能:求符号复数的实数部分。

格式：real(z)　返回符号复数 z 的实数部分。

3）函数 3：imag

功能：求符号复数的虚数部分。

格式：imag(z)　返回符号复数 z 的虚数部分。

4）函数 4：digits

功能：设置变量的精度。

格式如下。

(1) digits(d)：设置当前的可变算术精度的位数为整数 d 位。

(2) d=digits：返回当前的可变算术精度位数给 d。

(3) digits：显示当前可变算术精度的位数。

说明：设置有意义的十进制数值的、用于做可变算术精度计算的数字位数，其缺省值为 32 位数字。

【例 2-17】 符号对象的基本运算。

```
x=1.0e-17                  %x 为一很小的数
z=1.0e+3                   %z 为较大的数
digits(14)                 %14 位的精度
y1=vpa(x*z+1)              %大数 1"舍掉"小数 x*z
digits(15)                 %15 位的精度
y2=vpa(x*z+1)              %防止"去掉"小数 x*z
```

5）函数 7：factor

功能：符号因式分解。

格式：factor(x)。

说明：函数的参数 x 可以是正整数、符号整数或符号表达式阵列。如果 x 为正整数，则返回 x 的质数分解式；如果 x 为符号整数或多项式矩阵，则分解矩阵的每一元素；如果整数阵列中有一元素位数超过 16 位，用户必须用命令 sym 生成该元素。

6）函数 6：numden

功能：符号表达式的分子与分母。

格式：[n,d]=numden(A)。

说明：说明：此函数将符号或数值矩阵 A 中的每一元素转换成系数多项式的有理式形式，其中分子与分母是相对互质的。输出的参量 n(numerator)为分子的符号矩阵，输出的参量 d(denominator)为分母的符号矩阵。

【例 2-18】 numden 符号的基本运算。

```
syms x y a b c d;
[n1,d1]=numden(sym(sin(4/5)))
[n2,d2]=numden(x/y+y/x)
A=[a,1/b;1/c d];
[n3,d3]=numden(A)
```

7）函数 7：simple

功能：搜索符号表达式的最简形式。

8）函数 8：simplify

功能：符号表达式的化简。

格式：R=simplify(S)。

说明：化简符号矩阵 S 中的各个元素。

【**例 2-19**】 simplify 符号的基本运算。

```
syms x a b c
R1=simplify(sin(x)^4+cos(x)^4)
R2=simplify(exp(c*log(sqrt(a+b))))
S=[(x^2+5*x+6)/(x+2),sqrt(16)];
R3=simplify(S)
```

9）函数 9：poly

功能：求特征多项式。

格式：p=poly(A)或 p=poly(A,v)。

说明：若 A 为一数值阵列，则返回 A 的特征多项式的系数；若 A 为一符号矩阵，则返回变量为 x 的特征多项式；若函数带有参量 v，则返回变量为 v 的特征多项式。

10）函数 10：poly2sym

功能：将多项式系数向量转化为带符号变量的多项式。

格式：r=poly2sym(c)和 r=poly2sym(c,v)。

说明：将多项式系数向量 c 转换为相应的带符号变量的多项式，缺省的符号变量为 x；如果函数带上参量 v，则符号变量用 v 显示。

11）函数 11：sym2poly

功能：将符号多项式转化为数值多项式。

格式：c=sym2poly(s)。

说明：此函数返回符号多项式 s 的数值系数行向量 c；多项式自变量次数的系数按降幂排列。

12）函数 12：finverse

功能：求函数的反函数。

格式：g=finverse(f)。

【**例 2-20**】 simplify 符号的基本运算。

```
syms x p q u v;
V1=finverse(1/((x^2+p)*(x^2+q)))
V2=finverse(exp(u-2*v),u)
```

13）函数 13:subs

功能：在一符号表达式或矩阵中进行符号替换。

格式如下。

（1）R=subs(S)。

说明：用存在于 MATLAB 工作空间中的变量值来替换表达式 S 中出现的相同变量，同时进行化简计算；如果元素是数值表达式，则计算出结果。

（2）R=subs(S,old,new)。

说明：此函数用新值 new 替换掉表达式 S 中的旧值 old。若 old 与 new 参量有相同阵列大小，则用 new 中相应的元素替换 old 中的元素；若 S 与 old 同为标量，而 new 为阵列或单元阵列，则标量 S 与 old 将扩展成与 new 同型的阵列；若 new 为数值矩阵的单元阵列，则替换将按元素的方向执行。

【例 2-21】 subs 符号的基本运算。

```
a=50;
y=dsolve('Dy=a*y')
syms b x
subs(y)
subs(a+b,a,2)
subs(cos(a)+sin(b),{a,b},{sym('alpha'),2})
subs(x*y,{x,y},{[0 1;-1 0],[1 -1;-2 1]})
```

4. 符号微积分运算

1）函数 1:limit

功能：求极限。

格式如下：

（1）limit(F,x,a)：计算符号表达式 F=F(x) 当 x→a 时的极限值；

（2）limit(F,a)：自变量设为变量 x，计算当 x→a 时符号函数 F 的极限值；

（3）limit(F)：自变量设为变量 x，计算当 x→0 时符号函数 F 的极限值；

（4）limit(F,x,a,'right')或 limit(F,x,a,'left')：用于计算符号函数 F 的单侧极限：左极限为当自变量 $x \to a^-$ 时的 F 极限值，右极限为当自变量 $x \to a^+$ 时的 F 极限值。

【例 2-22】 求极限运算。

```
syms x a t h n;
N1=limit((cos(x)-1)/x)                          %N1=0
N2=limit(1/x^2,x,0,'right')                     %N2=inf
N3=limit(1/x,x,0,'left')                        %N3=-inf
N4=limit((log(x+ h)- log(x))/h,h,0)             %N4=1/x
v=[(1+a/x)^x,exp(-x)];
N5=limit(v,x,inf,'left')                        %N5=[ exp(a),0]
N6=limit((1+ 2/n)^(3*n),n                       %,inf)%N6=exp(6)
```

2）函数 2:diff

功能：求导数。

格式具体如下。

(1) diff(S):对表达式 S 中的符号变量 v 计算 S 的 1 阶导数,其中符号变量 v=findsym(S)。该函数与 diff(S,'v')、diff(S,sym('v')) 等价。

(2) diff(S,n):对表达式 S 中的符号变量 v 计算 S 的 n 阶导数,其中符号变量 v=findsym(S)。

(3) diff(S,'v',n):对表达式 S 中指定的符号变量 v 计算 S 的 n 阶导数。

【例 2-23】 求导数运算。

```
syms x y t
D1=diff(sin(x^2)*y,2)          %计算结果 D1=-4*sin(x^2)*x^2*y+2*cos(x^2)*y
D2=diff(D1,y)                  %D2=-4*sin(x^2)*x^2+2*cos(x^2)
D3=diff(t^5,5)                 %D3=120
```

3) 函数 3:int

功能:求积分。

格式具体如下。

(1) R=int(S,v):对符号表达式 S 中指定的符号变量 v 计算不定积分。其中,求出的表达式 R 只是函数 S 的一个原函数,默认没有带任意常数 C。

(2) R=int(S):对符号表达式 S 中的符号变量 v 计算不定积分。其中,符号变量 v=findsym(S)。

(3) R=int(S,v,a,b):对表达式 S 中指定的符号变量 v 计算从 a 到 b 的定积分。

(4) R=int(S,a,b):对符号表达式 S 中的符号变量 v 计算从 a 到 b 的定积分。其中,符号变量 v=findsym(S)。

【例 2-24】 求积分运算。

```
syms x y t alpha
INT1=int(-4*x/(1+x^2)^2)              %计算结果 INT1=2/(1+x^2)
INT2=int(x/(1+y),y)                   %INT2=x*log(1+y)
INT3=int(INT1,x)                      %INT3=2*atan(x)
INT4=int(x*log(1+4*x),0,1)            %INT4=15/32*log(5)-1/8
INT5=int(5*x,sin(t),1)                %INT5=5/2-5/2*sin(t)^2
INT6=int([exp(-t),exp(alpha*t)])      %INT6=[-exp(-t),1/alpha*exp(alpha*t)]
```

4) 函数 4:taylor

功能:求 taylor 级数。

5) 函数 5:laplace

功能: laplace 变换。

【例 2-25】 laplace 变换运算。

```
syms x s t a v
f1=sqrt(x);
N1=laplace(f1)                 %计算结果为:N1=1/2*pi^(1/2)/s^(3/2)
f2=1/sqrt(s);
N2=laplace(f2)                 %N2=(pi/t)^(1/2)
f3=exp(-a*t);
N3=laplace(f3,x)               %N3=1/(x+a)
f4=1-sin(t*v);
N4=laplace(f4,v,x)             %N4=1/x-t/(x^2+t^2)
```

6）函数 6：ilaplace

功能：逆 laplace 变换。

【例 2-26】 ilaplace 变换运算。

```
syms a s t u v x
f=exp(x/s^2);
N1=ilaplace(f)                  %计算结果为:N1=ilaplace(exp(x/s^2),s,t)
g=1/(t-a)^2;
N2=ilaplace(g)                  %N2=x*exp(a*x)
k=1/(u^2-a^2);
N3=ilaplace(k,x)                %N3=1/a*sinh(a*x)
y=s^3* v/(s^2+v^2);
N4=ilaplace(y,v,x)              %N4=s^3*cos(s*x)
```

5. 符号方程求解

1）代数方程(组)求解

函数：solve。

格式如下：

（1）g=solve(eq)。

说明：函数的输入参量 eq 可以是符号表达式或者字符串。若 eq 是符号表达式或没有等号的字符串，则 solve(eq)对方程 eq 中的缺省变量求解方程 eq=0。

（2）g=solve(eq,v)。

说明：对符号表达式或没有等号的字符串 eq 中指定的变量 v 求解方程 eq(v)=0。

（3）g=solve(eq1,eq2,…,eqn)。

说明：函数的输入参量 eq1,eq2,…,eqn 可以是符号表达式或字符串，该命令对方程组 eq1,eq2,…,eqn 中的 n 个变量求解。

【例 2-27】 求解一元二次方程 $f=a*x^2+b*x+c$ 的实根。

```
syms a  b  c  x
f=a*x^2+b*x+c;
solve(f,x)                  %或者使用 solve('a*x^2+b*x+c','x')
ans=
    [1/2/a*(-b+(b^2-4*a*c)^(1/2))]
    [1/2/a*(-b-(b^2-4*a*c)^(1/2))]
```

2）常微分方程(组)

格式：r=dsolve('eq1,eq2,…','cond1,cond2,…','v')。

说明：对常微分方程(组)eq1,eq2,…中指定的符号自变量 v，在给定的初始条件 cond1,cond2,…下求符号解 r；如果函数没有指定变量 v，则默认变量为 t；在微分方程(组)的表达式 eq 中，用大写字母 D 表示对自变量(这里设为 x)的微分算子：D=d/dx，D2=d2/dx2，…微分算子 D 后面的字母则表示为因变量，即待求解的未知函数。

【例 2-28】 求在初值 $x(0)=x'(0)=x''(0)=0$ 条件下，微分方程 $\frac{d^3x}{dt^3}+25\frac{dx}{dt}+6=0$ 的解。

```
syms D
D=dsolve('D3x+25*Dx+6=0','x(0)=0,Dx(0)=0,D2x(0)=0')
计算结果：D=
        6/125*sin(5*t)-6/25*t
```

为方便查阅和使用，下面将常用的符号数学函数列表，如表 2-8 所示。

表 2-8 常用有关的符号数学函数

序号	函数	含义	序号	函数	含义
1	poly2sym	将多项式系数向量转化为带符号变量的多项式	7	ezplot	画符号函数的图形
2	limit	极限函数	8	laplace	laplace 变换
3	diff	导数(包括偏导数)	9	ilaplace	反 laplace 变换
4	int	符号函数的积分	10	vpa	可变精度算法
5	solve	代数方程的符号解析解	11	numden	符号表达式的分子与分母
6	dsolve	常微分方程的符号解	12	simplify	符号表达式的化简

2.3 MATLAB 绘图

MATLAB 有强大的绘图功能，能实现数据的视觉化。绘图功能与数学运算功能的结合使 MATLAB 成为工程领域和教学的重要辅助工具。

它提供了丰富的二维与三维绘图函数，用户只需要给出一些绘图的基本参数，而不需要过多地考虑绘图的细节，就能得到所需图形，MATLAB 的这类函数称为高层绘图函数。

此外，MATLAB 还可以进行低层绘图操作，实现直接对图形句柄的操作，这类低层操作的特点是把图形的每个元素(如图形的坐标轴、曲线、文字等)看作一个彼此独立的对象，同时系统给每个对象分配一个句柄，用户通过句柄可以对该图形对象进行操作，而不影响其他元素。

本节简要介绍绘制二维图形和三维图形的绘图函数以及其他图形控制函数的使用方法。

2.3.1 图形窗口与坐标系

1. 图形窗口

图形窗口是 MATLAB 用于图形的输出的界面。图形窗口操作具有如下几个特点。

(1) MATLAB 图形窗口是绘制或输出图形的界面。

(2) 图形窗口的管理通过句柄管理来实现，在 MATLAB 中，每个图形窗口有区别于其他图形的唯一序号 h，也就是句柄。

(3) 由 MATLAB 函数 gcf 获得当前窗口(也称活跃窗口)的句柄。

(4) 有三种方法可以打开图形窗口：

① 利用相关的绘图函数实现；

② 利用 figure 命令打开、close 命令关闭图形窗口；

③ 菜单实现：单击 File→New→Figure。

(5) 当前的图形窗口只能有一个，运行过程中最后一个产生或使用过的图形窗口是活跃窗口，也可以通过 figure 函数来设置当前窗口。

(6) 如果 MATLAB 在运行绘图程序前已经有图形窗口打开，则绘图函数自动直接把图形绘制在已打开的图形窗口上。

(7) 窗口中的图形复制：单击 Edit→Copy Figure 把图形复制到剪贴板上。

(8) 除了通过图形句柄来完成图形对象参数的设置或修改之外，另外一种更为简便的方法是对已经绘制出来的图形进行参数的修改，其方法是：选择单击图形窗口的编辑菜单项 Edit→Properties，打开参数设置对话框，修改对象的参数。

2. 坐标系

(1) 在 MATLAB 中，每个图形都有一个坐标系作为其定位系统。

(2) 虽然一个图形窗口允许有多个坐标系，但是跟当前图形窗口只能有一个一样，每个图形窗口的当前坐标系也只有一个。

(3) 对图形坐标系的管理通过对句柄值进行管理来实现，在 MATLAB 中，每个图形窗口的坐标系有区别于其他坐标系的唯一的标识符，即句柄值。

(4) 当前坐标系为最后产生或使用的坐标系，也可以用函数 axes( )来指定当前坐标系。

(5) 可以通过 MATLAB 函数 gca( )获得当前坐标系的句柄。

3. 一些有关坐标轴的函数

1) axis([Xmin,Xmax,Ymin,Ymax])

说明：该函数用于定义坐标范围。在绘制图形时，MATLAB 会根据常规要求自动定义坐标轴的范围，若认为自动设定的坐标轴不符合要求，则用户可以重新设置。其中，参数 Xmin、Xmax 分别为 x 轴的起点与终点值，参数 Ymin、Ymax 分别为 y 轴的起点与终点值。

2) axis off;axis on

说明：这两个函数为坐标轴控制函数。在绘制图形时，MATLAB 同时会绘制图形的坐标系，如果不想出现坐标系，可以用函数 axis off 来隐藏坐标系，重新显示可以用函数 axis on。

3) axis square

说明：该函数用于导入正方形的坐标系。在默认情况下，MATLAB 绘制的图形坐标系长宽比约为 4:3，axis square 用于获得到正方形的坐标系。

4) title(' string ')

说明：该函数用于设置坐标系的标题，其中参数 string 为标题文本。

5) xlabel(' string ');ylabel(' string ');zlabel(' string ')

说明：这几个函数用于设置坐标轴的标签文本，它们分别为设置 x、y、z 坐标轴的标签文本。其中，参数 string 为文本。

2.3.2 二维绘图

二维图形的绘制是 MATLAB 语言图形处理的基础。

1. 绘制二维曲线的基本函数

在 MATLAB 中，二维平面绘图最为常用的命令是 plot。

1）plot 函数

调用格式：plot(X,Y,S)。

说明：该函数用于二维线性曲线的绘制。其中：参数 X,Y 为一组一一对应的长度相同的向量数据，X 为横坐标的值，Y 为纵坐标的值；S 为字符串，可能选择包含以下 3 种信息：颜色、线型和标记符号，选项字符对应含义请参考表 2-9。

【例 2-29】 在[0,2pi]区间，绘制余弦曲线。

在命令窗口中输入以下命令。

```
>>x=0:pi/100:2*pi;
>>y=cos(x);
>>plot(x,y)
>>grid
```

程序执行后，打开一个图形窗口，绘制出如图 2-21 所示的曲线。上述程序中，grid 命令是在图中标出栅格线。

【例 2-30】 绘制曲线 $\begin{cases} x=t\sin(3t) \\ y=t\sin(t)\sin(t) \end{cases}$，$(-\pi<t<\pi)$。

这是参数形式的曲线方程。

在命令窗口中输入以下命令。

```
>>t=-pi:pi/100:pi;
>>x=t.*sin(3*t);
>>y=t.*sin(t).*sin(t);
>>plot(x,y)
```

程序执行后，打开一个图形窗口，绘制出如图 2-22 所示的曲线。

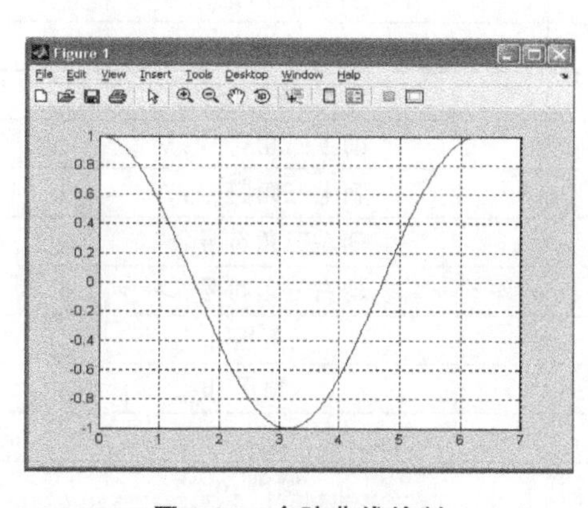

图 2-21 余弦曲线绘制

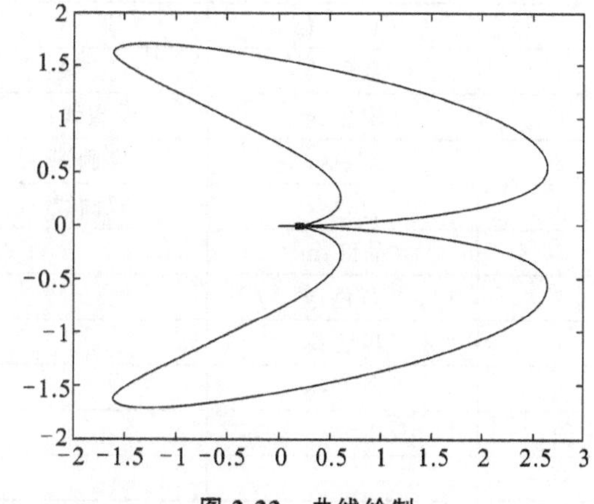

图 2-22 曲线绘制

以上提到 plot 函数的参数 x,y 的长度是一致的，这是最基本、最常见的用法，当然在实际应用中还有一些变化。

2）含有多个参数的 plot 函数

调用格式：plot(x1,y1,x2,y2,…,xn,yn)。

说明：该函数包含多组向量对，绘制多条曲线，每一对参数具有相同的长度。

如下列命令可以在同一坐标中画出 3 条正弦曲线。

【例 2-31】 绘制多条曲线。

```
>>x=linspace(0,2*pi,100);
>>plot(x,3*sin(x),x,2*sin(x),x,sin(x))
```

绘制出如图 2-23 所示的三条曲线。

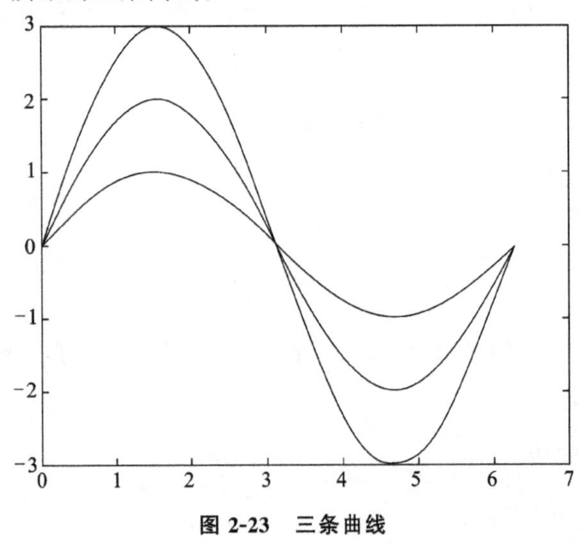

图 2-23 三条曲线

3）含选项的 plot 函数

说明：MATLAB 的 plot 函数提供了绘图选项，用于设置所绘曲线的颜色、线型和标记符号。plot 函数选项如表 2-9 所示。

表 2-9 plot 函数的选项

序 号	颜 色	线 型	数据点标记符号
1	蓝色：b	实线：-	方块：s
2	绿色：g	虚线：:	菱形：d
3	红色：r	点画线：-.	朝下三角符号：V
4	青色：c	双画线：--	朝上三角符号：Λ
5	品红：m		朝左三角符号：<
6	黄色：y		朝右三角符号：>
7	黑色：k		五角星：p
8	白色：w		六角星：h
9			点：.
10			圆圈：o
11			叉号：×
12			加号：+
13			星号：*

【例 2-32】 用不同的线型和颜色在同一坐标内绘制曲线及其包络线。

```
>>x=(0:pi/100:2*pi)';
>>y1=2*exp(-0.5*x)*[1,-1];
>>y2=2*exp(-0.5*x).*sin(2*pi*x);
>>x1=(0:12)/2;
>>y3=2*exp(-0.5*x1).*sin(2*pi*x1);
>>plot(x,y1,'k:',x,y2,'b--',x1,y3,'rp');
```

生成的图形如图 2-24 所示，在该 plot 函数中包含了 3 组绘图参数，其中的参数含义请参照表 2-9。

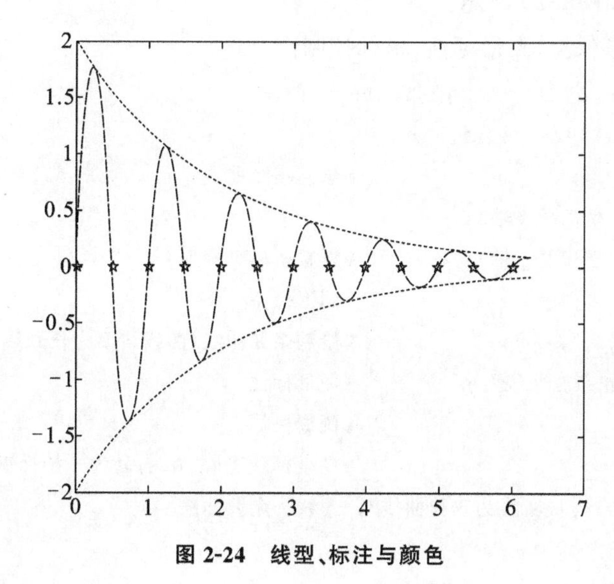

图 2-24　线型、标注与颜色

2. 绘制图形的辅助操作

初步绘制完图形后，有时还需要对图形进行辅助操作，这些辅助操作包括以下几点。

1）图形标注

给图形加上一些说明，包括图形的名称、坐标轴的说明以及图形含义的说明等。

2）坐标控制

MATLAB 绘图会自动选择合适的坐标刻度，如果用户对坐标刻度不满意，可以利用函数 axis(　)对其重新设置。

3）图形保持

在缺省情况下，MATLAB 每执行一次绘图命令，将刷新图形窗口，原有图形也就没有了，如果想在原来的图形窗口上继续绘制新的图形，使用 hold on 命令，如果要关闭此功能，用 hold off 命令。

4）图形窗口分割

调用格式：subplot(m,n,p)。

说明：该函数把当前窗口分解为 m×n 个绘图区。其中，参数 m 代表行，n 代表列，p 代表第 p 区是当前区，绘图区号按行优先编号。例如，subplot(4,3,6)表示将窗口分割成 4×3 个部分(4 行 3 列)，在第 6 个区(第 2 行第 3 列)上绘制图形。MATLAB 允许最多 9×9 的分割图区。

【例 2-33】 图形标注、坐标控制例子。

```
>>x=linspace(0,2*pi,100);
>>plot(x,3*sin(x),x,2*sin(x),x,sin(x))
>>xlabel('here is x-axis')
>>ylabel('here is y-axis')
>>title('three lines in one figure')
>>text(4,2,'three sin(x)')
>>axis square% 产生正方形坐标系
```

所产生的图形如图 2-25 所示。

【例 2-34】 图形保持、图形标注、坐标控制。

```
>>x=linspace(-2*pi,2*pi,500);
>>y1=sin(x);y2=cos(x);
>>plot(x,y1);                    %绘制正弦曲线
>>xlabel('坐标系 x 轴');
>>ylabel('坐标系 y 轴');         %设置坐标轴标题
>>hold on                        %图形保持
>>plot(x,y2,'k--');              %绘制余弦曲线,曲线线型为长画线
>>title('正余弦曲线');           %图形标注
>>grid                           %画栅格线
                                 %在坐标位置(3,0.8)处为开始标识两行文字
>>text(3,0.8,{'实线为正弦曲线','虚线为余弦曲线'});
>>hold off
```

运行后产生的图形如图 2-26 所示。

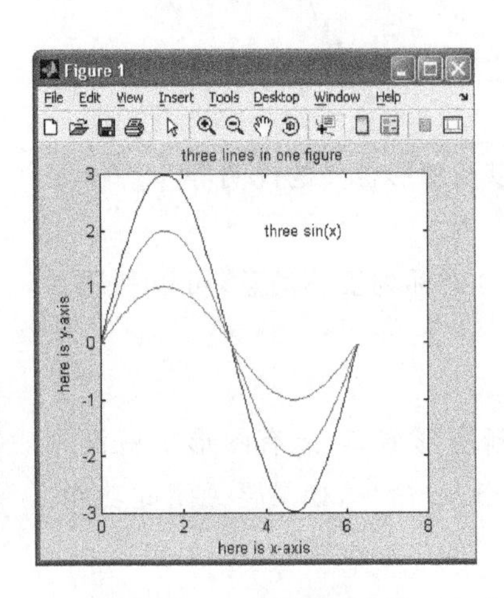

图 2-25 正方形坐标系

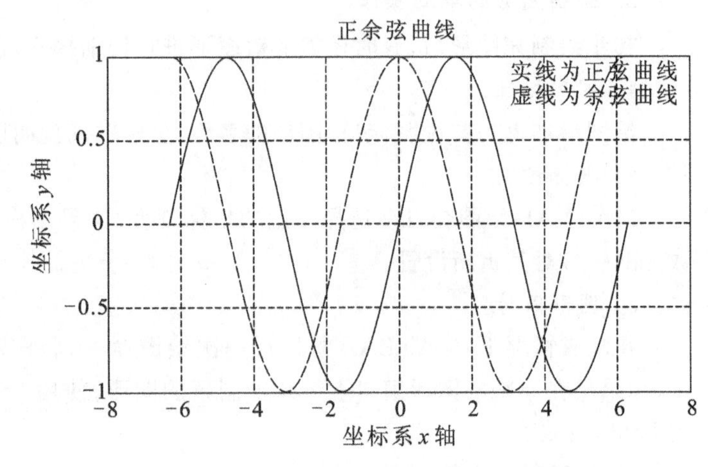

图 2-26 图形保持、图形标注、坐标控制

【例 2-35】 子图绘制例子。

```
>>x=linspace(-2*pi,2*pi,500);
>>y1=sin(x);y2=cos(x);
>>y3=tan(x);y4=cot(x);
```

```
>>subplot(2,2,1)                            %创建两行两列图形窗口,当前子图为第 1 个
>>plot(x,y1);                               %在当前子图中绘制正弦
>>axis([0,2*pi,-1,1]);title('sin(x)');      %设置坐标系长度,图形标题
>>subplot(2,2,2);plot(x,y2);                %在第 2 个子图中绘制余弦曲线
>>axis([0,2*pi,-1,1]);title('cos(x)');
>>subplot(2,2,3);plot(x,y3);                %在第 3 个子图中绘制正切曲线
>>axis([-pi,pi,-50,50]);
>>title('tan(x)');
>>subplot(2,2,4);plot(x,y4)                 %在第 4 个子图中绘制余切曲线
>>axis([-pi,pi,-50,50]);title('cot(x)');
```

运行后产生的图形如图 2-27 所示。

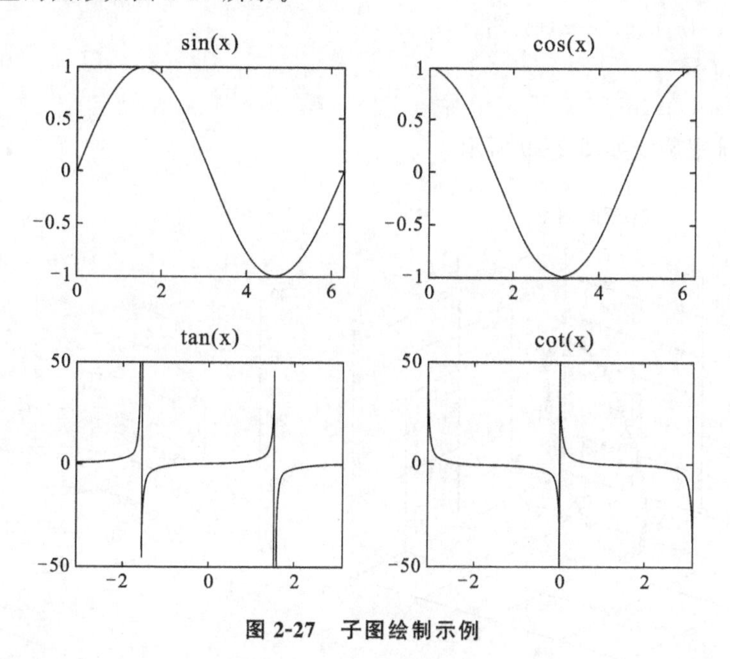

图 2-27　子图绘制示例

2.3.3　三维绘图

1. 绘制三维曲线的基本函数

在 MATLAB 中,plot3 把 plot 的功能扩展到三维空间,进行三维曲线的绘制,是三维图形绘制中最基本的函数。

调用格式:plot3(X1,Y1,Z1,'PropertyName',PropertyValue,…)。

说明:上述函数中,X1,Y1,Z1 构成一组曲线的坐标参数,选项的其他定义和 plot 的选项一样。可选项属性名(PropertyName)为参数名,属性可以是线型、标注和颜色等,属性值(PropertyValue)为对应选项的属性值。当 X1,Y1,Z1 是同维向量时,对应元素构成一条三维曲线。当 X1,Y1,Z1 是同维矩阵时,以对应列元素绘制三维曲线(条数为矩阵列数)。

【例 2-36】　绘制空间曲线。

编写 M 文件并运行以下内容:

```
t=0:pi/50:2*pi;
x=8*sin(t);y=8*sqrt(2)*sin(t);z=-8*sqrt(2)*cos(t);
plot3(x,y,z,'h');
title('3D空间图形');
text(0,0,0,'原点');
xlabel('X轴');ylabel('Y轴');zlabel('Z轴');grid;
```

生成的图形如图 2-28 所示。

【例 2-37】 绘制三维曲线。

在 MATLAB 的帮助文档中，关于 plot3 函数，提供了一个三维螺旋线的绘制实例：(Plot a three－dimensional helix.)。

```
>>t=0:pi/50:10*pi;
>>plot3(sin(t),cos(t),t)
>>grid on
>>axis square
```

生成的三维螺旋线如图 2-29 所示。

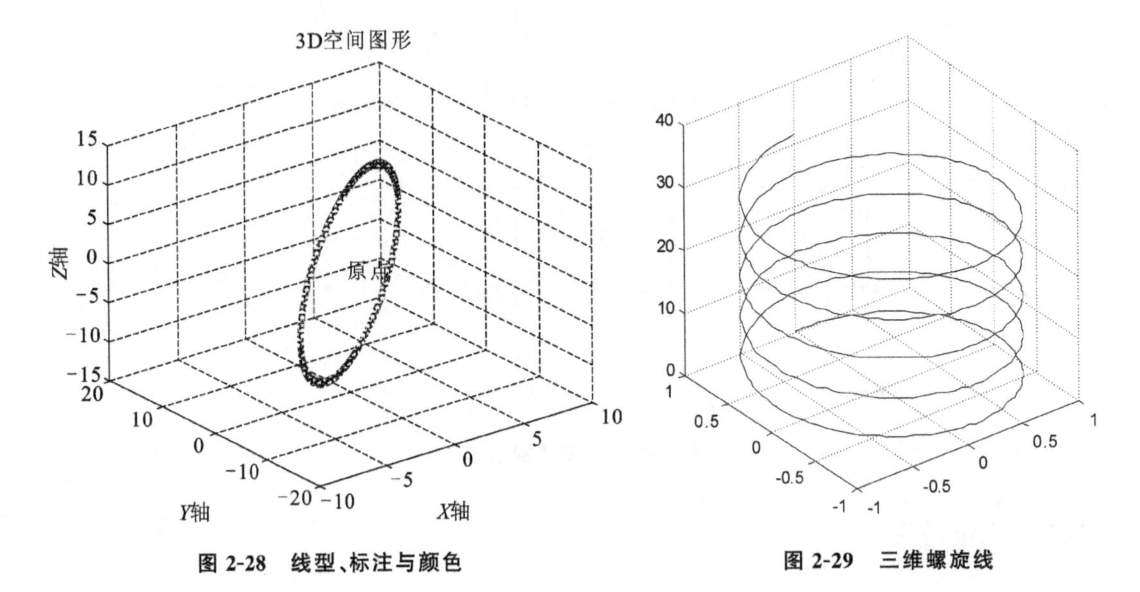

图 2-28　线型、标注与颜色　　**图 2-29　三维螺旋线**

2. 三维曲面

三维曲面的制作有以下两个步骤：

(1) 可以使用 meshgrid 函数生成平面网格坐标矩阵；

(2) 使用 mesh 函数生成三维网格图或使用 surf 函数生成三维曲面图。

【例 2-38】 绘制 $z=x^2+y^2$ 的三维网线图形。

```
x=-5:5;y=x;
[X,Y]=meshgrid(x,y);  %利用 meshgrid 函数生成平面网格坐标矩阵
Z=X.^2+Y.^2
mesh(X,Y,Z)
```

mesh(X,Y,Z)程序执行的结果如图 2-30 所示。

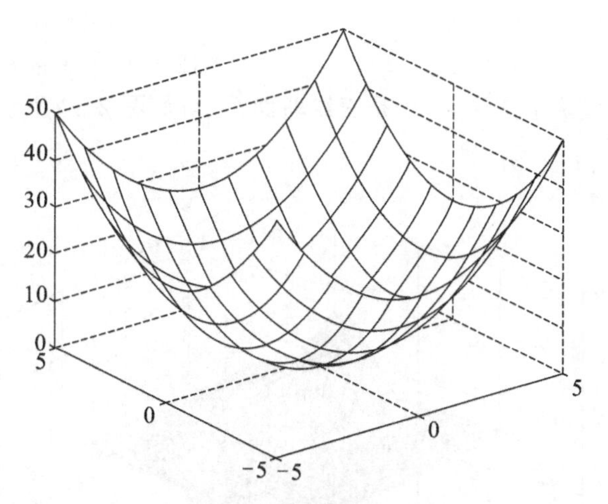

图 2-30　三维网线图形一

【例 2-39】 绘制三维曲面图形。

```
[X,Y,Z]=peaks(30)
%peaks 为 MATLAB 生成的三维曲面图形
surf(X,Y,Z)
```

程序执行结果如图 2-31 所示。

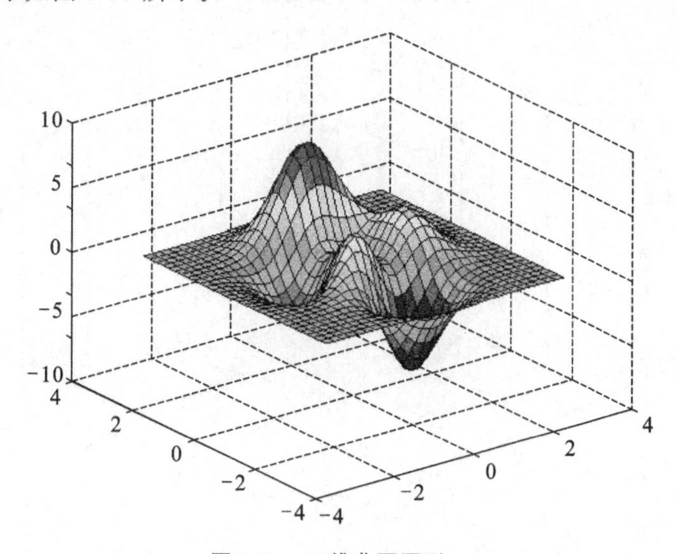

图 2-31　三维曲面图形一

从图 2-30 与图 2-31 可以看到，三维网线图形与三维曲面图形的区别在于：三维网线图形的线条是有颜色的，网格是没有颜色的，而三维曲面图形的线条是黑色的，网格是有颜色的。从下例也可以看到两者的区别。

【例 2-40】 绘制 $z=f(x,y)$ 的三维图形，其中：$z=\dfrac{\sin(x^2+y^2)}{x^2+y^2}$。

输入以下命令并运行：

```
x=-4:0.2:4;y=x;              %生成平面网格坐标矩阵
[X,Y]=meshgrid(x,y);
R=X.^2+Y.^2+eps;             %加入 eps 以防止出现 0/0
Z=sin(R)./R;
```

```
figure(1);surf(X,Y,Z)                    %在图 1 中生成曲面图
figure(2);mesh(X,Y,Z)                    %在图 2 中生成网格图
```

程序执行结果生成两个图形，一个是三维曲面图形，如图 2-32 所示；另一个是三维网线图形，如图 2-33 所示。

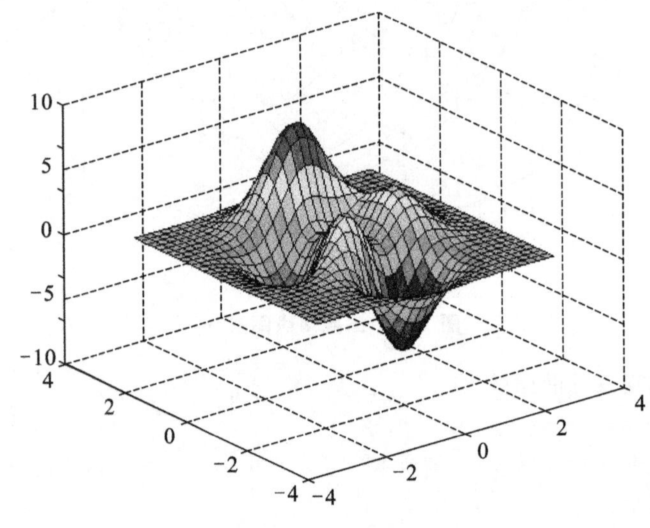

图 2-32　三维曲面图形二

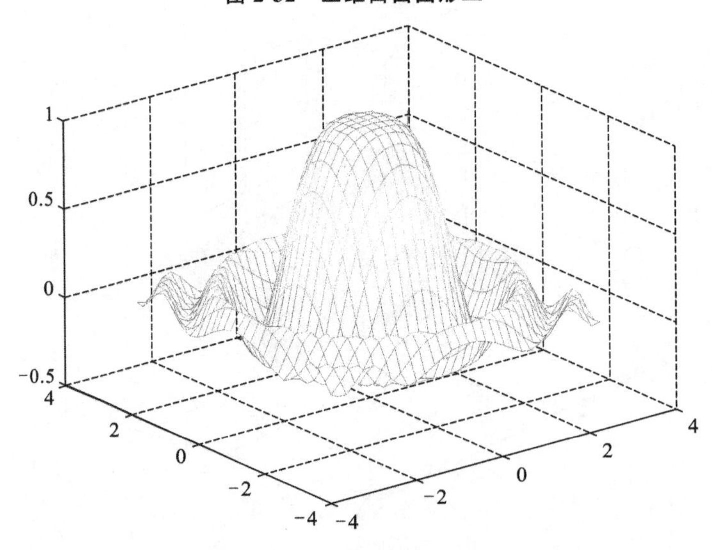

图 2-33　三维网线图形二

2.3.4　图形输出

MATLAB 语言具有强大的图形与数据处理功能，可以读写各种常见的图形和数据文件格式，包括 GIF、JPEG、BMP、PNG、AVI 等格式的文件，同样，运用 MATLAB 语言所产生的图形也可以导出到其他应用程序中，如 Mircrosoft Word 和 PowerPoint 等软件中。

通常采用下述两种方法来输出图形。

(1) 首先在 MATLAB 图形窗口中选择文件(File)菜单中的输出(Export)或另存为(Save as…)选项，打开图形输出对话框，在该对话框中可以选择把图形以 bmp、jpg、emf 等格式保存；然后，再打开相应的 Word 或其他文档，并在该文档中选择“插入”菜单中的“图

片”选项插入 MATLAB 生成的图片。

(2) 首先在 MATLAB 图形窗口中选择编辑(Edit)菜单中的拷贝图形(Copy Figure)选项,把图像复制到剪贴板上;再打开相应的 Word 或其他文档,并在该文档中将剪贴板上的图像粘贴到需要的位置。

2.4 MATLAB 程序设计

MATLAB 是一款适用于科学计算的工具软件。除了具有前面介绍的强大的矩阵运算、数组运算、符号运算和丰富的绘图功能外,也跟许多计算机高级语言如 C 语言、Fortran 语言一样,它还具有程序设计的功能。

利用 MATLAB 的程序设计功能,根据程序设计规范,将有关 MATLAB 命令编成程序存储在一个特定文件中(M 文件),然后在命令窗口中运行该文件,MATLAB 就会自动依次执行文件中的全部命令。相对于在命令窗口逐条输入命令,M 文件在程序的编辑、保存、调试和修改上的优势很明显。在 MATLAB 中,为了提高编程效率,要注意充分利用 MATLAB 数据结构的特点。

2.4.1 M 文件

MATLAB 是一种解释性语言,在 MATLAB 命令窗口中直接输入命令的方式简单、明了、易用,但修改与调试程序比较困难,且程序不容易保存。

可以利用 M 文件编辑器编写、运行并保存 M 文件。同时运行过程中的错误信息和运行结果都会显示在命令窗口中。

1. M 文件编辑器

1) 可以采用以下方法启动 M 文件编辑器

(1) 启动 MATLAB 后,选择编辑菜单项 File→New→M-File 启动 M 文件编辑器,也可以在快捷工具栏中单击“建立新文件”按键启动。

(2) 选择菜单命令 File→Open 打开一个已经存在的 M 文件,启动 M 文件编辑器,或者在操作桌面快捷工具栏中单击“打开文件”按键。

(3) 在命令窗口中输入 edit 命令。

通过在 MATLAB 命令窗口中点击 File→New→M-file,进入 MATLAB 编辑/调试窗口的图示如图 2-34 所示。

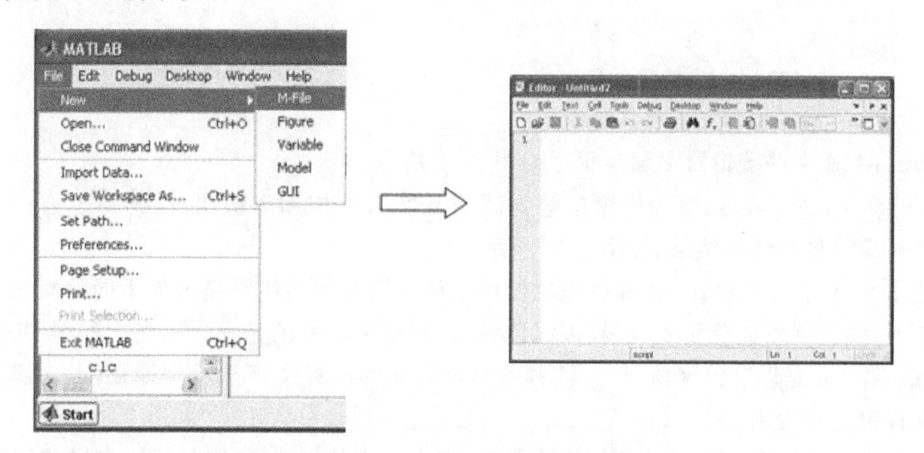

图 2-34 进入 MATLAB 编辑/调试窗口

2) M 文件编辑器的操作

以下通过两个例子说明 M 文件编辑器的操作。

【例 2-41】 绘制正弦曲线。

在编辑/调试窗口的空白区内输入：

```
t=0:1*pi/200:2*pi;
plot(t,sin(t))
```

然后保存文件，点击 File→Save，在弹出的对话框内输入文件名为“ex2_1”，点“Save”按键，则程序存为“ex2_1.m”文件，如图 2-35 所示。

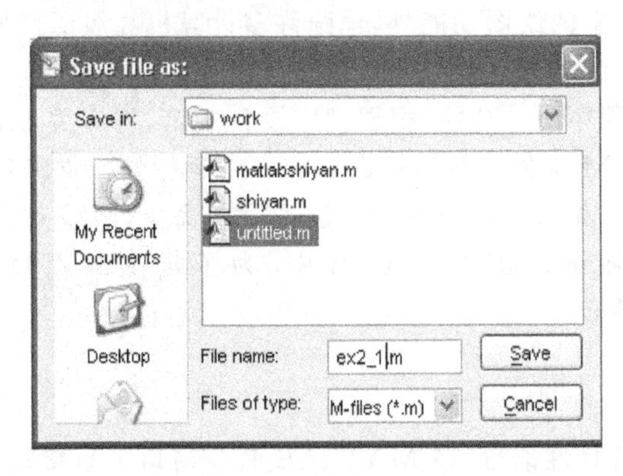

图 2-35 保存 MATLAB 文件

需要执行程序时，只要回到命令窗口中，直接键入文件名“ex2_1”即可。

当一组命令通过改变某个变量的值就可以反复使用去解决不同的问题时，可以利用 M 文件编辑器方便地进行处理。

【例 2-42】 求 1 到 1000 奇数的和。

```
clear                   %清除工作空间变量
clc                     %清除命令窗口痕迹
sum=0;
i=1;
for i=1:1000
  sum=sum+i
  i=i+2;
end
disp('1 到 1000 奇数的和为:')
sum
```

sum 在 M 文件编辑器中编写程序如图 2-36 所示。

保存为 ex2_2.m 后，在命令窗口输入语句 ex2_2 并按回车键执行，则命令窗口中飞快地滚动并最终显示计算结果，如图 2-37 所示。

从图 2-36 中可以看到，M 文件编辑器可以使不同元素的代码显示为不同的颜色。在缺省状态下，关键字以蓝色显示，注释以绿色显示，字符串以紫色显示。如在本程序中，两个关键词 for 和 end 是以蓝色字体显示，注释符%及后面的注释文字显示为绿色，disp 函数里的属性字符串显示为紫色。

这种方式容易区分程序的不同语法元素，提高程序的可读性，降低语法出错的可能性。

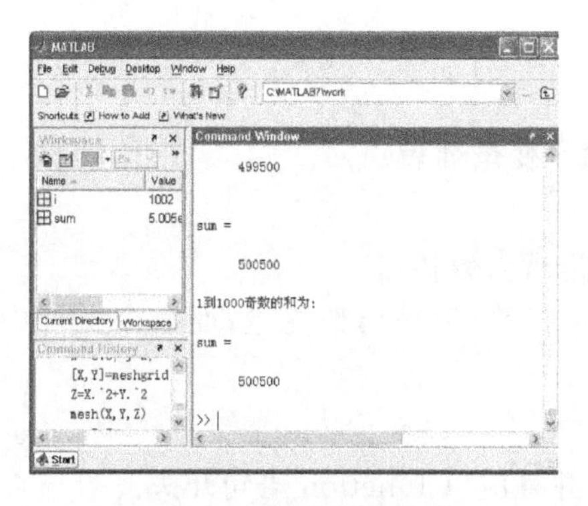

图 2-36 M 文件编辑器

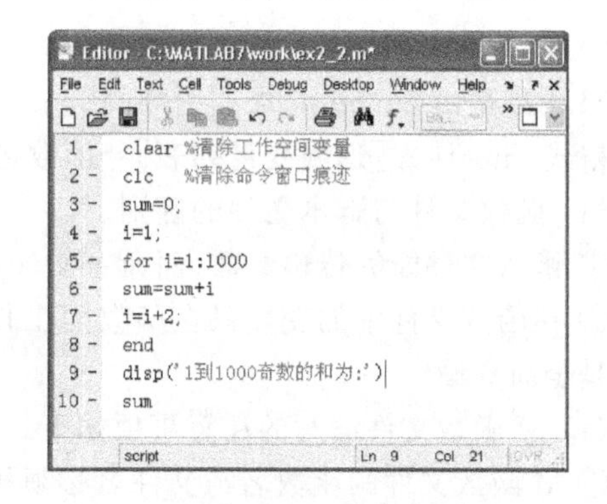

图 2-37 程序运行界面

2. M 文件的类型

M 文件根据调用方式的不同可以分为以下两类。

(1) Script：脚本文件/命令文件；

(2) Function：函数文件。

1) M 脚本文件

同 DOS 的批处理文件类似，M 脚本文件包含一组 MATLAB 语句，它的执行只需要在 MATLAB 命令窗口键入 M 文件的文件名即可。

(1) 脚本文件的创建与执行步骤如下。

① 通过编辑菜单 File→New 生成一个新的 M 文件，或者通过 File→Open 打开已存在的 M 文件。

② 进行 M 文件程序编写。

③ 点击 File→Save 保存编辑好的 M 文件。

④ 执行程序：在 M 文件编辑器菜单中点击 Debug→Run，或者在命令窗口中直接输入待执行文件的文件名。

(2) 脚本文件示例程序。

【例 2-43】 已知 A=[5 8 9;2 1 3]；B=[11,12;14,15;17,18]；建立一个命令文件计算 AB 的值，然后将变量 A，B 的值互换。

打开 M 文件编辑器，输入如下命令，调试后保存。

```
A=[5 8 9;2 1 3];
B=[11,12;14,15;17,18];
D=A*B
C=A;A=B;B=C;           %变量 A,B 的值互换
A
B
```

(3) M 文件调试器的使用。

① 使用快捷键 F10 实现程序单步执行。

② 使用快捷键 F11 当遇见函数时进入函数内部(step in)。

③ 使用快捷键 Shift+F11 当执行流程中跳出函数(step out)。

④使用快捷键 F5 实现程序执行。

⑤ 使用快捷键 F12 可以实现断点的设置或清除。

⑥ 使用菜单来完成执行到光标所在位置。

⑦ 使用菜单或者快捷按键来完成退出调试模式。

上面的调试操作中，所有可以使用快捷键操作方式的也都可以通过菜单来完成。

2）M 函数文件

M 函数是由 function 语句引导的。

格式：function [返回变量列表]＝函数名（输入变量列表）。

（1）函数文件与脚本文件的区别。

① 函数文件能够传递参数，而命令文件不能进行参数传递。

② 在函数文件中的变量只在函数的工作区内有效，都是局部变量；而命令文件中的变量都是全局变量。

（2）M 函数文件编写的注意事项如下。

① M 函数文件的函数名与文件名必须相同，并且应以 function 语句开头。

② M 函数文件的工作空间与 MATLAB 的工作空间是分开的。

③ M 函数中的 return 命令作用是：中断运行，返回工作空间。

④ M 函数文件可以实现调用自己，但容易形成死循环。

（3）函数文件示例。

【例 2-44】 计算两个数字之和(有输入输出参数的函数文件的建立和运行)。

新建一个 M 文件，命名为 ex_fun1. m，内容如下：

```
function rt=ex_fun1(x,y)
rt=x+y;
end
```

在命令窗口输入 ex_fun1（10,20)即可输出计算结果。

【例 2-45】 文本显示(函数文件的建立和调用)。

新建一个 M 文件，命名为 ex_fun2. m，内容如下：

```
function ex_fun2
a='function test'
b=[1 2;3 4]
ex_fun1(10,30)
```

在命令窗口输入 ex_fun2 即可显示 a 和 b，并调用了例 2-44 所编写的 M 文件。

2.4.2 程序控制结构

跟其他高级程序语言一样，MATLAB 语言的流程控制程序包括顺序语句结构、循环语句结构、条件语句结构和其他流程控制语句。

1. 顺序语句结构

顺序语句结构是最简单的程序结构，在数据的计算或处理、数据的输入输出中经常使用。其运行方式按排列顺序依次执行程序各条语句，直到最后。

【例 2-46】 求一元二次方程 $ax^2+bx+c=0$ 的根。

程序如下：

```
function  x=ex_fun3 (a,b,c)
disp('求 ax^2 +bx+c=0 的根');                %disp()为屏幕输出函数
a=input('请输入系数 a:     ');               %input()为输入函数
b=input('请输入系数 b:     ');
c=input('请输入系数 c:     ');
d=b*b-4*a*c;
x=[(-b+sqrt(d))/(2*a),(-b-sqrt(d))/(2*a)];
disp(['x1=',num2str(x(1)),',x2=',num2str(x(2))]);
```

在命令窗口中输入 ex_fun3,运行该程序。

2. 循环语句结构

循环语句结构根据设置的条件,重复执行指定语句,并按条件退出循环。MATLAB 用 for 语句和 while 语句来实现循环语句结构。

1) for 循环语句

for 循环语句是按预先指定次数把循环体重复执行 N 次。它的循环次数通过循环变量的数学表达式来决定,其次数:$N=1+$(终值－初值)/步长。

(1)语句格式如下:

for 循环变量=初值:步长:终值

循环体

end

其中,表达式可以是行向量,也可以是矩阵。

(2) for 循环语句示例。

【例 2-47】 已知 $y=1+\frac{1}{3}+\frac{1}{5}+\cdots+\frac{1}{2n-1}$,用 for 循环语句计算当 $n=200$ 时 y 的值。

```
clear;
y=0;n=200;
for k=1:n
y=y+1/(2*k-1);
end
y
```

2) while 循环语句

while 循环语句用于将相同的循环体执行多次,但是次数并不预先指定,是否执行循环体语句,是由条件表达式决定的:当 while 的条件表达式为真时,执行循环体,直到条件表达式为假时,跳出循环结构。

(1) 语句格式如下:

while 条件表达式

循环体

end

(2) while 语句示例。

【例 2-48】 用 while 循环语句求解最小的 m,使其满足 $\sum_{i=1}^{m} i > 10000$。

```
s=0;m=0;
while (s<=10000)
   m=m+1;
s=s+m;
end
m
```

【例 2-49】 用 while 循环语句完成【例 2-47】。

```
y=0;k=1;
while (k<=200)
   y=y+1/(2*k-1);
k=k+1;
end
y
```

对比【例 2-49】while 循环语句和【例 2-47】for 循环语句，可以发现：如果程序设计中能够预先知道需要循环的次数，可以使用 for 循环语句；否则，需要采用 while 循环语句，当然，采用 for 循环语句也可以用 while 循环语句来实现，但是采用 while 循环语句的结构不一定能够用 for 循环语句来实现。

跟其他高级计算机语言一样，循环语句可以嵌套使用，但是用户不能在 for 循环体内改变循环变量的值，同时，为了提高代码的运行效率，尽量避免使用 for 循环语句。

3. 条件语句结构

条件语句结构就是选择结构，也称为分支结构，这种结构根据给定的条件的真假，选择执行不同的语句。MATLAB 用 if 条件语句或 switch 条件语句来实现选择结构。

1) if 条件语句的类型与结构

(1) 单分支结构如下：

if 条件表达式

语句组

end

(2) 双分支结构如下：

if 条件表达式

语句组 1

else

语句组 2

end

(3) 多分支结构如下：

if 条件表达式 1

语句组 1

elseif 条件表达式 2

语句组 2

……

elseif 条件表达式 m

语句组 m

else

语句组

end

(4) if 条件语句示例。

【例 2-50】 判断输入的两个参数是否都大于 0：若是，则返回“a and b are both larger than 0”；否则不返回，程序最后返回“Done”。

```
a=input('a=');
b=input('b=');
if a>0 & b>0
disp('a and b are both larger than 0');
end
disp('Done');
```

【例 2-51】 编写函数，计算 $f(x)=\begin{cases} x^2, & x>1 \\ 1, & -1<x\leqslant 1 \\ 3+2x, & x\leqslant -1 \end{cases}$

```
function y=ex_fun4(x)
n=length(x);                    %获取数组长度
for i=1:n
if x(i)>1
    y(i)=x(i)^2;
elseif x(i)>-1
y(i)=1;
else
y(i)=3+2*x(i);
end
end
```

2) switch 条件语句

MATLAB 中的 switch 条件语句结构的运行过程：首先运算得到 switch 指令后的表达式的值，然后将计算值与各个 case 指令后的检测值依次进行比较，当碰到比较结果为真时，就执行相应的语句组，执行完该语句组后跳出 switch 结构，不再考虑该 switch 结构剩下的语句组。如果所有的比较结果都为假，则执行 otherwise 后面的语句组。

otherwise 指令可以不出现，没有 otherwise 指令且所有比较结果都为假时，将跳出 switch 结构。switch 后面的表达式(expression)的值可以是一个标量或字符串。

(1) 语句格式。

switch 表达式(expression)如下：

case 检测值表达式 1

语句组 1

case 检测值表达式 2

语句组 2

……

case 检测值表达式 m

语句组 m

otherwise

语句组

end

(2) switch 条件语句示例。

【例 2-52】 某商场对顾客所购买的商品实行打折销售，标准如下(价格用 price 来表示)：

```
price<200              没有折扣
200≤price<500          3%折扣
500≤price<1000         5%折扣
1000≤price<2500        8%折扣
2500≤price<5000        10%折扣
5000≤price             15%折扣
```

输入所售商品的价格,求其实际销售价格。

```
price=input('请输入商品价格:');
switch fix(price/100)
    case {0,1}                       %价格小于 200
        rate=0;
    case {2,3,4}                     %价格大于等于 200 但小于 500
        rate=3/100;
    case num2cell(5:9)               %价格大于等于 500 但小于 1000
        rate=5/100;
    case num2cell(10:24)             %价格大于等于 1000 但小于 2500
        rate=8/100;
    case num2cell(25:49)             %价格大于等于 2500 但小于 5000
        rate=10/100;
    otherwise                        %价格大于等于 5000
        rate=15/100;
end
price=price*(1-rate)                 %输出商品实际销售价格
```

在本例中,如果没有 otherwise 指令,也就是没有价格大于等于 5000 的选项,那么当输入大于等于 5000 的数据时,比较后将跳出选择结构,并自动令 rate=0。

4. 其他流程控制语句

除了上述程序流程结构之外,MATLAB 还提供了其他一些程序控制的命令,例如 continue、break 和 return 等。下面是几个常用命令的用法。

(1) Continue 命令:结束本次循环,进入下一次循环。

(2) Break 命令:终止执行循环,即跳出最内层循环。

continue 和 break 命令一般与 if 语句结构配合使用。

(3) Return 命令:退出正在运行的程序,通常用于函数文件中。

【例 2-53】 求[200,300]之间第一个能被 34 整除的整数。

```
for n=200:300
if rem(n,34)~=0          %rem( )为求余数函数
    continue
end
break;
end;
n
```


说明:本例用函数 rem( )求余数,如果 n 除以 34 的余数不等于 0,利用 continue 命令,跳回 for 循环语句,n 加 1 后进入下一次 for 循环,直到其余数为零时,跳出 continue 循环体。

本章小结

本章主要介绍了 MATLAB 语言的基础知识,包括开发环境、数值运算、绘图基础和编程等,并通过具体的实例,有选择、有重点地演示了 MATLAB 语言的一些基本功能。本章

介绍的这些基本功能与自动控制仿真关系紧密。本章内容是 MATLAB 语言运行的重要基础，是应用 MATLAB 语言进行自动控制原理仿真的基础，在后面的章节中将通过具体的仿真实例对 MATLAB 语言与自动控制仿真分析做进一步的阐述。

习 题 2

1. MATLAB 操作桌面有几个窗口？如何使某个窗口脱离桌面成为独立窗口？又如何将脱离出去的窗口重新放置到桌面上？

2. 如何启动 M 文件编辑器？

3. 矩阵运算和数组运算的运算符有什么区别？

4. 在 MATLAB 中建立矩阵$\begin{bmatrix}4 & 8 & 5\\3 & 2 & 1\end{bmatrix}$，并将其赋予变量 a。

5. 求矩阵$\begin{bmatrix}4 & 8 & 5\\3 & 2 & 4\\8 & 1 & 0\end{bmatrix}$与$\begin{bmatrix}1 & 2 & 5\\0 & 3 & 3\\3 & 8 & 6\end{bmatrix}$之和。

6. 计算数组 $a=\begin{bmatrix}3 & 4 & 3\\2 & 2 & 7\end{bmatrix}$与 $b=\begin{bmatrix}2 & 1 & 8\\3 & 7 & 3\end{bmatrix}$的乘积。

7. 对于 $AX=B$，如果 $A=\begin{bmatrix}4 & 9 & 2\\7 & 6 & 4\\3 & 5 & 7\end{bmatrix}$，$B=\begin{bmatrix}37\\26\\28\end{bmatrix}$，求解 X。

8. $a=\begin{bmatrix}1 & 9 & 5\\2 & 8 & 4\end{bmatrix}$，$b=\begin{bmatrix}4 & 7 & 8\\1 & -6 & 2\end{bmatrix}$，观察 a 与 b 之间的六种关系运算的结果。

9. 角度 $x=[30\quad 45\quad 60]$，求 x 的正弦、余弦、正切和余切。

10. 求解多项式 $2x^3-7x^2+8x+40$ 的根。

11. 计算多项式 $x^4-2x^3+14x^2+5x+9$ 的微分和积分。

12. 创建符号变量有几种方法？

13. 用符号函数法求解方程 $at^2+bt+c=0$。

14. $f=\begin{bmatrix}a\log(x) & x^3 & \dfrac{1}{x}\\ e^{ax} & a & \sin(x)\end{bmatrix}$，求 $\mathrm{d}f/\mathrm{d}x$。

15. 求代数方程组$\begin{cases}ax^2+by+c=0\\x+y=0\end{cases}$关于 x,y 的解。

16. 绘制函数 $x=\sin(2t)\cos(t)$，$y=\sin(2t)\sin(t)$的图形，t 的变化范围为$[0,2\pi]$。

17. 绘制曲线 $y=x^3+x^2+1$，x 的取值范围为$[-5,5]$。

18. 编制函数文件：取任意整数，若是偶数，则用 2 除，否则乘 3 加 1，重复此过程，直到整数变为 1。

19. 编写一段程序，能够把输入的摄氏温度转化成华氏温度，也能把华氏温度转换成摄氏温度。

20. 编写函数，计算分段函数：$f(x)=\begin{cases}x^3, & x>2\\8, & -2<x\leqslant 2\\4+2x^2, & x\leqslant -2\end{cases}$

第3章 Simulink 仿真

3.1 Simulink 应用环境

3.1.1 Simulink 简介

Simulink 是由美国 MathWorks 软件公司在二十世纪九十年代开发的，为 MATLAB 提供的控制系统模型图形输入仿真工具，它是 MATLAB 的重要组成部分，是一个基于信号流图的动态仿真系统，用于模拟系统的特性和响应，对动态系统进行仿真分析，可以根据使用和设计要求，对系统进行设计、修改和优化。Simulink 可以用于线性和非线性系统的仿真，并能用于设计连续时间、离散时间或二者混合的系统，同时也支持多采样频率系统。总之，Simulink 具有相对独立的功能和使用方法。

在一些实际工程应用中，若实际系统的结构过于复杂，导致常规的建模方法不适用，这时，就可以采用功能完善的 Simulink 工具箱来建立此类系统的数学模型。Simulink 工具箱具有两个重要功能：Simu(仿真)与 Link(连接)，也就是可以利用鼠标在模型窗口上“画”出所需的控制系统模型，然后利用 Simulink 提供的功能来对系统进行仿真或线性化分析。

Simulink 同时提供了图形化用户界面(GUI)，可将系统分为从高级到低级的几个层次，每层又可以细分为几个部分，每层子系统构建完成后，将各层连接起来就可构成一个完整的系统。

在系统模型创建完成后，运行仿真，启动系统内置的分析工具来分析系统的动态特性。仿真结果的保存有两种：一种用示波器来显示输出波形，另一种是以变量形式保存输出结果，并可以将输出变量重新输入到 MATLAB 中完成进一步的分析。

MATLAB 提供的实现动态系统建模仿真的强大功能的 Simulink 软件包，使用户把精力从复杂的程序编写转向简便的模型构建。

与 MATLAB 的其他各种工具箱相比较，Simulink 具有特别的结构和使用方法。一般工具箱只是面向某一学科，根据学科知识与要求，采用 MATLAB 语言进行程序编写，然后把程序包集中起来，而 Simulink 却是从底层开发出来的，它是一个完整且相对独立的仿真环境和图形界面。

在 MATLAB 中，文本窗口用于编程(如 M 文件编辑器)，图形窗口只是用来显示，而在 Simulink 的图形窗口中，可以用事先定义好的模块框图的绘制来代替文本程序的编写，这些模块框图的属性可以进行设置。用户只需使用鼠标，就可以非常简单地完成系统模型的创建、调试和仿真甚至设计。

使用 Simulink 的三大步骤如下：

(1) 模型创建与定义：通过分析系统，对其进行建模；

(2) 模型的分析：在 Simulink 中对模型进行仿真，分析模型与系统的关系；

(3) 模型的修正：根据仿真结果对模型进行修正。

通过重复执行上述三大步骤就可以实现系统的最优化。

3.1.2 Simulink 工具箱的运行

1. Simulink 的运行步骤

Simulink 的运行步骤如图 3-1 所示。

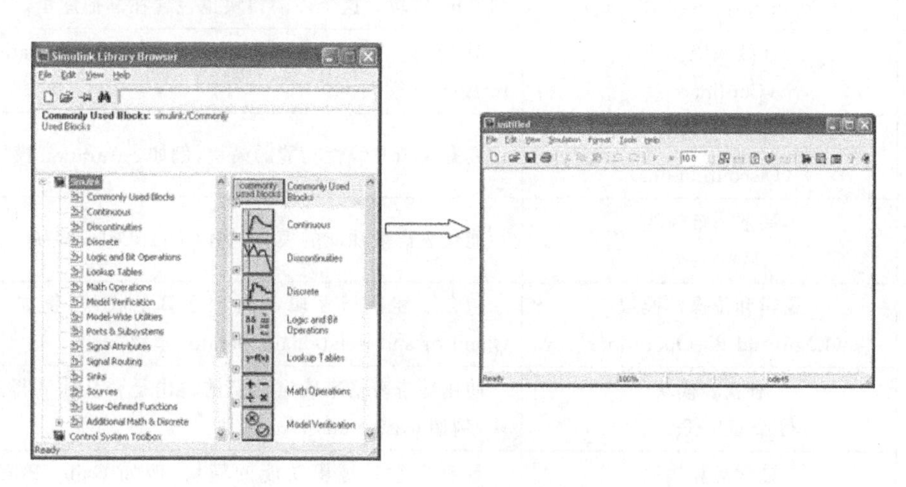

图 3-1 Simulink 的运行步骤

先打开 Simulink，然后打开模型创建窗口，在模块库中选择模块输入到模型创建窗口。

1）打开 Simulink 的三种方式

（1）在命令窗口中键入 Simulink 命令。

（2）在命令窗口下点击 Simulink 图标。

（3）File→New→Model。

打开 Simulink 库浏览器(SimulinkLibrary Browser)窗口后，先观察 simulink 树状列表形式的模块库，它包含了 simulink 模块库中的各种模块 。

2）打开模型创建窗口

在工具栏中选择建立新模型图标（Create a new model），弹出名为 Untitled 的空白窗口，如果要完成已有模型的调试、修改，可以选择 Open 图标打开存于硬盘中已建立的模型。

3）选择建模模块

首先展开 Simulink 库浏览器左侧模块库树状列表，然后用鼠标单击模块项，所选模块类的具体模块就在库浏览器的右侧列表显示出来。如果用户知道建模模块的名称时，也可以在输入栏中键入模块名，点击 Find 按键进行查找。

2. 打开一个模型

打开一个存在的模型其步骤如下。

（1）在 SimulinkLibrary Browser 中选择 File→Open，出现了打开对话框。

（2）选择你想要的模型（. mdl 文件），然后点击 Open，在模型窗口中软件打开了一个选择的模型。

3.1.3 常用模块介绍

Simulink 软件提供 16 种标准的模块库，下面的表格描述了每种模块库的功能。表 3-1 所示为 Simulink 标准模块库。

表 3-1　Simulink 标准模块库

序号	模块库(Block Library)	描述 (Description)
1	通用模块 (Commonly Used Blocks)	包含最通常用的模块,例如 Constant, In1, Out1, Scope 和 Sum 模块。这个库的模块也包含在其他库里。
2	连续系统模块 (Continuous)	具有模拟线性功能的模块,例如 Derivative and Integrator 模块。
3	非连续模块 (Discontinuities)	具有模拟非线性功能的模块,例如 Saturation 模块。
4	离散系统模块 (Discrete)	能代表离散功能的模块,例如 Unit Delay 模块。
5	逻辑和位操作模块 (Logic and Bit Operations)	包含了能执行逻辑和大型运算的模块,例如 Logical Operator and Relational Operator 模块。
6	查找表模块 (LookUp Tables)	使用检查表格来确定他们的输出是否从输入得来的模块,例如 Cosine and Sine 模块。
7	数学运算模块 (Math Operations)	具有数学和逻辑功能的模块,例如 Gain, Product 和 Sum 模块。
8	模型检测模块 (Model Verification)	能创建自我验证模型的模块,例如 Check Input Resolution 模块。
9	模型扩充模块 (Model-Wide Utilities)	能提供模型信息的模块,例如 Model Info 模块。
10	端口和子系统模块 (Ports & Subsystems)	能创建子系统的模块,例如 In1、Out1 和 Subsystem 模块。
11	信号属性模块 (Signal Attributes)	能修改信号属性的模块,例如 Data Type Conversion 模块。
12	信号线路模块 (Signal Routing)	能从模块表的一点发送信号到另一点的模块,例如 Mux 和 Switch 模块。
13	输出模块 (Sinks)	能展示和输出最后结果的模块,例如 Out1 和 Scope 模块。
14	信号源模块 (Sources)	能产生或者是输入系统输入的模块,例如 Constant、In1 和 Sine Wave 模块。
15	用户自定义函数模块 (User-Defined Functions)	能定义习惯功能的模块,例如 Embedded MATLAB™ Function 模块。
16	附加数学与离散模块 (Additional Math & Discrete)	为数学和离散功能模块添加的两个库。

在这 16 个标准模块库中,自动控制系统仿真时所用到的模块主要有连续系统模块、离散系统模块、数学运算模块、输出模块、信号源模块和用户自定义函数模块等。

下面对这六个模块的功能进行列表描述。其中表 3-2 所示为连续系统模块,表 3-3 所示为离散系统模块,表 3-4 所示为数学运算模块,表 3-5 所示为信号源模块,表 3-6 所示为输出模块,表 3-7 所示为用户自定义函数模块。

表 3-2　连续系统模块及功能

序号	模　块	功　能	序号	模　块	功　能
1	Integrator	积分	5	Zero-Pole	零极点
2	Derivative	微分	6	Memory	延时输出
3	State-Space	状态方程	7	Transport Delay	传输延时
4	Transfer Fcn	传递函数	8	Variable Transport Delay	可变传输延时

表 3-3　离散系统模块及功能

序号	模　块	功　能	序号	模　块	功　能
1	Zero-Order-Hold	零阶保持器	5	Discrete Filter	离散滤波器
2	Unit Delay	单位延时采样保持	6	Discrete Transfer Fcn	离散传递函数
3	Discrete-Time Integrator	离散时间积分	7	Discrete Zero-pole	离散零极点
4	Discrete-State-Space	离散状态方程	8	First-Order Hold	一阶保持器

表 3-4　数学运算模块及功能

序号	模　块	功　能	序号	模　块	功　能
1	Sum	求和	12	Rounding Function	取整函数
2	Product	积或商	13	Combinatorial Logic	逻辑真值表
3	Dot Product	点积	14	Logical Operator	逻辑算子
4	Gain	常数增益	15	Bitwise Logical Operator	位逻辑算子
5	Slider Gain	可变增益	16	Relational Operator	关系算子
6	Matrix Gain	矩阵增益	17	Complex to Magnitude-Angle	复数的模和辐角
7	Math Function	数学运算函数	18	Magnitude-Angle to Complex	模和辐角合成复数
8	Trigonometric Function	三角函数	19	Complex to Real-Imag	复数的实部和虚部
9	Max	求最大值	20	Real-Imag to Complex	实部和虚部合成复数
10	Abs	求绝对值	21	Algebraic Constant	强迫输入信号为零
11	Sign	符号函数			

表 3-5　信号源模块及功能

序号	模　块	功　能	序号	模　块	功　能
1	In1	创建输入端	10	Ground	接地
2	Constant	常数	11	Clock	当前时间
3	Signal Generator	信号发生器	12	Digital Clock	数字时钟
4	Ramp	斜坡	13	From File	从文件读数据
5	Sine Wave	正弦波	14	From Workspace	从工作空间读数据
6	Step	阶跃信号	15	Random Number	随机信号
7	Repeating Sequence	重复系列	16	Uniform Random Number	均匀随机信号
8	Pulse Generator	脉冲发生器	17	Band-Limited While Noise	带限白噪音
9	Chirp Signal	快速正弦扫描			

表 3-6 输出模块及功能

序号	模 块	功 能	序号	模 块	功 能
1	Scope	示波器	6	To file	输出到文件
2	Floating Scope	可选示波器	7	To Workspace	输出到工作空间
3	XY Graph	XY 显示器	8	Terminator	通用终端
4	Out1	创建输出端	9	Stop Simulation	输入不为 0 时停止仿真
5	Display	实时数据显示			

表 3-7 用户自定义函数模块(User-Defined Functions)

序号	模 块	功 能	序号	模 块	功 能
1	Embedded MATLAB Function	嵌入的 MATLAB 函数	5	S-Function	调用自编 S 函数
2	Fcn	自定义的函数	6	S-Function Builder	S 函数创建
3	M-file S-Function	M 文件 S 函数	7	S-Function Examples	S 函数例子
4	MATLAB Function	MATLAB 函数			

3.2 Simulink 功能模块操作

Simulink 是采用模型化图形输入的，Simulink 工具包提供了很多按功能分类的基本系统模块，在建立 Simulink 仿真模型时，用户并不需要清楚模块的内部结构，模块的实现原理，只需要明白模块的输入、输出和功能就可以了。用户可以从 Simulink 模块库中(或其他工具库)将需要的模块拷贝到模型窗口，然后对模块按要求进行相应的操作，完成模型的建立。模块的操作包括模块基本操作、模块的连接、模块参数的设定等，还可以通过帮助文件来熟悉具体模块的属性与操作。

3.2.1 模块基本操作

Simulink 功能模块的基本操作包括移动、拷贝、粘贴、剪切、删除、转向、旋转、大小的改变、模块重命名、颜色设定、参数设定等。操作模块前首先要选定模块，用鼠标左键点击选中模块后，模块四角会出现黑色标记，若要同时选中多个模块，则按住 Shift 键，同时逐个点击想要选中的模块即可。下面对 Simulink 功能模块的一些基本操作进行介绍。

1. 模块的移动

选中需要移动的一个或多个模块，按住鼠标左键将其拖曳到需要的位置，也可用键盘上的箭头键来移动模块的位置。

如果模块输入输出端有连接线，按住 Shift 键，再进行拖曳，模块可脱离信号线而移动。

2. 模块的复制

模块复制的方法有很多种，下面介绍几种常用的方法。

(1) 按住鼠标右键拖曳选定模块即可复制同样的功能模块。

(2) 选中模块，按住鼠标左键同时按住 Ctrl 键进行拖曳即可复制同样的功能模块。

(3) 选中模块，然后按 Ctrl＋C 键复制，按 Ctrl＋V 键粘贴。

(4) 选定模块，在工具栏中(或 Edit 菜单中)选中 Copy 与 Paste 按键。

(5) 在选定的模块处点击鼠标右键，在弹出的菜单中选择 Copy 与 Paste 选项。

3. 模块的删除

选中模块，按 Delete 键即可，也可以通过编辑菜单(Edit)来完成。

若要一次性删除多个模块，可以按住 Shift 键，通过鼠标选中多个模块，按 Delete 键删除。如果用鼠标选取窗口的某部分区域，再按 Delete 键就可以把该区域内的所有内容全部删除。

4. 模块的旋转

为了模型的美观，有时需要调整功能模块的输入和输出端方向，也就是功能模块有时需要转向。转向分为两种，一种是翻转，这时，选中模块，在菜单 Format 中选择 Flip Block，模块翻转 180°，或者是直接按 Ctrl＋I 键来实现翻转，另一种是选择 Rotate Block 顺时针旋转 90°，或者是直接按 Ctrl＋R 键。

5. 模块大小的调整

对选中模块的四角出现的 4 个黑色标记按住鼠标左键进行拖曳即可。

6. 模块的命名

模块本身有名称，如果想更换名称，可以用鼠标单击需要更改的功能模块的名称，然后就可以直接更改。名称在功能模块上的位置可以变换，直接通过鼠标进行拖曳，或者可以用 Format 菜单中的 Flip Name 来实现，Hide Name 可以隐藏模块名称。

Format 菜单中的 Font 可以设置模块名称的字体、字号。

7. 模块颜色、阴影的设定

格式菜单(Format)中有三个选项用于颜色的修改，其中，模块的前景颜色用 Foreground Color 选项来改变，背景颜色用 Background Color 选项来改变；而模型窗口的颜色通过 Screen Color 选项来改变。

为了使整个模型的外观更漂亮一些，用户还可以为模型中的模块添加阴影。选择 Format 菜单下的 Show Drop Shadow 命令，可以为选中的模块添加阴影，阴影的颜色将与模块的前景色相同。要消除阴影，可以选中添加了阴影的模块，Format 菜单下的命令将变为 Hide Drop Shadow，选择单击该命令，则会取消模块的阴影。

8. 模块参数设定

用鼠标双击选定的模块，可以进入模块的参数设定对话框，对模块进行参数设置。参数设定对话框一般包含两部分，一部分是对该模块的基本描述，另一部分就是参数的设置窗口(Parameters)。通过对模块的参数设定，就可以获得需要的功能模块。

对模块参数的设定将在 3.2.3 节中作进一步的详细描述。

3.2.2 模块的连接

信号线就是功能模块之间的连接线。Simulink 连接线的操作包括信号线绘制、线段移动、节点移动、信号线删除、信号线分支、信号线标签的设定等。

1. 信号线绘制

在模块的输出端和输入端之间通过连线来连接模块。

(1) 把鼠标指针放在模块输出端的上面,指针变成交叉的十字(+)。从输出端按住左键拖一条线到其他模块输入端的上面。当按下鼠标键的时候直线是虚线,当接近其他模块的输入端的时候,指针变成双十字状。当移动到输出端的时候释放鼠标。箭头符号表示信号流的方向。

也可以拖曳鼠标由输入端口到输出端口,当虚线变成实线,表示连线成功,如图 3-2 所示。拖动模块还可以调整所绘信号线的弯折状态。

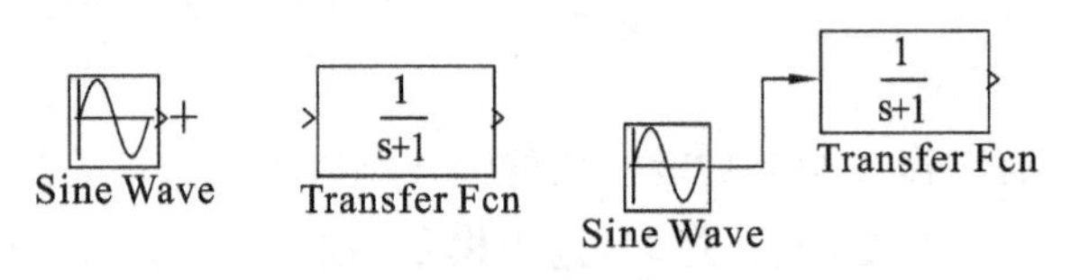

图 3-2 绘制信号线

(2) 选中需要输出的模块,按住 Ctrl 键,点击需要输入的模块,连接线将自动绘制。

2. 线段移动

若需要移动某段信号线,可以选中线段时并按住鼠标左键,则鼠标的形状变为移动图标,按住鼠标,将线段拖曳到新位置,最后放开鼠标,则信号线被移动到新的位置。

3. 节点移动

单击选中某个节点,按住鼠标左键拖曳节点到新位置,然后释放鼠标,则可将节点移动到新的位置,线段与节点的移动如图 3-3 所示。

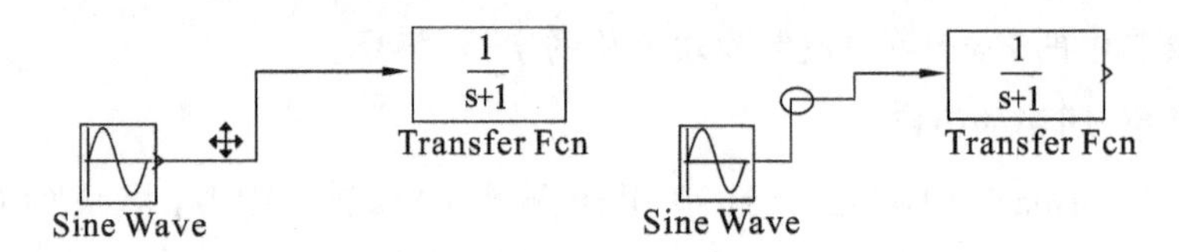

图 3-3 线段与节点的移动

4. 信号线删除

同删除模块的方法一样,删除信号线首先选中信号线,然后按 Delete 键,或者选中信号线后利用编辑菜单(Edit)的清除(Clear)选项或剪切(Cut)选项进行删除。

5. 信号线标签的设定

跟模块的标题一样,可以设置每段信号线的标签。只要双击信号线,则会有一个编辑区出现在信号线的附近,然后在编辑区内输入标签的内容。

6. 给信号线加分支

可以有三种方法给信号线加分支,具体如下。

(1) 将鼠标移动到分支的起点位置,同时按住 Ctrl 键+鼠标左键,拖动到目标模块的输入端,然后释放鼠标和 Ctrl 键即可。

(2) 定位目标模块的输入端并按住鼠标左键,将鼠标移动到分支的起点位置,然后释放鼠标即可。

(3) 将鼠标移动到分支的起点位置,按住鼠标右键,拖动到目标模块的输入端,然后释放鼠标和 Ctrl 键即可。

3.2.3 模块参数设定

Simulink 中，所有的模块都有一组参数，这些参数构成该模块的属性，几乎所有的模块都允许用户进行属性的设置，用户可以双击模块打开模块属性对话框对属性进行设置。另外，很多 Simulink 模块有相同的参数，可以通过集中设置这些参数，同时修改这些模块的属性，满足特定要求。

1. 模块特定参数设置

对模块特定参数的设置是通过模块参数对话框来完成的，用户打开模块属性对话框后就可以设置这些参数。打开模块参数对话框的方式有如下几种。

(1) 用双击鼠标模型窗口的模块。

(2) 在模型窗口中选择模块，然后选择模型窗口中编辑菜单(Edit)下的 BLOCK parameters 命令选项。

(3) 用鼠标右键单击模型窗口中模块，从快捷菜单中选择 BLOCK parameters 选项。

对于不同模块，其参数对话框内容有所不同，参数对话框中的参数值可以使用 MATLAB 常值、变量或表达式。

例如，图 3-4 所示为 Sine Wave(正弦波)模块的参数对话框。

在模型窗口中选择 Sine wave 模块后，利用 Edit 菜单下的 Sin parameters 命令打开模块参数对话框；或者双击该模块打开模块参数对话框。参数对话框内有该模块的性能描述，另外，用户可以在参数对话框内对正弦波的属性进行设置，包括正弦波类型(Sine type)、幅度(Amplitude)、相位偏移(Bias)、频率(Frequency)、相位(Phase)、样本开始时间(Sample time)等。

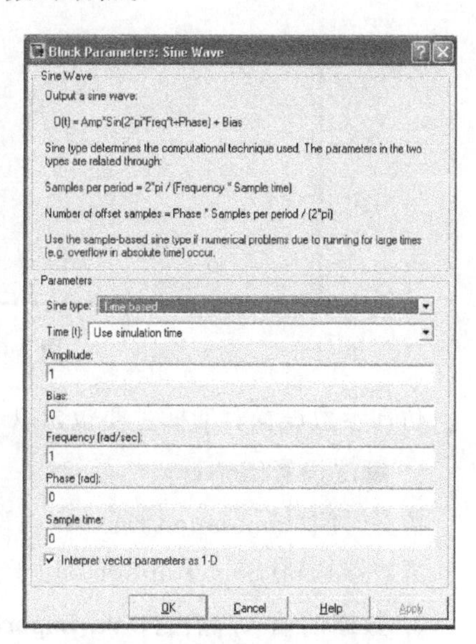

图 3-4 正弦波模块参数设置

2. 来自工作区的模块参数

当有多个模块的参数等于同一个变量时，用户可以在模块参数对话框内直接设置模块的参数值，这个变量可以是来自 MATLAB 工作区间的。

例如：如果 a、b 是定义在 MATLAB 工作区的变量，那么下列变量定义可以作为 Simulink 模块的有效参数：sqrt(b)、a^2＋b。模块的参数是数学表达式，MATLAB 在开始仿真模型之前会计算参数表达式的值。

图 3-5 中的两个模块：信号源库(Sources)中的常量模块(Constant)和数学运算模块库(Math Operation)中的增益(Gain)模块的参数用了带有变量 a、b 的表达式，分别用变量 sqrt(b)和 a^2＋b 作为模块的两个参数。在 MATLAB 工作区中为变量 a、b 赋值后，定义的参数值可以传递到模块参数中。

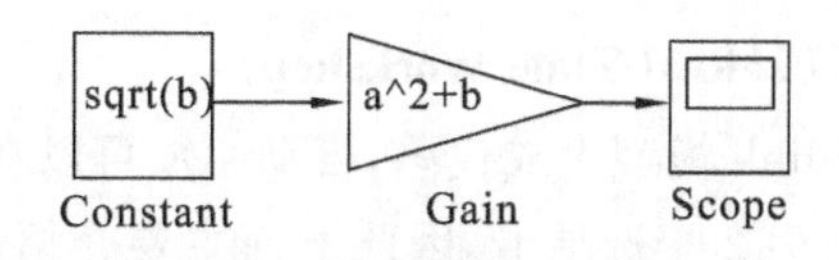

图 3-5 含有变量的模块参数设置

3.3 模型仿真设置

3.3.1 概述

模型仿真参数的设置是 Simulink 仿真中非常重要的一个环节。通常在完成系统建模之后，在对模型进行仿真前，需要设置模型的仿真参数，以保证仿真的有效性。其操作如下：在模型窗口中依次点击菜单中的仿真（Simulation）→ 结构参数（Configuration Parameters)，此时，弹出设置仿真参数的对话框，如图 3-6 所示。

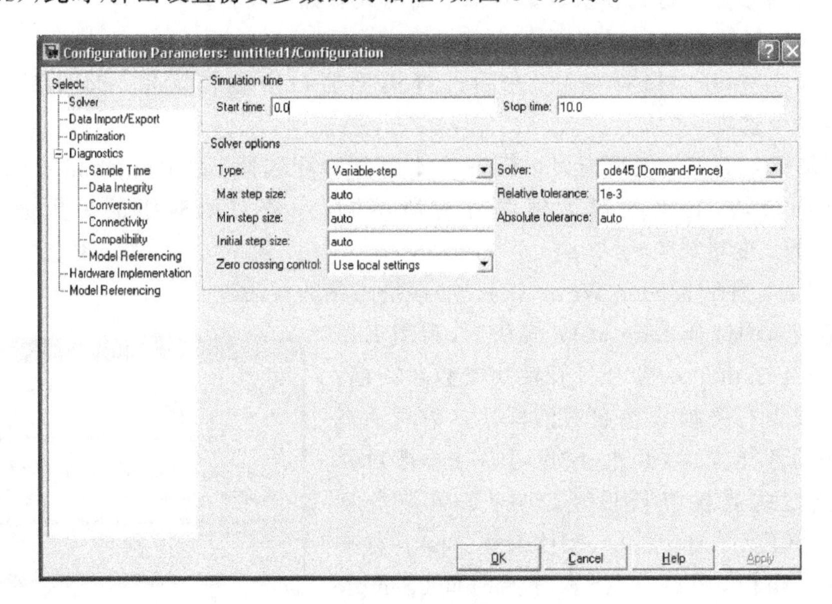

图 3-6 仿真配置参数对话框

仿真参数设置对话框主要包含以下五个选项卡。

1. 解法设置(Solver)

仿真时间(Simulation time)用来设置仿真的起始时间和结束时间。

解法器选项(Solver options)用于选择解法器类型及选择一些输出选项。

2. 数据的输入/输出(Data Import/Export)

它允许用户设置 MATLAB 的工作空间(Workspace)与 Simulink 交换数值的选项。

3. 优化选项(Optimization)

对仿真性能进行优化设置。

4. 诊断项(Diagnostics)

诊断项包含两个部分：仿真选项和配置选项。例如，允许用户设置 Simulink 在仿真中显示的警告信息的等级。

5. 实时工具对话框诊断项(Real-Time Workshop)

通过它可以直接从 Simulink 模型生成代码，自动生成可以在不同环境下运行的程序。

一般情况下，主要使用前面 2 个选项卡，因此下面主要介绍解法设置(Solver)和数据的输入/输出(Data Import/Export)选项卡的参数设置。

3.3.2 设置解法器(Solver)选项卡参数

1. 仿真时间(Simulation time)

开始时间(Start time)和停止时间(Stop time)用于设置仿真的起始和结束时间,单位是秒。需要注意的是这里的时间与真实的时间概念不一样,它只是计算机仿真中对时间的一种表示方法,仿真时间的长短依赖的因素很多,实际的运行时间和计算机的性能、系统模型的复杂程度、解法、步长、误差要求等因素有关。

2. 解法器(Solver)选择

一般情况下,被模拟系统的工作过程都可以由一组微分方程来描述,因此用于系统动态仿真的解法器和求解微分方程组的解法器相同。这些解法器分为以下两种。

(1) 变步长模式解法器:ode45、ode23、ode113、ode15s、ode23s、ode23t、ode23tb 和 discrete。变步长解法器在默认情况下采用 ode45。

(2) 固定步长模式解法器:ode5、ode4、ode3、ode2、ode1 和 discrete。ode5 是系统默认的定步长解法器,主要用于连续系统,是 ode45 的固定步长版本,不适用于刚性系统。

3. 选择仿真步长

Type 选项用于指定仿真的步长选取方式,解法器类型可选方式有两种:变步长(Variable-step)和固定步长(Fixed-step),这两大类又各自包含多种不同的算法。变步长模式在仿真过程中步长是可以根据仿真要求改变的,同时提供误差控制,包括相对误差(Relative tolerance)和绝对误差(Absolute tolerance)控制,以及过零检测控制(Zero crossing control)。固定步长模式在仿真过程中的步长是固定不变,也不提供误差控制和过零检测控制。

4. 步长参数

对于变步长模式,用户可以设置最大步长(Max step size)、最小步长(Min step size)和初始步长(Initial step size)参数,缺省情况下,步长由仿真系统自动(auto)设置。

(1) 最大步长(Max step size):该参数指明了解法器可以使用的最大时间步长,其默认值为"仿真时间/50",也就是整个仿真过程中取样点不少于 50 个,对于仿真时间较长的系统来说,这样的取法导致取样点稀疏,仿真结果严重失真。

(2) 初始步长(Initial step size):一般情况下,使用"auto"默认值即可。

5. 仿真精度(对于变步长模式)

(1) 相对误差(Relative tolerance):相对误差是指误差相对于状态的值的百分比,表示状态的计算值要精确到 0.1%。

(2) 绝对误差(Absolute tolerance):绝对误差是指误差值的门限,也就是在状态值为零的条件下的误差值,其默认值为 1e-6(当设置为 auto 时)。

3.3.3 设置数据输入/输出(Data Import/Export)选项卡参数

此选项卡用来设置 Simulink 与 MATLAB 工作空间之间交换信息,通过此选项卡的设计,可以将 MATLAB 工作空间(Workspace)中的参数传递给 Simulink 模型,或者将 Simulink 模型的运行结果存储到工作空间中。它主要包含下列三项设置(如图 3-7 所示)。

(1) Load from workspace 是用来设置 Simulink 从工作空间获取的变量。

(2) Save to workspace 选项用来设置保存到工作空间的变量名和变量类型。

(3) 存储选项(Save option)选项用来设置保存到工作空间的有关选项。

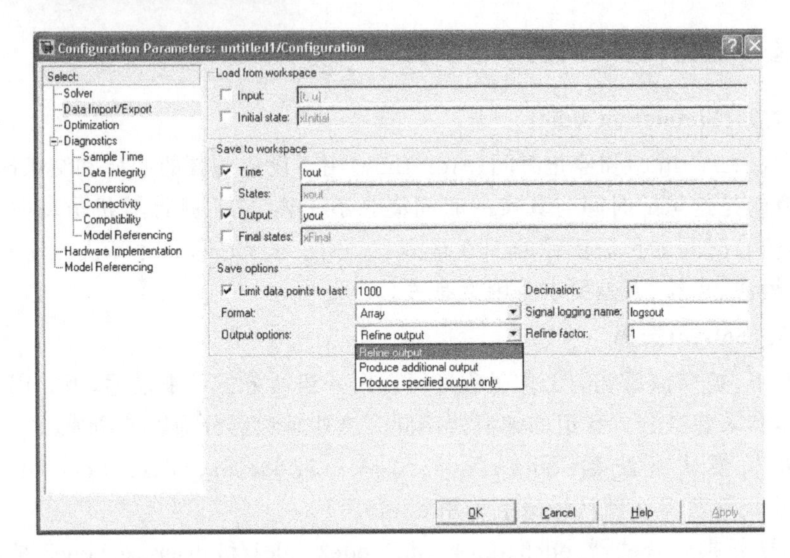

图 3-7　数据输入/输出(Data Import/Export)选项卡

下面对这三个重要选项作简要的介绍。

1. 从 MATLAB 工作空间加载(Load from workspace)

虽然 Simulink 工具包里多种系统输入信号，这些输入信号存放于信号源库(Sources)中，但并不能完全满足所有系统模型的特殊需要，因此，用户可以利用 Simulink 自定义信号作为系统输入。通过 Load from workspace 框的设置，可能将 MATLAB 工作空间的变量设置为系统模型的输入信号并进行状态初值的设置，其各个选项如下所述。

(1) 选中 Input 前的复选框，可以从工作空间获取变量，设置为仿真系统模型的输入信号，格式为[t,u]，一般定义时间变量为 t，输入变量为 u。允许有多个输入信号，如[t,u1,u2]。输入信号与 Simulink 模块的接口由信号源模块库中的 In1 模块完成。

(2) 初始状态(Initial state)用来定义从工作空间获得的系统状态初始值变量。

2. 仿真结果输出到 MATLAB 工作空间(Save to workspace)

此选项是将 Simulink 系统仿真的仿真结果、系统仿真时刻、系统中的状态或指定的信号输出到 MATLAB 的工作空间中，各选项如下所述。

(1) Time：输出系统仿真时刻。

(2) States：输出系统模型中的所有状态变量。

(3) Output：输出系统模型中的所有由输出 Output 模块表示的信号。

(4) Final state：输出系统动态仿真的稳态值(终值)。

3. 存储选项(Save option)

(1) Limit data points to last：用来设置 Simulink 仿真结果保存到工作空间时的变量的规模，如果变量类型是向量，规模就是维数，如果是矩阵，就是其秩。

(2) Format：设置输出的数据类型。它可以为三种形式：数组(Array)、结构体(Structure)、具有仿真时间变量的结构体(Structure with Time)。

(3) Decimation：系统设置的一个亚采样因子，缺省值为 1，表示对每个仿真时间所产生的仿真结果进行保存，如果为 2，则是每两个仿真时间保存一个仿真值，以此类推。

(4) Output options：仿真输出选项，它包含以下 3 个可选项。

① Refine output：精细输出，通过增加输出数据的点数，使输出曲线变得光滑。当仿真

输出采样点过于稀松时使用此选项。与该选项配套的参数是细化因子(Refine factor),其默认值是1,如果设置为2,表示输出数据点数加倍。减小仿真步长的方法也可以使波形变光滑,但两者相比较,改变精细因子比减小仿真步长更有效。

② Produce additional output:除了原仿真时间外,用户可以直接指定产生输出的时间。选择该选项后,会出现输出时间(Output times)编辑框,可以输入需要的额外的仿真点。

③ Produce specified output only:与上一选项不同的是,这个选项是让Simulink只在指定的时间点上产生仿真输出。这个选项的作用在于当比较不同的仿真时,可以确保系统在相同的时间输出。

3.3.4 仿真结果图形输出处理

书中2.3.4小节中提到关于图形的输出,MATLAB可处理多种格式的图形与数据格式,MATLAB/Simulink中的Scope(示波器)默认背景为黑色,如果需要将输出图形进行打印的话,很可能打印出的图像就很不清楚。

这时通过设置可以更改示波器背景,改变波形曲线的颜色、粗细等属性,其具体做法是:待Scope显示出来图像以后,在MATLAB命令框中运行如下两条命令:

```
set(0,'ShowHiddenHandles','On')        %设置显示隐藏的控件句柄
set(gcf,'menubar','figure')            %恢复显示Scope的Figure菜单栏
```

这时候在Scope的工具栏的上面产生了一行菜单栏,选择点击新产生的菜单中的插入(insert)→axes,鼠标变成十字形状,然后在图像的任意一个地方双击左键,在图形的下面出现一个坐标轴属性编辑器对话框Property Editor-Axes(如图3-8所示)。

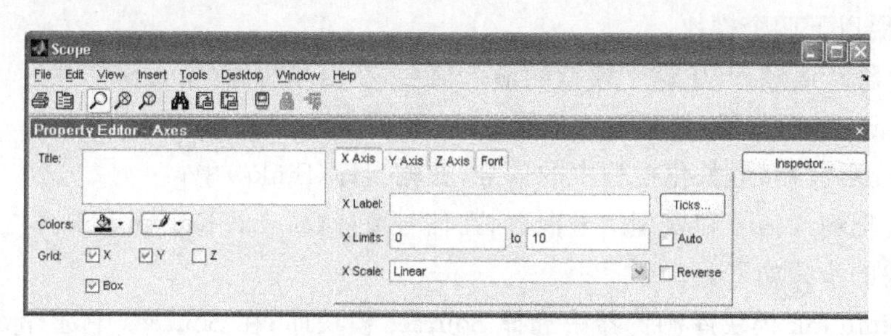

图3-8 示波器坐标轴设置对话框

通过坐标轴属性编辑器对话框可以对坐标轴的属性进行修改,包括坐标轴背景颜色(Colors),标题(Title),X、Y、Z轴的长度(Scale)、刻度(Ticks),字号等。

单击图形中的波形,出现波形属性编辑器(Property Editor-Line)对话框(如图3-9所示),可以对波形曲线的粗细、颜色、线形进行设置。

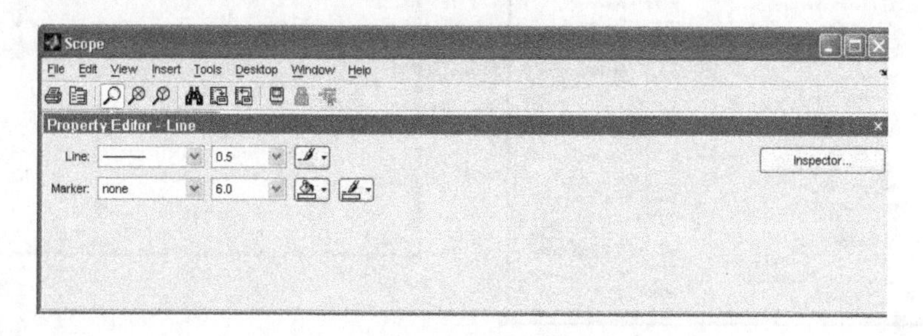

图3-9 示波器波形曲线设置对话框

3.4 Simulink仿真简明实例

本节将通过一个仿真实例描述如何使用Simulink软件创建一个简单的模型,并且描述怎样仿真这个模型。复杂模型的创建、仿真与这些简单模型的处理方法是一样的。

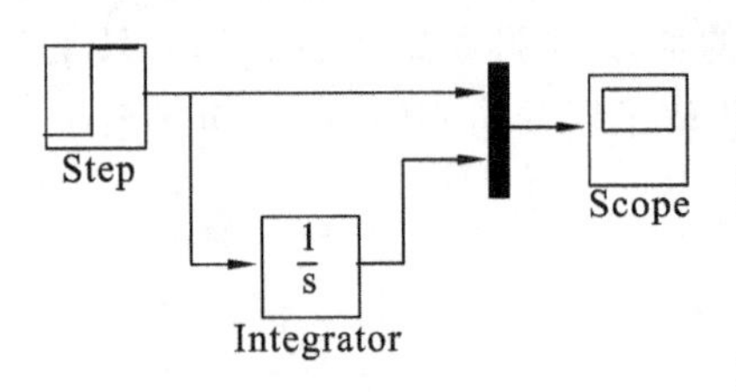

图3-10 Simulink仿真示例

本节描述的模型是把阶跃信号、经过积分环节的阶跃信号在同一个示波器中显示。当完成的时候,这个模型如图3-10所示。

构造和仿真这个实例模型的步骤如下所示。

3.4.1 新模型创建

开始创建模型前,必须启动Simulink并且创建一个空模型。

创建一个新模型的两种常用方法如下。

(1) 如果simulink没有运行,通过MATLAB命令窗口中进入Simulink然后打开SimulinkLibrary Browser。

(2) 在SimulinkLibrary Browser中选择File→New→Model来创建一个新模型。

3.4.2 模型模块的添加

构造一个模型,首先从Simulink模块库浏览器中复制这个模块到模型窗口。本节中创建的模型,需要以下四个模块:

Step——阶跃信号,产生这个模型的输入信号,在信号源库(Sources)中;

Integrator——积分器,处理输入信号,在连续模块库(Continuous)中;

Scope——示波器,形象化模型中的信号,在输出库(Sinks)中;

Mux——把输入信号和处理信号混合,在信号流库(Signal Routing)中。

增加模块的步骤如下。

(1) 在Simulink模块库浏览器中选择Sources模块库;在Sources中选择Step模块,然后把它拖曳到模型窗口。一个复制的Step模块出现在模型窗口中。如图3-11所示。

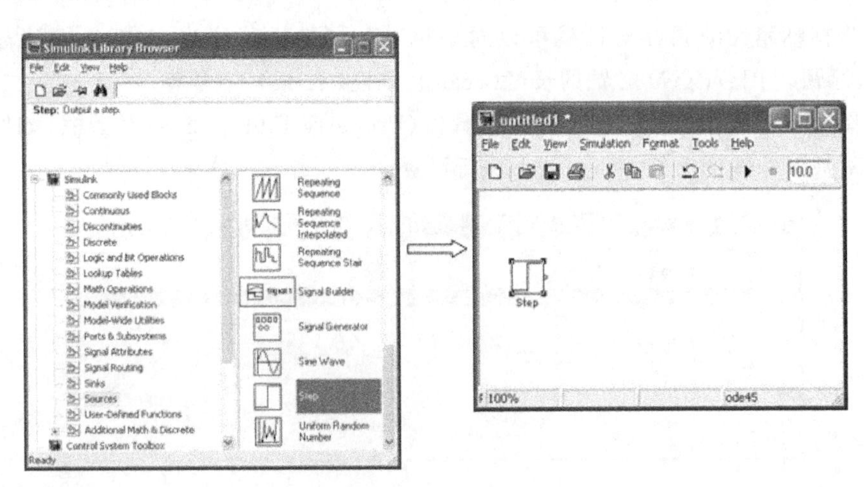

图3-11 选择并添加模块

(2) 同样，在 simulink 模块库浏览器中选择 Sinks 库；从 Sinks 库中选择 Scope 模块，然后把它拖曳到模型窗口。

(3) 在 simulink 模块库浏览器中选择 Continuous 库；从 Continuous 库中选择 Integrator 模块，然后把它拖到模型窗口中。

(4) 在 Simulink 模块库浏览器中选择 Signal Routing 库，从信号输入库中选择 Mux 模块，然后把它拖曳到模型窗口中。

3.4.3 模型模块的移动

在进行模型模块的连接之前，应该合乎逻辑地安排它们的位置，使信号连接尽可能的直。在模型窗口中移动模块，可以按以下方式操作：

(1) 选中并左键按住，拖动这个模块；

(2) 选择这个模块，然后点击键盘上的箭头键。

通过以上两个方式，把模型中的模块位置安排到如图 3-12 所示。

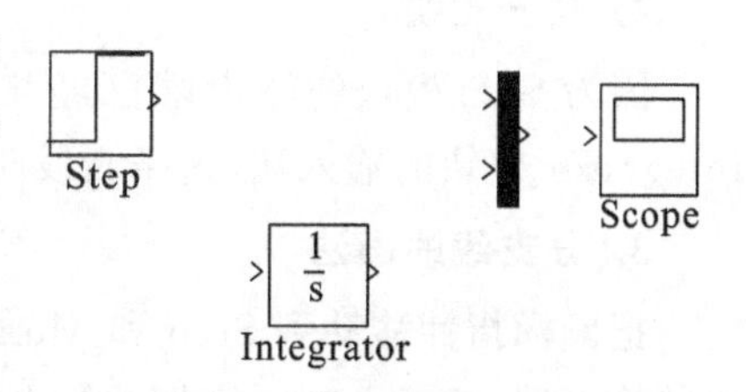

图 3-12 模块位置安排

3.4.4 模块参数设置

要使模型能够得到理想的仿真效果，必须正确地对模块的参数进行设置。要设置一个模块的参数，只需双击该模块即可。如阶跃信号 Step 模块的参数设置对话框如图 3-13 所示。这里将 Step time(阶跃时间)设置为 0，Final value(终值)设置为 5。

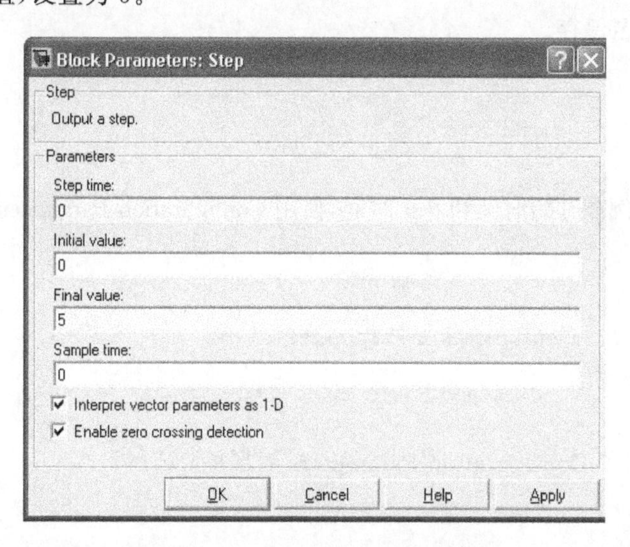

图 3-13 Step 模块的参数设置对话框

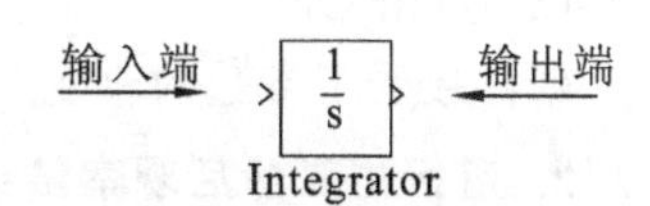

图 3-14 模块的端口

3.4.5 模型模块的连接

在模型窗口增加模块之后，把模块连接成信号连接的模型，注意每个模块都在一边或两边有角括号。这些角括号表示输入和输出端口，指向模块的“＞”符号表示输入端；指出模块的“＞”符号表示输出端。如图 3-14 所示。

下面描述怎样从输出端连线到输入端来连接两个模块。

1. 模块之间连线

在模型的输出端和输入端之间通过连线来连接模块。

把鼠标指针放在 Step 模块右边的输出端的上面。注意当放在模块上面的时候，指针变成交叉的十字(+)。从输出端拖一条线到 Mux 模块输入端的上面。当按下鼠标键的时候直线是虚线，当接近 Mux 模块的输入端的时候，指针变成双十字状。

当移动到输出端的时候释放鼠标。箭头符号表示信号流的方向。

其他模块间的连接是与此类似的。

2. 画分支线

因为 Step 模块的输出端已经与 Mux 模块有一个连接，现在把这个存在的线连接到 Integrator 模块的输入端，这条新线叫分支线，把相同的信号从 Step 模块传递到 Mux 模块。

3. 分支线的画法

把鼠标指针移动到 Step 和 Mux 模块之间的线上，按住 ctrl 键，把线拖到 Integrator 模块的输入端。Integrator 模块的输入端之间生成了一条线，模型完成后如图 3-10 所示。

3.4.6 保存模型

完成模型，保存这个模型的步骤具体如下：

(1) 在模型窗口中选择 File→Save；

(2) 指定你想保存模型的位置；

(3) 在 File name 中输入 test_model；

(4) 点击 Save。

软件以 test_model. mdl. 为文件名保存。

3.4.7 模型仿真

1. 设置仿真选项

在仿真模型之前，设置仿真选项，例如开始时间和停止时间，使用 Configuration Parameters 对话框来指定这些参数。

指定这个简单模型的仿真选项：

(1) 在模型窗口里选择 Simulation→Configuration Parameters；

(2) Stop time 框里填 5；

(3) 点击 OK。

软件接受了参数的改变并且关闭了 Configuration Parameters 对话框。

2. 运行仿真然后观察结果

运行这个仿真，然后观察结果。

(1) 在模型窗口中选择 Simulation→Start。

运行这个系统模型，当它达到配置参数(Configuration Parameters)对话框里设定的停止时间时就完成仿真。

也可以通过点击模型窗口工具栏里的开始仿真(Start simulation)按键 ▶ 和停止仿真(Stop simulation)按键 ■ 来开始和结束仿真。

(2) 双击模型窗口里的 Scope 模块，这个 Scope 窗口展示了这个仿真结果。如图 3-15 所示。

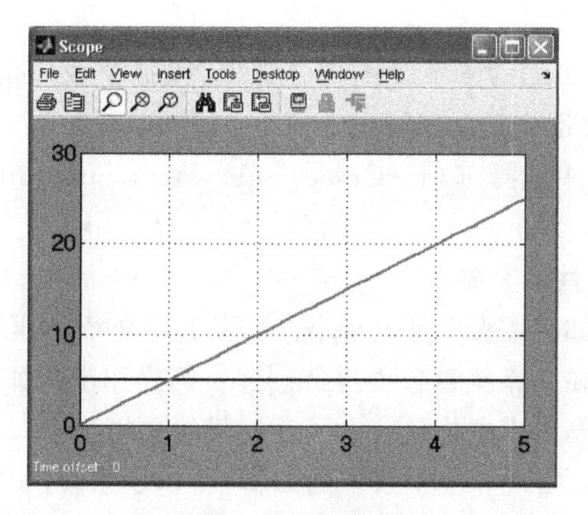

图 3-15 仿真结果

(3) 在模型窗口里选择 File→Save,软件会保存好这个模型。

(4) 在模型窗口里选择 File→Close,关闭 MATLAB 软件。

3.5 子系统建模技术

在前面的章节中,介绍了使用 Simulink 进行建模和仿真的基本方法,使用那些方法基本可以创建所有物理系统的模型。但时,随着系统越来越复杂,用基本操作创建的 Simulink 模型将会变得越来越庞大,缺乏层次而难于理解。在本节中,将介绍 Simulink 的特殊处理技术,使得模型变得更加简捷和易懂易用。

本节介绍一种类似于程序设计语言中的子程序的处理方法——Simulink 子系统,然后讲解封装子系统的技术。

3.5.1 子系统的建模方法

所有高级程序语言都有使用子程序的功能,MATLAB 语言也不例外,其中,函数 M 文件就是一类子程序。Simulink 仿真中,随着系统模型结构越来越大、越来越复杂,变得很难轻易读懂。这种时候,把大模型分割成几个小的模型,小模型成为大模型的子系统,并将子系统进行封装,使得整个系统模型更加简捷、可读性更强,而且子系统的创建与封装操作并不困难与复杂。

在 Simulink 仿真中,子系统的重要作用体现在以下两个方面。

(1) 使得整个系统模型更简捷,可读性高。

(2) 节省建模时间,子系统就像函数一样,可以反复调用。

创建 Simulink 子系统有如下两种方法。

(1) 对已经存在的模型的某些部分或全部使用菜单命令:编辑(Edit)→创建子系统(Create Subsystem)进行压缩转换,使之成为子系统。

(2) 使用常用模块库(Commonly Used Blocks)中的 Subsystem 模块创新子系统。

3.5.2 子系统的建模操作步骤

针对创建 Simulink 子系统的两种方法,其建模操作步骤略有不同。

对于采用 Create Subsystem 命令进行压缩转换的方法,进行子系统建模的操作步骤如下。

(1) 使用范围框将要压缩的子系统的部分选中，包括模块和信号线(注意：只能使用范围框，而不能使用 Shift 键逐个选定)。

(2) 在模块窗口选项中选择 Edit→Create Subsystem，Simulink 将会用一个子系统模块代替被选中的模块组。

(3) 进行模型外在属性的调整。

在创建模型的时候，如果需要一个子系统，除了上述介绍的压缩子系统的方法外，也可以直接使用子系统模块，在子系统窗口中进行创建。其操作步骤如下。

(1) 从 Subsystems 模块库中拖曳一个子系统模块到模型窗口中。

(2) 双击子系统模块，出现一个子系统的编辑窗口，子系统的建立可以在该窗口中进行建立。

(3) 进行模型外在属性的调整。

3.5.3 子系统的建模实例

1. 构造抛物线信号

下面介绍如何利用 Subsystems 模块库来构造单位抛物线信号。

在 Simulink 的信号源(Sources)库中，有各种常用信号，包括了自动控制系统中常用的输入信号：阶跃信号(Step)，斜坡信号(Ramp)等，但是没有抛物线信号，这里构造一个单位抛物线信号。

单位阶跃信号的时间函数为 $1(t)$，斜坡信号的时间函数为 $t \cdot 1(t)$，单位抛物线信号为 $\frac{1}{2}t^2 \cdot 1(t)$。

利用 Subsystems 模块库来构造单位抛物线信号的步骤如下。

(1) 从 Ports & Subsystems 模块库中拖曳一个子系统模块(Subsystem)到模型窗口中，双击子系统模块打开子系统模型编辑窗口。

(2) 从 User-Defined Functions 模块库中拖曳一个函数模块(Fcn)到子系统模块编辑窗口，双击打开函数模块参数对话框，设置其参数为表达式(Expression)参数为 0.5 * u∧2。

(3) 从信号源(Sources)库拖曳一个斜坡信号(Ramp)到子系统模块编辑窗口。

(4) 连接好子系统各模块。

(5) 进行子系统各模块属性的设置。给子系统模块命名为单位抛物线信号，端口命名为输出。

子系统模块设计完成之后，在模型窗口和子系统模型窗口中，其图形分别如图 3-16 和图 3-17 所示。

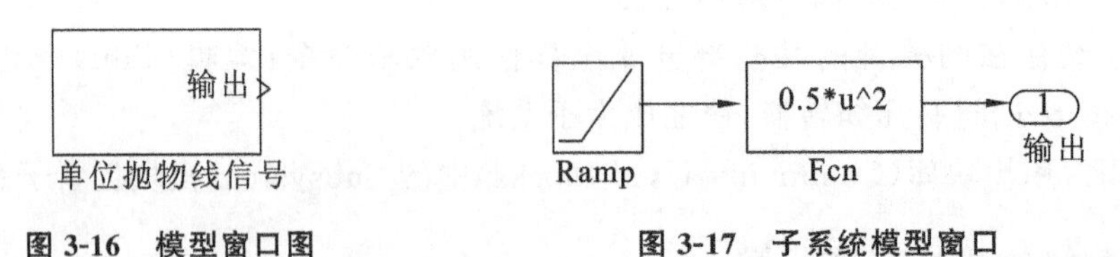

图 3-16　模型窗口图　　图 3-17　子系统模型窗口

2. 自动控制系统中电机的子系统模块

下面介绍如何利用 Create Subsystems 命令进行压缩转换，实现子系统模块化的方法。

1）系统简介

以下仿真模型系统是电力拖动自动控制系统中的单闭环转速反馈闭环控制系统（如图3-18所示）。

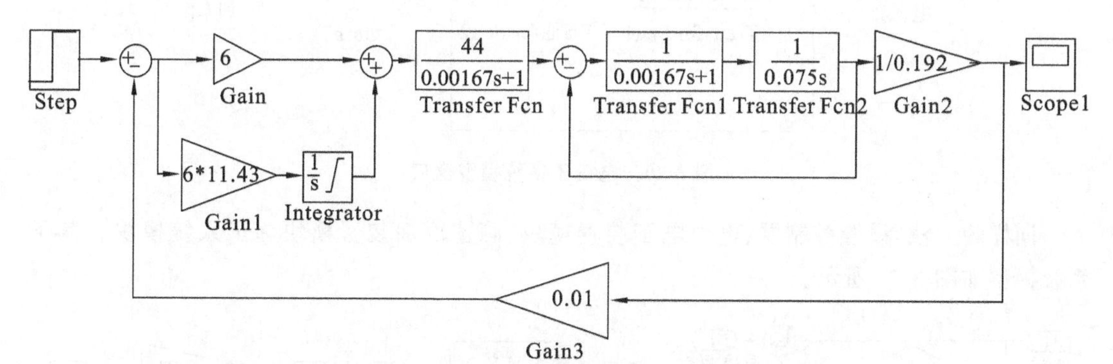

图 3-18　单闭环转速反馈闭环控制系统

该系统包括了以下重要模块：采用比例积分(PI)的控制器模块；电力电子放大与变换装置(Transfer Fcn)；直流电动机(由 Transfer Fcn1、Transfer Fcn2、Gain2、加法器 sum4 个模块构成)；转速检测装置(Gain3)，还有输入阶跃信号(Step)，输出示波器(Scope)。

除了输入输出模块，在系统中，控制器是设计对象，电力电子装置、直流电机、检测反馈模块是固有环节，也就是其在系统硬件搭建完成后，就不能进行参数修改的了，系统通过调节控制器的参数可以改变性能。所以这里拟将这四个模块设计为子系统模块，以使系统模型更加简洁明了。

2）子系统四个模型

下面将这四个模型压缩成子系统。其操作步骤如下。

(1) 按住鼠标左键拖曳选中电机模型的 4 个模块(虚框包围这 4 个模块)。

(2) 在虚框内右击鼠标，在弹出的快捷菜单中选中 Create Subsystem，模型窗口的三个模块被压缩为一个模块。

(3) 双击压缩后的模块，弹出子系统模型窗口。

(4) 对子系统模块进行属性的设置：

① 在子系统模型窗口中，将输入(in1)命名为电压，输出(out1)命名为机轴；

② 在原模型窗口中，将压缩后的模块命名为直流电动机；

③ 将直流电动机模块字体、字号、位置进行合理设置。

将电动机模块压缩转换为子系统后，原模型窗口如图 3-19 所示。

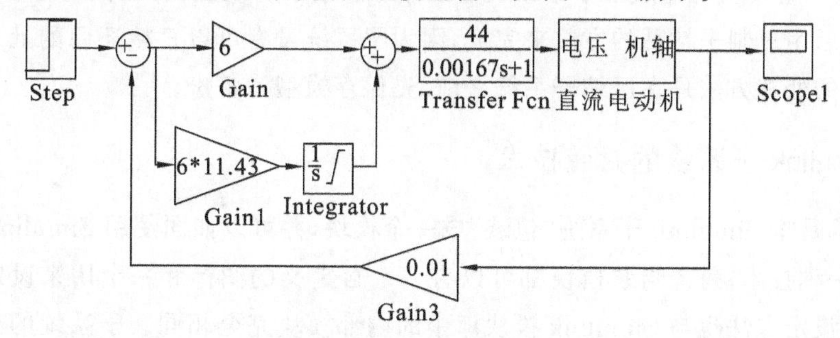

图 3-19　系统原模型窗口

电机成为一个子模块，电机子系统模型窗口如图 3-20 所示。

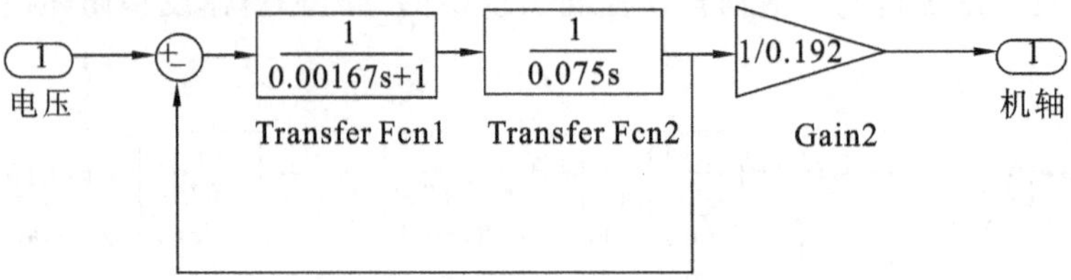

图 3-20　电机子系统模型窗口

同样的方法，设置控制器、电力电子装置模块、测速反馈装置模块为子系统模块。其子系统模型如图 3-21 所示。

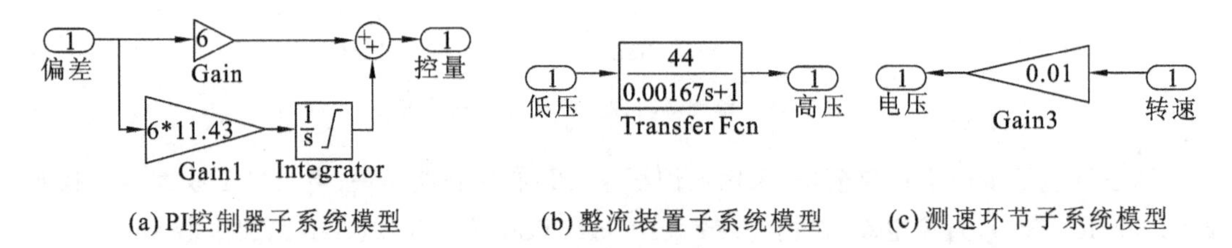

(a) PI控制器子系统模型　(b) 整流装置子系统模型　(c) 测速环节子系统模型

图 3-21　各模块子系统模型

经子系统构建与封装后，原系统如图 3-22 所示，整个系统模型变得简洁清晰。

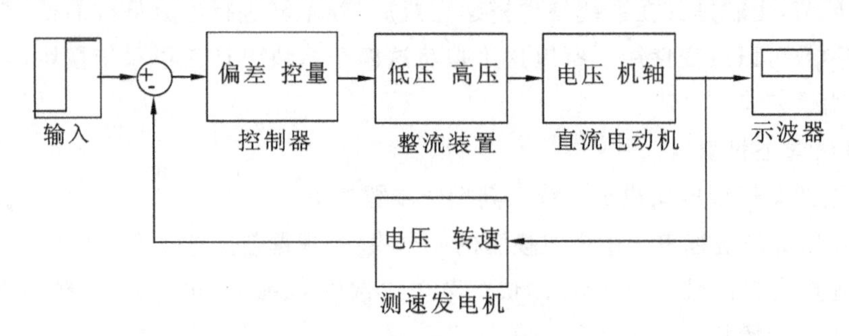

图 3-22　系统封装子系统后模型

新窗口中，除了原始的模块外，Simulink 自动添加了输入模块和输出模块，分别代表子系统的输入端口和输出端口。

子系统模型创建中的两点说明：

(1) 子系统窗口无须另外保存，在保存完主程序窗口后，子系统窗口自动得以保存；

(2) 一旦一组模块压缩成了子系统，想要还原为原来的模型，可以这样子操作：打开子系统，全选中后用复制＋粘贴的方法来完成，因为子系统没有可以直接还原的处理方法。当然，一个理想的处理方法是在压缩子系统之前，先保存模型为备份。

3.5.4　Simulink 子系统的封装技术

封装技术是将 Simulink 子系统“包装”成一个模块，并可以如同使用 Simulink 内部模块一样使用的一种技术；每个封装模块都可以有一个自定义的图标和一个用来设定参数的对话框，参数的设定方法也与 Simulink 模块库中的内部模块完全相同。子系统的封装技术这里不作进一步的描述。

本章小结

Simulink是MATLAB最重要的组件之一，它提供一个动态系统建模、仿真和综合分析的集成环境。本章主要介绍了Simulink的应用环境，自动控制系统常用到的仿真模块库及模块的操作，模型的仿真及仿真参数的设置，子系统的建模与封装，并用完整实例来介绍系统的建模、仿真及子系统的建模。

习　题　3

1. 什么是Simulink?

2. Simulink如何进行下列操作：建立一个简单模型，用信号发生器产生一个幅度为2 V、频率为0.5 Hz的正弦波，并叠加一个0.1 V的噪声信号，将叠加后的信号显示在示波器上并传送到工作空间。

3. 假设从实际自然界(力学、电学、生态等)或社会中，抽象出有初始状态为0的二阶微分方程$x''+0.2x'+0.4x=0.2u(t)$，$u(t)$是单位阶跃函数。用积分器直接构建系统并用Simulink进行仿真。

4. 控制系统传递函数为：$G(s)=\dfrac{5}{s^2+10s+5}$，用Simulink建立系统模型。

5. 建立一个简单模型，用信号发生器产生一个幅度为2 V、频率为0.5 Hz的正弦波，并叠加一个0.1 V的噪声信号，将叠加后的信号显示在示波器上并传送到工作空间。

6. 建立一个简单模型，产生一组常数(1×5)，再将该常数与其5倍的结果合成一个二维数组，用数字显示器显示出来。

7. 建立一个模拟系统，将摄氏温度转换为华氏温度($T_f=9/5T_c+32$)。

8. 使用Simulink创建系统，求解非线性微分方程$(3x-2x^2)x'-4x=4x''$，其初始值为$\dot{x}(0)=0$，$x(0)=2$，绘制函数的波形。

第4章 控制系统数学模型

数学模型是描述控制系统内部各个变量之间关系的数学表达式，在控制系统的分析和设计中，首先需要建立系统的数学模型。

控制系统数学模型的建立采用以下两种方法：分析法和实验法。分析法是对控制系统模块的运动机理进行分析，写出相应的运动方程；实验法则是通过实验人为地给控制系统施加测试信号，记录其输出信号，根据输入输出关系建立数学关系，并用适当的数学模型去逼近，这种方法也称为系统辨识，系统辨识已经发展成一门独立的学科分支。

在自动控制系统中，数学模型的形式有多种。时域分析中常用的数学模型包括：描述连续系统的微分方程、描述离散系统的差分方程和采用状态变量分析的状态方程；复数域中有传递函数、结构图数学模型；频域中有频率特性的数学模型等。本章主要研究 MATLAB 中微分方程、传递函数和状态空间数学模型的建立和转换、模型的连接与简化等。

4.1 控制系统微分方程

在变量的各阶导数为零的条件下（也称为在静态条件下），描述各变量之间关系的数学方程称为静态数学模型；而在动态变化过程中，描述各变量之间变化关系的方程称为动态数学模型。在控制系统中，由于微分方程中各变量的导数表示了它们随时间变化的特性，如距离的一阶导数表示速度，二阶导数表示加速度等，因此微分方程可以描述系统的动态特性。

在一个控制系统中，若知道输入信号及变量的初始状态，对系统的动态数学模型——微分方程进行求解，就可以得到该系统输出的微分表达式，根据此表达式可以对系统进行动态性能的分析。所以说，控制系统数学模型的建立是分析和设计控制系统的基础。

4.1.1 微分方程

1. 微分方程模型

线性定常连续系统的微分方程模型：控制系统中，设单输入单输出线性定常连续系统的输入信号为 $r(t)$，输出信号为 $c(t)$，则系统微分方程的一般形式为

$$a_0\frac{\mathrm{d}^n}{\mathrm{d}t^n}c(t)+a_1\frac{\mathrm{d}^{n-1}}{\mathrm{d}t^{n-1}}c(t)+\cdots+a_{n-1}\frac{\mathrm{d}}{\mathrm{d}t}c(t)+a_nc(t)$$
$$=b_0\frac{\mathrm{d}^m}{\mathrm{d}t^m}r(t)+b_1\frac{\mathrm{d}^{m-1}}{\mathrm{d}t^{m-1}}r(t)+\cdots+b_{m-1}\frac{\mathrm{d}}{\mathrm{d}t}r(t)+b_mr(t) \tag{4-1}$$

式中，系数 $a_0,a_1,\cdots,a_n,b_0,b_1,\cdots,b_m$ 为实常数，且 $m\leqslant n$。

2. 微分方程模型建立的步骤

自动控制系统数学模型的基本形式是微分方程，系统的传递函数、动态结构图都可由微分方程演化而来。列写系统或部件的微分方程大多采用分析法，其一般步骤如下。

(1) 确定控制系统的输入变量和输出变量。

(2) 根据控制运动机理，列出系统或部件的原始微分方程。

(3) 找出各个原始微分方程的中间变量与其他因素的关系式；消去中间变量，得到输入

输出关系微分方程。

(4) 如果所求输入输出关系的微分方程为非线性方程,则需要进行系统线性化。

(5) 标准化:将微分方程写为标准形式,与输出变量有关的各项写在微分方程的左边,与输入变量有关的各项写在方程的右边,微分方程两端变量的导数项按降幂排列。

4.1.2 微分方程建立实例

下面举例说明建立微分方程的步骤和方法。

【例 4-1】 有一个机械系统,由弹簧—物体—阻尼器组成。根据其结构原理图(见图 4-1)写出此系统输入输出关系的微分方程。其中,设弹簧的弹性系数为 k,物体的质量为 m,阻尼器黏性摩擦系数为 f。

解 (1) 首先确定机械系统的输入与输出变量:

外力 $F(t)$为输入变量,物体的位移 $y(t)$为输出变量。

(2) 列出原始的微分方程式。根据牛顿第二定律,有:

$$\sum F = ma \tag{4-2}$$

式中:a 为物体运动加速度,是位移的二阶导数。

$$a=\frac{\mathrm{d}^2 y(t)}{\mathrm{d}t^2} \tag{4-3}$$

(3) 找出中间变量与其他因素的关系式,消去中间变量,得到输入输出关系的微分方程。

根据对物体 m 的受力分析得:

$$\sum F = F - F_{\mathrm{B}} - F_{\mathrm{k}} \tag{4-4}$$

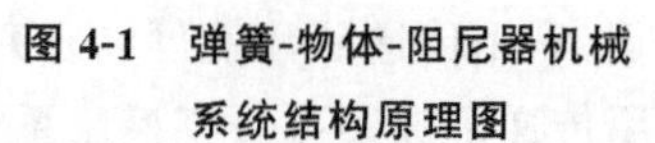

图 4-1 弹簧-物体-阻尼器机械系统结构原理图

其中:F_{B} 为阻尼器的黏性摩擦力,它和物体的移动的速度成正比,即 $F_{\mathrm{B}}=f\dfrac{\mathrm{d}y(t)}{\mathrm{d}t}$,$F_{\mathrm{k}}$ 为弹簧的弹力,它与物体的位移成正比,即 $F_{\mathrm{k}}=ky(t)$,将以上各式代入式(4-2)两端得:

$$m\frac{\mathrm{d}^2 y(t)}{\mathrm{d}t^2}=F(t)-f\frac{\mathrm{d}y(t)}{\mathrm{d}t}-ky(t) \tag{4-5}$$

(4) 微分方程标准化。对式(4-5)进行整理后得到系统的微分方程数学模型,即:

$$m\frac{\mathrm{d}^2 y(t)}{\mathrm{d}t^2}+f\frac{\mathrm{d}y(t)}{\mathrm{d}t}+ky(t)=F(t) \tag{4-6}$$

【例 4-2】 确定图 4-2 所示的 RLC 串联电路的微分方程,设系统处于初始状态:电感电流、电容电压均为零。

解 (1) 确定电路的输入变量与输出变量:$u_{\mathrm{i}}(t)$为输入变量,$u_{\mathrm{o}}(t)$输出变量。

(2) 根据电学的基本定律列写微分方程,设回路电流为 $i(t)$,根据基尔霍夫定律,则有

$$Ri(t)+L\frac{\mathrm{d}i(t)}{\mathrm{d}t}+\frac{1}{C}\int i(t)\mathrm{d}t = u_{\mathrm{i}}(t) \tag{4-7}$$

$$u_{\mathrm{o}}(t) = \frac{1}{C}\int i(t)\mathrm{d}t \tag{4-8}$$

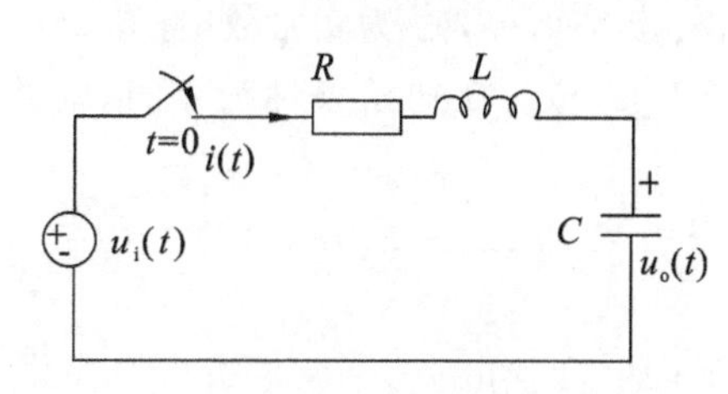

图 4-2 RLC 二阶电路

(3) 消去中间变量 $i(t)$,整理得到 $u_i(t)$与 $u_o(t)$关系的微分方程。

$$LC\frac{\mathrm{d}^2 u_{\mathrm{o}}(t)}{\mathrm{d}t^2}+RC\frac{\mathrm{d}u_{\mathrm{o}}(t)}{\mathrm{d}t}+u_{\mathrm{o}}(t)=u_{\mathrm{i}}(t) \tag{4-9}$$

可以看出，要得到电路输入输出关系的微分方程，必须消去中间变量 i，由式(4-8)得 $i(t)=C\dfrac{\mathrm{d}u_o(t)}{\mathrm{d}t}$，代入式(4-7)，经整理后可得输入输出关系式(4-9)，一个线性常系数的二阶微分方程就是如图 4-2 所示的 RLC 二阶电路的数学模型。

【例 4-1】是机械位移系统，【例 4-2】是电路系统，两个不相同的物理系统，却具有相同形式的微分方程，即有相同形式的数学模型，都是一个线性常系数二阶微分方程。由于微分方程是描述系统动态特性的方程，可以看出，只要系统的运动特性一样，其数学模型就可以完全一样，即数学模型与实际系统不是一一对应的。通常把具有相同数学模型的不同系统称为相似系统，对应相同位置的物理量称为相似量。图 4-1 和图 4-2 所示的两个系统是相似系统，其中电路系统中的电压、时间与机械系统中的位移量、外力就是两对相似量。

数学模型是系统性能分析研究与设计的数学工具，不同系统具有相同数学模型的这种相似关系揭示了不同物理现象之间的关系，相似系统的概念使得复杂系统可以用一个与其相似但易于实现的系统来研究。在第 1 章中提到过，系统仿真所遵循的基本原则就是相似原理，仿真研究法正是基于相似系统理论的方法。

4.2 控制系统传递函数

自动控制理论中最重要的数学模型是传递函数(transfer function)，自动控制理论的两种主要研究方法——频率分析法和根轨迹法也都是建立在传递函数的基础上的。

在本节的分析中可以看到，传递函数之所以这么重要是因为：不需要求解复杂的微分方程，利用传递函数就可以研究初始条件为零的系统在输入信号作用下的动态输出过程。利用传递函数还可研究控制系统参数或结构变化时对动态过程的影响，从而使系统分析大为简化。另一方面，对系统性能的要求可以转化为对系统传递函数的要求，使综合设计的问题易于处理。鉴于传递函数的重要性，本节将对其进行重点描述。

4.2.1 传递函数的基本概念

1. 传递函数的定义

线性定常系统的传递函数，定义为在零初始条件下，系统输出的拉氏变换式与输入的拉氏变换式之比。

线性微分方程的一般形式 (同式 4-1)为

$$a_0\frac{\mathrm{d}^n}{\mathrm{d}t^n}c(t)+a_1\frac{\mathrm{d}^{n-1}}{\mathrm{d}t^{n-1}}c(t)+\cdots+a_{n-1}\frac{\mathrm{d}}{\mathrm{d}t}c(t)+a_nc(t)$$
$$=b_0\frac{\mathrm{d}^m}{\mathrm{d}t^m}r(t)+b_1\frac{\mathrm{d}^{m-1}}{\mathrm{d}t^{m-1}}r(t)+\cdots+b_{m-1}\frac{\mathrm{d}}{\mathrm{d}t}r(t)+b_mr(t)$$

式中：$r(t)$，$c(t)$分别为输入量和输出量，系数 $a_0,a_1,\cdots,a_n,b_0,b_1,\cdots,b_m$ 为实常数，且 $m\leqslant n$。

设输入输出的拉氏变换为：$R(s)=L[r(t)]$，$C(s)=L[c(t)]$，在初始条件为零时，对式(4-1)进行拉式变换(应用了微分定理)可得

$$(a_0s^n+a_1s^{n-1}+\cdots+a_{n-1}s+a_n)C(s)=(b_0s^m+b_1s^{m-1}+\cdots+b_{m-1}s+b_m)R(s) \tag{4-10}$$

则令

$$G(s)=\frac{C(s)}{R(s)}=\frac{b_0s^m+b_1s^{m-1}+\cdots+b_{m-1}s+b_m}{a_0s^n+a_1s^{n-1}+\cdots+a_{n-1}s+a_n} \tag{4-11}$$

把 $G(s)$ 称为传递函数。

【例 4-3】 试求【例 4-1】弹簧-物体-阻尼器机械系统的传递函数 $\frac{Y(s)}{F(s)}$。

解 弹簧-物体-阻尼器机械系统的微分方程用式(4-6)表示为

$$m\frac{\mathrm{d}^2 y(t)}{\mathrm{d}t^2}+f\frac{\mathrm{d}y(t)}{\mathrm{d}t}+ky(t)=F(t)$$

在零初始条件下,对上述方程中各项求拉氏变换,并令

$$U_\mathrm{o}(s)=L[y(t)],\ U_\mathrm{i}(s)=L[F(t)] \tag{4-12}$$

可得 S 的代数方程为

$$(ms^2+fs+k)U_\mathrm{o}(s)=U_\mathrm{i}(s) \tag{4-13}$$

由传递函数的定义得系统的传递函数为

$$G(s)=\frac{U_\mathrm{o}(s)}{U_\mathrm{i}(s)}=\frac{1}{ms^2+fs+k} \tag{4-14}$$

2. 传递函数的性质

根据传递函数的定义,传递函数具有如下性质。

(1) 传递函数是复变量 S 的有理真分式函数,即 $n\geqslant m$,且所有系数均为实数。

(2) 传递函数与外作用形式无关,只取决于控制系统和元件的结构。

(3) 传递函数的拉氏变换是系统的单位脉冲响应。

系统在单位脉冲函数 $\delta(t)$ 输入时的响应称为单位脉冲响应 $g(t)$,因为单位脉冲函数的拉氏变换为

$$R(s)=L[\delta(t)]=1 \tag{4-15}$$

所以,系统的输出

$$C(s)=G(s)R(s) \tag{4-16}$$

而 $C(s)$ 的拉氏反变换即为脉冲响应 $g(t)$,刚好等于传递函数的拉氏反变换,即

$$g(t)=L^{-1}[C(s)]=L^{-1}[G(s)] \tag{4-17}$$

所以说,传递函数的拉氏变换是系统的单位脉冲响应。

(4) 传递函数不能反映非零初始条件下的系统运动情况,这是因为传递函数是在零初始条件下定义的。

(5) 由于传递函数是由线性常系数微分方程经拉氏变换得到的,所以传递函数只适用于线性定常系统。

4.2.2 传递函数的 MATLAB 描述形式

1. 多项式形式传递函数

1) 系统传递函数模型简述

前面提到,在零初始条件下,微分方程经拉氏变换后,可以得到线性系统的传递函数模型(同式 4-11):

$$G(s)=\frac{C(s)}{R(s)}=\frac{b_0 s^m+b_1 s^{m-1}+\cdots+b_{m-1}s+b_m}{a_0 s^n+a_1 s^{n-1}+\cdots+a_{n-1}s+a_n}$$

MATLAB 中可以方便地由分子和分母系数构成的两个向量唯一地确定出来,这两个向量分别用 num(numerator,分子)和 den(denominator,分母)表示。

$$\begin{cases} \text{num}=[b_1,b_2,\cdots,b_m,b_{m+1}] \\ \text{den}=[a_1,a_2,\cdots,a_n,a_{n+1}] \end{cases} \tag{4-18}$$

2）传递函数的 MATLAB 相关函数

用不同向量分别表示分子和分母多项式，就可以利用控制系统工具箱的函数 $tf(\ )$表示传递函数变量 G：

$$\text{num}=[b_1,b_2,\cdots,b_m,b_{m+1}]$$
$$\text{den}=[a_1,a_2,\cdots,a_n,a_{n+1}]$$
$$G=tf(\text{num},\text{den}) \tag{4-19}$$

tf 函数的格式与作用见表 4-1 所示。

表 4-1　tf 函数的格式与作用

序号	函数的格式	函数的作用
1	sys=tf(num,den)	返回变量 sys 为连续系统传递函数模型
2	sys=tf(num,den,t_s)	返回变量 sys 为离散系统传递函数模型。t_s 为采样周期，当 $t_s=-1$ 或者 $t_s=[\ ]$时，表示系统采样周期未定义
3	S=tf('s')	定义拉氏变换算子，以原形式输入传递函数
4	Z=tf('z',ts)	定义 Z 变换算子及采样时间 t_s，以原形式输入传递函数
5	printsys(num,den,'s')	将系统传递函数以分式的形式打印出来，'s'表示传递函数变量
6	printsys(num,den,'z')	将系统传递函数以分式的形式打印出来，'z'表示传递函数变量
7	get(sys)	可获得传递函数模型对象 sys 的所有信息
8	set(sys,'property',value,…)	为系统不同属性设定值
9	[num,den]=tfdata(sys,'v')	以行向量的形式返回传递函数分子分母多项式
10	C=conv(a,b)	多项式 a、b 以系数行向量表示，进行相乘，结果 C 仍以系数行向量表示

3）建立传递函数模型实例

【例 4-4】 已知系统传递函数为 $G(s)=\dfrac{s-1}{s^3+2s^2+3s+5}$，输入到 MATLAB 工作空间中。

方法 1：

```
>>num=[1-1];den=[1 2 3 5];
>>G=tf(num,den)
```

方法 2：

```
>>s=tf('s');                                  %定义 Laplace 算子
>>G=(12*s+15)/(s^3+16*s^2+64*s+192)            %给出传递函数表达式
```

从以上实例看到，可以采用不同方式得到系统传递函数。方法 1 需要先求出传递函数分子分母多项式系数，再将其作为 tf 函数的参数使用。方法 2 则需要先定义拉氏变换算子，再将传递函数直接赋值给对象 G。

【例 4-5】 已知传递函数模型为 $G(s)=\dfrac{6(2s+23)}{s^2(3s+2)(s^2+5s+16)}$，将其输入到 MATLAB 工作空间中。

方法 1：

```
>>num=conv(6,[2,23]);                            %计算分子多项式
>>den=conv(conv([1 0 0],[3 2]),[1 5 16]);        %计算分母多项式
>>G=tf(num,den)                                  %求系统传递函数
```

方法 2：

```
>>s=tf('s');                                     %定义 Laplace 算子
>>G=6*(2*s+23)/(s^2*(3*s+2)*(s^2+5*s+16));      %给出传递函数表达式
>>num1=G.num{:};                                 %取出 G 中分子系数
>>den1=G.den{:};                                 %取出 G 中分母系数
```

结果显示：

```
Transfer function:
                         12s+138
exp(-4*s)* --------------------------------
              3s^5+17s^4+58s^3+32s^2
```

对于系统的传递函数不是标准形式时传递函数的输入，本题演示了两种解题方法，方法1是在应用 sys=tf(num,den)前，借助 conv 函数完成多项式相乘，将传递函数分子分母转化成多项式系数，然后再使用 tf 函数。

方法 2 不要求传递函数分子分母多项式的形式，在定义并得到拉氏变换算子后，可以直接按照原格式输入传递函数，从而得到系统的传递函数。

方法 2 更多地用于处理非标准格式的传递函数。

在得到系统的传递函数之后，可以进一步获得其参数。

2. 零极点传递函数

1) 零极点传递函数模型简述

系统零极点传递函数模型是传递函数模型的一种表现形式，可以看作是对原系统传递函数的分子、分母分别进行因式分解得到的，通过它可以方便地获得系统的零点和极点，从而判断系统的稳定性，零极点传递函数模型如式(4-20)所示。

$$G(s)=K\frac{(s-z_1)(s-z_2)\cdots(s-z_m)}{(s-p_1)(s-p_2)\cdots(s-p_n)} \tag{4-20}$$

说明：K 为系统增益，z_i 为零点，p_j 为极点。对于实系数传递函数模型来说，系统的零极点为实数或者为共轭复数。

另外，离散系统的传递函数也可表示为零极点传递函数：

$$G(s)=K\frac{(z-z_1)(z-z_2)\cdots(z-z_m)}{(z-p_1)(z-p_2)\cdots(z-p_n)}\frac{1}{n}$$

2) 零极点形式的 MATLAB 相关函数

在 MATLAB 中零极点增益模型用$[z,p,k]$矢量组表示。即

$$\begin{cases} z=[z_1;z_2;\cdots;z_m] \\ p=[p_1;p_2;\cdots;p_n] \\ k=[k] \end{cases} \tag{4-21}$$

然后调用 zpk(z,p,k)函数就可以输入这个零极点传递函数模型。zpk 函数的格式与作

用如表 4-2 所示。

表 4-2　zpk 函数的格式与作用

序号	函数的格式	函数的作用
1	sys=zpk(z,p,k)	得到连续系统的零极点增益模型
2	sys=zpk(z,p,k,T_s)	得到连续系统的零极点增益模型，采样时间为 T_s
3	s=zpk('s')	得到拉氏变换算子，按原格式输入系统，得到系统 zpk 模型
4	z=zpk('z',T_s)	得到 z 变换算子和采样时间 T_s，按原格式输入系统，得到系统 zpk 模型
5	[z,p,k]=zpkdata(sys,'v')	得到系统的零极点和增益，参数'v'表示以向量形式表示
6	[p,z]=pzmap(sys)	返回系统零极点
7	pzmap(sys)	得到系统零极点分布图

3）建立零极点传递函数模型实例

【例 4-6】 将零极点模型：$G(s)=\dfrac{9(s+2)(s-7)}{(s+3)(s+4)(s+1+3j)(s+1-3j)}$，输入 MATLAB 工作空间。

方法 1：

```
>>z=[-2;7];
>>p=[-3;-4;-1-3*j;-1+3*j];
>>k=9;
>>G1=zpk(z,p,k)
```

命令窗口显示：

```
Zero/pole/gain:
        9(s+2)(s-7)
 ------------------------
  (s+3)(s+4)(s^2+2s+10)
```

方法 2：

```
>>s=zpk('s');
>>G2=9*(s+5)*(s-7)/(s+3)/(s+4)/(s+1+3*j)/(s+1-3*j)
```

命令窗口显示：

```
Zero/pole/gain:
        9(s+5)(s-7)
 ------------------------
  (s+3)(s+4)(s^2+2s+10)
```


和多项式形式传递函数的表示一样，用户可以用两种不同的方法得到系统零极点模型：一种是直接将零极点向量和增益值赋给 zpk 函数；一种是先定义系统零极点形式的拉氏变换算子，再输入零极点模型。

从【例 4-6】可以看到，在 MATLAB 的零极点传递函数模型中，若存在复数的零极点，MATLAB 采用二阶多项式来表示，不展开为一阶复数因式。

【例 4-7】 已知系统的传递函数 $G(s)=\dfrac{s^2+2s-8}{2s^3+6s^2+2s+1}$，求取其零极点向量和增益值，并得到系统的零极点增益模型。

编写并运行 M 文件如下：

```
clear;clc
Gtf=tf([1 2-8],[2 6 2 1]);                %得到系统传递函数
[z,p,k]=zpkdata(Gtf,'v')                  %得到系统零极点向量和增益
Gzpk=zpk(z,p,k)                           %求系统零极点增益模型
```

命令窗口显示：

```
z=
    -4
    2
p=
    -2.6980
    -0.1510+0.4031i
    -0.1510-0.4031i
k=
    0.5000
Zero/pole/gain:
          0.5(s+4)(s-2)
---------------------------------
  (s+2.698)(s^2+0.302s+0.1853)
```

可以用不同方法来求取系统的零极点。使用函数 zpkdata( )时，需要指定参数“v”，否则得到的是单元数组形式的零极点。例如在上例中继续输入指令：[z,p,k]=zpkdata(Gtf)，命令窗口将显示：

```
z=
   [2x1 double]
p=
   [3x1 double]
k=
   0.5000
```

函数 pzmap( )带输出值时只会得到系统的零极点向量，而不会绘制零极点图。

【例 4-8】 已知系统的传递函数为 $G(s)=\dfrac{2s^2+3s+8}{s(s+2)(s^2+4s+2)}$，求系统零极点及增益，并绘制系统零极点分布图。

解 编写并运行 M 文件如下。

```
clear;clc
num=[2 3 8];
den=conv(conv([1 0],[1 2]),[1 4 2]);
G=tf(num,den);                            %得到系统传递函数
[z,p,k]=zpkdata(G,'v')                    %得到系统零极点向量和增益值
pzmap(G)                                  %得到系统零极点分布图
命令窗口显示：
z=
   -2.0000+2.6458i
   -2.0000-2.6458i
p=
   0
   -5.4495
```

```
    -2.0000
    -0.5505
k=
    1
```

得到的系统零极点分布图如图 4-3 所示。

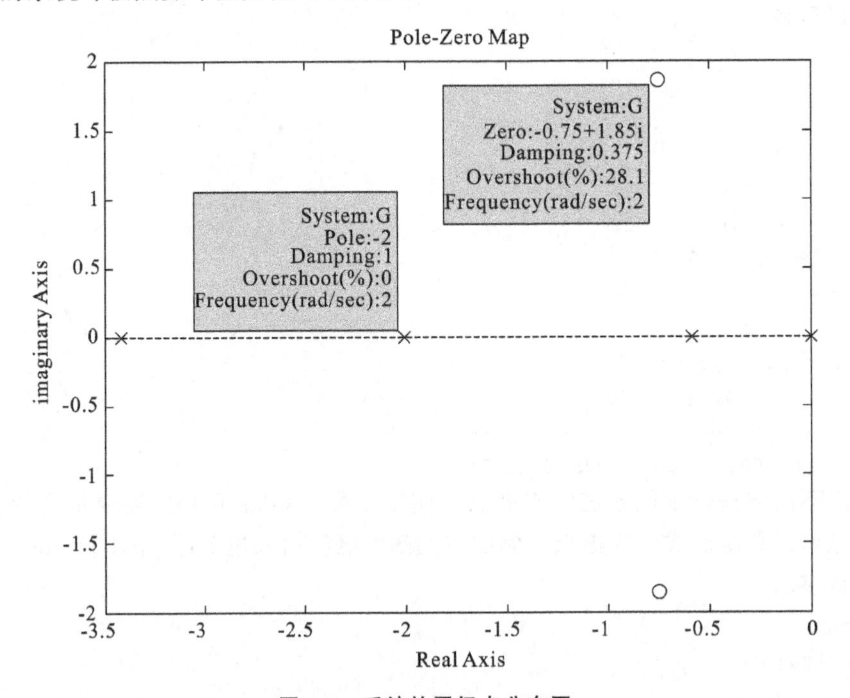

图 4-3 系统的零极点分布图

由 MATLAB 的传递函数表达式既可以求得控制系统的零极点，也可以用图形绘制的方式显示零极点分布情况。如果使用 pzmap 函数不带输出值，则会绘制系统的零极点分布图，如果此时想知道系统零极点的情况，则可以在图上点击各个点，如图 4-3 所示，系统将显示点击点的属性。

3. 部分分式传递函数

1）系统传递函数部分分式模型简述

部分分式的展开是将高阶有理分式展开成若干个一阶有理分式之和。在分析和求取系统的时间域响应时，经常会用到传递函数的部分分式展开式。

一个系统的传递函数可以用部分分式展开为（不包含多重极点的情况下）

$$G(s) = k + \sum_{i=1}^{n} \frac{r_i}{s - p_i} \tag{4-22}$$

其中：k 是常数项，如果是真分式，则 $k=0$；r 是部分分式展开式的各分式系数；p 是控制系统的极点。

2）MATLAB 部分分式展开式函数

在 MATLAB 中，要进行传递函数的部分分式展开，可以调用函数：

$$[r,p,k] = \text{residue}(\text{num},\text{den}) \tag{4-23}$$

说明：num 和 den 分别为有理分式的分子和分母的多项式系数（按降幂排序）；r 为部分分式展开式的各分式系数，p 为控制系统的极点，k 为常数项，根据部分分式展开式，可以简便地求解时间响应。

3）建立传递函数部分分式模型的实例

【例 4-9】 设传递函数为 $G(s)=\dfrac{2s^3+5s^2+3s+6}{s^3+6s^2+11s+6}$，将该传递函数的进行部分分式展开。

解 输入命令

```
>>num=[2,5,3,6];
>>den=[1,6,11,6];
>>[r,p,k]=residue(num,den)
```

命令窗口中显示：

```
r=                    p=                k=
   -6.0000              -3.0000            2
   -4.0000              -2.0000
   3.0000               -1.0000
```

其中，留数为列向量 r，极点为列向量 p，余项为行向量 k。

由此可得出部分分式展开式：

$$G(s)=\frac{-6}{s+3}+\frac{-4}{s+2}+\frac{3}{s+1}+2$$

【例 4-10】 给定系统的传递函数为 $G(s)=\dfrac{s^3+7s^2+24s+24}{s^4+10s^3+35s^2+50s+24}$，对 $\dfrac{G(s)}{s}$ 进行部分分式展开。

解 输入命令

```
>>num=[1,7,24,24]
>>den=[1,10,35,50,24]
>>[r,p,k]=residue(num,[den,0])
```

输出结果为

```
r=                    p=                k=
   -1.0000              -4.0000              [ ]
   2.0000               -3.0000
   -1.0000              -2.0000
   -1.0000              -1.0000
   1.0000               0
```

输出函数 $c(s)$ 为

$$c(s)=\frac{-1}{s+4}+\frac{2}{s+3}-\frac{1}{s+2}-\frac{1}{s+1}+\frac{1}{s}+0$$

拉氏变换得

$$c(t)=-e^{-4t}+2e^{-3t}-e^{-2t}-e^{-t}+1$$

4）生成二阶系统

在给定 ω_n，ζ 条件下生成相应的二阶系统，即

$$G(s)=\frac{\omega_n^2}{s^2+2\zeta\omega_n s+\omega_n^2}$$

命令格式：

```
[A,B,C,D]=ord2(wn,z)
[num,den]=ord2(wn,z)
```

其中：函数的返回变量 A、B、C、D 为连续系统的状态空间模型参数矩阵。num、den 为系统传递函数分子分母系数，ω_n 为自然振荡角频率，z 为阻尼比 ζ。

【例 4-11】 给定二阶系统的自然振荡频率 ω_n，阻尼比 ζ 分别为 2.4rad/sec，0.4，求出其传递函数。

解 输入命令

```
>>wn=2.4;z=2.4;
>>[num,den]=ord2(wn,z);
>>G=tf(num,den)
```

命令窗口中显示：

```
Transfer function:
          1
-------------------
  s^2+11.52s+5.76
```

4.2.3 典型环节的数学模型

任何一个复杂控制系统都是由有限个元部件(即典型环节)组成的，虽然系统的元部件可能是电气式、机械式、液压式等物理结构，具有不同的元件，作用原理也不一样，但是从数学模型或动态性能来看，系统都可分成为数不多的基本环节，这些基本环节就是典型环节。在数学模型的建构中，同一环节可以代表不同的物理系统，不同的环节也有可能表示同一物理系统。不同系统如果的微分方程相同，则说明系统的动态特性是一样的。

只要数学模型一样，也就是元件的动态性能是一致的，那么这些元件就可以归纳为同一个环节。为了系统分析、设计的便利，着重突出元件的动态性能，通常从数学模型上来划分典型环节，也就是按元件的动态特性来划分数学模型。

传递函数与微分方程是一一对应的，两者都表示了输出变量与输入变量之间的关系，微分方程是系统的时域表达式，而传递函数是系统的复数域表达式，而传递函数更具有一般性。

对于组成控制系统的各个元部件(典型环节)，可以根据其遵循的物理规律列写其传递函数。只要研究与掌握了各个元部件的传递函数，就可以很容易地综合分析与研究整个控制系统的特性。

一般任意复杂的传递函数都可以写成如下形式：

$$G(s)=\frac{K\prod_{i=1}^{m_1}(\tau_i s+1)\prod_{k=1}^{m_2}(\tau_k^2 s^2+2\zeta_k\tau_k s+1)}{s^v\prod_{j=1}^{n_1}(T_j s+1)\prod_{l=1}^{n_2}(T_l^2 s^2+2\zeta_l T_l s+1)} \tag{4-24}$$

可以把上式看成一系列形如：$K,\tau_i s+1,\tau_k^2 s^2+2\zeta_k\tau_k s+1,\dfrac{1}{s},\dfrac{1}{T_j s+1},\dfrac{1}{T_l^2 s^2+2\zeta_l T_l s+1}$ 的基本因子的乘积，这些基本因子就称为典型环节。所有系统的传递函数都是由这样的典型环节组合起来的。

一般认为，系统的典型环节通常可以分为以下六种：比例环节、积分环节、微分环节、惯性环节、振荡环节、延时环节。

1. 比例环节

比例环节也称为放大环节，其特点是输出变量与输入变量成正比关系，可以实现不失真、不延迟、成比例的复现输入信号。

1）运动方程

$$c(t) = kr(t) \tag{4-25}$$

式中：$c(t)$ 为输出变量，$r(t)$ 为输入变量，k 为比例系数。

2）传递函数

$$G(s) = \frac{C(s)}{R(s)} = K \tag{4-26}$$

3）实例

电位器的电阻与电压的关系、测速发电机转速与电压的关系在一定的条件下都可以视为比例环节。

2. 积分环节

1）运动方程

$$c(t) = \int r(t)\mathrm{d}t \quad t \geqslant 0 \tag{4-27}$$

2）传递函数

$$G(s) = \frac{C(s)}{R(s)} = \frac{1}{s} \tag{4-28}$$

3）实例

由运算放大器组成的 RC 积分器如图 4-4 所示。

根据运算放大器的特点知道：

$$C\frac{\mathrm{d}}{\mathrm{d}t}u_{\mathrm{o}}(t) = -\frac{u_{\mathrm{i}}(t)}{R}$$

或

$$u_{\mathrm{o}}(t) = -\frac{1}{RC}\int u_{\mathrm{i}}(t)\mathrm{d}t$$

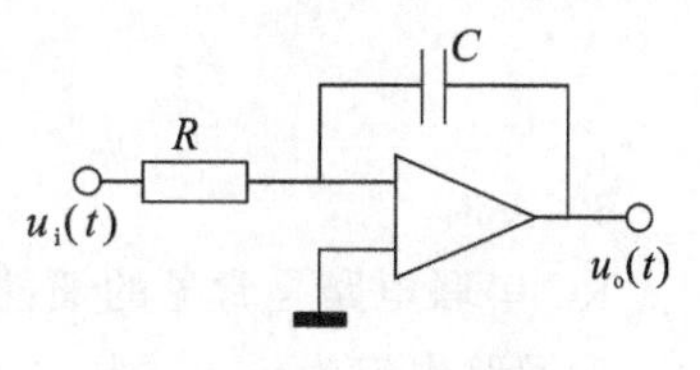

图 4-4　RC 积分器

其传递函数为

$$G(s) = \frac{U_{\mathrm{o}}(s)}{U_{\mathrm{i}}(s)} = -\frac{1}{RC}\cdot\frac{1}{s}$$

3. 微分环节

1）运动方程

在传递函数中，微分环节分为三种类型：纯微分环节、一阶微分环节和二阶微分环节。各自的微分方程为：

$$c(t) = K\frac{\mathrm{d}r(t)}{\mathrm{d}t} \quad t \geqslant 0 \tag{4-29}$$

$$c(t) = K\left[\tau\frac{\mathrm{d}r(t)}{\mathrm{d}t} + r(t)\right] \quad t \geqslant 0 \tag{4-30}$$

$$c(t) = K\left[\tau\frac{\mathrm{d}^2 r(t)}{\mathrm{d}t^2} + 2\xi\tau\frac{\mathrm{d}r(t)}{\mathrm{d}t} + r(t)\right] \quad t \geqslant 0 \tag{4-31}$$

2）传递函数

以上三个微分方程相应的传递函数分别为

$$G(s) = Ks \tag{4-32}$$

$$G(s) = K(\tau s + 1) \tag{4-33}$$

$$G(s) = K(\tau^2 s^2 + 2\xi\tau s + 1) \quad (0 < \xi < 1) \tag{4-34}$$

微分环节的输出变量与输入变量的各阶微分有关。例如，纯微分环节在单位斜坡输入作用下，输出是单位阶跃函数。

3）实例

在实际元件或系统中，无论是电路、机械还是其他物理结构，都会有惯性的存在，电路有电惯性，机械有机械惯性，磁路有电磁惯性，一个元件可能包含多种惯性系数，例如运动控制系统的控制对象电动机，电动机是将机械能转化为电能的装置，它的运动方程中既有电磁惯性也有机械惯性，故实际元件无法实现理想的纯微分关系。

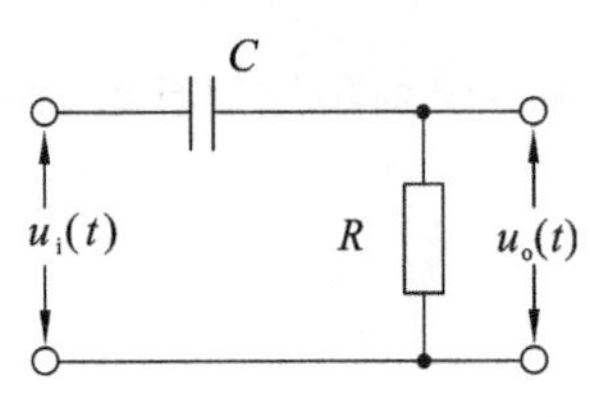

图 4-5　RC 微分电路

例如图 4-5 所示的 RC 微分电路，其传递函数为

$$G(s)=\frac{C(s)}{R(s)}=\frac{Ts}{Ts+1}$$

式中：$T=RC$ 为电路惯性时间常数。当 T 足够小时（远远小于 1 时），该环节可近似为纯微分环节。

4. 惯性环节

惯性环节也称为滞后环节，其特点是输出延缓的响应输入量的变化。

1）数学表达式

$$T\frac{dc(t)}{dt}+c(t)=Kr(t) \tag{4-35}$$

2）传递函数

$$G(s)=\frac{C(s)}{R(s)}=\frac{K}{Ts+1} \tag{4-36}$$

3）实例

RC 串联电路是常见的惯性环节的实例，如图 4-6 所示。

设回路电流为 $i(t)$，则

$$u_i(t)=i(t)R+u_o(t)$$

又因为电容电压 $u_c=u_o(t)$，得

$$i(t)=C\frac{du_o(t)}{dt}$$

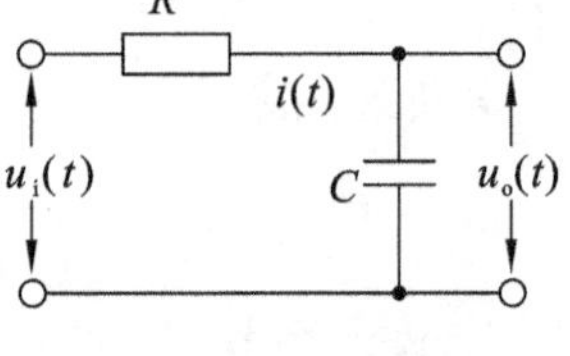

图 4-6　RC 串联电路

故

$$u_i(t)=RC\frac{du_o(t)}{dt}+u_o(t)$$

令 $T=RC$，则上式可表示成

$$T\frac{du_o(t)}{dt}+u_o(t)=u_i(t)$$

RC 串联电路的传递函数为

$$G(s)=\frac{C(s)}{R(s)}=\frac{1}{Ts+1}$$

5. 振荡环节

1）运动方程

$$T^2\frac{d^2c(t)}{dt^2}+2\zeta T\frac{dc(t)}{dt}+c(t)=r(t) \tag{4-37}$$

式中：T 为时间常数；ζ 为阻尼比，当 $0<\zeta<1$ 时，系统就是振荡环节。

2）传递函数

$$G(s)=\frac{C(s)}{R(s)}=\frac{1}{T^2s^2+2\zeta Ts+1}=\frac{\omega_n^2}{s^2+2\zeta\omega_n s+\omega_n^2} \tag{4-38}$$

式中，$\omega_n=\dfrac{1}{T}$ 称为自然振荡频率。

3）实例

在实际物理系统中，振荡环节是一个二阶的环节，其传递函数在系统的分析与研究中经常碰到。如前面【例 4-3】所示弹簧-物体-阻尼器机械系统，其传递函数为

$$G(s)=\frac{Y(s)}{X(s)}=\frac{1}{ms^2+fs+K}$$

【例 4-2】中求出了 RLC 串联电路的微分方程：

$$LC\frac{d^2u_o(t)}{dt^2}+RC\frac{du_o(t)}{dt}+u_o(t)=u_i(t)$$

通过拉氏变换，求出输出变量与输入变量之比，同样可以得到其传递函数为

$$G(s)=\frac{C(s)}{R(s)}=\frac{1}{LCs^2+RCs+1}$$

以上两个传递函数，均表示二阶系统，在满足 $0<\zeta<1$ 的条件下，都表示振荡环节。

6. 延迟环节

延迟环节又称为时滞环节、纯滞后环节，其特点是具有时间上的延迟效应，输入变量作用后，在给定一定时间 τ 之前，延迟环节的输出量没有变化，只有当到达延迟时间 τ 以后，延迟环节的输出量才能无偏差地复现原信号。

1）运动方程

$$c(t)=r(t-\tau);t\geqslant\tau \tag{4-39}$$

延迟环节的关系曲线及单位阶跃响应如图 4-7 所示。

2）传递函数

在零初始条件下，对式(4-39)进行拉氏变换得到延迟环节的传递函数

$$G(s)=\frac{C(s)}{R(s)}=e^{-\tau s} \tag{4-40}$$

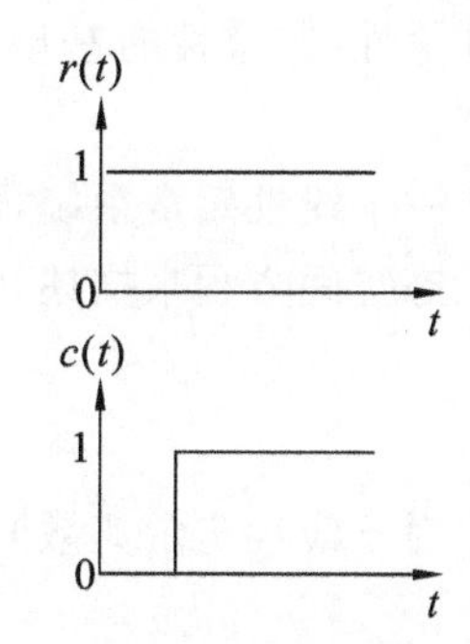

图 4-7 延迟环节的关系曲线及单位阶跃响应

3）实例

在实际应用中，半控型硅整流装置可以视作延迟环节，可控硅整流器的整流电压与触发角之间存在着一个失控时间的问题，这个失控时间导致了输出的滞后。

4）延迟环节的 MATLAB 实现

延迟环节比较特殊，它不具有有理函数的标准形式，所以在 MATLAB 中，不能像其他环节那样输入模块传递函数，带延迟环节的控制系统的模型建立需要由属性设置函数 set()来实现：

```
G=tf(num,den)                    %没有延迟环节的传递函数
set(G,'inputdelay',dt)
```

修改句柄 G 所对应模型的延迟时间“inputdelay”，其中 dt 为延迟时间。修改后，系统模型 G 就具有时间延迟特性。

带延迟环节的系统也可以通过以下 tf( )函数的属性设置来完成：

```
G=tf(num,den,'inputdelay',dt)
```

【例 4-12】 某一系统的开环模型为 $G(s)=\frac{1}{s^2+2s+1}e^{-3s}$，利用 MATLAB 输入此开环系统的传递函数。

解：利用下面的 MATLAB 命令，求出有延迟环节与没有延迟环节的系统奈奎斯特图。

```
>>G=tf(1,[1,2,1]);                    %没有延迟环节的系统
>>set(G,'inputdelay',3);
>>G
```

或者直接输入：

```
>>G=tf(1,[1,2,1],'inputdelay',3)
```

命令窗口显示：

```
Transfer function:
                    1
exp(-3*s)* ---------------
                 s^2+2s+1
```

4.3 状态空间描述

4.3.1 状态空间函数模型简述

系统的状态空间函数模型基于系统内部的状态变量，所以又往往称为系统的内部描述方法。和传递函数不同，状态空间函数可以描述更广的一类控制系统（包括非线性系统）模型。

传递函数模型是经典控制的重要数学工具，系统的状态空间函数模型是现代控制的重要数学分析与研究工具。本书主要研究基于 MATLAB 的经典控制系统，所以，在保证知识的连贯性、完整性的基础上，本节对基于 MATLAB 的状态空间函数模型进行一个初步的介绍。

一个线性定常系统，可以用传递函数描述其输出输入关系，如果系统是集中的，还可以用状态空间方程来描述，线性定常系统的状态空间方程的一般形式为

$$\begin{cases}\dot{x}(t)=Ax(t)+Bu(t)\\ y(t)=Cx(t)+Du(t)\end{cases} \tag{4-41}$$

对于线性定常离散时间系统，其状态空间方程的一般形式可写为

$$\begin{cases}x(k+1)=Gx(k)+Hu(k)\\ y(k)=Cx(k)+Du(k)\end{cases} \tag{4-42}$$

当输出方程 $D\equiv0$ 时，系统称为绝对固有系统，否则称为固有系统。为书写方便，常把固有系统（如式(4-41)或式(4-42)）所表示的系统简记为系统 (A,B,C,D) 或系统 (G,H,C,D)，而记相应的绝对固有系统为系统 (A,B,C) 或系统 (G,H,C)。

4.3.2 状态空间函数的 MATLAB 相关函数

线性定常连续系统的状态空间表达式在 MATLAB 下可以用一个矩阵组 $\sum(A,B,C,D)$ 来唯一确定绝对固有系统，或用 $\sum(A,B,C)$ 来唯一确定固有系统。

在 MATLAB 中，用函数 ss( )来建立控制系统的状态空间函数模型，ss 函数的调用格式为

```
sys=ss(A,B,C,D)
```

函数的输出变量 sys 为连续系统的状态空间函数模型。函数输入变量 A,B,C,D 分别对应于系统的参数矩阵。表 4-3 列出了状态空间函数的格式与作用。

表 4-3　状态空间函数的格式与作用

序号	函数的格式	函数的作用
1	sys=ss(A,B,C,D)	由 A,B,C,D 矩阵直接得到连续系统状态空间函数模型
2	sys=ss(A,B,C,D,T_s)	由 A,B,C,D 矩阵和采样时间 T_s 直接得到离散系统状态空间函数模型
3	[A,B,C,D]=ssdata(sys)	得到连续系统参数
4	[A,B,C,D,T_s]=ssdata(sys)	得到离散系统参数

4.3.3　建立状态空间函数模型实例

【例 4-13】　设系统的状态空间表达式为

$$\begin{cases}\dot{x}(t)=\begin{bmatrix}0 & 0 & 1\\ -3/2 & -2 & -1/2\\ -3 & 0 & -4\end{bmatrix}x(t)+\begin{bmatrix}1 & 1\\ -1 & -1\\ -1 & -3\end{bmatrix}u(t)\\ y(t)=\begin{bmatrix}1 & 0 & 0\\ 0 & 1 & 0\end{bmatrix}x(t)\end{cases}$$

用 MATLAB 语句完成输入。

解：此线性定常系统可由下面程序唯一表示出来。

```
>>A=[0 0 1;-3/2 -2 -1/2;-3 0 -4];          %系统状态矩阵
>>B=[1 1;-1 -1;-1 -3];                      %系统输入矩阵
>>C=[1 0 0;0 1 0];                          %系统输出矩阵
>>D=zeros(2,2);                             %系统输入输出矩阵
>>sys=ss(A,B,C,D)                           %生成状态空间函数模型
>>sys.c
```

运行结果显示：

```
a=
          x1      x2      x3
    x1    0       0       1
    x2    -1.5    -2      -0.5
    x3    -3      0       -4
b=
          u1      u2
    x1    1       1
    x2    -1      -1
    x3    -1      -3
c=
          x1      x2      x3
    y1    1       0       0
    y2    0       1       0
```

```
d=
        u1      u2
y1      0       0
y2      0       0
Continuous-time model.
ans=
1       0       0
0       1       0
```

系统状态空间函数模型参数 A,B,C,D 是矩阵形式，可直接由 sys＝ss(A,B,C,D)获得，或者由 sys. a、sys. b、sys. c、sys. d 获得每个矩阵。

4.4 模型的转换

前面介绍了控制系统的各种数学模型描述方法，以及如何用 MATLAB 实现输入，这些描述方法包括微分方程、各种形式的传递函数以及状态方程。

微分方程是控制系统的数学基础，但是高阶微分方程的求解十分烦琐、复杂，因此在控制系统仿真时很少采用微分方程描述方法。而传递函数和状态方程描述方法都是在微分方程的基础上通过一定的数学变换发展而得到的，它们的形式比微分方程的简洁而且运算方便，所以这两种描述方法常用于自动控制系统的仿真中。

传递函数描述方法属于频率域范畴，而状态方程描述方法是属于时间域范畴，由于不同的描述范畴，所以必须进行模型间的转换问题，MATLAB 提供了自动控制系统模型之间相互转换的函数，这些函数可以实现不同形式的传递函数之间，以及传递函数与状态方程之间的相互转换。

4.4.1 模型转换关系

通常，线性时不变系统的模型转换包含多项式形式传递函数、零极点增益形式传递函数、状态空间模型三者之间的转换，相互转换关系如图 4-8 所示。

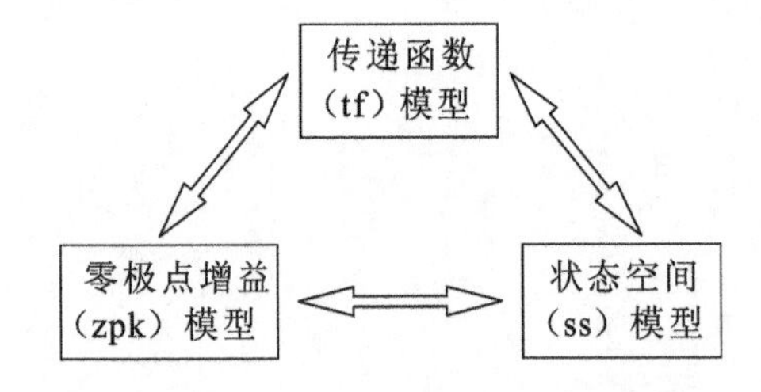

图 4-8 线性时不变系统的模型转换关系

4.4.2 模型转换函数

可以将模型转换函数分为两类：一类是将其他类型的模型转换为需要的类型(如表 4-4 所示)；另一类是将本类型传递函数的参数转换为其他类型传递函数的参数(如表 4-5所示)。

表 4-4 转换为需要的类型

序　　号	函数的格式	函数的作用
1	tfsys＝tf(sys)	将其他类型的模型转换为多项式传递函数模型
2	zsys＝zpk(sys)	将其他类型的模型转换为 zpk 模型
3	ss_sys＝ss(sys)	将其他类型的模型转换为 ss 模型

表 4-5 转换并获取其他类型传递函数的参数

序号	函数的格式	函数的作用
1	[A,B,C,D]=tf2ss(num,den)	tf 模型参数转换为 ss 模型参数
2	[num,den]=ss2tf(A,B,C,D,iu)	ss 模型参数转换为 tf 模型参数,iu 为输入序号
3	[z,p,k]=tf2zp(num,den)	tf 模型参数转换为 zpk 模型参数
4	[num,den]=zp2tf(z,p,k)	zpk 模型参数转换为 tf 模型参数
5	[A,B,C,D]=zp2ss(z,p,k)	zpk 模型参数转换为 ss 模型参数
6	[z,p,k]=ss2zp(A,B,C,D,iu)	ss 模型参数转换为 zpk 模型参数,iu 为输入序号
7	[r,p,k]=residue(num,den)	tf 模型参数转换为部分分式模型参数

4.4.3 模型转换实例

1. 状态空间表达式到传递函数的转换

如果系统的状态空间表达式为

$$\begin{cases}\dot{x}=Ax(t)+Bu(t)\\ y=Cx(t)+Du(t)\end{cases} \tag{4-43}$$

则系统的传递函数为

$$G(s)=\frac{C(s)}{R(s)}=C\,(sI-A)^{-1}B+D=\frac{b_0s^m+b_1s^{m-1}+\cdots+b_{m-1}s+b_m}{a_0s^n+a_1s^{n-1}+\cdots+a_{n-1}s+a_n} \tag{4-44}$$

1）将状态空间表达式转换为多项式形式传递函数

在 MATLAB 中,根据状态空间表达式获得系统传递函数的函数包括以下两个：ss2tf( )和 tf( ),其调用格式如下(参看表 4-4 和表 4-5)：

```
[num,den]=ss2tf(A,B,C,D,iu)
tfsys=tf(sys)
```

说明:iu 用来指定输入序号。单变量系统时,iu=1。如果是多变量系统,iu 则表示要求的输入序号,这时必须对各个输入信号逐个求取传递函数子矩阵,最后获得整个的传递函数矩阵,也就是说不能用此函数一次性地求出对所有输入变量的整个传递函数阵。

2）将状态空间表达式转换为零极点增益形式传递函数

在 MATLAB 中,根据状态空间表达式获得系统零极点增益形式传递函数的函数包括以下两个：ss2zp ()和 zpk(),其调用格式如下 (参看表 4-4 和表 4-5)：

```
[z,p,k]=ss2zp(A,B,C,D,iu)
zsys=zpk(sys)
```

说明:iu 用来指定输入序号。单变量系统时,iu=1。如果是多变量系统,iu 则表示要求的输入序号;函数输出值 p 储存传递函数极点,z 储存零点,z 的列数等于输出的维数,每列对应一个输出,对应增益在列向量 k 中。

3）状态空间表达式到传递函数的转换实例

【例 4-14】 将以下状态空间模型转化为多项式形式、零极点增益形式的传递函数：

$$\begin{cases}\dot{x}(t)=\begin{bmatrix}0 & 1\\0 & -2\end{bmatrix}x(t)+\begin{bmatrix}1 & 0\\0 & 1\end{bmatrix}u(t)\\ y(t)=\begin{bmatrix}1 & 0\\0 & 1\end{bmatrix}x(t)\end{cases}$$

解：利用下列 MATLAB 语句：

```
>>A=[0 1;0 -2];                          %系统状态矩阵
>>B=[1 0;0 1];                           %系统输入矩阵
>>C=[1 0;0 1];                           %系统输出矩阵
>>D=zeros(2,2);                          %系统输入输出矩阵
>>sys=ss(A,B,C,D);                       %生成状态空间模型
>>[num1,den1]=ss2tf(A,B,C,D,1);          %获得 tf 模型参数，输入序号为 1
>>[num2,den2]=ss2tf(A,B,C,D,2);
>>tfsys=tf(sys)                          %直接得到多项式传递函数
>>zsys=zpk(sys)                          %直接得到零极点增益形式传递函数
```

命令窗口中显示多项式传递函数：

```
Transfer function from input 1 to output…
     1
# 1: -
     s
# 2: 0
Transfer function from input 2 to output…
          1
# 1: -----------
       s^2+2s
          1
# 2: -----------
         s+2
```

命令窗口中显示零极点增益形式传递函数：

```
Zero/pole/gain from input 1 to output…
     1
# 1: -
     s
# 2: 0
Zero/pole/gain from input 2 to output…
          1
# 1: -----------
       s(s+2)
          1
# 2: -----------
        (s+2)
```

2. 将多项式形式传递函数转换为状态空间表达式、零极点增益形式传递函数

1）将多项式形式传递函数转换为状态空间表达式

系统的实现是指利用系统的传递函数模型获取状态空间表达式的过程。由于系统的状态变量是可以任意选取的，所以系统实现的方法不一定是唯一的，本节只介绍一种比较常用的实现方法。

对于单输入多输出系统，适当地选择系统状态变量，则系统的状态空间表达式可以写成

$$\begin{cases}\dot{x}=\begin{bmatrix}-a_1 & \cdots & -a_{n-1} & -a_n\\ 1 & \cdots & 0 & 0\\ \vdots & \ddots & \vdots & \vdots\\ 0 & \cdots & 1 & 0\end{bmatrix}x+\begin{bmatrix}1\\0\\ \vdots\\0\end{bmatrix}u\\ y=[B_1 \quad B_2 \quad \cdots \quad B_n]x+d_0u\end{cases} \tag{4-45}$$

在 MATLAB 中，这种转换方法称为能控标准型实现方法，它有两个直接实现的函数，调用格式为（参看表 4-4 和表 4-5）：

```
[A,B,C,D]=tf2ss(num,den)
ss_sys=ss(sys)
```

说明：行向量 num 的每一行为分子系数的输出，并按 s 的降幂顺序排列，其行数为输出的个数，行向量 den 为分母系数，并按 s 的降幂顺序排列。sys_ss=ss(sys) 中的 sys 参数是一个多项式形式的传递函数。

2）将多项式形式转换为零极点增益形式传递函数

零极点增益形式到状态空间表达式的转换有两个重要函数，这两个函数的调用格式为（参看表 4-4 和表 4-5）

```
[z,p,k]=tf2zp(num,den)
zsys=zpk(sys)
```

其中，zsys=zpk(sys)中的 sys 参数是一个多项式形式的传递函数。

3）转换实例

【例 4-15】 设三阶系统闭环传递函数为 $\Phi(s)=\dfrac{5s^2+25s+30}{s^3+6s^2+10s+8}$，求其状态空间函数模型和零极点增益模型，并求出极点。

解：利用下列 MATLAB 语句：

```
>>num=[5 25 30];                    %按降幂方式输入分子多项式系数
>>den=[1 6 10 8];                   %按降幂方式输入分母多项式系数
>>tfsys=tf(num,den);                %生成多项式传递函数
>>[A,B,C,D]=tf2ss(num,den);         %tf 模型参数转换为 ss 模型参数
>>ss_sys=ss(tfsys)                  %生成状态空间模型
>>zsys=zpk(tfsys)                   %直接得到零极点增益传递函数
>>pole=zsys.p{:}                    %直接得到系统极点
```

命令窗口中显示的状态空间函数模型：

```
a=
            x1      x2      x3
       x1   -6      -2.5    -2
       x2   4       0       0
       x3   0       1       0
b=
            u1
       x1   4
       x2   0
       x3   0
c=
            x1      x2      x3
       y1   1.25    1.563   1.875
d=
            u1
       y1   0
Continuous-time model.
```

命令窗口中显示的零极点增益模型：

```
Zero/pole/gain:
    5(s+3)(s+2)
-------------------
  (s+4)(s^2+2s+2)
```

命令窗口中显示的该闭环系统的极点：

```
pole=
    -4.0000
    -1.0000+1.0000i
    -1.0000-1.0000i
```

3. 将零极点增益传递函数转换为状态空间表达式、多项式传递函数

1）零极点增益传递函数转换成其他模型

MATLAB零极点增益形式到状态空间表达式的函数调用格式为

```
[A,B,C,D]=zp2ss(z,p,k)
```

MATLAB零极点增益形式到其他传递函数形式的函数调用格式为

```
[num,den]=zp2tf(z,p,k)
```

其中，z、p、k分别为系统的零点、极点和增益。

2）转换实例

【例4-16】 设系统传递函数为：$G(s)=\dfrac{5(s+2)(s+4)}{(s+1)(s+3)(s-2)}$，求其状态空间函数模型与多项式传递函数。

解：利用下列MATLAB语句：

```
>>z=[-2,-4];p=[-1,-3,2];k=5;
>>zsys=zpk(z,p,k);
>>[A,B,C,D]=zp2ss(z,p,k);
>>ss_sys=ss(zsys)
>>tfsys=tf(zsys)
```

命令窗口中显示的状态空间函数模型：

```
a=
          x1     x2     x3
    x1    -1     0.5    0.5
    x2    0      -3     1
    x3    0      0      2
b=
          u1
    x1    0
    x2    0
    x3    4.472
c=
          x1     x2     x3
    y1    2.236  1.118  1.118
d=
          u1
    y1    0
Continuous-time model.
```

命令窗口中显示的多项式传递函数：

```
Transfer function:
    5s^2+30s+40
---------------
  s^3+2s^2-5s-6
```

4.5　模型的连接

在实际应用中，自动控制系统由受控对象和控制装置组成，可以分解为多个环节并通过各种连接方式连接构成。系统由多个单一的模型组合而成，每个单一的模型都可以用一组微分方程或传递函数来描述。基于模型不同的连接和互连信息，合成后的模型有不同的结果。模型间的连接主要有串联连接、并联连接和反馈连接等。通过对系统的不同连接情况进行处理，可以简化系统模型。

MATLAB 控制系统工具箱中提供了对自动控制系统的简单模型进行连接的函数，下面简单介绍这些函数。

4.5.1　串联方式

在自动控制系统中，将 n 个环节根据信号的传递方向串联起来的连接方式称为串联连接。串联连接的结构框图如图 4-9 所示。

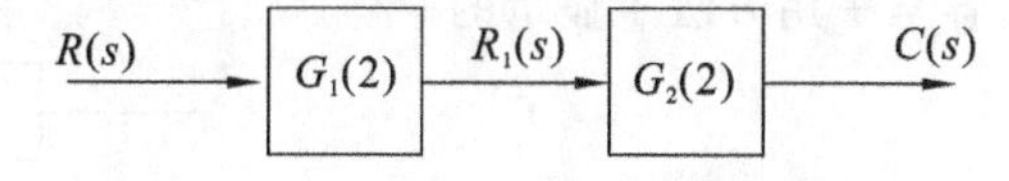

图 4-9　串联连接的结构框图

其传递函数为　　$G(s)=G_1(s)\times G_2(s)$

在 MATLAB 中，提供了控制系统的串联连接处理函数 series(　)，此函数既可以处理传递函数表示的单输入多输出系统，也可处理由状态方程表示的系统，其调用格式为

```
[num,den]=series(num1,den1,num2,den2)
sys=series(sys1,sys2) (等价于 sys=sys1*sys2)
[A,B,C,D]= series(A1,B1,C1,D1,A2,B2,C2,D2)
```

说明:num1,den1 为系统 $G_1(s)$的分子和分母多项式的行向量;num2,den2 为系统 $G_2(s)$的分子和分母多项式的行向量;num,den 为串联等效后的传递函数 $G(s)$的分子和分母多项式的行向量。sys=series(sys1,sys2)将得到两个模块 sys1,sys2 串联后的系统传递函数。

【例 4-17】 设系统两个模块的传递函数为 $G_1(s)=\frac{s^2+3}{(s+2)(s^2+4s+2)}$,$G_2(s)=\frac{s+2}{s^2+2s+1}$,求其串联后的传递函数。

解:利用下列 MATLAB 语句编写 M 文件并运行。

方法 1:

```
num1=[1 0 3];
den1=conv([1 2],[1 4 2]);
num2=[1 2];
den2=[1 2 1];
[num den]=series(num1,den1,num2,den2)          %串联后系统传递函数分子分母
G=tf(num,den)                                  %串联后系统传递函数
```

命令窗口中显示:

```
num=
    0    0    1    2    3    6
den=
    1    8   23   30   18    4
Transfer function:
       s^3+2s^2+3s+6
-------------------------------
  s^5+8s^4+23s^3+30s^2+18s+4
```

方法 2:

```
num1=[1 0 3];den1=conv([1 2],[1 4 2]);
G1=tf(num1,den1);                           %求 G1 传递函数
num2=[1 2];den2=[1 2 1];
G2=tf(num2,den2);                           %求 G2 传递函数
[num den]=series(num1,den1,num2,den2)
G=series(G1,G2)                             %串联后传递函数,或用 G=G1*G2
```

命令窗口中显示的内容与采用方法 1 显示的一样。

4.5.2 并联方式

在自动控制系统中,n 个环节的输入信号相同,输出信号等于各环节输出信号的代数和,这种连接方式称为并联连接。

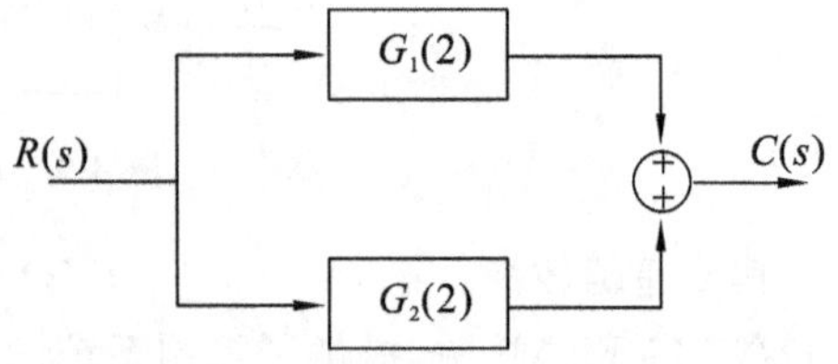

图 4-10 所示为一般情况下模型并联连接的结构框图。

图 4-10　一般情况下模型并联连接的结构框图

单输入单输出(SISO)系统 $G_1(s)$和 $G_2(s)$并联连接时,合成系统 $G(s)=G_1(s)+G_2(s)$。

在 MATLAB 中,提供了系统的并联连接处理函数 parallel( ),它可以处理由传递函数表示的系统,也可处理由状态方程表示的系统,其调用格式为

```
[num,den]=parallel(num1,den1,num2,den2)
sys=parallel(sys1,sys2) (等价于 sys=sys1+sys2)
[A,B,C,D]=parallel(A1,B1,C1,D1,A2,B2,C2,D2)
```

说明:num1,den1 为系统 $G_1(s)$的分子和分母多项式的行向量;num2,den2 为系统 $G_2(s)$的分子和分母多项式的行向量;num,den 为并联等效后的传递函数 $G(s)$的分子和分母多项式的行向量。sys=parallel(sys1,sys2)将得到两个环节 sys1,sys2 并联后的系统传递函数。

【例 4-18】 求【例 4-17】中两个模块并联之后的传递函数。

解:利用下列 MATLAB 语句编写 M 文件并运行。同样,可以采用两种方式完成,这里用方法 1 完成:

```
num1=[1 0 3];den1=conv([1 2],[1 4 2]);
num2=[1 2];den2=[1 2 1];
[num den]=parallel(num1,den1,num2,den2)        %并联系统传递函数分子分母
G=tf(num,den)                                  %并联后系统传递函数
```

命令窗口中显示:

```
num=
   0    2    10    26    30    11
den=
   1    8    23    30    18    4
Transfer function:
   2s^4+10s^3+26s^2+30s+11
-----------------------------
  s^5+8s^4+23s^3+30s^2+18s+4
```

4.5.3 反馈连接

在自动控制系统中,输出信号 $C(s)$经反馈环节 $H(s)$与输入信号相加或相减后作用于 $G(s)$环节,这种连接方式称为反馈连接。在控制系统中,闭环反馈系统的应用最为广泛。

反馈系统又分为正反馈系统和负反馈系统两种。

单输入单输出(SISO)系统采用正反馈时,系统的传递函数为

$$\Phi(s)=\frac{G(s)}{1-G(s)\times H(s)}$$

单输入单输出(SISO)系统采用负反馈时,系统的传递函数为

$$\Phi(s)=\frac{G(s)}{1+G(s)\times H(s)}$$

图 4-11 和图 4-12 所示分别为正反馈系统和负反馈系统的结构框图。

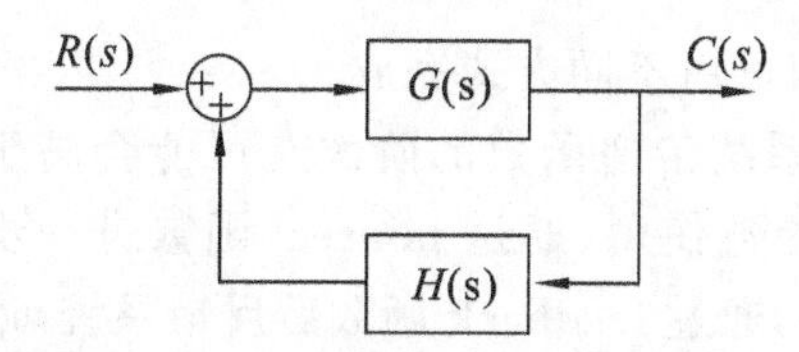

图 4-11 正反馈系统的结构框图

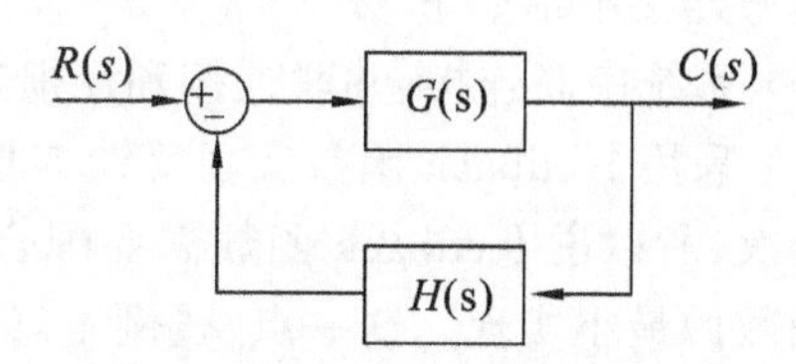

图 4-12 负反馈系统的结构框图

在 MATLAB 中，提供了系统反馈连接处理函数 feedback( )，它可以处理由传递函数表示的系统，也可处理状态方程表示的系统，其调用格式为

```
[num,den]=feedback(num1,den1,num2,den2,sign)
sys=feedback(sys1,sys2,sign) 或用 sys=sys1/(1±sys1*sys2)
[A,B,C,D]=feedback(A1,B1,C1,D1,A2,B2,C2,D2,sign)
```

说明：sys1 为系统的前向通道传递函数，sys2 反馈通道传递函数。sign 为反馈极性，sign=−1 表示负反馈，sign=1 表示正反馈，没有 sign 时为负反馈。

sys=feedback(sys1,sys2,sign) 等效于 sys=sys1/(1±sys1×sys2)。

【例 4-19】 设系统前向通道环节为 $G_1(s)$，反馈通道环节的传递函数为 $G_2(s)$。

$$G_1(s)=\frac{s^2+3s}{(2s+3)(s^2+3s+2)},G_2(s)=\frac{s+2}{(s+2)(s+4)}$$

求系统的正、负反馈的传递函数。

解：利用下列 MATLAB 语句编写 M 文件并运行。

```
clear;clc
num1=[1 0];den1=conv([1 2],[1 4 2]);          %输入 G1 分子分母多项式
G1=tf(num1,den1);                             %生成 G1 传递函数
num2=[1 2];den2=conv([1 2],[1 4]);            %输入 G2 分子分母多项式
G2=tf(num2,den2);                             %生成 G1 传递函数
[num den]=feedback(num1,den1,num2,den2,1);    %正反馈系统分子分母系数
[num den]=feedback(num1,den1,num2,den2);      %负反馈系统分子分母系数
Gp=feedback(G1,G2,1);                         %正反馈系统传递函数
Gn=feedback(G1,G2)                            %或者用：Gn2=G1/(1+G1*G2)
Gnmin=minreal(Gn)                             %化简，获得系统最小实现模型
Gpmin=minreal(Gp)
```

命令窗口中显示：

```
Transfer function:
        s^3+6s^2+8s
----------------------------
s^5+12s^4+54s^3+113s^2+106s+32
Transfer function:
         s^2+4s
----------------------------
   s^4+10s^3+34s^2+45s+16
Transfer function:
         s^2+4s
----------------------------
   s^4+10s^3+34s^2+43s+16
```

模型连接小结如下。

(1) 系统串联连接、并联连接和反馈连接的化简可由不同方式完成。

(2) 采用 feedback 函数实现反馈连接，得到的系统传递函数的阶次有可能会高于实际系统阶次，所以说 feedback 函数需要配合 minreal 函数使用，通过 minreal 函数进一步获得传递函数的最小实现。这一点从【例 4-19】可以看到，通过 feedback 函数后反馈系统 G_n 分母为 5 阶，而通过 minreal 函数简化后系统 G_n min 实际为 4 阶。

4.5.4 模型连接综合实例

【例 4-20】 设系统结构框图如图 4-13 所示，请写出其系统传递函数。

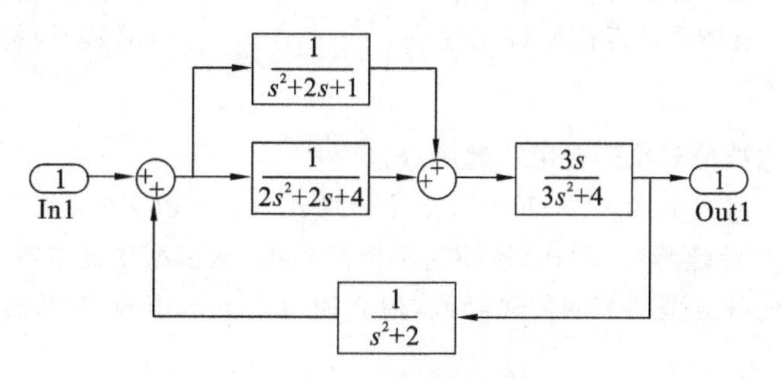

图 4-13 系统结构框图

解：利用下列 MATLAB 语句编写 M 文件并运行。

```
tfsys1=tf([1],[1 2 1]);                  %定义模块传递函数
tfsys2=tf([1],[2 2 4]);
tfsys3=tf([3 0],[3 0 4]);
tfsys4=tf([1],[1 0 2]);
Gp=tfsys1+tfsys2;                        %两个模块并联
Gf=feedback(Gp*tfsys3,tfsys4);           %生成负反馈系统
Gs=minreal(Gf)                           %化简,获得系统最小实现模型
```

命令窗口中显示系统传递函数为：

```
Transfer function:
                  1.5s^5+2s^4+5.5s^3+4s^2+5s
--------------------------------------------------------------
  s^8+3 s^7+8.333s^6+15s^5+21.33s^4+26.17s^3+22s^2+15.83s+5.333
```

一个控制系统中往往会同时含有多种不同连接方式，在化简时需要正确使用不同的化简函数。对于连接很复杂的系统，可能需要进行节点或分支点的前移或后移，然后再进行系统化简。

本章小结

数学模型是系统内部各变量之间关系的数学表达式，是进行控制系统分析和设计的重要数学工具。

自动控制系统数学模型有多种形式，本章介绍了时域中常用的微分方程和状态方程数学模型，复数域中的传递函数数学模型，描述了传递函数数学模型的种类，以及几种数学模型之间的转换方法和注意事项，最后阐述了如何进行模型的串联、并联以及反馈连接。

习 题 4

4.1 已知传递函数模型 $G(s)=\dfrac{10(4s+1)}{s^2(s^2+8s+13)}$，将其输入到 MATLAB 工作空间中。

4.2 设置传递函数模型 $G(s)=\dfrac{5(3s+1)}{(s+1)(s^2+7s+13)}$时间延迟常数为 e^{-4s}。

4.3　将零极点模型$G(s)=\dfrac{4(s-2)(s+3)^2}{(s+1)(s-2)(s+2+3j)(s+2-3j)}$输入MATLAB工作空间，并求出其零点、极点与增益。

4.4　已知一系统的零极点模型$G(s)=\dfrac{5(s+2)(s+7)}{(s+4)(s+3)(s-2)}$，求其tf模型及状态空间函数模型。

4.5　创建下述被控对象的指定传递函数：

$$y^{(4)}+10y^{(3)}+30\ddot{y}+40\dot{y}+24y=4\ddot{u}+36\dot{u}+32u$$

创建$G(s)$为tf(传递函数)形式，转换为零极点模型，从模型中提取零点、极点和增益。

4.6　写出下列各典型环节的传递函数，建立相应的Simulink仿真模型，观察并记录其单阶跃响应波形。

(1) 比例环节；

(2) 惯性环节；

(3) 积分环节；

(4) 微分环节；

(5) 比例 + 微分环节(PD)；

(6) 比例 + 积分环节(PI)。

4.7　设被控系统为

$$\begin{cases}\dot{x}=Ax+Bu\\ y=Cx+Du\end{cases}$$

其中

$$A=\begin{pmatrix}0&1&0\\-4&-1&1\\0&0&-20\end{pmatrix},B=\begin{pmatrix}0\\0\\20\end{pmatrix},C=(1\quad 0\quad 0),D=0$$

(1) 用MATLAB创建被控对象的一个ss模型；

(2) 用MATLAB将(1)的ss模型转化为tf形式；

(3) 用MATLAB将ss形式转化成zpk形式，再转换回ss形式。

4.8　化简如习题4.8图所示系统结构框图，求系统的传递函数。

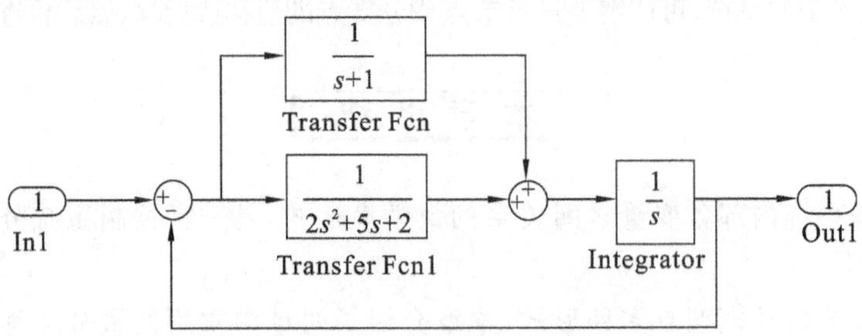

习题4.8图　系统结构框图一

4.9　已知系统的结构框图如习题4.9图所示，求系统的传递函数。

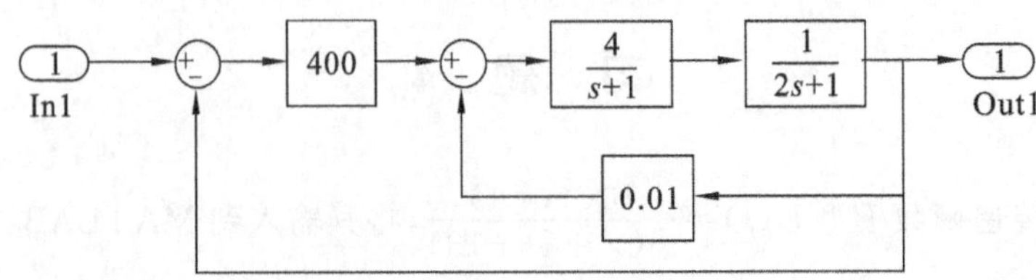

习题4.9图　系统结构框图二

第5章 控制系统仿真分析

系统设计的基础是系统分析，系统分析是工程实际中解决问题的主要方法，所以对控制系统的分析在控制系统仿真中具有举足轻重的作用。

控制系统的分析首先要建立数学模型，然后再应用不同的分析方法，利用 MATLAB 进行仿真，分析控制系统的各项性能。在经典控制理论中有很多种分析方法，主要有时域分析法、根轨迹分析法和频域分析法等。不同的分析方法具有各自的优点，也有各自的局限性，它们适用范围和对象也有所不同。

时域分析方法以拉普拉斯变换为数学工具，直接在时间域研究控制系统的稳态和动态性能，其优点是可以直观、形象、准确地得到系统时间响应的全部信息；根轨迹法是一种简便的分析和设计图解方法，这种方法适用于线性定常控制系统，特别是对于多回路控制系统的分析更为方便；频域分析法通过分析不同频率正弦输入信号时系统获得的输出，来分析系统性能，它的特点不仅适用于线性定常系统，也可以应用于非线性系统。

5.1 自动控制系统概述

本节介绍自动控制系统的基本组成结构及其物理量，按系统的结构特点的方式对自动控制系统进行分类，自动控制系统的基本要求及不同分析方法中的性能指标，最后简述自动控制系统调节的基本概念。

5.1.1 自动控制系统的组成

自动控制系统一般由控制对象、反馈元件和控制器三部分组成，其组成框图如图 5-1 所示。

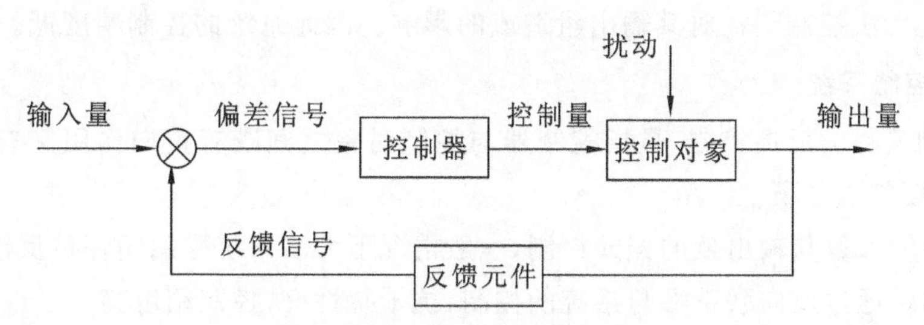

图 5-1 自动控制系统组成框图

系统组成框图中的各个物理量和模块描述如下。

（1）控制对象：或称为被控对象，是指需要实现控制的设备或生产过程。

（2）反馈元件：其作用是将输出量送回系统的输入端，与输入量进行比较得到偏差信号。

（3）控制器：对系统进行控制的装置，是自动控制系统设计的重点。

（4）输入量：输出量（被控变量）的目标值称为输入量（设定值）。

（5）偏差信号：偏差信号是指输出量（被测变量）的设定值与输入量（实际值）之差，但是在实际过程中能够直接获取的是输出量的测量值信号，而不是实际值，因此通常把输入量与输出量之差称为偏差。

(6) 控制量：受控制器操作，用以使输出量保持设定值的物理量。

(7) 干扰(扰动)：是指作用于对象，并能引起控制对象变化的因素，也是输入量之一。

(8) 输出量：输出量也称为被控变量，是指被控对象内要求保持设定值的物理量。

5.1.2 自动控制系统的控制方式

自动控制系统分类方法有多种，按信号传递路径，可分为开环控制系统、闭环控制系统与复合控制系统。

1. 开环控制系统

开环控制指控制器与控制对象之间只有正向作用，没有反向联系的控制过程。该控制分为两种形式：按给定值控制和按扰动补偿。

1) 给定值控制

输入量至输出量单向传递。一定的输入量获得一定的输出量，运行过程中受到的干扰或特性参数的变化系统无法自动调节，控制精度低。系统原理方框图如图 5-2 所示。

其优点是结构简单，成本低，多用于系统本身结构参数稳定和扰动信号较弱的场合。

2) 按扰动补偿

按扰动补偿是利用扰动信号产生控制量，补偿扰动对输出量的影响。由于干扰信号是经过测量装置，控制器至控制对象单向传递的，故属于开环控制方式。原理方框图如图 5-3 所示。

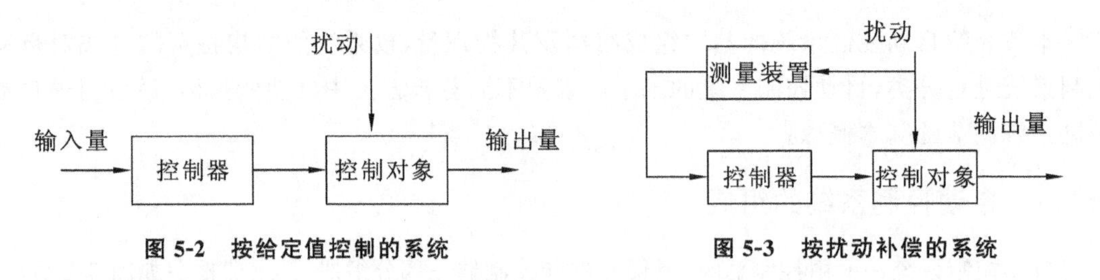

图 5-2 按给定值控制的系统　　图 5-3 按扰动补偿的系统

由于系统无法控制干扰对其输出量造成的影响。因此系统的控制精度低。

2. 闭环控制系统

闭环控制又称为反馈控制，是指控制器与控制对象之间既有正向作用又有反向联系的控制过程，主要特点如下。

(1) 采用输入量与输出量的偏差控制，一般情况下大多系统采用闭环负反馈控制。

(2) 输出量通过反向联系参与系统的控制，抗干扰性好，控制精度高。

(3) 系统控制器参数应正确选择，否则系统可能不能正常工作。

经典控制分析的系统一般都是闭环负反馈控制系统，单位闭环负反馈控制系统典型方框图如图 5-4 所示。

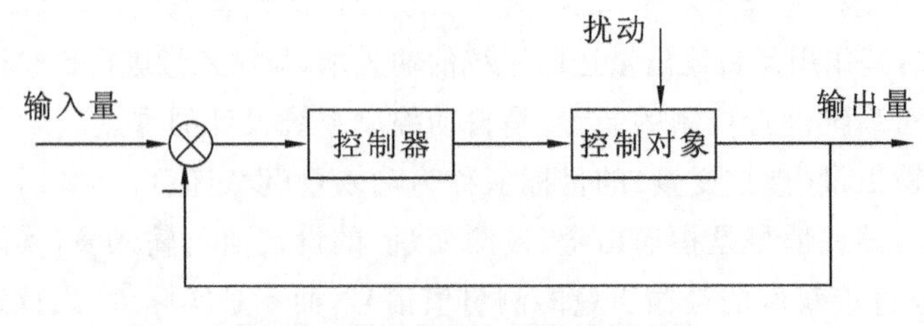

图 5-4 单位闭环负反馈控制系统

3. 复合控制系统

复合控制是将开环控制和闭环控制结合在一起的控制方式。一般是在闭环回路的基础上，再加入一个输入信号或干扰信号的顺馈通路，用于提高控制系统的精度。顺馈通路如图5-5和图5-6所示，由对输入信号的补偿器或对扰动信号的补偿器组成。

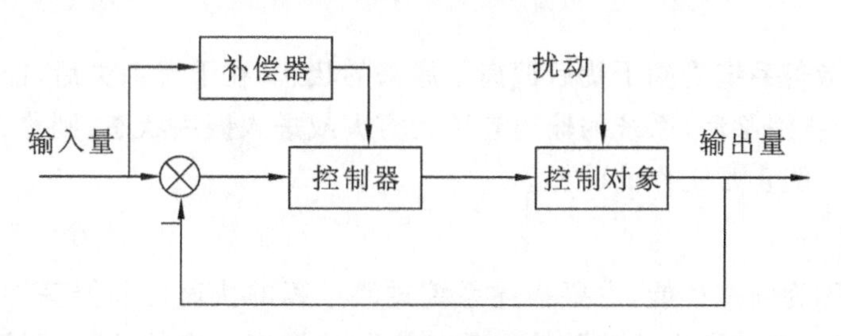

图 5-5 对输入信号补偿

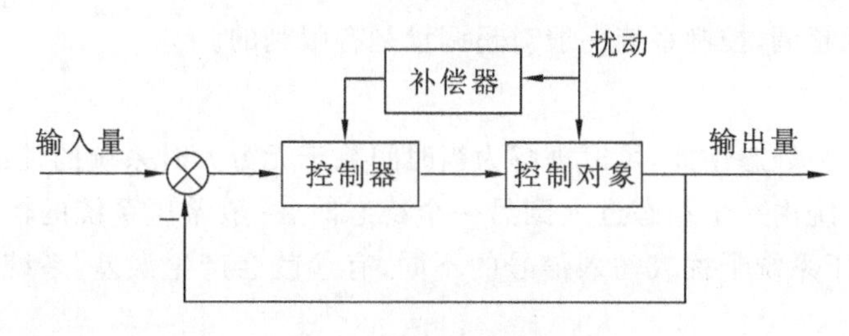

图 5-6 对扰动信号补偿

复合控制的主要特点如下。

(1) 采用了反馈控制与顺馈补偿，系统具有很高的控制精度。

(2) 可以抑制包括低频强扰动在内的几乎所有类型的可测量扰动。

(3) 顺馈补偿器的参数需要有较高的稳定性。

复合控制在高精度的控制系统中得到了广泛的应用。

前面按信号传递路径，将自动控制系统分为开环、闭环与复合控制系统。

如果按控制系统的性能分类，则自动控制系统可以分为以下几类。

1. 线性与非线性系统

线性系统是指可以用微分或差分方程描述的系统，如果系统微分或差分方程的系数为常数的话，则称为线性定常系统，否则为线性时变系统，非线性系统是指用非线性方程描述的系统，本教程主要描述的是线性定常系统。

2. 连续与离散系统

连续系统是指输入量和输出量都是时间连续函数的系统，连续系统的信号在全部时间上都是已知的。离散系统是指有些信号仅定义在离散时间上的系统，定义在离散时间的信号是一串脉冲或数码，本教程主要描述的是连续系统。

3. 定常系统与时变系统

定常系统是指结构、参数和输入量都是确定的、已知的系统。对于定常系统，不管输入量是在哪一时刻加入的，只要输入量不变，则系统输出的波形也是一样的。反之，称为时变系统。

5.1.3 控制系统的基本要求

实际的控制系统可能千差万别，对每个控制系统都有不同的特殊要求，但对所有的控制系统来说，都有一个最基本的要求，那就是稳定、准确、快速。

1. 稳定性

系统稳定是指若系统受到干扰后偏离了原来的状态，在干扰消失后，能自动回到原来的状态。反之，在干扰消除后，系统的输出趋于无穷大或进入振荡状态，则称系统是不稳定的。稳定性是保证系统能正常工作的前提。

2. 动态性能

动态性能也称为暂态性能，主要描述系统过渡过程的快速性和振荡性。由于控制系统惯性的存在，所以系统的输出量跟随输入量的变化总会有一定的延迟，延迟时间越短，快速性越好；对于阻尼比较小的系统，从一个稳态进入另一个稳态时，会经过若干次衰减振荡，在振荡过程中会出现超调，控制系统一般对超调量是有限制的。

3. 稳态性能

稳态性能也称为静态性能，可以理解为当时间趋于无穷大时系统的性能，用于描述系统的控制精度。当系统由一个稳态进入到另一个稳态时，一般希望系统的输出量尽可能地接近给定值，但是由于系统干扰或输入信号的不同，有些就会产生误差，系统的稳态性能用稳态误差来衡量。

5.2 时域分析

一个实际的控制系统，在完成其系统的数学建模之后，就可以用各种不同的方法来分析系统的稳态和动态性能。本节的时域分析是经典控制中三大分析方法之一，时域方法研究问题，重点在于讨论过渡过程的响应形式，其特点是直观、准确。

时域分析法是利用拉氏变换和拉氏反变换数学工具，求系统的微分方程，在时间域对系统进行分析的方法，可以根据响应的时间表达式及其描述曲线来分析系统的性能。在时间域进行分析，方法及结果形象、直观、准确，对于低阶控制系统的各项性能进行分析非常适用。但是由于计算烦琐，此方法不太适用于高阶系统。

本节主要介绍系统时域分析的一般方法，MATLAB 时域分析函数以及一些应用实例。

5.2.1 时域分析的一般方法

1. 典型输入信号

在实际情况中，控制系统的输入量通常是不知的，并且是随机的，很难用数学解析式来表示。为了对各种不同的控制系统性能有评判的依据，在分析和设计控制系统时，通过采用对被分析系统加上各种典型输入信号，比较不同系统对特定的输入信号的响应来进行。

经常采用的试验输入信号需要具有如下一些特征。

(1) 试验信号与系统实际的输入信号具有近似性。

(2) 典型试验信号激励下的响应与系统的实际响应存在某种关系。

(3) 试验信号容易通过实验装置获得而且对系统的作用容易验证。

(4) 数学表达式简单，方便理解、分析与计算。

通常,采用的典型函数包括以下几个。

1）阶跃函数(step function)

时域表达式：$$r(t)=K,\quad t\geqslant 0$$

复域表达式：$$R(s)=\frac{K}{s}$$

单位阶跃函数：$$K=1,\quad R(s)=\frac{1}{s} \tag{5-1}$$

2）斜坡函数(ramp function)

时域表达式：$$r(t)=Kt,\quad t\geqslant 0$$

复域表达式：$$R(s)=\frac{K}{s^2}$$

单位斜坡函数：$$K=1,\quad R(s)=\frac{1}{s^2} \tag{5-2}$$

3）加速度函数(acceleration function)

时域表达式：$$r(t)=Kt^2,\quad t\geqslant 0$$

复域表达式：$$R(s)=\frac{K}{s^3}$$

单位加速度函数：$$K=\frac{1}{2},\quad R(s)=\frac{1}{s^3} \tag{5-3}$$

4）脉冲函数(impulse function)

时域表达式：$$r(t)=K\delta(t),\quad t=0$$

复域表达式：$$R(s)=K$$

单位脉冲函数：$$K=1,\quad R(s)=1 \tag{5-4}$$

5）正弦函数(sinusoidal function)

时域表达式：$$A\sin\omega t$$

复域表达式：$$\frac{A\omega}{s^2+\omega^2} \tag{5-5}$$

通常运用阶跃函数作为典型输入作用信号,这样可在一个统一的基础上对各种控制系统的特性进行比较和研究。当然,如果控制系统的输入量是随时间逐步变化的函数,则斜坡时间函数是比较合适的。

2. 动态与稳态过程

在分析控制系统时,可以根据构成系统的各个元部件的动态方程,获得系统的稳态和动态性能。在控制系统的动态性能中,最重要的是绝对稳定性,即系统是否稳定。如果控制系统在保持输入信号不变,同时也没有受到任何扰动的情况下,系统的输出量能够保持在某一状态上,则称控制系统此时处于平衡状态。如果控制系统受到扰动量的作用,输出量发生动态变化,当扰动消失后,输出量最终又可以返回到它的平衡状态,那么,系统是稳定的。

控制系统性能的评价,需要研究控制系统在典型输入信号下的响应过程,作为时域分析,可以将一个控制系统的时间响应分为两部分组成:动态过程和稳态过程。

动态过程又称瞬态过程或过渡过程,是指系统在输入信号作用下,输出量从初始到最终状态的整个响应过程,动态过程表现形式有衰减、发散或等幅振荡等。从动态过程可以获得系统的动态性能指标,也可以获得系统稳定性的信息。

稳态过程是指系统在输入信号作用下,当时间 t 趋于无穷大时,系统输出量的表现方式，它表征了系统输出量最终复现输入量的能力。

3. 系统的时域性能指标

在系统稳定的前提下分析系统的时域性能指标，其指标包括两类：一类是动态性能指标；另一类是稳态性能指标。

1）动态性能指标

在时域分析法中，控制系统的性能指标，以时域量值的形式给出。默认情况下，时域分析法系统的性能指标，是指在零初始条件下系统对单位阶跃输入信号的动态响应的性能指标，这里的零初始条件是指系统的输出量和输入量的各阶导数在零时刻均为0。

实际稳定控制系统的动态响应中，通常，一阶系统是一个延迟过程，二阶系统当阻尼小于1时，在达到稳态以前，表现为振荡过程，高阶系统也常常表现为阻尼振荡过程。

图5-7标识了控制系统对单位阶跃输入信号的动态响应性能指标，下面对这些指标进行逐一说明。

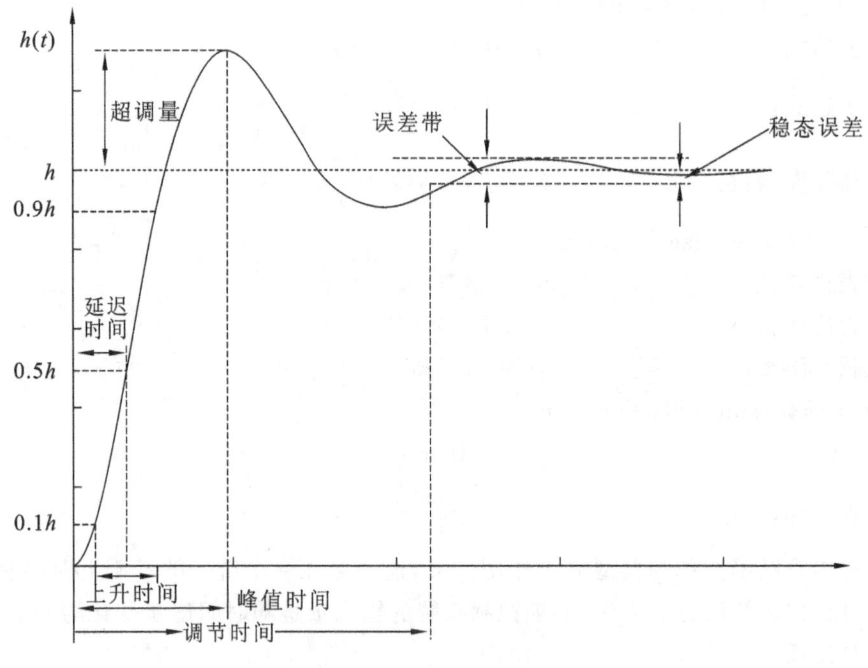

图5-7 单位阶跃响应

(1) 延迟时间 t_d(delay time)。

延迟时间是指响应曲线第一次达到终值一半所需的时间。

(2) 上升时间 t_r(rise time)。

上升时间是衡量系统响应速度的指标，响应速度越快，上升时间越短，是评价系统的响应速度的指标。对于欠阻尼系统，也就是有振荡的系统，上升时间一般取响应曲线从0上升到稳态值所需的时间，对于过阻尼系统，没有出现振荡的系统，通常采用稳态值10%～90%的上升时间。

(3) 峰值时间 t_p(peak time)。

峰值时间是指系统响应曲线超过稳态值后，到达的第一个峰值所需要的时间。

(4) 调节时间 t_s(settling time)。

调节时间是指系统响应到达并保持在稳态值的±5%(或者±2%)内所需要的最短时

间，是反映响应速度和阻尼程度的综合性指标。

(5) 最大超调量 $\sigma\%$(maximum overshoot)。

最大超调量是指响应的最大偏离量 $h(t_p)$ 与终值 $h(\infty)$ 之差的百分比，即 $\sigma\%$，是评价系统的阻尼程度的指标。

$$\sigma\%=\frac{h(t_p)-h(\infty)}{h(\infty)}\times 100\% \tag{5-6}$$

2) 稳态性能指标

描述系统稳态性能的指标是稳态误差，在系统稳定的条件下，是指当时间趋于无穷大时，输入量与输出量之间的差值，如果在稳态时，系统的输出量与输入量不能完全吻合，就认为系统有稳态误差。稳态误差表示系统的准确度，是测量系统控制精度或抗扰动能力的一种指标。

稳态误差公式一般为

$$e_{ss}=\lim_{s\to 0} sE(s)=\lim_{s\to 0}\frac{sR(s)}{1+G(s)H(s)} \tag{5-7}$$

说明：$R(s)$ 是控制系统的输入量，$G(s)H(s)$ 是系统的开环传递函数，所以可以看到，系统的稳态误差除了跟系统本身有关之外，还跟输入信号有关，上式算出的稳态误差是误差信号稳态分量在趋于无穷时的数值，故有时称为终值误差。

在进行控制系统的分析时，需要研究系统的动态响应，掌握系统的运行速度，如达到新的稳定状态需要的时间，同时要研究系统的稳态性能，以确定输出跟踪输入信号的误差大小。

4. 一阶系统时域分析

1) 一阶系统的数学模型

一阶系统是指用一阶微分方程描述的控制系统。

其微分方程为

$$T\dot{c}(t)+c(t)=r(t)$$

当零初始条件时，系统传递函数为

$$\Phi(s)=\frac{C(s)}{R(s)}=\frac{1}{T_s+1} \tag{5-8}$$

对于不同的典型输入信号，系统的响应是不一样的，下面分析该系统的时域响应。

2) 一阶系统的单位阶跃响应

由于单位阶跃信号的拉氏变换为 $R(s)=\frac{1}{s}$，则系统的输出为

$$C(s)=G(s)R(s)=\frac{1}{T_s+1}\cdot\frac{1}{s}=\frac{1}{s}-\frac{1}{T_s+1} \tag{5-9}$$

对上式取拉氏反变换，可以得 $c(t)=1-e^{-\frac{t}{T}}, t\geqslant 0$。

其中式(5-9)中的时间常数 T 是重要的特征参数，一般称惯性时间常数，反映了系统响应的速度。T 越小，说明系统的惯性越小，输出 $C(t)$ 响应越快，达到稳态用的时间越短，当 T 为零时，该环节就成为比例环节了。反之，T 越大，系统的响应速度越慢，惯性越大，达到稳态用的时间越长。

3）一阶系统的脉冲响应

如果输入为单位脉冲函数，即 $R(s)=1, C(s)=\Phi(s)R(s)=\Phi(s)$，则输出量的拉氏变换式与原系统的传递函数相同，即

$$C(s)=\frac{1}{T_s+1} \tag{5-10}$$

系统的输出称为单位脉冲响应；表达式为

$$c(t)=\frac{1}{T}e^{-\frac{t}{T}}, t\geqslant 0$$

4）一阶系统的单位斜坡响应

当一阶系统以单位斜坡为输入信号时，可以求得响应为

$$c(t)=t-T+Te^{\frac{-t}{T}}, t\geqslant 0$$

其中，稳态分量为 $t-T$；动态分量为 $Te^{\frac{-t}{T}}$。

5. 二阶系统时域分析

1）二阶系统的数学模型

二阶系统是指用二阶微分方程描述的控制系统。

传递函数的一般格式为

$$\Phi(s)=\frac{C(s)}{R(s)}=\frac{K}{T_s^2+s+K}$$

其中，控制系统的时间常数为 T；增益为 K，在控制系统研究领域里，为了使研究的结果具有普遍的意义，通常将上式改写为标准形式：

$$\Phi(s)=\frac{\omega_n^2}{s^2+2\zeta\omega_n s+\omega_n^2} \tag{5-11}$$

其中：系统的阻尼比为 ζ，固有频率为 ω_n，即自然振荡频率，两个参数之间的关系为：

$$\omega_n=\sqrt{\frac{K}{T}}, \zeta=\frac{1}{2\sqrt{KT}}$$

2）二阶系统分类

二阶系统的分母就是一个二元一次方程，其系统特征方程（令传递函数的分母等于 0 的方程）的根为：$s_{1,2}=-\zeta\omega_n\pm\omega_n\sqrt{\zeta^2-1}$，根据阻尼比 ζ 的大小情况，对二阶系统进行如下分类。

（1）$\zeta<0$：负阻尼系统，系统不稳定。

（2）$\zeta=0$：零阻尼系统，$s_{1,2}=\pm j\omega_n$

（3）$0<\zeta<1$：欠阻尼系统，$s_{1,2}=-\zeta\omega_n\pm j\omega_n\sqrt{\zeta^2-1}$

（4）$\zeta=1$：临界阻尼系统，$s_{1,2}=-\omega_n$

（5）$\zeta>1$：过阻尼系统，$s_{1,2}=-\zeta\omega_n\pm\omega_n\sqrt{\zeta^2-1}$

3）欠阻尼二阶系统性能分析（$0<\zeta<1$）

下面采用单位阶跃输入信号，以欠阻尼状态的二阶系统为例，来推导介绍二阶系统性能指标。

（1）延迟时间 t_d。

$$t_d=\frac{1+0.6\zeta+0.2\zeta^2}{\omega_n} \tag{5-12}$$

从式中可以看出，无论增大自然振荡频率还是减小阻尼比，都可以减小延迟时间。

(2) 上升时间 t_r。

$$t_r=\frac{\pi-\beta}{\omega_d},(\omega_d=\omega_n\sqrt{1-\zeta^2},\beta=\arccos\zeta) \tag{5-13}$$

其中:β 为阻尼角,系统的响应速度与 ω_n 成正比;ω_d 为阻尼振荡频率,当 ω_d 一定时,阻尼比越小,上升时间越短。

(3) 峰值时间 t_p。

$$t_p=\frac{\pi}{\omega_d}=\frac{\pi}{\omega_n\cdot\sqrt{1-\zeta^2}} \tag{5-14}$$

可见,当阻尼比 ζ 一定时,ω_n 越大,峰值时间 t_p 越小;当 ω_n 一定时,ζ 越大,t_p 越大。

(4) 调节时间 t_s。

$$t_s=\frac{3.5}{\zeta\omega_n}=\frac{3.5}{\sigma} \tag{5-15}$$

σ 称为衰减系数,当 ζ 一定时,ω_n 越大,调节时间 t_s 越小,意味着系统响应越快。

(5) 最大超调量 $\sigma\%$。

$$\sigma\%=e^{\frac{-\pi\zeta}{\sqrt{1-\zeta^2}}}\times100\% \tag{5-16}$$

最大超调量只与阻尼比有关,它直接显示了系统的阻尼特性。ζ 越大,$\sigma\%$ 越小,说明系统的平稳性越好。

4) 关于二阶系统的重要结论

(1) 二阶系统的动态性能由参数 ζ 和 ω_n 决定。

(2) 在系统设计时,首先根据所允许的最大超调量来确定阻尼比 ζ,ζ 一般选择在 0.4～0.8 之间,然后调整 ω_n 以获得要求的动态响应时间。

(3) 当阻尼比 ζ 一定时,自然振荡频率 ω_n 越大,系统响应快速性越好,t_r、t_p、t_s 越小。

(4) 增加阻尼比 ζ 可以降低振荡、减小超调量 $\sigma\%$,但系统快速性降低,t_r、t_p 增加。

(5) 当 $\zeta=0.7$ 时,系统的 $\sigma\%$、t_s 均小,各项指标综合较为合理,称其为最佳阻尼比。

5.2.2 稳定性分析

分析系统稳定性,确保稳定条件是自动控制理论的重要任务之一。

1. 基本概念

控制系统在实际工作过程中,会受到内外一些因素的干扰,输入信号的波动、扰动的出现及系统参数的变化等等,使系统偏离原来的工作状态。如果在干扰消失后,系统能够恢复到原来的平衡工作状态,则系统是稳定的,否则称系统是不稳定的。

从以上概念中可以看到,不稳定系统,在任何微小的扰动作用下,随时间的推移,系统都会偏离原来的平衡状态。所以,分析系统稳定性并提出系统稳定的保障措施,是自动控制理论的基本任务。

1) 系统稳定性定义

根据李雅普诺夫稳定性理论,线性系统的稳定性可叙述为:若线性控制系统在初始扰动的影响下,其动态过程随时间的推移逐渐衰减并趋于零(原平衡工作点),则称系统渐近稳定,简称稳定;反之,若在初始扰动影响下,系统的动态过程随时间的推移而发散,则称系统不稳定。

2) 线性系统稳定的充分必要条件

线性系统的稳定性与外部条件没有关系,仅取决于系统本身的结构与参数。线性系统稳定的充分必要条件是:闭环系统特征方程的根都具有负实部;也就是说,系统的闭环极点均位于 S 平面的左半平面。

3) 系统不稳定的物理原因

在自动控制系统中,造成系统不稳定的因素有很多,其物理原因主要如下。

系统中存在的惯性、延迟环节,如电动机的机械惯性、电磁惯性、半控型整流装置导通的失控时间,液压传递中的延迟、机械齿轮的间隙等,都会使系统中的输出在时间上滞后输入。在反馈系统中,这种滞后的信号又被反馈到输入端,可能造成系统不稳定。

4) 绝对稳定性与相对稳定性

线性系统稳定性分为绝对稳定性和相对稳定性。

系统的绝对稳定性:系统是否满足稳定(或不稳定)的条件,即充要条件。

系统的相对稳定性:稳定系统的稳定程度。

2. 系统稳定性分析方法

判断系统的稳定性,只需要分析系统闭环特征方程的根是否都具有负实部,也就是特征根是否都位于 S 平面的左半平面,只要有一个特征根具有正负部(位于 S 平面的右半平面),系统就是不稳定的,如果有特征根为纯虚数(位于 S 平面的虚轴上),则系统是临界稳定,临界稳定是不稳定的一种特殊状态。

求出特征根可以判断系统的稳定性,但是对于高阶系统,求根本身是一件很困难的事。根据上述结论,判断系统稳定与否,如果能知道特征根实部的符号也是可以的。

劳思稳定性判据就是利用上述特点,通过特征方程的系数直接分析特征根的正负情况,实现不求解特征方程的根,判断系统的稳定性,也就避免了高阶方程的求解。

设系统的闭环特征方程:

$$D(s)=a_0 s^n+a_1 s^{n-1}+\cdots+a_{n-1} s+a_n=0 \tag{5-17}$$

系统的劳斯表如下:

$$\begin{array}{llllll}
s^n & a_0 & a_2 & a_4 & a_6 & \cdots \\
s^{n-1} & a_1 & a_3 & a_5 & a_7 & \cdots \\
s^{n-2} & c_{13} & c_{23} & c_{33} & c_{43} & \cdots \\
s^{n-3} & c_{14} & c_{24} & c_{34} & c_{44} & \cdots \\
\cdots & \cdots & \cdots & & & \\
s^2 & c_{1,n-1} & c_{2,n-1} & & & \\
s^1 & c_{1,n} & c_{2,n} & & & \\
s^0 & c_{1,n+1} & & & &
\end{array}$$

其中:

$$c_{13}=\frac{a_1 a_2-a_0 a_3}{a_1},\quad c_{23}=\frac{a_1 a_4-a_0 a_5}{a_1},\quad c_{33}=\frac{a_1 a_6-a_0 a_7}{a_1}\quad \cdots$$

$$c_{14}=\frac{c_{13} a_2-a_1 c_{23}}{c_{13}},\quad c_{24}=\frac{c_{13} a_4-a_1 c_{33}}{c_{13}},\quad c_{34}=\frac{c_{13} a_6-a_1 c_{43}}{c_{13}}\quad \cdots$$

$$\cdots \qquad \cdots \qquad \cdots$$

$$c_{1,n+1}=a_n \qquad \cdots$$

系统稳定的必要条件:闭环系统特征方程中各项的系数均为正数。

充分必要条件:劳斯(Routh)表第一列元素均为正数。若出现小于零的元素,说明系统有正实部的根,第一列元素符号改变的次数等于正实部根的个数。

5.2.3 常用时域分析函数

前面提到，控制系统的时域分析是指输入变量是时间 t 的函数，求出系统的输出响应，其响应肯定也是时间 t 的函数，称为时域响应。利用时域响应分析可以获得控制系统的动态性能指标：延迟时间、上升时间、调节时间、超调量等，以及稳态性能指标：稳态误差。MATLAB 提供了相应的时域分析函数，这里重点介绍几个在经典控制中常用的时域函数。

1. 多项式求根的函数

用来计算多项式的根的函数 roots()的调用格式

```
r=roots(p)
```

说明：p 为按变量降幂排序时的多项式系数；r 是以 p 为多项式系数的特征方程的根，以列向量的形式保存。

【例 5-1】 系统闭环传递函数为：$G(s)=\dfrac{1}{(s+1)(3s^3+4s^2+2s+5)}$，求其特征根。

解：MATLAB 命令如下

```
>>p=conv([1 1],[3 4 2 5]);          %得到特征方程的多项式系数
>>R=roots(p)                        %求特征方程根
```

命令窗口中得到：

```
R=
  0.1230+1.0199i
  0.1230-1.0199i
  -1.5794
  -1.0000
```

2. 稳态增益函数

用来计算稳态增益的函数：dcgain()，其调用格式为

```
k=dcgain(G)
k=dcgain(num,den)
```

说明：G 为系统传递函数，num、den 分别为系统传递函数的分子与分母系数，该函数用于计算线性时不变系统的稳态终值。

【例 5-2】 系统闭环传递函数为：$G(s)=\dfrac{s+1}{s^3+3s^2+4s+2}$，求其稳态增益。

解：MATLAB 命令如下：

```
>>num=[1 1];den=[1 3 4 2];
>>k=dcgain(num,den)
```

命令窗口中显示：

```
k=
   0.5000
```

3. 任意信号函数

生成任意信号函数 gensig()的调用格式为

```
[u,t]=gensig(type,Ta)
[u,t]=gensig(type,Ta,Tf,T)
```

说明：产生一个类型为 type 的信号序列 $u(t)$，type 为以下标识字符串之一：sin(正弦波)；square(方波)；pulse(脉冲序列)，T_a 为周期，T_f 为持续时间，T 为采样时间。

【例 5-3】 生成一个周期为 4 s，持续时间为 20 s，采样时间为 0.1 s 的正弦波。

解：MATLAB 命令如下：

```
>>[u,t]=gensig('sin',4,20,0.1);            %正弦波,周期 4 s,时间 20 s,采样 0.1 s
>>plot(t,u),axis([0,20,-1.5,1.5])          %画图,定义坐标轴
```

运行后生成结果如图 5-8 所示。

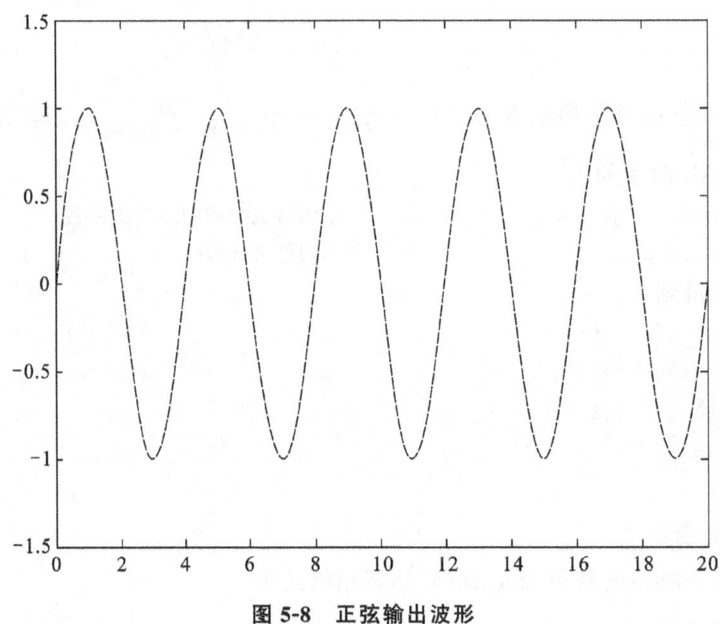

图 5-8 正弦输出波形

4. 单位阶跃响应

连续系统的单位阶跃响应函数：step()，其调用格式为

```
[y,x,t]=step(sys,t)
[y,x,t]=step(num,den,t)
[y,x,t]=step(A,B,C,D,iu,t)
```

如果只想绘制出系统的阶跃响应曲线，不带返回值，则可以由如下的格式调用此函数。

```
step(sys,t)
step(num,den)
step(A,B,C,D,iu,t)
```

离散系统的单位阶跃响应函数：dstep()，其调用格式为

```
[y,x]=dstep(num,den,n)
[y,x]=dstep(G,H,C,D,iu,n)
```

上面关于单位阶跃响应的相关函数的参数中，系统 sys 是由函数 tf( )、zpk( )或 ss( )产

生的，A、B、C、D 是状态空间方程的四个矩阵参数，num、den 分别是传递函数分子和分母系数向量。

【例 5-4】 系统传递函数为：$G(s)=\dfrac{1}{(s+1)(s^2+0.1s+5)}$，绘制其阶跃响应曲线。

解：MATLAB 命令如下：

```
>>num=1;
>>den=conv([11],[1 0.1 5]);
>>y=step(num,den)
```

生成结果如图 5-9 所示。

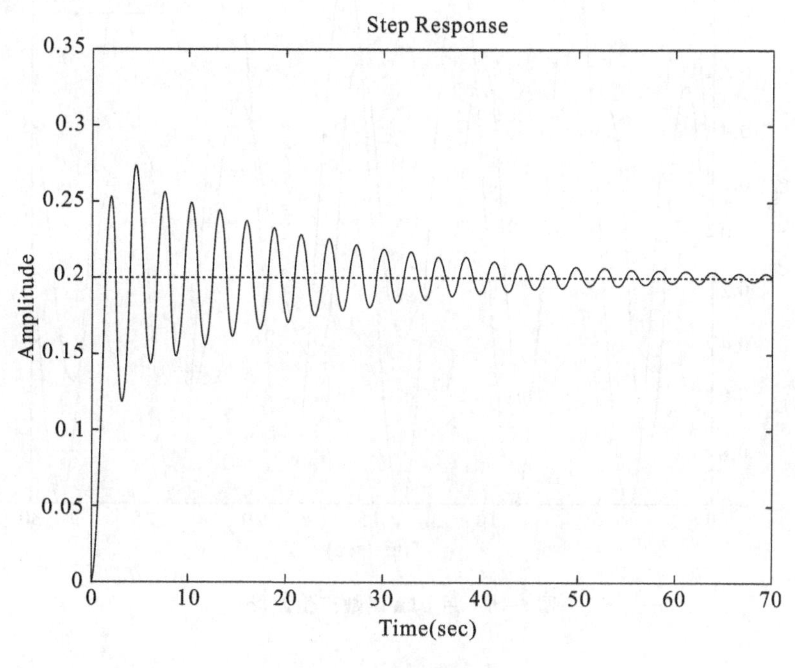

图 5-9 阶跃响应波形

5. 单位脉冲响应

单位脉冲响应函数 impulse()和 dimpulse()与单位阶跃函数 step()和 dstep()的调用格式完全一致。这里不再介绍。

6. 任意输入函数的响应

在 MATLAB 中，连续系统对任意输入函数的响应可利用函数 lsim()来求取，其调用格式为：

```
[y,x]=lsim(num,den,u,t)
[y,x]=lsim(A,B,C,D,iu,u,t)
```

说明：u 为给定输入序列矩阵，每列为一个输入，每行则为一个新的时间点，矩阵行数与时间 t 的长度是相等的。

【例 5-5】 已知线性定常连续系统的传递函数为 $G(s)=\dfrac{1}{(s+1)(s^2+0.1s+5)}$，求系统

在指定方波信号作用下的响应。

解:MATLAB 程序如下:

```
>>[u,t]=gensig('sin',5,30,0.1);
>>G1=tf([1 1],[1 0.1 5]);
>>lsim(G1,u,t)
>>legend('G1')        %图例注释说明函数
```

生成图形如图 5-10 所示。

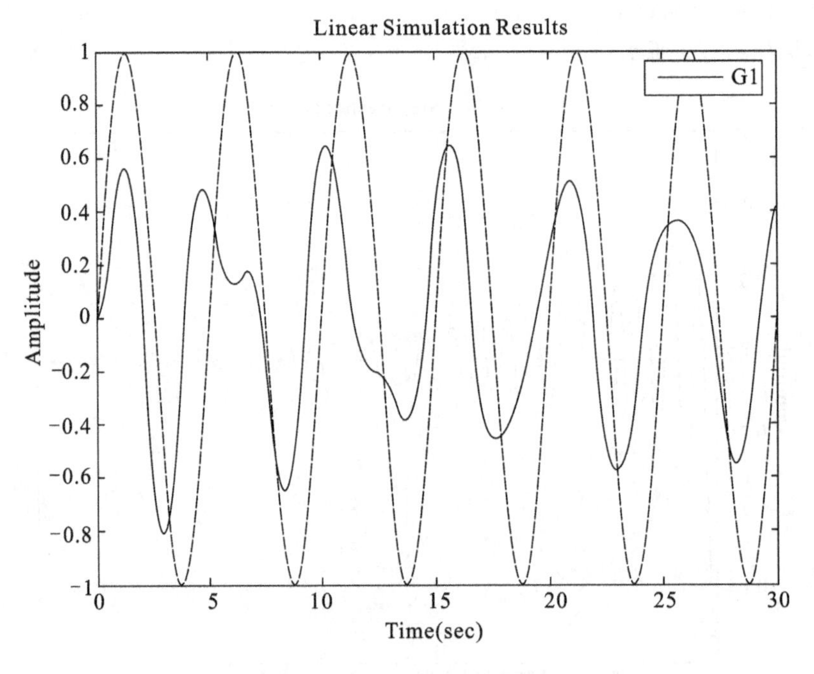

图 5-10 用 lsim 函数产生波形

5.2.4 应用实例

对于时域响应分析中的 5 个性能指标,MATLAB 并没有直接的函数来求取,所以可以根据系统的传递函数,将自动控制原理知识和 MATLAB 编程方法相结合,用编程方式求取时域响应的各项性能指标。

首先,可以用带返回值的阶跃响应函数 step()获得系统输出量,将输出量返回到变量 y 中,可以调用如下格式:$[y,t]=\text{step}(G)$,而该函数还同时返回了自动生成的时间变量 t,然后对返回的这一对变量 y 和 t 的值进行计算,根据时域性能指标概念及公式的分析,可以得到以下时域性能指标的 MATLAB 计算方法。

【例 5-6】 已知系统的闭环传递函数为:$G(s)=\dfrac{1}{s^5+3s^4+12s^3+20s^2+35s+25}$,求系统的闭环极点,判断系统的稳定性,并绘制单位阶跃响应曲线验证。

解:利用下面的 MATLAB 命令编写 M 程序文件,求闭环极点并决断稳定性。

```
clear;clc;close all;
p=[1 3 12 20 35 25];
%求系统特征方程的根,即求闭环极点
```

```
R=roots(p)
Rr=real(R);                                    %取出闭环极点实部
%实部乘以 10000,判断实部的情况
%因为数值默认为 short 类型科学计数法,在求解过程中会出现非常小的数。
Rri=round(Rr*10000);
Rr1=find(Rri>0);                               %查找正实部极点
Rr2=find(Rri==0);                              %查找实部为 0 的极点
%用分支语句来完成屏幕显示
%查找是否存在实部为正的极点
if Rr1>0
    disp('存在正实部极点,该闭环系统不稳定')
    %查找是否存在实部为 0 的极点
    elseif Rr2>0
        disp('该系统存在纯虚根,闭环系统临界稳定')
        else
        disp('闭环系统稳定')
end
step(1,p),grid
title('高阶系统阶跃响应')
```

生成图形如图 5-11 所示。

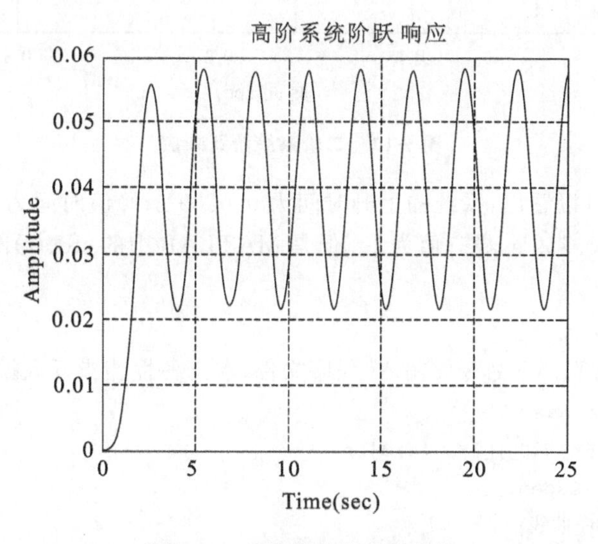

图 5-11　系统的单位阶跃响应

命令窗口中显示极点如下：

```
R=
  0.0000+2.2361i
  0.0000-2.2361i
  -1.0000+2.0000i
  -1.0000-2.0000i
  -1.0000
```

该系统存在纯虚根，闭环系统临界稳定。

【例 5-7】 已知二阶单位负反馈系统开环传递函数为：$G(s)=\dfrac{5\times1500}{s(s+34.5)}$，绘制其单位阶跃响应，并求出系统各项动态性能指标数据。

解：

方法 1：利用 step 函数可得到阶跃响应，并利用 MATLAB 进行标注，结果如图 5-12 所示。

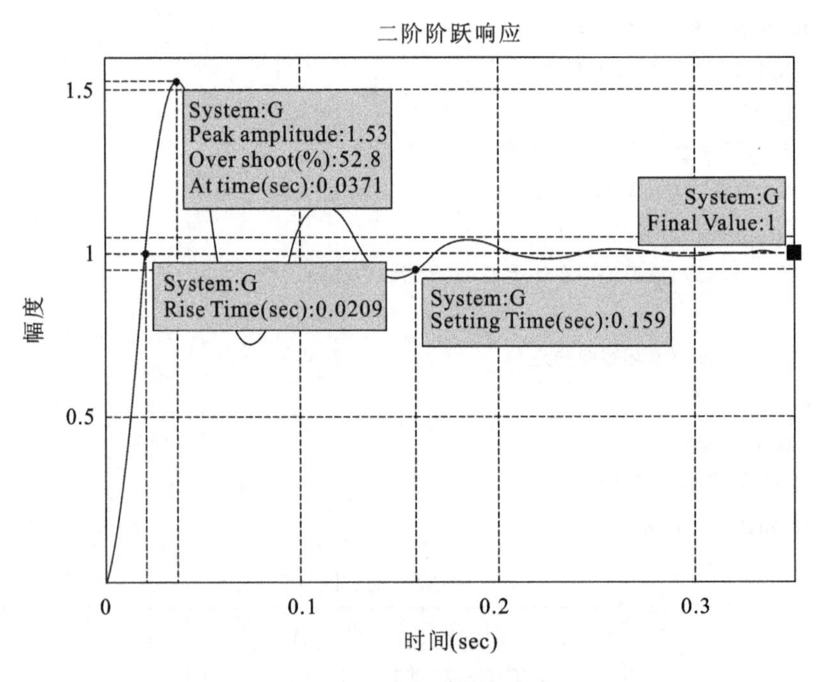

图 5-12　二阶系统阶跃响应

从图 5-12 标识可以看出，系统的上升时间为 0.0209 s，峰值时间为 0.0371 s，超调量为 52.8%，调整时间为 0.159 s，稳态值为 1。但是 MATLAB 中的 step( )图形的标注中没有延迟时间的指标。

方法 2：

下面是利用 MATLAB 命令编写 M 程序文件，求出各性能指标数据。

```
clear;clc;close all;
Gopen=tf([5*1500],[1,34.5,0]);
G=feedback(Gopen,1)
%绘制阶跃响应曲线
step(G)
%计算延迟时间
%响应曲线第一次达到稳态值的一半所需的时间，称为延迟时间。
%在阶跃输入条件下，y 的值由零逐渐增大，当以上循环使 y 大于等于 0.5*C
%时，退出循环，此时对应的时刻，即为延迟时间。
[y,t]=step(G);
C=dcgain(G);
C=dcgain(G);
n=1;
```

```
%依据延迟时间的定义计算出延迟时间为 0.5C。
while y(n)<0.5*C
    n=n+1;
end
delaytime=t(n)
%计算上升时间
[Y,k]=max(y);
peakvalue=Y;
%dcgain 函数是用于求取系统的终值,将终值赋给变量 C。
C=dcgain(G);
n=1;m=1;r=1;
%在阶跃输入条件下,对于欠阻尼系统,输出值 y 由零逐渐增大,当以上循
%环满足 y=C 时,退出循环,此时对应的时刻,即为上升时间。
ifpeakvalue>C
    while y(n)<C
        n=n+1;
    end
    risetime=t(n)
else
%对于输出无超调的系统响%应,上升时间定义为输出%从稳态值的 10%上升到
%90%所需时间。
    while y(m)<0.1*C;
        m=m+1;
    end
    risetime1=t(m);
    while y(r)<0.9*C
        r=r+1;
    end
    risetime2=t(r);
    risetime=t(r)-t(m)
end
%计算调节时间
C=dcgain(G);
%用向量长度函数 length 求得 t 序列的长度,将其设定为变量 i 的上限值。
i=length(t);
while(y(i)>0.95*C)&(y(i)<1.05*C)
i=i-1;
end
settlingtime=t(i)
%计算峰值时间
%应用取最大值函数 max()求出 y 的峰值及相应的时间,并存于变量 Y 和 k
%中。然后在变量 t 中取出峰值时间,并将它赋给变量 peaktime。
[Y,k]=max(y);
peaktime=t(k)
%计算最大超调量
```

```
%用 dcgain 函数求取系统的终值,将终值赋给变量 C,然后依据超调量的定义,
%由 Y 和 C 计算出百分比超调量。
C=dcgain(G);
[Y,k]=max(y);
overshoot=100*(Y-C)/C
```

【例 5-8】 已知二阶单位负反馈系统开环传递函数如【例 5-7】:$G(s)=\dfrac{5\times1500}{s(s+34.5)}$,判断系统的稳定性,试求出系统的稳态误差。

解:利用 MATLAB 语言编写 M 文件,求闭环极点,判断稳定性。

```
>>numo=5*1500;deno=[1 34.5 0];
>>Gopen=tf(numo,deno);
>>Gclo=feedback(Gopen,1);
>>denclo=Gclo.den{:};
>>R=roots(denclo)
```

求出系统的闭环极点为:$R=-17.2500\pm84.8672i$,所以系统是稳定的。

下面求系统的稳态误差。

方法 1:利用求取稳态值的函数 dcgain 来求稳态误差。

调用格式为:ess=dcgain(G)

其中:

$$G=s\cdot R(s)\cdot \Phi_e(s)$$

$R(s)$为输入信号的拉氏变换;$\Phi_e(s)=\dfrac{E(s)}{R(s)}=\dfrac{1}{1+G(s)H(s)}$为误差传递函数,$G(s)$为前向通道的传递函数,$H(s)$为反馈通道的传递函数。

解:利用 MATLAB 语言编写 M 文件。

```
clear;clc;close all;
numi=1;deni=[1 0];
Gin=tf(numi,deni);                    %单位阶跃函数
nums=[1 0];dens=1;
Gss=tf(nums,dens);                    %输入 s
Gs=tf(5*1500,[1 34.5 0]);             %输入前向通道传递函数
sys1=1+Gs;
Gfi=tf(sys1.den,sys1.num);            %Φe(s),将 sys1=1+Gs 分子分母系数对调
G=Gss*Gin*Gfi;                        %求 G
ess=dcgain(G)                         %求稳态误差 ess
```

命令窗口显示如下:

```
ess=
    0.0046
```


方法 2:根据系统的稳态误差定义式,利用 MATLAB 编写 M 文件,求稳态误差。

稳态误差定义式:$e_{ss}=\lim\limits_{s\to0}sE(s)=\lim\limits_{s\to0}\dfrac{sR(s)}{1+G(s)H(s)}$

```
clear;clc;close all;
num=1;den=[1 0 0];                    %定义系统输入为单位阶跃
%求出开环系统传递函数的分子分母系数
Gopen=tf([5*1500],[1,34.5,0]);
numG=Gopen.num{:};denG=Gopen.den{:};
```

```
syms s %定义符号变量 s
%将分子分母向量转化为符号表达式
Num=poly2sym(num,s);
Den=poly2sym(den,s);NumG=poly2sym(numG,s);
DenG=poly2sym(denG,s);
%分别求出输入(单位阶跃),系统开环传递函数的符号表达式
Gin=Num/Den;
Gsys=NumG/DenG;
E=s*Gin/(1+Gsys);%得到系统偏差公式
disp('系统稳态误差为:')
ess=limit(E,s,0,'right')%得到稳态误差
```

运行该 M 文件,命令窗口显示如下:

```
系统稳态误差为:
ess=
    0
```

如果输入为单位斜坡,只要将 num=1;den=[1 0];改为 num=1;den=[1 0 0];就可以了,运行后,可以看到此时的稳态误差为 ess=23/5000。

方法 3:对于时域分析中的动态、稳态性能指标的计算,也可以将其封装到函数中,通过调用函数来实现计算。以下通过设计并调用稳态误差函数的方式来计算稳态误差。

```
%编写稳态误差函数
functioness=es(num,den,numG,denG)
syms s
Num=poly2sym(num,s);Den=poly2sym(den,s);
NumG=poly2sym(numG,s);DenG=poly2sym(denG,s);
Gin=Num/Den;
Gsys=NumG/DenG;
E=s*Gin/(1+Gsys);                %得到系统偏差公式
disp('系统稳态误差为:')
ess=limit(E,s,0,'right')         %得到稳态误差
```

其中函数输入参数为 num,den,numG,denG;num,den 为输入传递函数的分子分母系数,numG,denG 为系统开环传递函数的分子分母系数。

可如此调用以上编写的 ess 函数求稳态误差。

```
clear;clc;
es([1],[1,0],[5*1500],[1 34.5 0])                        %单位阶跃
es([1],[1,0,0],[5*1500],[1 34.5 0] )                     %单位斜坡输入
es([1],[1,0,0,0],[5*1500],[1 34.5 0] )                   %单位加速度输入
```

求得单位阶跃响应时,稳态误差为 0;单位斜坡输入时,稳态误差为 23/5000;单位加速度输入时,稳态误差为无穷大。这与理论分析所得一致。

方法 4:利用 simulink 工具箱求取稳态误差。

根据误差的定义:被控量的希望值 $C_o(t)$(这里为输入值)和实际值 $C(t)$(这里为输出

值)之差。即 $\varepsilon(t)=c_0(t)-c(t)$,$t\to\infty$ 时的 $\varepsilon(t)$ 称为稳态误差,用 e_{ss} 表示 $e_{ss}=\lim\limits_{t\to\infty}\varepsilon(t)$。

所以,可利用 simulink 工具箱构造仿真系统,用示波器获取系统偏差,从理论上看,当仿真时间足够大的时候,即得到系统的稳态误差,这种方法根据稳态误差的定义,构造模型进行仿真,非常直观,操作简单。同样以上题为例,构造系统模型如图 5-13 所示。

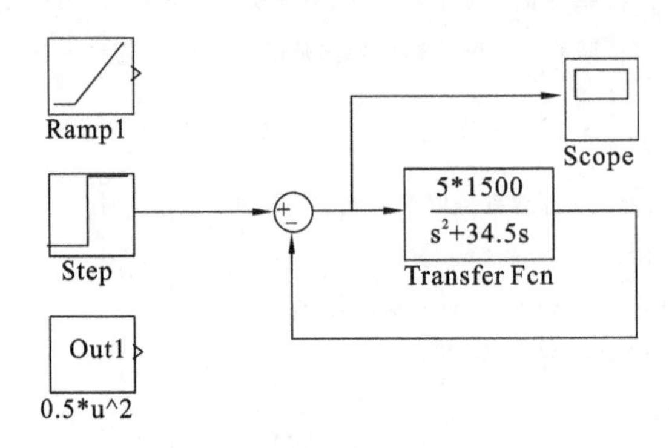

图 5-13　系统 Simulink 结构图

其中三个输入模块分别为单位阶跃、单位斜坡输入和构造的一个单位加速度子模块。单位阶跃输入得到系统的误差波形如图 5-14 所示。

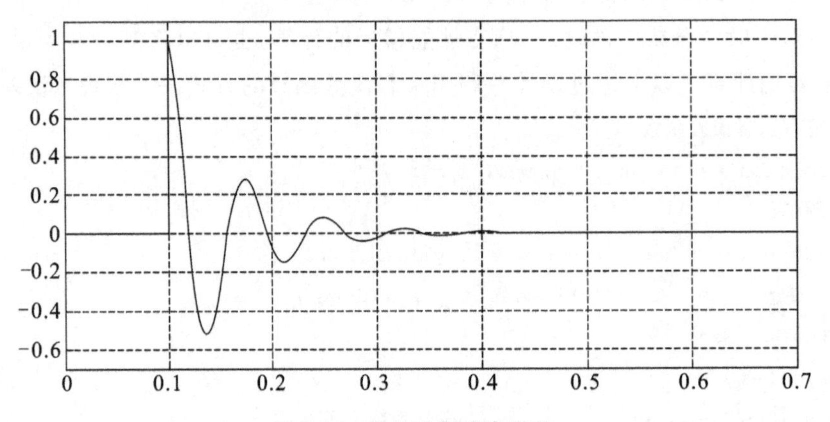

图 5-14　单位阶跃稳态误差

单位斜坡输入得到系统的误差波形如图 5-15 所示;单位加速度输入得到系统的误差波形如图 5-16 所示。

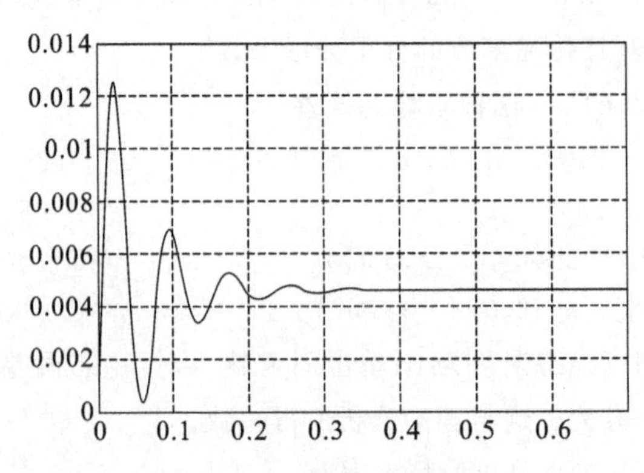

图 5-15　斜坡输入稳态误差

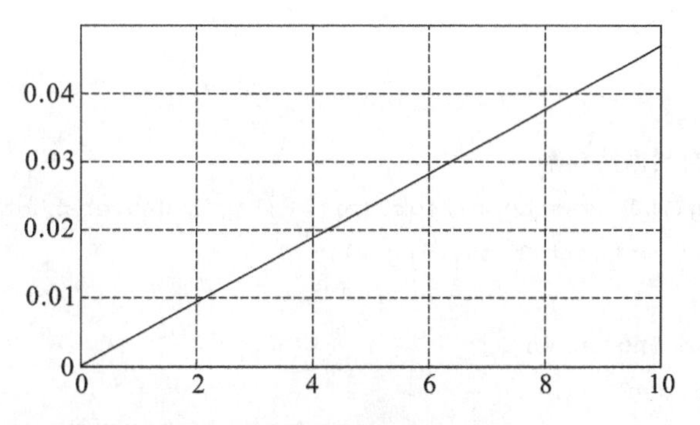

图 5-16　单位抛物线输入稳态误差

从图中可以看出单位阶跃输入时，稳态误差为 0；单位斜坡输入，系统有稳态误差，大约为 0.005；单位抛物线输入时，稳态误差为无穷大。

这与通过理论分析得到的稳态误差值一致。

【例 5-9】 已知系统结构框图如图 5-17 所示，求 k 和 t，使系统的阶跃响应满足如下要求：

(1) 超调量不大于 25%；

(2) 峰值时间为 0.4 s。

并绘制其阶跃响应。

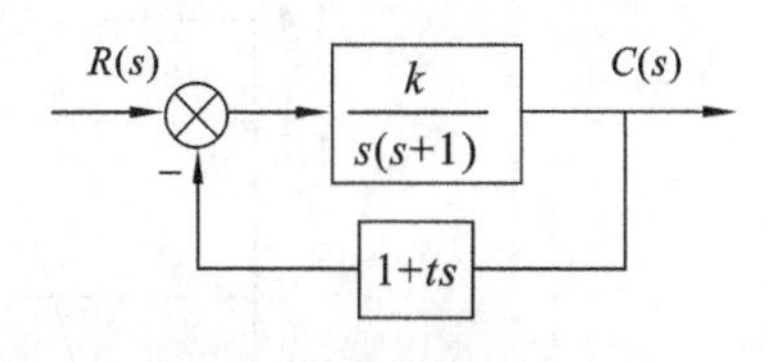

图 5-17　控制系统框图

解：从结构框图可以看出，系统为闭环二阶系统，其闭环传递函数为

$$G(s)=\frac{C(s)}{R(s)}=\frac{k}{s^2+(1+t\cdot k)s+k}$$

而该二阶系统可以表示为如下标准形式：

$$G(s)=\frac{\omega_n^2}{s^2+2\zeta\omega_n s+\omega_n^2}$$

所以，有：

$$k=\omega_n^2,\quad 1+\tau\cdot k=2\zeta\omega_n$$

推出

$$\tau=(2\zeta\omega_n-1)/k$$

对于一个二阶系统，根据前面的内容，知道超调量和峰值时间的计算公式为

$$\sigma\%=e^{\frac{-\pi\zeta}{\sqrt{1-\zeta^2}}}\times 100\%$$

$$t_p=\frac{\pi}{\omega_d}=\frac{\pi}{\omega_n\cdot\sqrt{1-\zeta^2}}$$

由上面两式，可以得到阻尼比和自然振荡频率：

$$\zeta=\frac{\ln\frac{100}{\sigma}}{\left[\pi^2+\left(\ln\frac{100}{\sigma}\right)^2\right]^{\frac{1}{2}}},\quad \omega_n=\frac{\pi}{t_p\sqrt{1-\zeta^2}}$$

综上分析，可以编写 M 程序文件如下：

```
clear;clc;close all
overshoot=25;
peaktime=0.4;
%求阻尼比和自然振荡频率
damping=log(100/overshoot)/sqrt(pi^2+(log(100/overshoot))^2)
wn=pi/(peaktime*sqrt(1-damping^2));
num=wn^2;
den=[1 2*damping*wn wn^2];
Gclo=tf(num,den)
step(Gclo)                               %求系统传递函数及阶跃响应曲线
k=wn^2                                   %求参数 k 和 t
t=(2*damping*wn-1)/k
```

阶跃响应如图 5-18 所示。

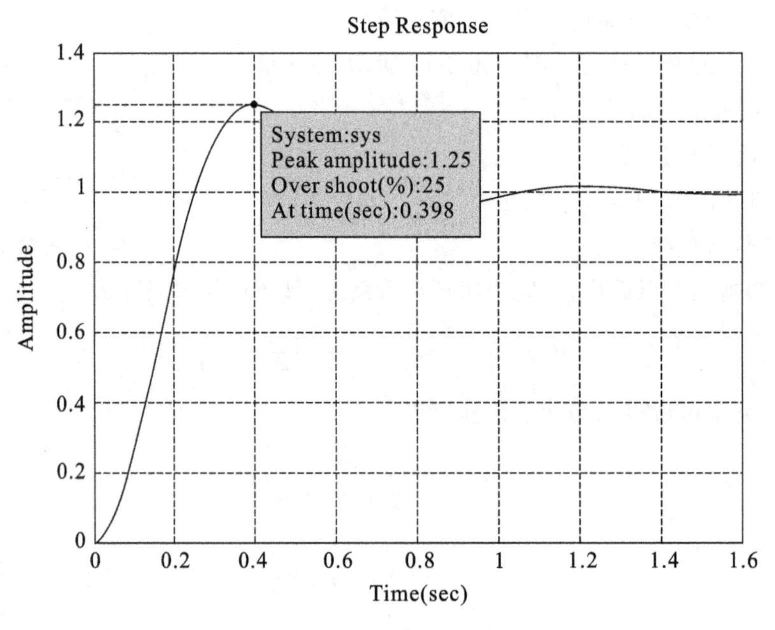

图 5-18　二阶系统阶跃响应

命令窗口显示：

```
damping=                 wn=
          0.4037              8.5847
Transfer function:
       73.7
-------------------
  s^2+6.931s+73.7
k=                       t=
   73.6964                 0.0805
```

【例 5-10】 对于典型二阶系统：

$$G(s)=\frac{\omega_n^2}{s^2+2\zeta\omega_n s+\omega_n^2}$$

试绘制出自然振荡频率 $\omega_n=6$，阻尼比 ζ 分别为 0.2，0.4，…，1.0，2.0 时系统的单位阶跃响应曲线。

解:编写 M 文件如下所示。

```
clear;clc;close
wn=6;damping=[0.2:0.2:1,2];
for i=damping
  num=wn*wn;den=[1 2*i*wn wn*wn];
  step(num,den)
  hold on
end
title('二阶系统阶跃响应');
```

生成如图 5-19 所示阶跃响应曲线。

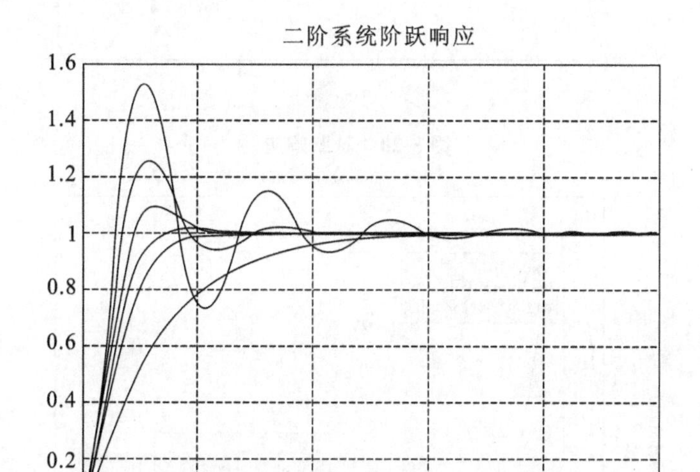

图 5-19　阻尼比对阶跃响应的影响

$0<\zeta<1$ 为欠阻尼状态,系统有超调,而且阻尼比越小,超调越大,随着阻尼比的增大,系统超调减小,当 $\zeta>1$ 时,为过阻尼状态,系统没有超调,但是速度也变慢了。

【例 5-11】 系统传递函数为 $G(s)=\dfrac{10}{s^2+2s+10}$,求其阶跃响应、脉冲响应、斜坡响应和正弦波响应。

解:方法 1:分 4 个图形窗口分别显示程序。

MATLAB 程序如下。

```
>>num=10;den=[1 2 10];
>>Gs=tf(num,den);                        %输入传递函数
>>figure(1);                             %创建第一个图形窗口
>>step(Gs)                               %绘制系统阶跃响应
>>figure(2);impulse(Gs)                  % 绘制系统脉冲响应
>>figure(3);
>>step(10,[1 2 10 0])                    %绘制系统斜坡响应
>>[u,t]=gensig('sin',5,30,0.1);          %产生正弦激励信号
>>figure(4);lsim(Gs,u,t)                 %绘制正弦响应曲线
```

运行结果生成 4 个图形,图 5-20 所示为阶跃响应,图 5-21 所示为脉冲响应,图 5-22 所示为斜坡响应,图 5-23 所示为正弦波响应。

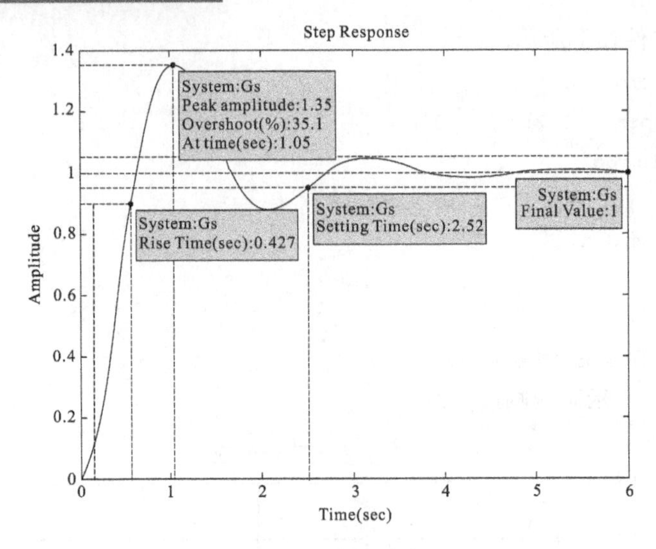

图 5-20 阶跃响应

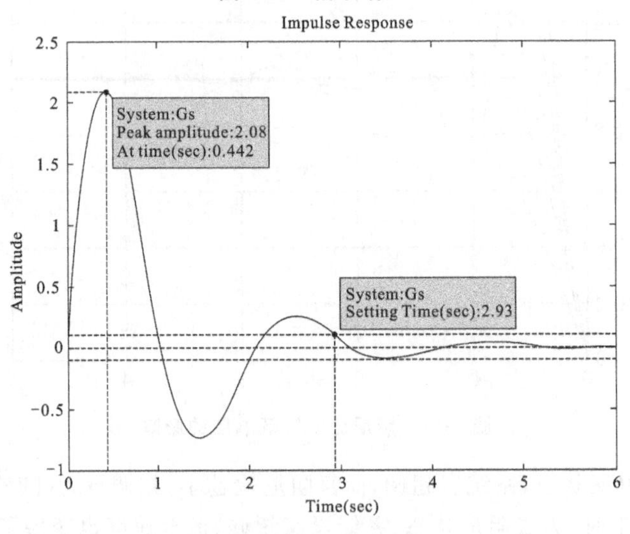

图 5-21 脉冲响应

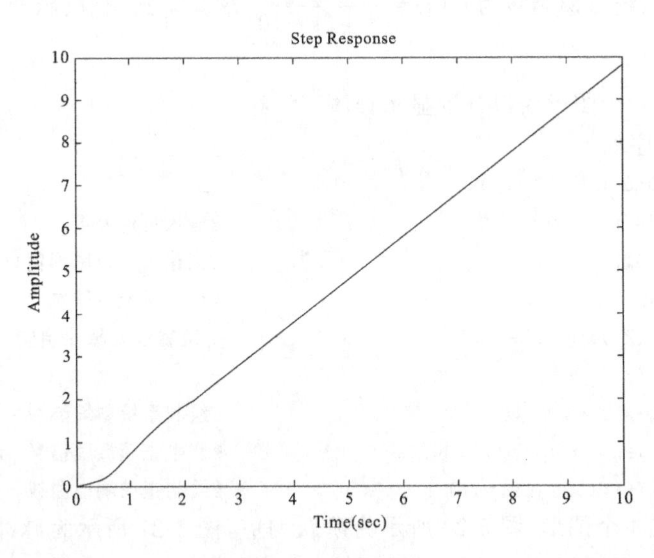

图 5-22 斜坡响应

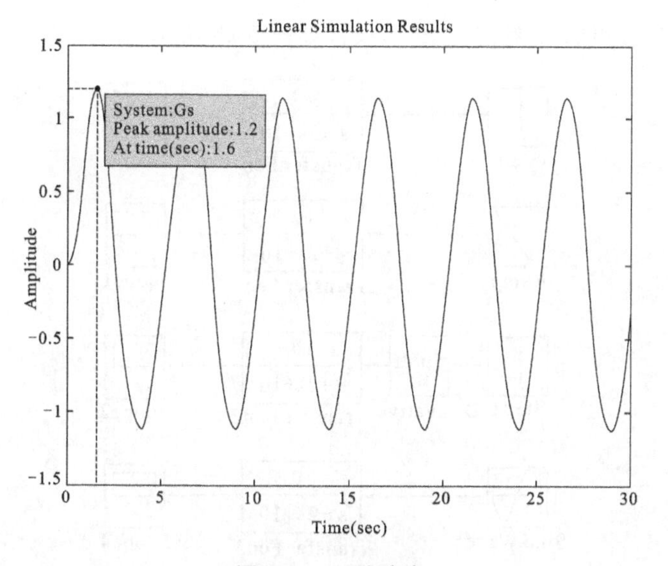

图 5-23　正弦响应

方法 2:在 1 个窗口中的 4 个子图形窗口显示程序：

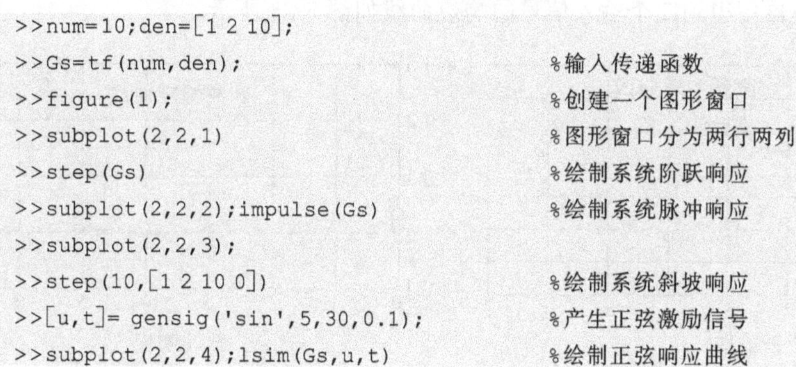

```
>>num=10;den=[1 2 10];
>>Gs=tf(num,den);                       %输入传递函数
>>figure(1);                            %创建一个图形窗口
>>subplot(2,2,1)                        %图形窗口分为两行两列
>>step(Gs)                              %绘制系统阶跃响应
>>subplot(2,2,2);impulse(Gs)            %绘制系统脉冲响应
>>subplot(2,2,3);
>>step(10,[1 2 10 0])                   %绘制系统斜坡响应
>>[u,t]= gensig('sin',5,30,0.1);        %产生正弦激励信号
>>subplot(2,2,4);lsim(Gs,u,t)           %绘制正弦响应曲线
```

运行后生成图形如图 5-24 所示。

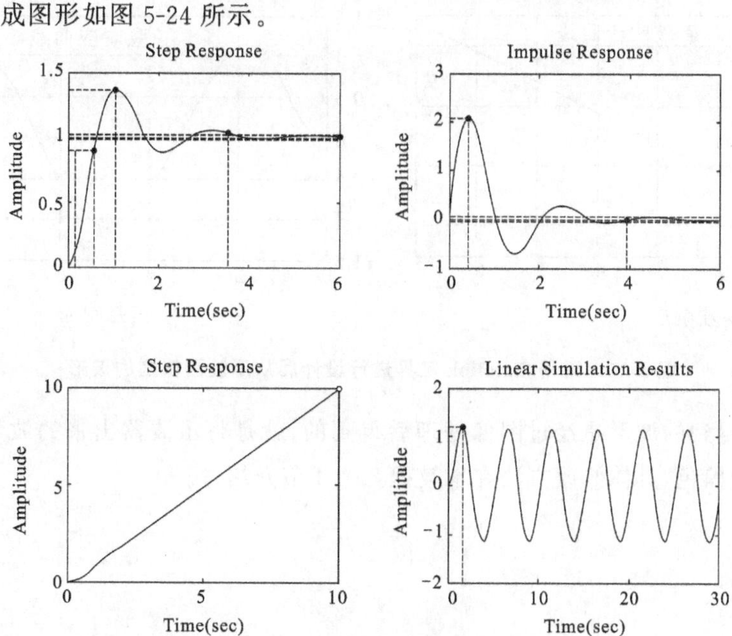

图 5-24　4 个子图形窗口显示

方法 3：采用 Simulink 工具进行设计，设计如图 5-25 所示。

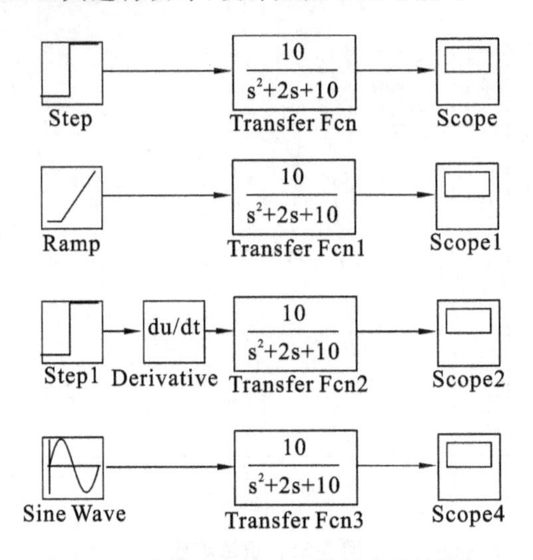

图 5-25　采用 Simulink 工具创建系统结构

从四个示波器中得到四个输入信号的响应曲线如图 5-26 所示。

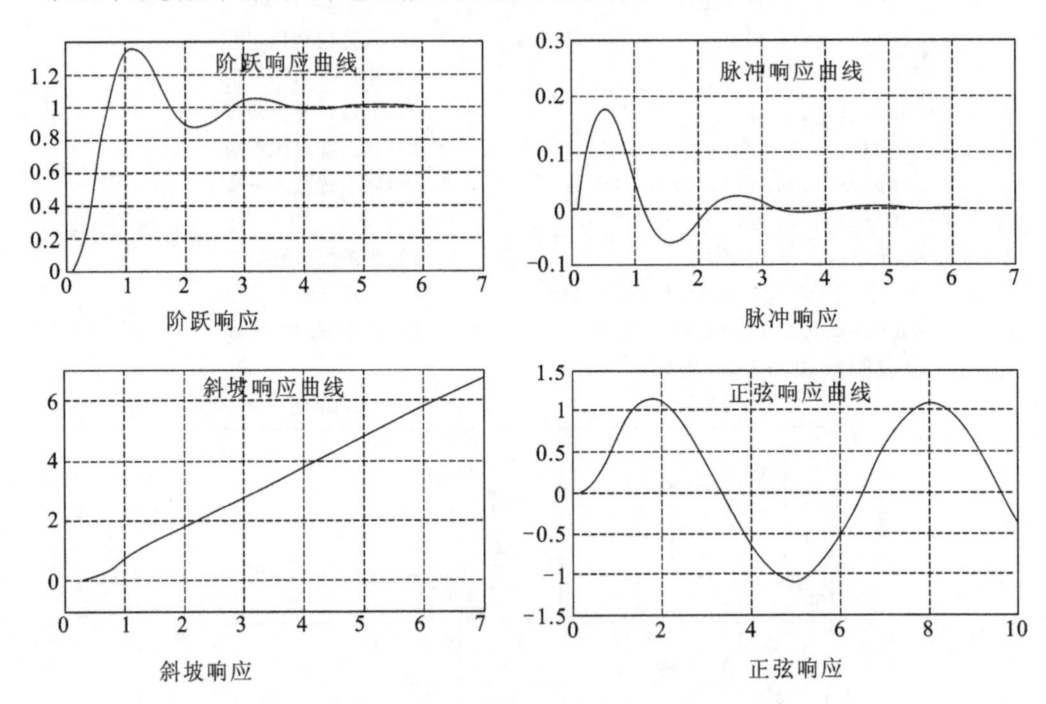

图 5-26　采用 Simulink 工具进行设计后从示波器得到的波形

从示波器得到的波形是经过图像处理后得到的，就是将示波器出来的波形背景改为白色，将波形改为黑色，具体修改方法在本教程 3.3.4 节介绍过。

5.3 根轨迹分析

5.3.1 根轨迹分析的一般方法

1. 根轨迹的定义

系统参数(如开环增益 K)由零增加到∞时,闭环系统特征根(极点)在 S 平面上运动的轨迹称为该系统的闭环根轨迹,简称根迹。

根轨迹法是一种直接由开环传递函数求取闭环特征根的图解分析方法,由于根轨迹直观地描述了系统的闭环极点在 S 平面上的分布,因此,用根轨迹分析自动控制系统十分方便,特别是对于高阶系统和多回路系统。

2. 根轨迹方程

根轨迹方程就是闭环系统特征根随参数变化的轨迹方程,设控制系统如图 5-27 所示。

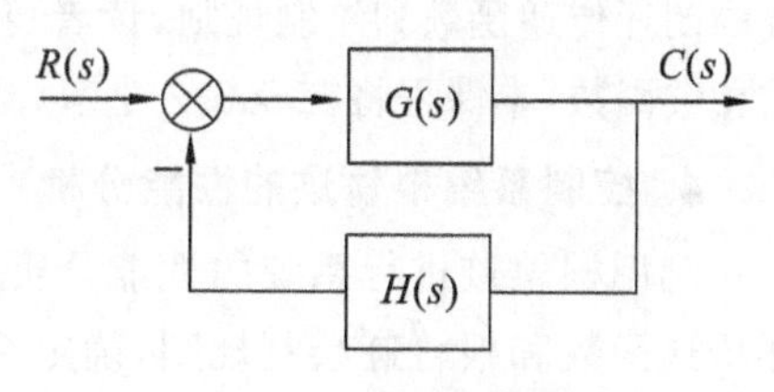

图 5-27 闭环控制系统

若系统有 m 个开环零点和 n 个开环极点,则系统开环传递函数为

$$G(s)H(s) = K^* \frac{\prod_{j=1}^{m}(s-z_j)}{\prod_{i=1}^{n}(s-p_i)}$$

其中:K^* 为根轨迹增益;z_j 是开环零点;p_i 是开环极点。

其系统闭环传递函数为

$$\Phi(s) = \frac{G(s)}{1+G(s)H(s)} \tag{5-18}$$

则系统闭环特征方程为:

$$1+G(s)H(s)=0$$

特征方程可以写成:

$$K^* \frac{\prod_{j=1}^{m}(s-z_j)}{\prod_{i=1}^{n}(s-p_i)} = -1 \tag{5-19}$$

称为根轨迹方程。根轨迹是一个向量方程,有幅值与相角两个参数,可用如下两个方程描述:

满足幅值条件的表达式为

$$K^* = \frac{\prod_{j=1}^{m}|s-z_j|}{\prod_{i=1}^{n}|s-p_i|} \tag{5-20}$$

满足相角表达式为

$$\sum_{j=1}^{m}\angle(s-z_j) - \sum_{i=1}^{n}\angle(s-p_i) = (2k+1)\pi, k=0,\pm 1,\pm 2\cdots \tag{5-21}$$

常规根轨迹是指以开环根轨迹增益 K^* 为可变参数绘制的根轨迹。本教程所描述的根轨迹都是常规根迹。

3. 绘制根轨迹图的规则

控制系统的闭环特征方程：

$$\frac{K^* \prod_{j=1}^{m}(s-z_j)}{\prod_{i=1}^{n}(s-p_i)}=-1 \tag{5-22}$$

可以根据系统的开环零、极点确定系统的闭环特征方程，式(5-22)表明了系统闭环极点和开环零、极点的关系。基于这种关系式，就可以根据系统开环零、极点的分布情况来确定闭环极点的位置。

在本课程的先修课程——自动控制原理中，阐述了根轨迹的绘制应遵循的规则，根据系统的闭环传递函数和绘制规则，读者可以绘制系统的根轨迹图，MATLAB提供了根轨迹绘制的相关函数，本课程将在5.3.2小节详细介绍，对于根轨迹的绘制规则，这里将不再赘述。

4. 控制系统根轨迹的性能分析

利用根轨迹进行系统的性能分析过程分为两步，首先根据根轨迹的定义，利用系统的闭环传递函数和根轨迹绘制规则，确定系统在某一指定参数下的闭环极点，然后由系统的根轨迹上的闭环极点定性分析和定量计算系统的基本性能。

根轨迹是闭环系统特征根(闭环极点)随着某个参数的变化在 S 平面上移动的轨迹图，控制系统结构、参数不一样将导致性能不一样，根轨迹形状(闭环极点图)也就不同。在工程设计中，可以通过对根轨迹的改造来改善系统的性能。

根据分析知道，闭环系统根轨迹取决于开环系统传递函数的零点和极点，所以，实现系统性能改善，可以通过改造根轨迹，也就是增加系统开环零、极点的方法来完成。

增加系统开环传递函数零、极点和偶极子对系统根轨迹的影响总结如下。

总的来说，增加开环零、极点，将使闭环极点发生变化，从而改变了实轴上根轨迹的分布情况，也将会改变根轨迹的渐近线条数、倾角和截距，改变系统性能。

1）增加开环零点对闭环系统的影响

增加开环传递函数 $G(s)H(s)$ 的零点，等同于加入微分作用，使根轨迹向左半 S 平面移动，从而使系统的稳定性提高，分两种情况进行分析：

(1) 增加的开环零点和某个开环极点构成开环偶极子(开环零、极点重合或距离很近)，则这一对零、极点相互抵消。所以，在控制系统中如果出现了有损于系统性能的极点，通常采用加入一个零点来抵消。

(2) 增加的零点靠近虚轴，则会使根轨迹向左偏移，闭环极点远离 S 平面右半平面，从而使系统的动态性能改善，而且，零点越靠近虚轴，造成的影响越大。

2）增加开环极点对控制系统的影响

(1) 位于 S 左半平面的开环极点的增加，将会降低闭环系统的稳定性，这时根轨迹向 S 平面右半平面移动。

(2) 开环极点的增加将改变根轨迹的分支数。

(3) 增加开环极点将会使系统的动态性能变差，因为这时根轨迹将会向右偏移使闭环极点进入或更靠近 S 平面右半平面，当增加的开环极点越靠近虚轴，造成的影响越大。

3）增加开环偶极子对根轨迹的影响

所谓开环偶极子是指距离很近的一对开环零、极点，这里的距离是指相对距离，当两个点间的距离比它们的模值小一个数量级以上时，就认为距离很近，所以说相对距离还与这两

个点相对于 S 平面的原点位置有关。为系统增加一对开环偶极子，其主要结果有以下两点：

(1) 因为从偶极子的两点到闭环根轨迹远处某点的向量是基本相等，也就意味着在幅值及相角条件中可以相互抵消，所以距离开环偶极子较远的根轨迹及其增益 Kg 不会受到影响。

(2) 如果选取的开环偶极子靠近 S 平面的原点，而通常配置的闭环主导极点离坐标原点较远，从第 1 点的分析知道，开环偶极子对系统主导极点的位置及增益 Kg 都没有影响。但是，靠近 S 平面的原点的开环偶极子将会影响系统的静态性能，显著地改变系统的稳态误差系数。

4) 用根轨迹分析系统的动态性能

根轨迹是闭环特征根的轨迹图，当闭环极点已经设置在根轨迹的某位置时，就可以获得系统对于当前闭环极点的参数值。

根据常规根轨迹的定义，通过根轨迹法能够观察系统的开环增益 K^* 变化和闭环系统的动态性能变化情况。

在工程设计中，通常采用增加零极点的方法对系统进行校正，关于基于根轨迹的系统校正将在 5.3 节中进行介绍。

5.3.2 常用分析函数

1. 求系统零极点

利用 pzmap 函数可求得系统的零极点。

调用格式：

```
[p,z]= pzmap(num,den)
```

或者

```
[p,z]= pzmap(G)
```

不带输出变量时则绘出系统的零极点图，带输出变量时给出一组零极点 p、z 的对应数据。其中 G 为闭环系统的传递函数数学模型。

【例 5-12】 已知系统传递函数为：$G(s)=\dfrac{2s+1}{s^4+7s^3+3s^2+2s}$，绘制零极点图并求出零极点。

解：MATLAB 命令如下：

```
>>num=[2 1];den=[1 7 3 2 0];
>>pzmap(num,den)
>>[p z]=pzmap(num,den)
```

零极点生成如图 5-28 所示。

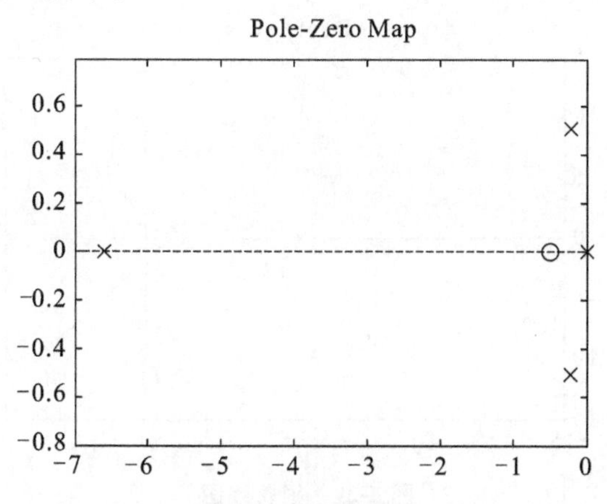

图 5-28 零极点图

在命令窗口中显示零极点：

```
p=
        0
   -6.5909
   -0.2046+0.5115i
   -0.2046-0.5115i
z=
   -0.5000
```

2. 求系统根轨迹

rlocus 命令可求得系统的根轨迹。

调用格式：

```
[r,k]=rlocus(num,den)
[r,k]=rlocus(num,den,k)
```

或者

```
[r,k]=rlocus(G)
[r,k]=rlocus(G,k)
```

函数不带返回值时直接绘制出系统的根轨迹图，带返回值时给出一组极点与增益(r,k)的对应数据。

其中G为开环系统的传递函数数学模型，k为用户自己选择的增益向量。若指定了k的取值范围，则该函数输出指定增益k所对应的r值。每条根轨迹以不同的颜色来区别。

需要注意的是：函数 pzmap(G)中的系统G是闭环系统传递函数，而函数 rlocus(G)中的系统G是开环传递函数。

【例 5-13】 已知系统开环传递函数为：$G(s)=\dfrac{2s+1}{(s^2+7s+8)(3s^2-2s+6)}$，绘制系统的根轨迹。

解：MATLAB 命令如下：

```
>>num=[2 1];den=conv([1 7 8],[3 -2 6]);
>>Gs=tf(num,den);
>>rlocus(Gs)
>>[r k]=rlocus(Gs,10)          %求 k=10 时的根
```

根轨迹生成如图 5-29 所示。

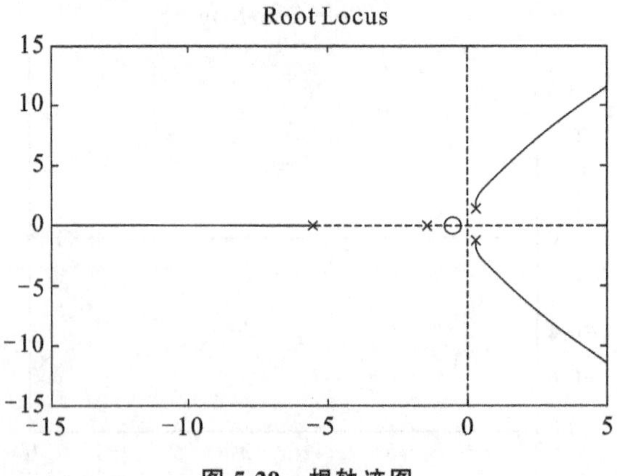

图 5-29 根轨迹图

在命令窗口中显示 $k=10$ 时的极点：

```
r=
   -5.7689
   0.3122+1.6498i
   0.3122-1.6498i
   -1.1888
k=
    10
```

3. 求根轨迹增益

函数 rlocfind 可获得指定特征根的根轨迹增益。

常用调用格式：

```
[ k,poles ]=rlocfind(G)
[ k,poles ]=rlocfind(num,den)
```

说明：G 是系统的开环传递函数模型，num 与 den 分别是开环传递函数分子分母系数。rlocfind 函数用于求取根轨迹上指定点处的开环增益，同时将获得该增益条件下所有的闭环极点。在执行这条命令前必须先执行一次根轨迹的绘图函数 rlocus，这样就可以在根轨迹图上直接选取感兴趣的点，获得对应的增益值。

函数 rlocfind 执行后，根轨迹的图形窗口中，鼠标变成大十字，用户根据鼠标的提示进行定位，点击感兴趣的根轨迹上的点，该函数将自动地将所选点对应的所有闭环极点直接在根轨迹图上进行标识。系统工作空间和命令窗口将返回所选择点对应的开环增益 k，同时返回增益 k 条件下的闭环极点。

4. 绘制阻尼系数和自然振荡频率栅格

函数 sgrid 可以在根轨迹图形中绘制等阻尼系数线和等自然振荡频率线构成的栅格，缺省条件下，绘制的栅格阻尼系数从 0～1，步长定为 0.1。

命令格式：

```
连续系统:sgrid
        sgrid(z,wn)
离散系统:zgrid
        zgrid(z,wn)
```

说明：函数 sgrid 用于绘制连续系统根轨迹图上的栅格线，也可以用于零极点图栅格线的绘制，由等阻尼系数和等自然振荡角频率两种参数线条构成。sgrid(z,wn) 中，参数 z，wn 分别指定系统阻尼系数与自然振荡角频率线来绘制栅格线。

【例 5-14】 在题目【例 5-13】绘制出系统的根轨迹图的基础上添加由等阻尼线和自然振荡角频率构成的栅格线。

解：在【例 5-13】的基础上添加 MATLAB 命令：

```
>>sgrid
```

生成如图 5-30 所示带有栅格线的根轨迹图。

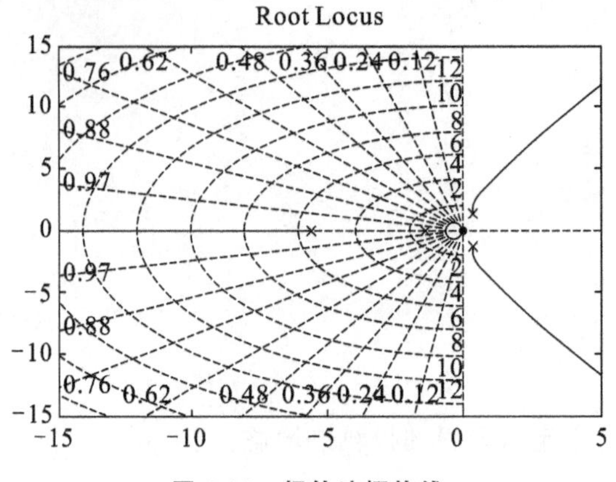

图 5-30　根轨迹栅格线

5.3.3　应用实例

基于根轨迹的系统性能分析，当绘制出控制系统根轨迹图之后，就可以根据根轨迹对系统进行定性的分析和定量的计算。因为系统的暂态性能和稳态性能与系统闭环极点位置密切相关，实际工程中对系统性能的要求往往可以转化为对闭环极点位置的要求。

在利用 MATLAB 进行根轨迹图进行分析时，重点注意以下几点。

(1) 在对系统的分析中，一般需要确定根轨迹上某一点的根轨迹增益及其对应的闭环极点。

(2) 有时需要确定具有指定阻尼比的主导闭环极点及相对应的开环增益值。

(3) 在对系统的分析中，需要观察增加零、极点对系统的影响。给系统添加开环极点会使系统的阶次升高，若添加的合理，会使系统的稳态误差减小，若添加的不合理，反倒会使系统不稳定；给系统添加开环零点，可使原来不稳定的系统变成稳定的系统。

下面就以上重要知识点进行实例分析。

【例 5-15】　已知一单位反馈系统开环传递函数为：$G(s)=k\dfrac{(s+2)}{s(s+5)(s+4)(s^2+4s+2)}$，试在根轨迹上选择一点，求出该点的增益 k 及其闭环极点的位置，并判断在该点系统的稳定性。

解：MATLAB 命令如下。

```
>>s=tf('s');
>>Gs=(s+2)/s/(s+5)/(s+4)/(s^2+4*s+2);
>>rlocus(Gs);
>>sgrid
%给图形中的标题命名
>>title('Root_Locus Plot of G(s)')
%给图形中的横坐标命名
>>xlabel('Real Axis')
%给图形中的纵坐标命名
>>ylabel('Imag Axis')
>>[k,poles]=rolcfind(Gs)
```

在 S 右半平面选择一点进行点击后，产生的图形如图 5-31 所示。

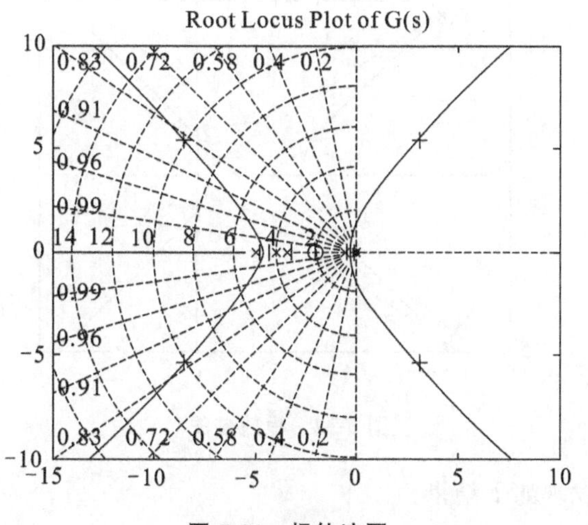

图 5-31 根轨迹图

命令窗口中显示开环增益与系统闭环极点。

```
Select a point in the graphics windowselected_point=
2.9945+5.4231i
k=
   3.9194e+003
poles=
   - 8.5551+5.4100i
   - 8.5551-5.4100i
   3.0581+5.3652i
   3.0581-5.3652i
   - 2.0061
```

当 $k=3.9194e+003$ 时，产生了三个具有负实部的闭环系统极点，系统明显不稳定。

【例 5-16】 已知系统的开环传递函数模型为

$$G_k(s)=\frac{K}{s(s+1)(s+2)(s+3)}=KG_o(s)$$

确定使系统稳定的 K 值，并观察 K 值的变化对闭环系统的影响。

解：利用下面的 MATLAB 命令：

```
>>s=tf('s');>>Gs=1/s/(s+1)/(s+2)/(s+3);
>>rlocus(Gs);                        %得到系统根轨迹
>>z=0.8;w=8;                         %加入指定的栅格
>>sgrid(z,w)
>>[k,poles]=rlocfind(Gs)
>>[k1,poles1]=rlocfind(Gs)
```

用鼠标点击根轨迹上与虚轴相交的点，得到系统的根轨迹如图 5-32 所示。

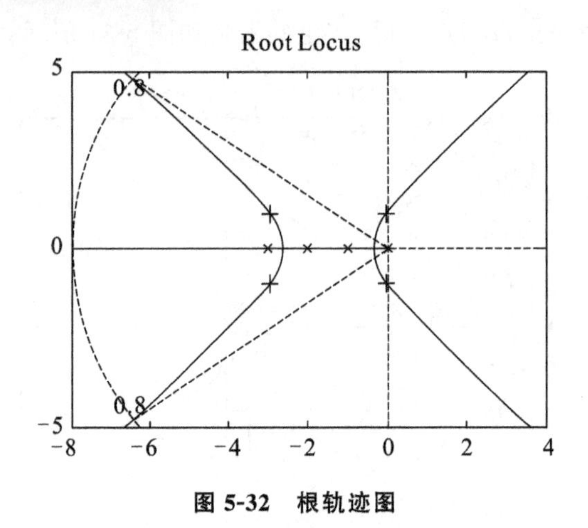

图 5-32　根轨迹图

在命令窗口中可发现如下结果：

```
Select a point in the graphics window
selected_point=
    -0.0237+1.0093i
k=
    9.8874
poles=
    -2.9971+0.9956i
    -2.9971-0.9956i
    -0.0029+0.9956i
    -0.0029-0.9956i
```

根参数根轨迹反映了闭环根与开环增益 K 的关系。轨迹与虚轴有交点，所以在 K 从零到无穷变化时，系统的稳定性会发生变化。由根轨迹图和运行结果知，当 $0<K<9.8874$ 时，系统总是稳定的，所以，要想使此闭环系统稳定，其增益范围应为 $0<K<9.8874$。

【例 5-17】 已知系统的开环传递函数模型为

$$G_o(s)=\frac{K}{s(0.1s+1)(0.3s+1)}$$

试绘制根轨迹图，确定使系统产生重实根和纯虚根的开环增益 K。

解：利用 MATLAB 编写 M 文件：

```
clear;clc;close all;
num=1;
den=conv([0.05 1 0],[0.03 1]);
Go=tf(num,den);
rlocus(Go);
[k,poles]=rlocfind(Go)
[k1,poles1]=rlocfind(Go)
```

用鼠标点击根轨迹上与实轴的分离点，则相应的增益由变量 $k=3.6483$ 记录，选择根轨迹与虚轴相交的点，则相应的增益由变量 $k_1=3.6483$ 记录，同时得到系统的根轨迹如图 5-33所示。

在命令窗口中显示如下结果：

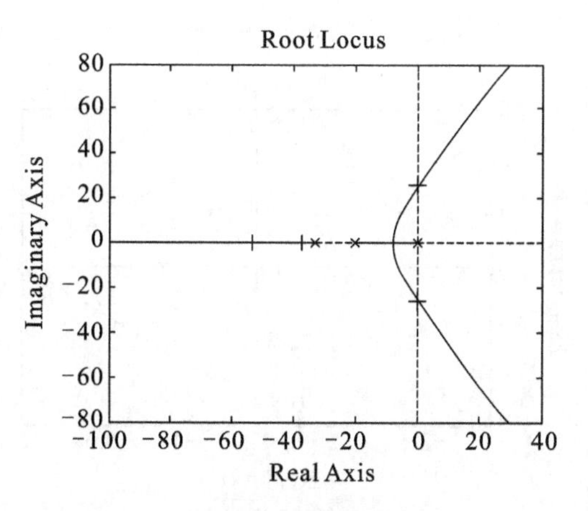

图 5-33　根轨迹图

```
Select a point in the graphics window
selected_point=
    - 8.0691-0.0000i
k=
    3.6483
poles=
    -37.1506
    -8.1136
    -8.0691
Select a point in the graphics window
selected_point=
    -0.0128+25.9961i
k1=
    54.0393
poles1=
    -53.4668
    0.0668+25.9577i
  0.0668-25.9577i
```

【例 5-18】 已知系统的开环传递函数模型为：$G_o(s)=\dfrac{K}{s(s+3)}$，确定使系统稳定的 K 值，并确定当阻尼比 $z=0.5$ 时的 K 值，并绘制系统阶跃响应。

解：利用下面的 MATLAB 命令：

```
>>num=1;
>>den=conv([1 0],[1 3]);
>>Go=tf(num,den);
>>rlocus(Go);                         %得到系统根轨迹
>>z=0.5;w=8;                          %加入指定的栅格
>>sgrid(z,w)
>>[k,poles]=rlocfind(Go);
>>Go1=tf(k,den);
>>Gclo=feedback(Go1,1);               %阻尼比为 0.5 时的闭环传递函数
>>step(Gclo)
```

用鼠标点击根轨迹上与阻尼比为 0.5 的虚线相交的点，得到系统的根轨迹如图 5-34 所示。

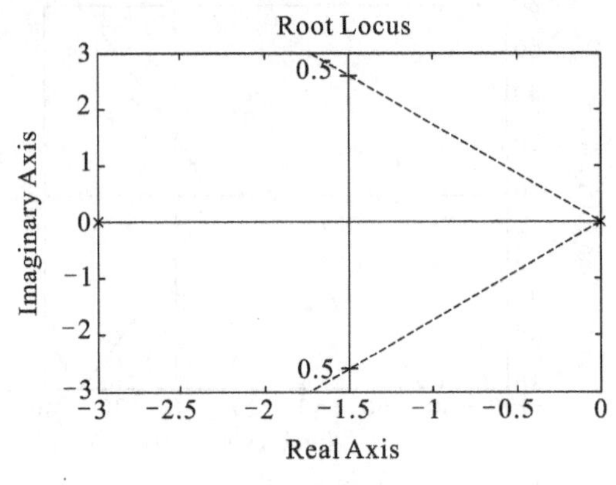

图 5-34　根轨迹图

在命令窗口中显示如下结果：

```
Select a point in the graphics window
selected_point=
    -1.4941+2.5917i
k=
    8.9670
poles=
    -1.5000+2.5917i
    -1.5000-2.5917i
```

可以知道，当 $k=8.9670$ 时，系统的阻尼比为 0.5。当阻尼比为 0.5 时，系统的单位阶跃响应曲线如图 5-35 所示。

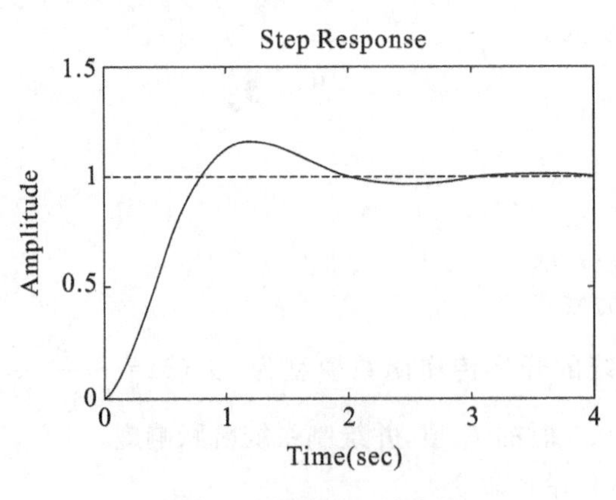

图 5-35　系统阶跃响应图

【例 5-19】 已知一离散系统的开环传递函数模型为

$$H(z)=\frac{0.4z+1}{2z^2-z+0.9}$$

绘制其开环系统的根轨迹，并绘制出栅格线。

```
clear;clc;close all;
num=[0.4 1];
den=[2 -1 0.9];
rlocus(num,den);
zgrid;                          %绘制离散系统的栅格线
```

运行后得到离散系统根轨迹图如图 5-36 所示。

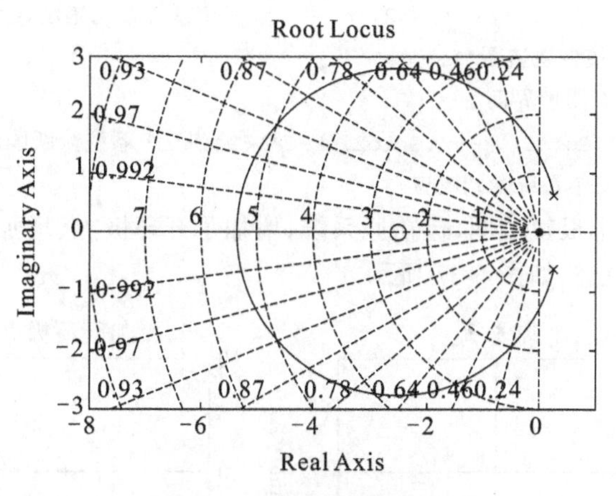

图 5-36 离散系统根轨迹

【例 5-20】 已知系统的开环传递函数模型为

$$G_o(s)=\frac{K}{s(s+0.8)}$$

绘制系统的根轨迹图。

(1) 增加系统开环极点 $p=-3$，绘制系统根轨迹图，观察开环零点对闭环系统的影响；

(2) 增加系统开环零点 $z=-2$，绘制系统根轨迹图，观察开环极点对闭环系统的影响；

(3) 绘制原系统、增加了开环零点、增加了开环极点的系统阶跃响应曲线。

解：利用 MATLAB 编写 M 文件如下：

```
clear;clc;close all;
num=1;
den=[1 0.8 0];
num1=1;
den1=conv([1 0.8 0],[1 3]);
num2=[1 2];den2=[1 0.8 0];
Go=tf(num,den);
Go1=tf(num1,den1);                       %增加开环极点 p=-3 后系统开环传递函数
Go2=tf(num2,den2);                       %增加开环零点 z=-2 后系统开环传递函数
Gclo=feedback(Go,1);                     %原系统闭环传递函数
Gclo1=feedback(Go1,1);                   %增加开环极点后系统闭环传递函数
Gclo2=feedback(Go2,1);                   %增加开环零点后系统闭环传递函数
figure(1);                               %打开图形界面 1
subplot(2,2,1);                          %图形窗口分为两行两列
rlocus(Go);
title('原系统');                          %设置标题
subplot(2,2,2);
rlocus(Go1);                             %绘制增加开环极点后的根轨迹图
title('增加开环极点 p=-3');
subplot(2,2,3);
rlocus(Go2);                             %绘制增加开环零点后的根轨迹图
title('增加开环零点 z=-2');
```

```
subplot(2,2,4);
rlocus(Go,'k.',Go1,'r-.',Go2,'g--');%三个系统根轨迹图,参数包括颜色与线形
title('三个系统根轨迹图');
figure(2)%打开图形界面 2
step(Gclo,'k',Gclo1,'k--',Gclo2,'k-.')%绘制三个系统阶跃响应曲线
text(7,0.6,'三个系统阶跃响应')
```

运行程序,产生四个根轨迹图,包括原系统,增加了开环极点、增加了开环零点及四个根轨迹绘制在一起的根轨迹,如图 5-37 所示。

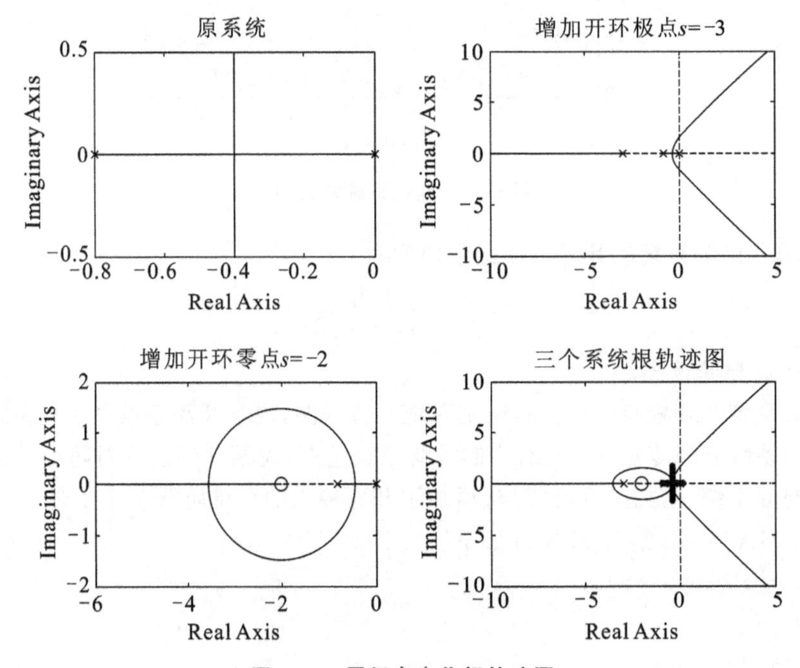

图 5-37　零极点变化根轨迹图

程序运行后,将三个阶跃响应图形绘制在同一个绘图窗口中,包括原系统,增加了开环极点、增加了开环零点的阶跃响应,如图 5-38 所示。

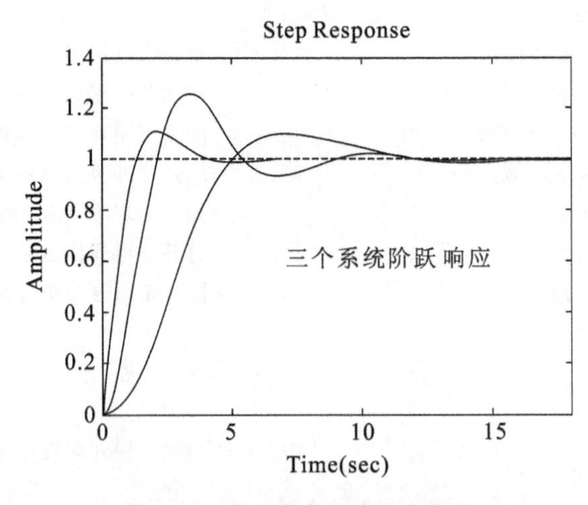

图 5-38　零极点变化阶跃响应图

根据前面的介绍,增加了开环极点、开环零点的系统性能的变化情况,结合利用 MATLAT 绘制的几个系统的根轨迹图、阶跃响应图,读者可以自己进行分析其特性的变化情况。

在图 5-38 中，实线的是原系统的阶跃响应；增添了开环极点 $s=-3$ 的阶跃响应曲线是线型为"——"的右移的曲线；增添了开环零点 $s=-2$ 的阶跃响应曲线的线型为"—."。

5.4 频域分析法

所谓频域分析法，简单地说，就是给系统一个正弦输入，得到一个正弦同频率的，幅值与初始相位根据频率变化的正弦输出，根据输出幅值和初始相位的变化情况分析系统的方法。而时域分析法则是给系统一个时间变量的输入信号，根据输出来分析系统的方法。

在前面提到，时域分析法主要用于低阶系统的性能分析，不适合用于高阶系统的分析。而频域分析法是根据系统的开环频率特性来分析系统性能，不用求解高阶方程，在控制系统的分析与校正设计中应用尤为广泛。

本节介绍频率特性的基本概念、基于 MATLAB 的典型环节和系统的开环频率特性、奈奎斯特稳定判据和系统的相对稳定性、由系统开环频率特性求闭环频率特性的方法、系统性能的频域分析方法以及频率特性的实验确定方法。

在介绍了频域分析法的基本概念之后，重点讲述 MATLAB 中的频域分析法中的常用函数，并利用大量实例来让读者熟练掌握。

5.4.1 频域分析的一般方法

1. 频率特性的基本概念

在稳定的线性定常控制系统的输入端施加一个正弦激励信号，当动态过程完成后，输出端得到的响应也必是一个正弦信号，该信号与输入信号频率相同，幅值和初始相位是输入信号频率的函数。

频率特性的定义：在正弦信号激励下，线性定常系统输出的稳态分量与输入相对于频率的复数之比，就是系统对正弦激励的稳态响应，也称为频率响应。

频率特性的数学定义式为

$$G(\mathrm{j}\omega)=\frac{C(\mathrm{j}\omega)}{R(\mathrm{j}\omega)} \tag{5-23}$$

式中，ω 为输入输出信号的频率，$C(\mathrm{j}\omega)$为输出的傅氏变换式，$R(\mathrm{j}\omega)$为输入的傅氏变换式，稳定系统的频率特性等于输出和输入的傅氏变换之比，而传递函数是输出和输入的拉氏变换之比。

实际上，系统的频率特性是系统传递函数的特殊形式，它们之间的关系为

$$G(\mathrm{j}\omega)=G(s)\big|_{s=\mathrm{j}\omega}$$

频率特性和传递函数、微分方程一样，也是系统的数学模型，三种数学模型之间的关系如图 5-39 所示。

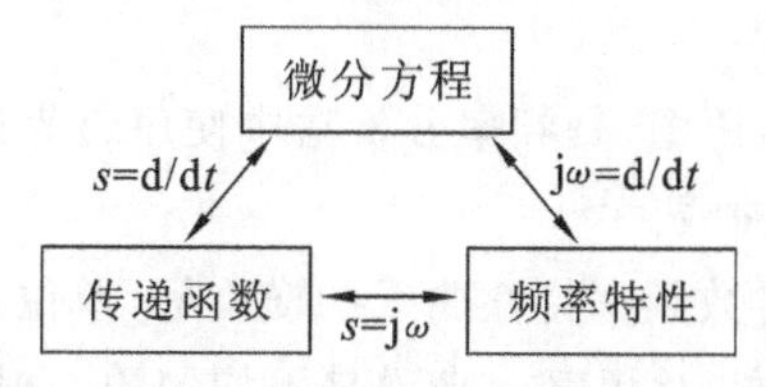

图 5-39 微分方程、频率特性、传递函数之间的关系

2. 频率特性的表示方法

频率特性是与频率 ω 有关的复数，通常有三种表达形式：

1）直角坐标式（代数表达式）

$$G(j\omega)=P(\omega)+jQ(\omega) \tag{5-24}$$

其中，$P(\omega)$称为实频特性，$Q(\omega)$称为虚频特性。

可以把直角坐标式化为三角形式：

$$G(j\omega)=A(\omega)\cos\varphi(\omega)+jA(\omega)\sin\varphi(\omega) \tag{5-25}$$

2）极坐标式（指数表达式）

$$G(j\omega)=A(\omega)e^{j\varphi(\omega)} \tag{5-26}$$

其中，$A(\omega)=|G(j\omega)|$为频率特性的模，称为幅频特性，$\varphi(\omega)=\angle G(j\omega)$为频率特性的相位移，称为相频特性。

代数表达式与指数表达式之间的关系为：

$$G(j\omega)=\sqrt{P^2(\omega)+Q^2(\omega)}e^{j\varphi(\omega)}=A(\omega)e^{j\varphi(\omega)}\sigma_X^2 \tag{5-27}$$

$$A(\omega)=\sqrt{P^2(\omega)+Q^2(\omega)} \tag{5-28}$$

$$\varphi(\omega)=\arctan\frac{P(\omega)}{Q(\omega)} \tag{5-29}$$

3）几何表示法

几何表示法是工程实践中常用的分析设计方法，将在下面做出重点的阐述。

3. 频率特性的几何表示法

频率特性的代数与指数表达式对系统的分析不够直观，在工程分析和设计中，一般根据其代数与指数表达式把频率特性绘制为相应曲线，从频率特性曲线更直观、形象地分析研究系统性能。这些曲线包括幅频、相频特性曲线，幅相频率特性曲线，对数频率特性曲线以及对数幅相曲线等，下面逐一进行简单介绍。

1）幅频特性和相频特性曲线

在直角坐标系中，幅频特性和相频特性随频率 ω 变化的曲线，频率 ω 为横坐标，幅频特性 $A(\omega)$或相频特性 $\varphi(\omega)$为纵坐标。

$$A(\omega)=\sqrt{P^2(\omega)+Q^2(\omega)} \tag{5-30}$$

$$\varphi(\omega)=\arctan\frac{P(\omega)}{Q(\omega)} \tag{5-31}$$

2）幅相频率特性曲线

幅相频率特性曲线又称奈奎斯特图，将频率 ω 作为参变量，ω 从 $0\to\infty$变化时，将频率响应两个部分的特性，也就是幅频特性和相频特性同时绘制在复数平面中。

$$G(j\omega)=\sqrt{P^2(\omega)+Q^2(\omega)}e^{j\varphi(\omega)}=A(\omega)e^{j\varphi(\omega)} \tag{5-32}$$

3）对数频率特性曲线

对数频率特性曲线又称伯德图，是频率分析法中使用最为广泛的一组曲线，包括两条曲线：对数幅频和对数相频特性曲线。

频率 ω 按对数分度作为对数频率特性曲线的横坐标，单位是弧度/秒(rad/sec)。这里的对数分度，是指按 $\lg\omega$ 均匀分度，对频率 ω 来说是不均匀的。根据定义，频率 ω 每变化十倍，横坐标间隔一个单位长度。

对数幅频特性的值 $L(\omega)=20\lg A(\omega)$ 作为对数幅频特性曲线的纵坐标，采用均匀分度，其单位是分贝(dB)；相频特性的值作为对数相频特性曲线的纵坐标，均匀分度，其单位是度(°)。通常将对数幅频特性和对数相频特性曲线根据横坐标并列绘制，以方便系统性能的分析。

伯德图在频域分析法中使用最为广泛，因为它具有如下的一些优点。

(1) 对数幅频特性采用了 $20\lg A(\omega)$，利用对数的运算法则，可以将幅值的乘除运算简化为加减运算，从而简化图形的绘制。

(2) 伯德图采用了频率 ω 的对数分度 $\lg\omega$，以 $\lg\omega$ 为横坐标，实现了横坐标的非线性压缩，在大频率范围内反映频率特性的变化情况比直角坐标系方便很多。

(3) 可以用分段直线的渐近线表示对数幅频特性，在叠加作图时只需要根据实际情况修改直线的斜率即可。

4) 对数幅相曲线

对数幅相曲线又称为尼科尔斯曲线。采用 $20\lg A(\omega)$ 作为纵坐标，其单位为分贝(dB)，$\varphi(\omega)$ 作为横坐标，单位为度(°)，均为按线性分度，频率为参变量。

4. 典型环节的频率特性

线性定常系统的开环传递函数是由典型环节串联而成，这些典型环节包括：比例环节、惯性环节、积分环节、微分环节、一阶微分环节、振荡环节以及二阶微分环节。另外，系统中还可能出现延迟环节 $e^{-\tau s}$。

1) 比例环节

比例环节的传递函数为常数 K，其频率特性为

$$G(\mathrm{j}\omega)=K$$

比例环节的对数幅频特性和相频特性的表达式为

$$\begin{cases}L(\omega)=20\lg K\\ \varphi(\omega)=0\end{cases}\tag{5-33}$$

伯德图如图 5-40 所示。

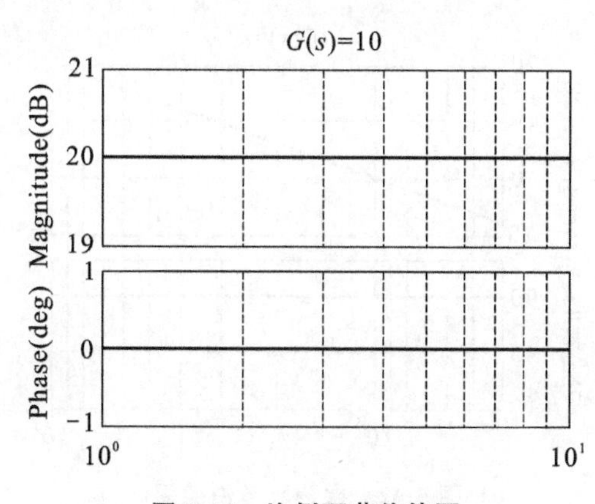

图 5-40 比例环节伯德图

2) 积分环节

积分环节的频率特性为

$$G(\mathrm{j}\omega)=\frac{1}{\omega}\mathrm{e}^{-\mathrm{j}\frac{\pi}{2}}$$

积分环节的对数幅频特性和相频特性为

$$\begin{cases} L(\omega)=-20\lg\omega \\ \varphi(\omega)=-\dfrac{\pi}{2} \end{cases} \tag{5-34}$$

其伯德图如图 5-41 所示。

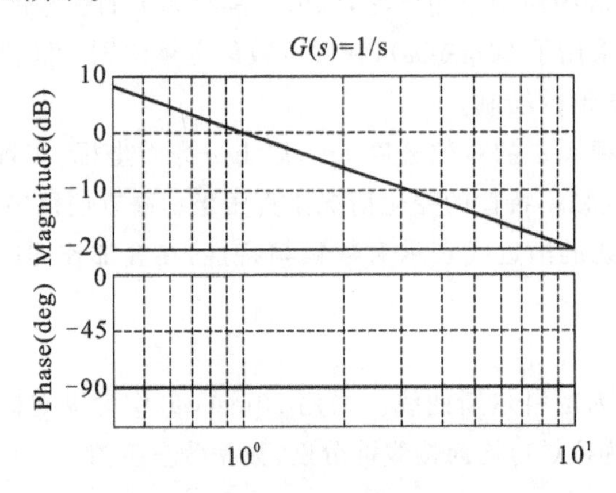

图 5-41 积分环节伯德图

由图可见,其对数幅频特性为一条斜率为 -20 dB/dec 的直线,通过 $\omega=1, L(\omega)=0$ dB 的点。对数相频特性是一条平行于横轴的直线,其值为 $-90°$。

3) 微分环节

微分环节频率特性为

$$G(\mathrm{j}\omega)=\omega e^{-\mathrm{j}\frac{\pi}{2}}$$

微分环节的对数幅频特性和相频特性为

$$\begin{cases} L(\omega)=20\lg\omega \\ \varphi(\omega)=\dfrac{\pi}{2} \end{cases} \tag{5-35}$$

其相应的伯德图如图 5-42 所示。

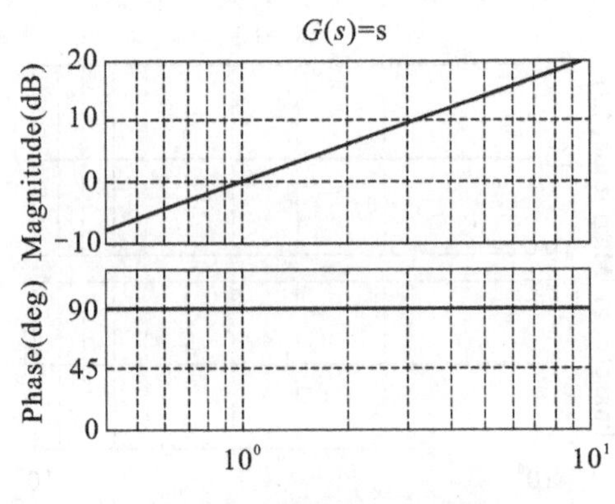

图 5-42 微分环节伯德图

由图可见,其对数幅频特性为一条斜率为 $+20$ dB/dec 的直线,通过 $\omega=1, L(\omega)=0$ dB 的点。相频特性是一条平行于横轴的直线,其值为90°。

积分和微分环节的传递函数互为倒数,所以它们的对数幅频特性和相频特性曲线对称于横轴。

4）一阶微分环节

一阶微分环节的频率特性为

$$G(\mathrm{j}\omega)=\sqrt{1+(\omega\tau)^2}e^{\mathrm{j}\arctan(\omega\tau)}$$

一阶微分环节的对数幅频特性和相频特性为：

$$\begin{cases}L(\omega)=20\lg\sqrt{1+(\omega\tau)^2}\\ \varphi(\omega)=\arctan(\omega\tau)\end{cases}\tag{5-36}$$

工程上，一阶微分环节的对数幅频特性可以采用渐近线来表示。定义 $\omega_1=\dfrac{1}{\tau}$ 为转折频率，渐近线表示如下：

$$L(\omega)=0,\quad \omega\ll\omega_1$$

$$L(\omega)=20\lg\omega-20\lg\omega_1,\omega\gg\omega_1$$

从表达式得到，当 $\omega\ll\omega_1$ 时，渐近线为一条 0 db 的水平线，当 $\omega\gg\omega_1$ 时，渐近线为一条斜率为＋20 dB/dec 的直线，两段渐近线在转折频率 ω_1 处相交，如图 5-43 所示。

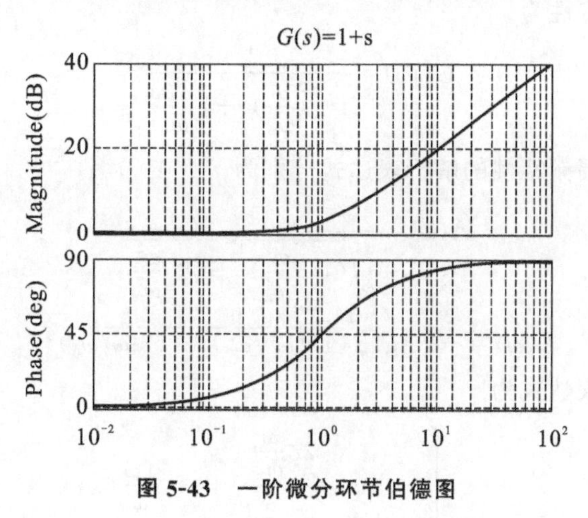

图 5-43　一阶微分环节伯德图

对数幅频特性曲线渐近线与实际曲线之间存在误差，在转折频率 ω_1 处，出现最大的误差为 3 dB。

转折频率 ω_1 也称为一阶微分环节的特征点，此时：

$$A(\omega_1)=1.414,\quad L(\omega_1)=3\ \text{dB},\quad \varphi(\omega_1)=45^\circ$$

5）惯性环节

惯性环节的频率特性为

$$G(\mathrm{j}\omega)=\frac{1}{\sqrt{1+(\omega T)^2}}e^{-\mathrm{j}\arctan(\omega T)}$$

惯性环节的对数幅频特性和相频特性的表达式为

$$\begin{cases}L(\omega)=-20\sqrt{1+(\omega T)^2}\\ \varphi(\omega)=-\arctan(\omega T)\end{cases}\tag{5-37}$$

系统伯德图如图 5-44 所示。

转折频率 ω_1 也称为惯性环节的特征点，在这一点：

$$A(\omega_1)=0.707,\quad L(\omega_1)=-3\ \text{dB},\quad \varphi(\omega_1)=-45^\circ。$$

比较惯性环节和一阶微分环节，它们的传递函数互为倒数，所以对数幅频特性和相频特

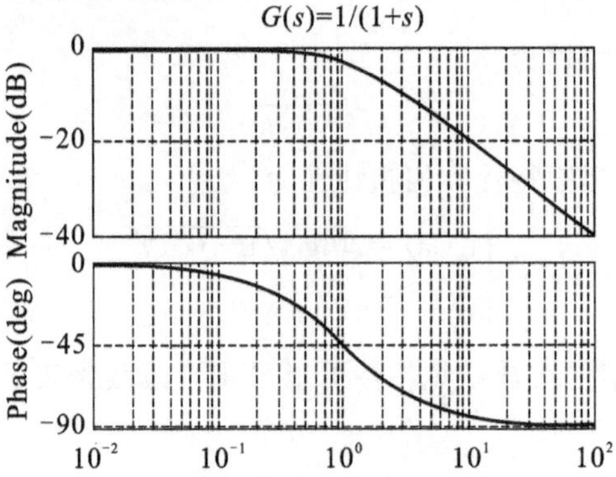

图 5-44　惯性环节伯德图

性对称于横轴，两个传递函数，当它们为倒数时，对数幅频特性和相频特性对称于横轴。

6）振荡环节

振荡环节的频率特性为

$$G(\mathrm{j}\omega)=\frac{1}{1-(\frac{\omega}{\omega_{\mathrm{n}}})^{2}+\mathrm{j}\,\frac{2\zeta\omega}{\omega_{\mathrm{n}}}}$$

幅频特性和对数幅频特性的解析表达式分别为

$$A(\omega)=\frac{1}{\sqrt{(1-\frac{\omega^{2}}{\omega_{\mathrm{n}}^{2}})^{2}+4\zeta^{2}\,\frac{\omega^{2}}{\omega_{\mathrm{n}}^{2}}}} \tag{5-38}$$

$$L(\omega)=-20\lg\sqrt{(1-\omega^{2}/\omega_{\mathrm{n}}^{2})^{2}+(2\xi\omega/\omega_{\mathrm{n}})^{2}} \tag{5-39}$$

相频特性的解析表达式为

$$\varphi(\omega)=\begin{cases}-\mathrm{arctg}\,\dfrac{2\zeta\,\frac{\omega}{\omega_{\mathrm{n}}}}{1-\frac{\omega^{2}}{\omega_{\mathrm{n}}^{2}}}, & \dfrac{\omega}{\omega_{\mathrm{n}}}\leqslant 1\\ -\left[\pi-\mathrm{arctg}\,\dfrac{2\zeta\,\frac{\omega}{\omega_{\mathrm{n}}}}{\frac{\omega^{2}}{\omega_{\mathrm{n}}^{2}}-1}\right], & \dfrac{\omega}{\omega_{\mathrm{n}}}>1\end{cases} \tag{5-40}$$

幅频特性谐振峰值：

$$M_{\mathrm{r}}=\frac{1}{2\zeta\,\sqrt{1-\zeta^{2}}} \tag{5-41}$$

$$\zeta\leqslant 0.707 \tag{5-42}$$

当阻尼比 $\zeta>0.707$ 时，处于过阻尼状态，幅频特性的斜率为负，没有谐振峰值，所以，谐振峰值 M_{r} 只在 $\zeta\leqslant 0.707$ 时才有意义。

式(5-41)表明了谐振峰值 M_{r} 与阻尼比 ζ 关系，对于振荡环节来说，阻尼比越小，M_{r} 越大，系统的单位阶跃响应的超调量也越大；反之，阻尼比越大，M_{r} 越小，超调量也越小。可见，M_{r} 直接表征了系统超调量的大小，称为振荡性指标。二阶振荡环节的伯德图如图 5-45 所示。

这里分别取阻尼比依次为 0.1、0.20、0.707、2。其中，谐振峰值 M_{r} 最大时阻尼比 ζ 等

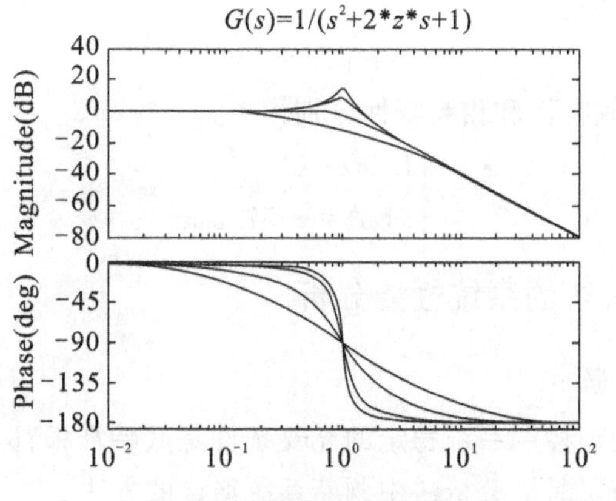

图 5-45　振荡环节伯德图

于0.1,可以看到,当$\zeta>0.707$时,系统没有谐振峰值。

在绘制对数幅频特性曲线时,注意到其渐近线可表示如下:

$$L(\omega)=0,\quad \omega\ll\omega_n$$

$$L(\omega)=-40\lg(\omega/\omega_n),\ \omega\gg\omega_n$$

当$\omega\ll\omega_n$,渐近线是一条0 dB的水平线,当$\omega\gg\omega_n$,渐近线是一条斜率为-40 db/dec的直线,它和0 dB线交于横坐标$\omega=\omega_n$的地方,自然振荡频率ω_n是两条渐近线交接点的频率,称为振荡环节的转折频率。

7) 二阶微分环节

二阶微分环节的频率特性为:

$$G(j\omega)=1-\left(\frac{\omega}{\omega_n}\right)^2+j\frac{2\zeta\omega}{\omega_n}\tag{5-43}$$

由于二阶微分环节和振荡环节的传递函数互为倒数,所以它们的对数幅频特性和相频特性对称于横轴。二阶微分环节的伯德图如图5-46所示。

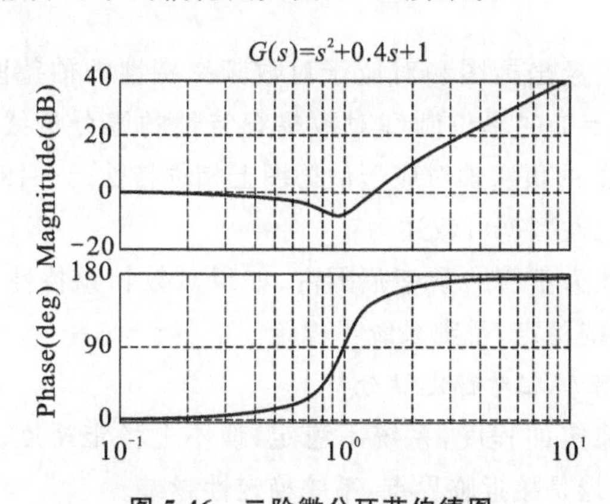

图 5-46　二阶微分环节伯德图

当在$\omega<\omega_n$时,对数幅频特性曲线的渐近线是一条0 dB的水平线,当$\omega>\omega_n$时,是一条斜率为$+40$ dB/dec的直线,它和0 dB线交于横坐标$\omega=\omega_n$的地方。ω_n称为二阶微分环节的转折频率。

8) 延迟环节

延迟环节是指输出量不失真地复现输入量,只是在时间上存在延迟的环节。

延迟环节的频率特性是

$$G(j\omega)=e^{-j\omega\tau}$$

延迟环节的对数幅频特性和相频特性分别为

$$\begin{cases}L(\omega)=0\\ \varphi(\omega)=-57.3\omega\tau\end{cases} \tag{5-44}$$

5.4.2 基于频域分析法的系统性能分析

1. 奈奎斯特稳定判据

在前面已经指出,闭环控制系统稳定的充要条件是其特征根都具有负实部,即都位于 S 平面的左半部,前面介绍了时域分析法中判断系统稳定的方法。

本节引入基于频域分析的系统稳定性判断方法——奈奎斯特稳定判据,该方法利用系统的开环频率特性进行闭环系统的稳定性判断,而且能够分析系统的相对稳定性。

奈奎斯特稳定判据(简称奈氏判据)表述如下:

闭环控制系统稳定的充要条件是:当频率 ω 从 $-\infty$ 变化到 $+\infty$ 时,系统的开环频率特性曲线 $G(j\omega)H(j\omega)$ 按逆时针方向包围 $(-1,j0)$ 点的周数 P 等于系统位于 S 右半平面的开环极点数目。

在实际应用中,由于开环频率特性曲线的对称性,只需画出频率 ω 从 0 变化到 $+\infty$ 时,系统的开环频率特性曲线 $G(j\omega)H(j\omega)$。

2. 基于系统伯德图的相对稳定性分析

1) 基于伯德图闭环系统稳定性

如果系统开环是稳定的,那么闭环稳定的条件是:对数幅频特性 $L(\omega)$ 达到 0 dB 时,即在截止频率 ω_c 处,曲线还在 $-180°$ 以上(即相位移还不足 $-180°$),系统是稳定的。或者说,当相频特性曲线达到 $-180°$ 时,对数幅频特性 $L(\omega)<0$ dB,系统稳定。反之。则系统不稳定。

对应系统幅相特性的极坐标图和对应于对数频率特性的伯德图之间存在着一定的关系。极坐标图上 $|G(j\omega)|=1$ 的单位圆和对数幅频特性的零分贝线对应,单位圆以外对应 $L(\omega)>0$ dB。极坐标图上的负实轴对应于伯德图上相频特性的 $-180°$。

对数频率特性的稳定性判据可叙述为:

在开环对数幅频特性为正值的频率范围内,如果对数相频特性曲线与 $-180°$ 线的正负穿越数之差为 $P/2$,则系统稳定,否则系统不稳定。

2) 基于伯德图闭环系统相对稳定性分析

稳定裕度是指系统稳定的程度,系统不稳定,谈不上稳定裕度。根据奈奎斯特判据可知,系统的开环幅相曲线越是接近临界点,系统稳定性越差。

在频率特性中,表征相对稳定性的物理量是幅值裕度和相角裕度。

(1) 相角裕度 $\gamma(\omega_c)$。

相角裕度又称相位裕度(phase margin),从稳定的条件看,要求开环幅相频率特性 $A(\omega_c)=|G(j\omega_c)H(j\omega_c)|=1$ 时,相角位移 $\varphi(\omega_c)>-180°$,也就是说,虽然输出与输入之比幅值为 $A(\omega_c)=1$,但相位移 $\varphi(\omega_c)$ 不是 180°。从物理意义上容易理解。如果这一相位移与 180°相差越大,显然系统越容易稳定。

所以，一般以 $A(\omega_c)=1$（或 $L(\omega_c)=0$）时，相频特性曲线 $\varphi(\omega_c)$ 距离 180°的度数来衡量相对稳定性，这个角度用 $\gamma(\omega_c)$ 表示，称为相角裕度。

相角裕度从负实轴算起，逆时针方向为正，顺时针方向为负。

相角裕度的定义式：

$$\gamma(\omega_c)=180°+\varphi(\omega_c)=180°+\angle G(\mathrm{j}\omega_c)H(\mathrm{j}\omega_c) \tag{5-45}$$

则：$\gamma(\omega_c)>0$ 时系统稳定，$\gamma(\omega_c)<0$ 时系统不稳定。

相角裕度是设计系统时的一个主要依据，它和系统动态特性有相当密切的关系。

根据经验，在工程设计中，一般要求 $\gamma(\omega_c)=30°\sim60°$。

(2) 幅值裕度 $h(\omega_x)$。

幅值裕度又称增益裕度(gain margin)。

当相角为 $\varphi(\omega)=-180°$，此时的频率为 ω_x，称为穿越频率（又称交界频率）。在 $\omega=\omega_x$ 时，频率特性幅值的倒数即 $\dfrac{1}{|G(\mathrm{j}\omega_x)H(\mathrm{j}\omega_x)|}$ 定义为辐值裕度 $h(\omega_x)$：

$$h(\omega_x)=\frac{1}{|G(\mathrm{j}\omega_x)H(\mathrm{j}\omega_x)|} \tag{5-46}$$

对数坐标系下：

$$h(\omega_x)=-20\lg|G(\mathrm{j}\omega_x)H(\mathrm{j}\omega_x)|(\mathrm{dB}) \tag{5-47}$$

$h(\omega_x)>1$ 时系统稳定；$h(\omega_x)<1$ 时系统不稳定。

对于稳定系统，幅值裕度显示了系统的稳定程度，在变为不稳定之前，允许将增益增加到多少。

通常，在工程设计中，设置 $h(\omega_x)=4\sim6$ dB 或更大一点。

判断系统的相对稳定性，需要结合幅值裕度和相角裕度两个指标。

3. 系统动态特性和开环频率特性之间的关系

频域分析法中可以将对数幅频特性曲线分为三段，分析系统的性能。

1) 低频段

低频段一般指对数幅频特性渐进线在进入第一个转折频率前的区段，这一段特性由系统的类型和开环放大倍数决定。在满足稳定的条件下，低频段表征了系统的稳态精度，如果低频段的斜率越小，说明对应的积分环节数目越多，开环增益越大，系统的稳态误差越小。

2) 中频段

中频段是指开环对数幅频渐近线在截止频率 ω_c 附近的区段，中频段集中表征了系统的动态性能。

(1) 如果中频段斜率为 -20 dB/dec，且具有一定的频率宽度，系统是稳定的，截止频率 ω_c 越高，调整时间 t_s 越小，系统的快速性越好。

(2) 如果中频段斜率为 -40 dB/dec，且具有一定的频率宽度。系统相当于阻尼比 $\zeta=0$ 的二阶系统，系统基本不稳定。

所以，中通常取中频段在斜率为 -20 dB，以期得到良好的平稳性，而以增大 ω_c 来保证要求的快速性。

3) 高频段

高频段一般指开环对数幅频渐近线中频段以后 $\omega>10\omega_c$ 的区段，高频段主要表征了系统的抗干扰性。由于远离截止频率而且幅值较小，高频段对系统动态性能没有太大影响。

大多数的干扰信号都具有较高的频率，所以高频段表征了系统的抗干扰能力，高频段的斜率越小，幅值越小，系统抗干扰能力的越强。

开环对数幅频三频段的概念，为利用开环频率特性分析闭环系统的动态性能，提供了方向。

4. 频域闭环性能指标

频域性能指标有以下几个：谐振峰值 M_r、带宽频率 ω_b、相频宽 $\omega_{b\varphi}$ 和零频幅比 $A(0)$，如图 5-47 所示。

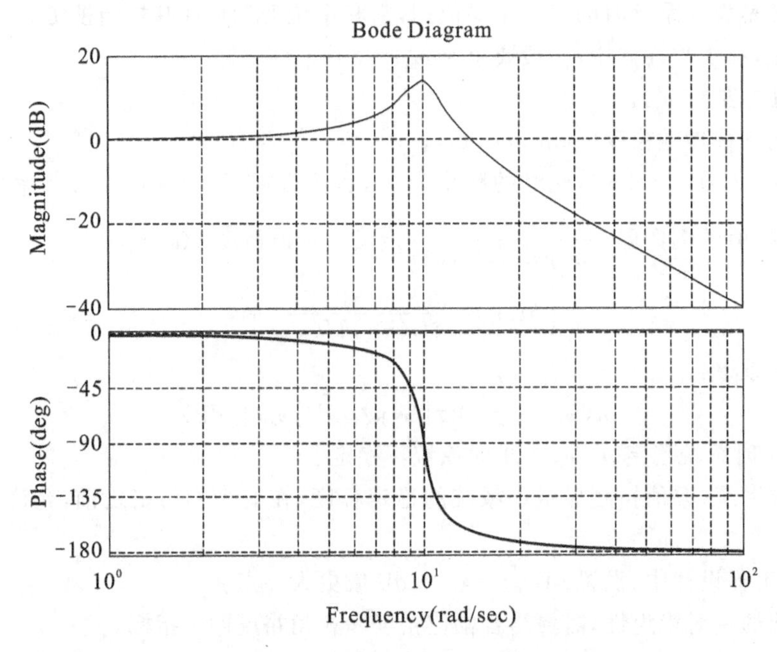

图 5-47　$A(\omega)$ 与 $\varphi(\omega)$ 曲线

这些指标能够间接地表征系统的动态品质。

1）谐振峰值 M_r

谐振峰值 M_r 是指幅频特性 $A(\omega)$ 的最大值。谐振峰值大，意味着系统的阻尼比较小，系统的平稳性较差，在阶跃响应时将会有较大的超调量。一般要求 $M_r<1.5A(0)$。

2）带宽频率 ω_b

带宽频率是指系统闭环幅频特性下降到频率为零时的分贝值以下 3 dB 时所对应的频率，通常把 $0\leqslant\omega\leqslant\omega_b$ 的频率范围称为系统带宽。带宽大的系统，优点是复现输入信号的能力强，系统响应速度快；缺点是抑制输入端高频噪声的能力弱。

3）相频宽 $\omega_{b\varphi}$

相频宽是指相频特性 $\varphi(\omega)$ 等于 $-\pi/2$ 时所对应的频率，是系统的快速性指标之一。

4）$A(0)$

$A(0)$ 是指频率为零（$\omega=0$）时的输出输入振幅比，表征了系统的稳态精度。$A(0)=1$ 时，系统响应的终值等于输入，没有静差；当 $A(0)\neq1$，系统有静差。

5.4.3　常用分析函数

频域分析法是经典控制领域的一个重要分析与设计工具，是应用频率特性研究线性系统的一种实用方法。一般用开环系统的伯德图、奈奎斯特图、尼科尔斯图及相应的稳定判据来分析系统的稳定性、动态性能和稳态性能。

MATLAB 提供了绘制及求取频率响应曲线的相关函数。

1. 绘制奈奎斯特图

MATLAB 提供了奈奎斯特函数 nyquist( ),用来绘制奈奎斯特图或直接求解 nyquist 阵列。

调用格式:

```
[re,im,w]=nyquist(num,den)
[re,im]=nyquist(num,den,w)
```

或者

```
[re,im,w]=nyquist(G)
[re,im,w]=nyquist(G,w)
```

说明:向量 num、den 分别为传递函数分子分母系数,G 为系统的开环传递函数,w 为指定的频率向量;矩阵 re、im 分别为频率响应的实部和虚部,是由向量 w 中指定的频率点计算得到的。

当 nyquist 函数中不带输出值时,仅在图形窗口中产生奈奎斯特图。当函数带输出值时,执行后,仅将运算结果输出到矩阵 re、im 和 w 中,不会绘制奈奎斯特图。

如果用户在输入变量中指定了频率向量 w,则 MATLAB 仅对这些频率点上的频率响应进行计算,返回输出值,如果没有指定 w 向量,则函数自动选择频率向量进行运算。

【例 5-21】 某一系统的开环传递函数为:$G(s)=\dfrac{1}{s^2+0.6s+1}$,利用 MATLAB 绘制奈奎斯特图。

解:输入下面的 MATLAB 命令。

```
>>num=1;
>>den=[1,0.6,1];
>>nyquist(num,den)
>>grid                              %绘制栅格线
>>title('G(s)=1/(s^2+0.6s+1)')      %设置标题
>>[re,im]=nyquist(num,den,1)        %设置 w=1 时,求出频率特性的实部与虚部
```

可以得出系统的奈奎斯特图,如图 5-48 所示。

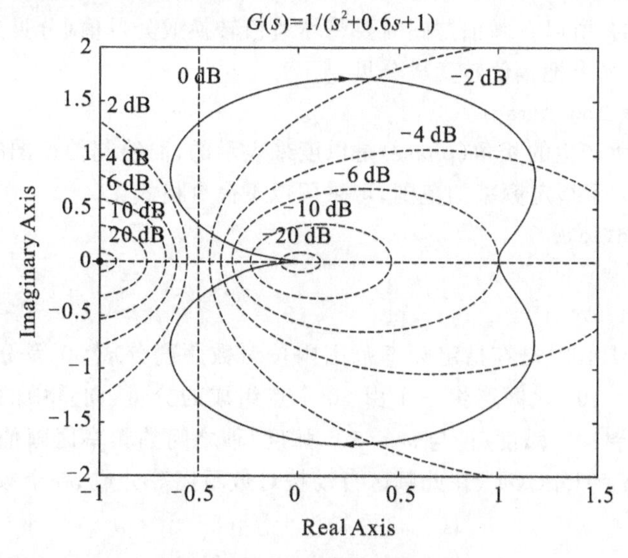

图 5-48　二阶环节奈奎斯特图

在命令窗口中显示如下结果：

```
re=
    0
im=
   -1.6667
```

2. 绘制伯德图

MATLAB提供了伯德图函数bode()，用来绘制系统的伯德图或直接求解bode阵列。

调用格式：

```
[mag,phase,w]=bode(num,den)
[mag,phase,w]=bode(num,den,w)
```

或者

```
[mag,phase,w]=bode(G)
[mag,phase,w]=bode(G,w)
```

说明：向量num、den分别为传递函数分子分母系数，矩阵mag、phase分别为系统频率响应的幅值和相角分量，G为系统的开环传递函数，w为指定的频率向量。

当bode函数中不带输出值时，仅在图形窗口中产生伯德图。当函数带输出值时，执行后，仅将运算结果输出到矩阵mag，phase和w中，不会绘制伯德图。

向量num、den分别为传递函数分子分母系数，矩阵re、im分别为频率响应的实部和虚部，是由向量w中指定的频率点计算得到的。

如果用户在输入变量中指定了频率向量w，则MATLAB仅计算这些频率点上的系统频率响应的幅值和相角分量，并返回输出值，如果没有指定w向量，则函数自动选择频率向量进行运算。

利用bode函数自动绘图，有时并不能满足一些特殊要求，例如：对自动产生的频率w向量范围并不满意，这时可以按自己的要求选择w向量，结合bode函数自己设计绘制伯德图，下面介绍其操作过程如下。

(1) bode函数所产生的幅值(mag)以增益值表示形式。而伯德图以是分贝值的形式来绘制对数幅频特性的，所以在画伯德图时要将增益值转换成分贝值(分贝是作幅频图时常用单位)。可以由以下命令把幅值转变成分贝：

```
Gm_dB=20 * log10(mag)
```

(2) bode函数所产生的相角(phase)是以度来表示的，而绘制伯德图时的横坐标是以频率对数为分度的。为了指定频率的范围，可采用以下命令格式：

```
logspace(d1,d2)
```

或者：

```
ogspace(d1,d2,n)
```

公式logspace(d1,d2)是在指定频率范围内按对数距离分成50等份的，即在两个十进制数$\omega_1=10^{d_1}$和$\omega_2=10^{d_2}$之间产生一个由50个点组成的分量，向量中的点数50是一个默认值。例如要在$\omega_1=10^{-1}$弧度/秒与$\omega_2=10^3$弧度/秒之间的频率区画伯德图，则输入命令时，$d_1=\log_{10}(\omega_1)$，$d_2=\log_{10}(\omega_2)$在此频区自动按对数距离等分成50个频率点，返回到工作空间中，即

$$w=\text{logspace}(-1,2)$$

如果要人工设定计算点数，可以采用公式 logspace(d1,d2,n)。例如，要在 $\omega_1=10^0$ 与 $\omega_2=10^3$ 之间产生 200 个对数等分点，可输入以下命令：

```
w=logspace(0,3,200)
```

在画伯德图和奈奎斯特图时，利用以上产生频率向量 w 的方法，可以画出希望频率的图形。

(3) 伯德图是半对数坐标图，并且对数幅频特性图和相频特性图是同时在图形窗口中绘制，所以，自己绘制伯德图需要利用半对数坐标绘图函数和绘制子图函数。

这里介绍对数坐标绘图函数，子图绘制函数读者可以看第 2 章中的相关内容。

调用 plot 函数，利用工作空间中的向量 x，y 绘图，如果要绘制对数或半对数坐标图，只需要用相应函数名取代 plot 即可，其余参数应用与 plot 完全一致。绘制对数或半对数图形函数的命令格式有：

```
semilogx(x,y,s)      %只对 x 轴进行对数变换，y 轴为线性坐标。
semilogy(x,y,s)      %只对 y 轴进行对数变换，x 轴为线性坐标。
Loglog(x,y,s)        %是全对数坐标图，即 x 轴和 y 轴均取对数变换。
```

【例 5-22】 给定系统的开环传递函数为

$$G(s)=\frac{s+2}{s(s+10)}$$

绘制其伯德图。

解：运行下面的 MATLAB 命令：

```
>>num=[1 2];
>>den=conv([1 0],[1 10]);
>>bode(num,den);
>>grid
>>title('G(s)=(s+2)/s/(s+10)')
```

可以绘出伯德图如图 5-49 所示。

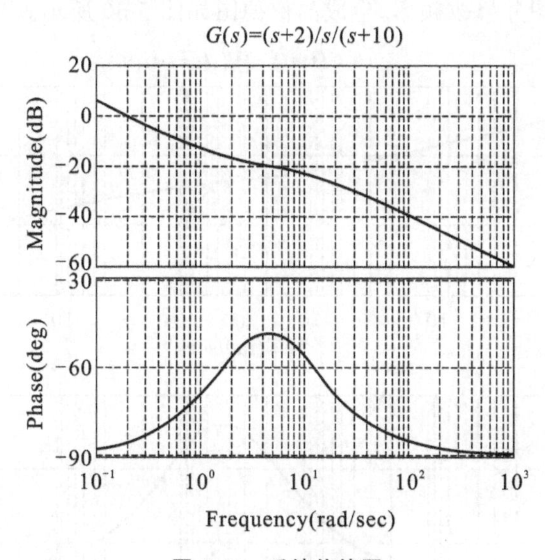

图 5-49 系统伯德图

利用 bode 函数自动选择频率范围绘制伯德图，频率从 0.01 弧度/秒到 10^3 弧度/秒，伯德图幅值取分贝值(dB)，相位单位取度(deg)。横坐标频率 ω 轴取对数，单位为(rad/sec)，图形分成 2 个子图，都是自动按默认格式绘制。

下面再举例说明如何绘制特殊要求的伯德图，本例介绍选择频率 w 向量范围，结合

bode 函数自己设计绘制伯德图。

【例 5-23】 将【例 5-22】中的频率修改为 10^{-2} 到 10^{3}(rad/sec)。

解：

方法 1：输入下面的 MATLAB 命令：

```
>>num=[1 2];
>>den=conv([1 0],[1 10]);
%从 0.01 至 1000,取 100 个点。
>>w=logspace(-2,3,100);
>>[mag,phase,w]=bode(num,den,w);
%将增益值转化为分贝值。
>>Gm_dB=20*log10(mag);
%画伯德图幅频特性
>>subplot(2,1,1);
>>semilogx(w,Gm_dB,'r--');
>>grid
>>title('G(s)=(s+2)/[s(s+10)]')
>>xlabel('频率(rad/sec)')
>>ylabel('增益(dB)');
>>grid
%画伯德图相频特性
>>subplot(2,1,2);
>>semilogx(w,phase,'k');
>>grid
>>xlabel('频率(rad/sec)');
>>ylabel('相位(deg)');
```

运行后，绘制伯德图并修改频率，生成的伯德图如图 5-50 所示。

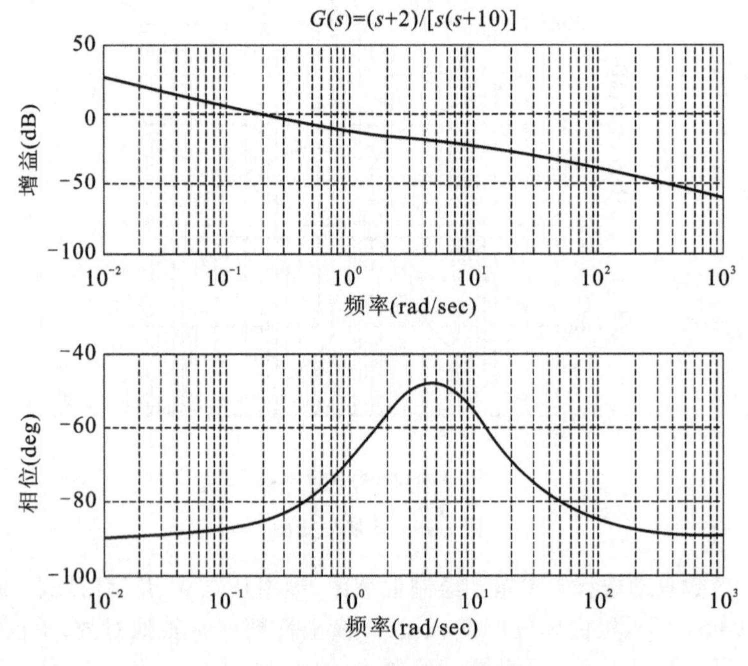

图 5-50　修改频率后的伯德图

方法 2：

MATLAB 提供了的通过程序修改图形参数的方式，读者通过该实例的解题方法 1 熟悉了命令编写的方法。

实际上，MATLAB 也提供了修改图形参数的其他方法，其中，最为简便的是通过图形界面的菜单栏和工具栏中的工具进行的修改。

例如，在本题中，修改频率也可以这样进行，通过 bode 函数绘制出图形之后。单击菜单项 insert→Axes 后出现十字光标，在图形中单击，出现如图 5-51 中的 Property Editor-Axes 界面。

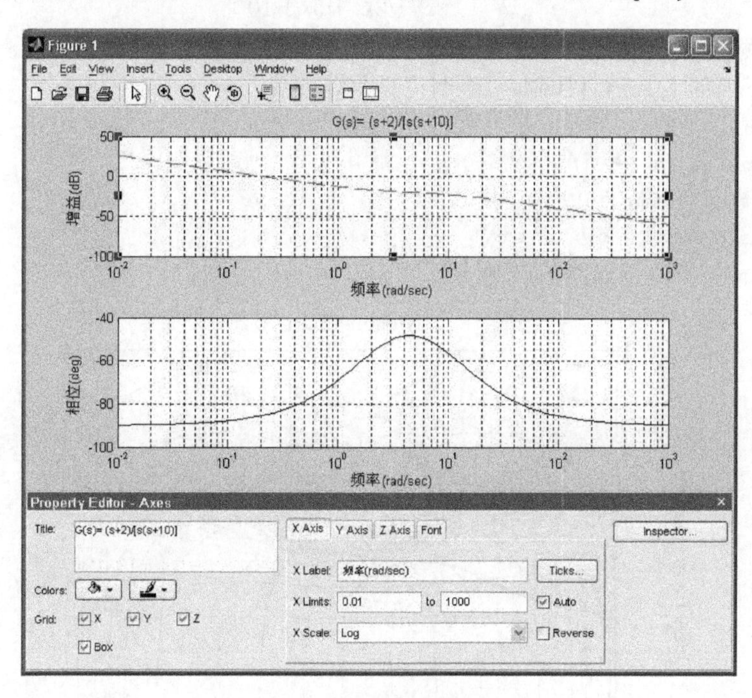

图 5-51　图形修改界面

通过参数编辑器可以进行频率参数修改，将 X Limits 参数设为：0.01 to 1000，X Scale 设为 Log，就将横坐标轴频率修改为 10^{-2} 到 10^{3}(rad/sec)。

其他参数的修改，包括伯德图的曲线颜色、线型、粗细，坐标轴的标题，图形的编辑修改，标注的加入等，读者可以通过菜单、工具栏来完成。

3. 绘制尼科尔斯图

MATLAB 提供了尼科尔斯函数 nochols()，用来绘制系统的尼科尔斯图或直接求解 nochols 阵列。

调用格式：

```
[mag,phase,w]=nichols(num,den)
[mag,phase,w]=nichols(num,den,w)
```

或者

```
[mag,phase,w]=nichols (G)
[mag,phase,w]=nichols (G,w)
```

说明：向量 num、den 分别为传递函数分子分母系数，G 为系统的开环传递函数，w 为指定的频率向量；矩阵 mag、phase 分别为系统频率响应的幅值和相角分量，是由向量 w 中指定的频率点计算得到的。矩阵 mag、phase 分别为系统频率响应的幅值和相角分量。

当 nichols 函数中不带输出值时，仅在图形窗口中产生尼科尔斯图。当函数带输出值时，执行后，仅将运算结果输出到矩阵 mag、phase 和 w 中，不会绘制尼科尔斯图。

如果用户在输入变量中指定了频率向量 w，则 MATLAB 仅对这些频率点上的频率响应进行计算，返回输出值，如果没有指定 w 向量，则函数自动选择频率向量进行运算。

利用 ngrid 函数可以在尼科尔曲线上绘制网格。

【例 5-24】 给定系统传递函数为

$$G(s)=\frac{-s+2}{s^4+2s^3+5s+10}$$

绘制其尼科尔斯曲线。

解：利用下面的 MATLAB 命令，绘制尼科尔斯曲线。

```
>>num=[-1 2];
>>den=([1 2 0 5 10]);
>>nichols(num,den);
>>ngrid
```

生成的尼科尔斯曲线如图 5-52 所示。

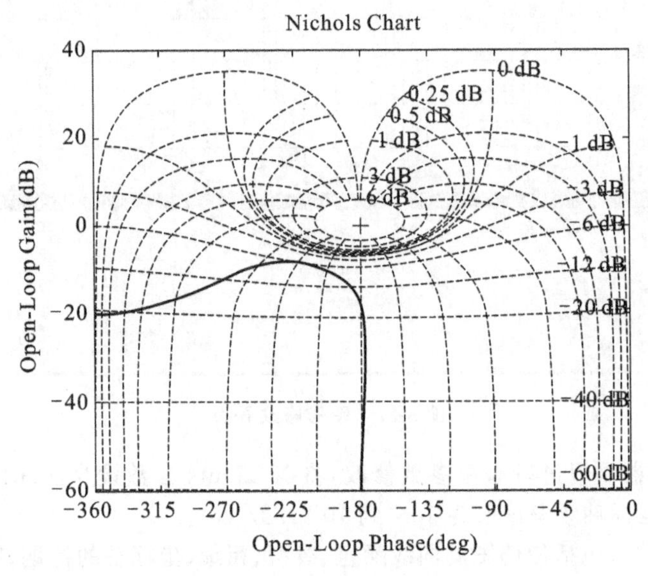

图 5-52　系统尼科尔斯曲线

4. 求取稳定裕量

MATLAB 提供了 margin 函数，该函数可以求取系统的幅值裕度和相角裕度。

调用格式：

```
[Gm,Pm,Wcg,Wcp]=margin(G);
[Gm,Pm,Wcg,Wcp]=margin(mag,phase,w);
```


说明：幅值裕度与相角裕度可以由单输入单输出(SISO)线性时不变系统(LTI)的开环传递函数 G 求出，返回的变量 Gm，Wcg 为幅值裕度与相应的相角穿越频率(简称穿越频率)，而 Pm，Wcp 为相角裕度与相应的幅值穿越频率(截止频率)。若得出的裕量为无穷大，则其值为 Inf，这时相应的频率值为 NaN(表示非数值)，Inf 和 NaN 均为 MATLAB 软件保留的常数。

第二种调用格式是在已知系统的频率响应数据的情况下运算的格式，其中 mag，phase，w 分别为指定的频率响应的幅值、相位与频率向量。

【例 5-25】 给定系统开环传递函数为

$$G(s)=\frac{4}{(s+1)^3}$$

绘制系统的伯德图，求系统的稳定裕度。

解：利用下面的 MATLAB 命令，可直接求出系统的幅值裕度和相角裕度。

```
%定义传递函数算子，输入传递函数
>>s=tf('s');
>>G=4/(s+1)^3;
>>bode(G);
% 求取系统的稳定裕度
>>[Gm,Pm,Wcg,Wcp]=margin(G)
% 将增益转换为分贝值
>>Gm_dB=20*log10(Gm)
```

在命令窗口中显示如下结果：

```
Gm= Pm=
    2.0003 27.1424
Wcg= Wcp=
    1.73221.2328
Gm_dB=
    6.0218
```

同前面介绍的求时域响应性能指标类似，除了用函数或程序求系统的性能指标之外，也可以通过图形法求系统的性能指标，在由 bode 函数绘制的伯德图中，同样可以采用游动鼠标法或标识法求取系统的幅值裕度和相角裕度。

例如，对于本题得到的伯德图，可以在伯德图中的幅频曲线上按住鼠标左键游动鼠标，找出纵坐标(Magnitude)趋近于零的点，从提示框图中读出其频率约为 1.23(rad/sec)。然后在相频曲线上用同样的方法找到横坐标(Frequence)最接近 1.23(rad/sec)的点，可读出其相角为−153°，由此可得，此系统的相角裕度为 27° 。幅值裕度的计算方法与此类似，在相频特性上按住鼠标左键游动鼠标，找到纵坐标(Phase)最接近−180°的点，此时从提示框图中读出其频率约为 1.74(rad/sec)。然后在幅频曲线上用同样的方法找到横坐标(Frequence)最接近 1.74(rad/sec)的点，可读出其幅值为−6.15 dB，由此可得，此系统的幅值裕度为 6.15 dB。

上述求解方式如图 5-53 所示。

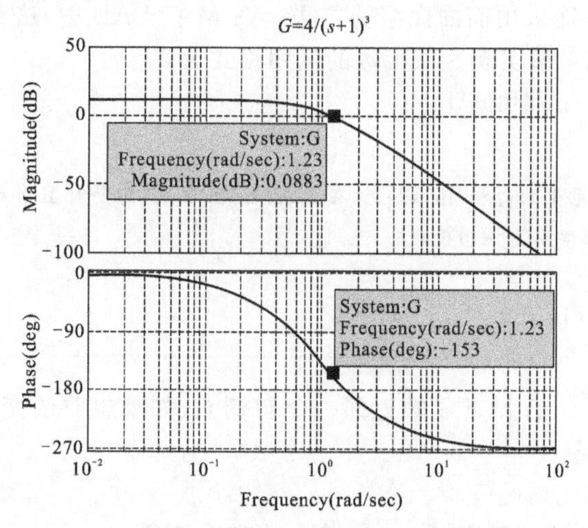

图 5-53　鼠标法得到稳定裕度

同时，MATLAB也提供了更为简便的标识法。在伯德图中右击，从弹出的快捷菜单中选择 Characteristics(特性)→Minimum Stability Margins(最小稳定裕度)，在伯德图中出现两个蓝色点，单击这两个蓝色点后出现信息框，标明了系统的 Gain Margin(dB)(幅值裕度)为 6.02dB，对应的穿越频率为 1.73(弧度/秒)，Phase Margin(deg)(相角裕度)为 27.1 °，对应的截止频率为 1.23(弧度/秒)。如图 5-54 所示。

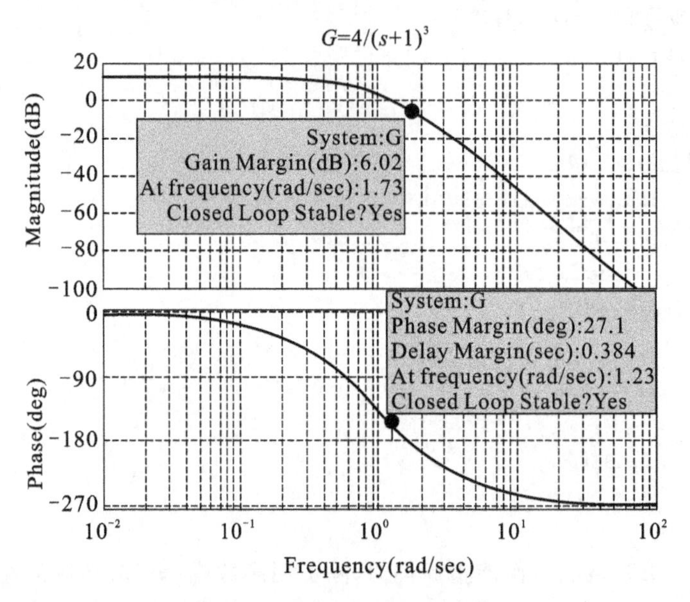

图 5-54　标识法得到系统性能

信息框里也指出了此系统是闭环稳定的。

两种图形处理法中，可以看到采用游动鼠标法比标识法有更大的偏差。

通过 MATLAB 命令得到的幅值裕度为增益值，而通过采用游动鼠标法或标识法在图形中得到的是分贝值。两者的转换可以通过如下命令进行：

```
Gm_dB=20*log10(mag)
```

5. 时间延迟系统的频域响应

1）时间延迟系统的传递函数模型

带有延迟环节 e-Ts 的控制系统比较特殊，这类系统不具有有理函数的标准形式，所以在频域响应的分析中不能采用前面介绍的方法。在 MATLAB 中，这类系统的模型建立，需要由属性设置函数 set( )来实现。该函数的调用格式为：

```
set(h,'属性名','属性值')
```

说明：参数 h 为图形元素的句柄(handle)。在 MATLAB 中，当需要对图形元素进行操作时，只需对该句柄进行操作即可。例如以下调用格式：

```
h=plot(x,y)
G=tf(num,den)
```

plot 函数返回一个句柄 h，tf 函数返回一个句柄 G，如果想要改变句柄 h 所对应曲线的颜色，可以调用下面命令：

```
Set(h,color,[1,0,0]);
```

对颜色(color)参数进行赋值[1,0,0]，将曲线变成红色。

同样，如果想要修改句柄 G 所对应模型的延迟时间(inputdelay)属性，可以调用下面命令：

```
Set(G,'inputdelay',td)
```

其中 td 为延迟时间。修改后，系统模型 G 具有时间延迟特性。

2) 时间延迟系统的频域响应

含有延迟环节的系统，开环频域响应为

$$G(j\omega)e^{-jT\omega}=|G(j\omega)|e^{j|\varphi(\omega)-T\omega|}$$

从上式可以看到，该系统的幅频特性不会改变，只是相位滞后加大了。

【例 5-26】 某一系统的开环模型为：

$$G(s)=\frac{1}{2s+1}e^{-Ts}$$

绘制当 $T=2$ 时系统的奈奎斯特图，并对比没有时间延迟环节的奈奎斯特图。

解：利用下面的 MATLAB 命令，求出有延迟与没有延迟环节的系统奈奎斯特图。

```
>>G=tf(1,[2,1]);
%没有延迟环节的奈奎斯特图,黑色长虚线
>>nyquist(G,'k--')
>>grid
>>w=[0,logspace(-3,1,100),logspace(1,2,200)];
>>set(G,'Td',2);
>>hold on
%延迟时间为 2 秒的奈奎斯特图
>>nyquist(G,w)
>>title('G=exp(-Ts)/(2s+1)')
```

绘制图形如图 5-55 所示。

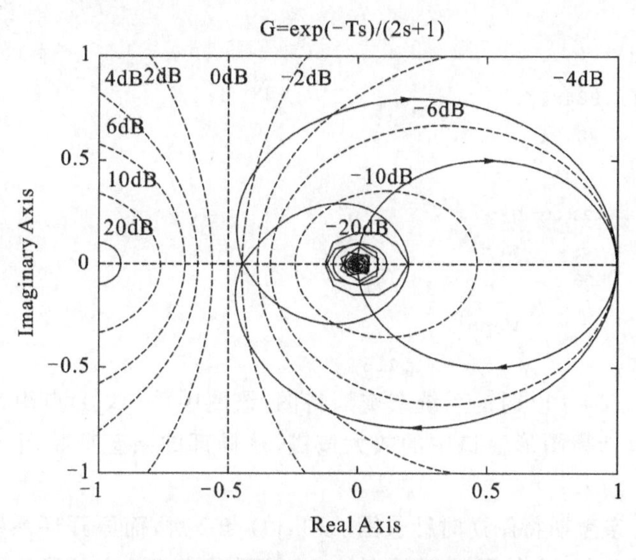

图 5-55　带延迟环节的奈奎斯特图

5.4.4　频域分析的实例

【例 5-27】 已知三阶系统开环传递函数为：$G(s)=\dfrac{K}{(s+1)(s+2)(s+4)}$，分别画出当 $K=80$，$K=100$ 时的系统奈奎斯特图，分析其稳定性，如果稳定，求出相应的幅值裕度和相角裕度，并求出闭环单位阶跃响应曲线。

解：利用下面的 MATLAB 命令，编写 M 文件如下，可以直接绘出系统奈奎斯特图。

```
clear;clc;close all
Go1=zpk([],[-1 -2 -4],80);                %K=80时,系统的开环传递函数
Go2=zpk([],[-1 -2 -4],100);
Gc1=feedback(Go1,1);                      %系统的闭环传递函数
Gc2=feedback(Go2,1);
figure(1)
nyquist(Go1,'k:',Go2);                    %奈奎斯特图,虚线(K=80),实线(K=100)
title('G=K/(s+1)/(s+2)/(s+4)')
[p1,z1]=pzmap(Gc1)                        %求闭环系统的零极点
[p2,z2]=pzmap(Gc2)
[Gm,Pm,Wcg,Wcp]=margin(Go1)               %求系统(K=80)的稳定裕度
figure(2)
step(Gc1)                                 %求系统(K=80)阶跃响应
xlabel('时间(秒)')
ylabel('幅值')
运行M文件,在命令窗口中显示:
p1=
  -6.8353
  -0.0823+3.5871i
  -0.0823-3.5871i
z1=
  Empty matrix:0-by-1
p2=
  -7.1534
  0.0767+3.8848i
  0.0767-3.8848i
z2=
  Empty matrix:0-by-1
Gm=              Wcg=
   1.1253             3.7421
Pm=              Wcp=
   3.6999             3.5416
```

得到当 $K=80$，$K=100$ 时的系统奈奎斯特图，该图中(-1,j0)点附近奈奎斯特图的情况不是很清楚，可以选择图形窗口中的放大按键，从局部的奈奎斯特图形(见图 5-56)进行观察。

当 $K=100$ 时，奈奎斯特图逆时针包围(-1,j0)点 2 次，而原开环系统中三个极点都具有负实部，没有不稳定极点，从而可以得出结论，闭环系统有 2 个不稳定极点。系统是不稳定的。M 文件中利用 pzmap 函数得到闭环系统的 3 个极点 p2，有 2 个正实部的极点，验证了系统的不稳定。

当 $K=80$ 时，奈奎斯特图没有包围(-1,j0)，而原开环系统中也没有不稳定极点，所以系统是稳定的。M 文件中利用 pzmap 函数得到闭环系统的三个极点 p1 均具有负实部，进一步验证了系统的稳定。由于幅值裕度虽然大于 1，但很接近 1，故奈奎斯特曲线与实轴的交点离临界点(-1,j0)很近，且相角裕度也只有 3.6999°，所以系统尽管稳定，但其性能不会

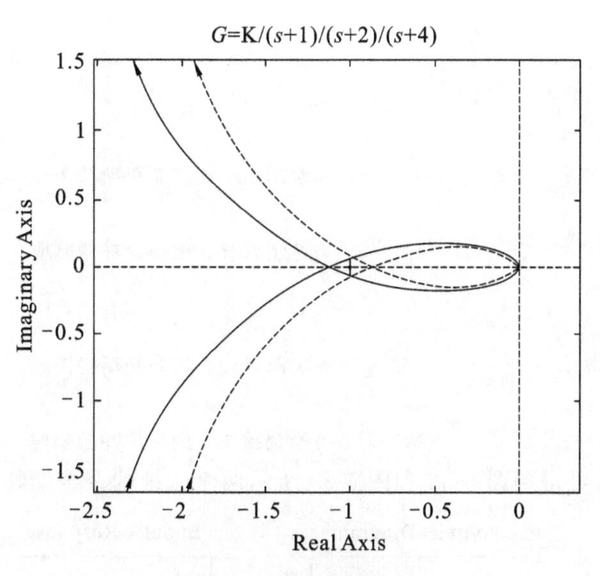

图 5-56　局部奈奎斯特图

太好。

观察闭环阶跃响应(见图 5-57),可以看到波形有较强的振荡。

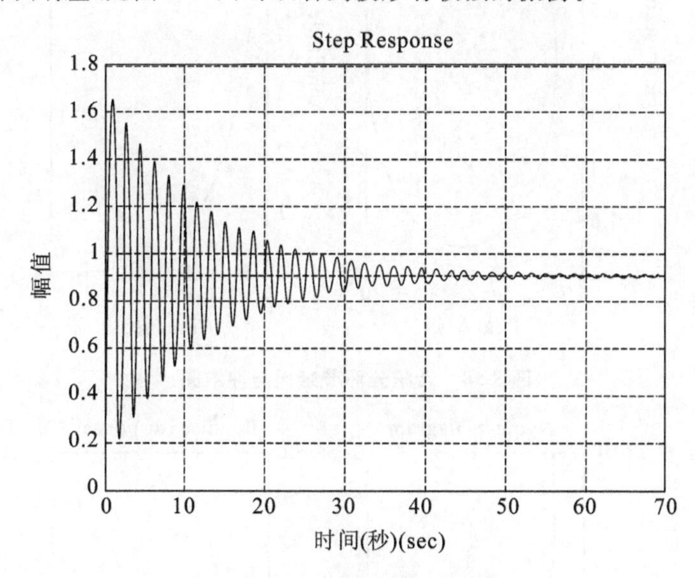

图 5-57　$K=80$ 时的阶跃响应

如果系统的相角裕度大于 45°,一般称该系统有较好的相角裕度。

【例 5-28】 已知系统的开环传递函数分别为:

$$G(s)=\frac{7}{s-2},G(s)=\frac{7}{s(s-2)}$$

分别绘制系统的奈奎斯特图,判断其闭环系统的稳定性,并绘制闭环系统的单位冲激响应曲线进行验证。

解:利用下面的 MATLAB 命令,编写 M 文件如下。

```
clear;clc;close all;
Go1=zpk([],2,7);
Go2=zpk([],[0 2],7);
```

```
Gc1=feedback(Go1,1);
Gc2=feedback(Go2,1);                %输入两个系统的开环及闭环传递函数
figure(1)
subplot(1,2,1);
nyquist(Go1);                       %绘制系统 1 的奈奎斯特图
subplot(1,2,2);
impulse(Gc1);                       %绘制系统 1 的单位冲激响应
figure(2)
subplot(1,2,1);
nyquist(Go2);                       %绘制系统 2 的奈奎斯特图
subplot(1,2,2);
impulse(Gc2);                       %绘制系统 2 的单位冲激响应
```

运行该 M 文件，可得到图 5-58 和图 5-59 所示两个系统的奈奎斯特图与冲激响应图。

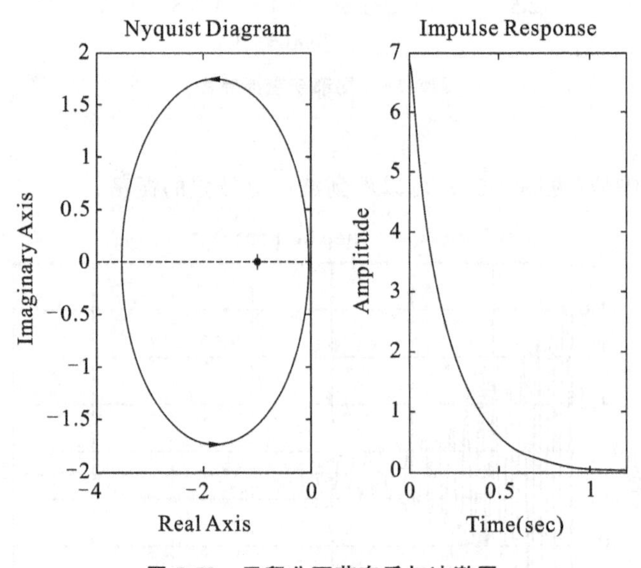

图 5-58　无积分环节奈氏与冲激图

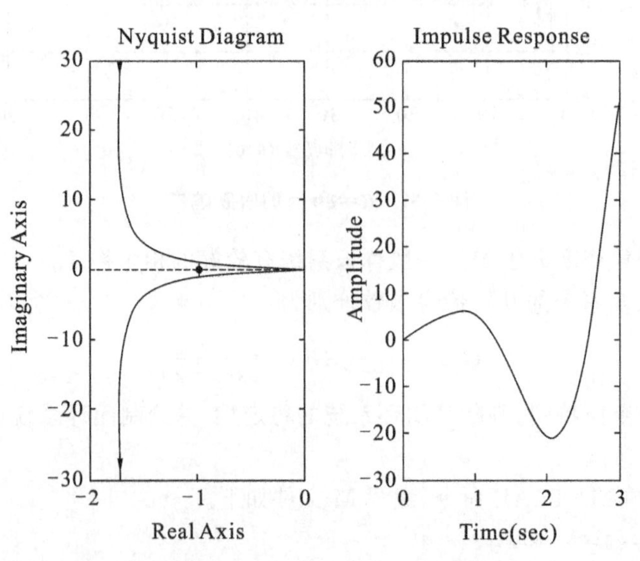

图 5-59　带积分环节奈氏与冲激图

从图 5-58 可以看出：奈奎斯特图逆时针包围(−1,j0)点一圈，而系统有一个正实部的开环极点，因此闭环系统是稳定的，这从图中的单位冲激响应曲线中可以验证。

从图 5-59 可以看出：奈奎斯特图没有包围(−1,j0)点，而系统有一个正实部的开环极点，因此闭环系统是不稳定的，同样，可以从图中的单位冲激响应曲线中得到验证。

【例 5-29】 已知系统结构如图 5-60 所示。

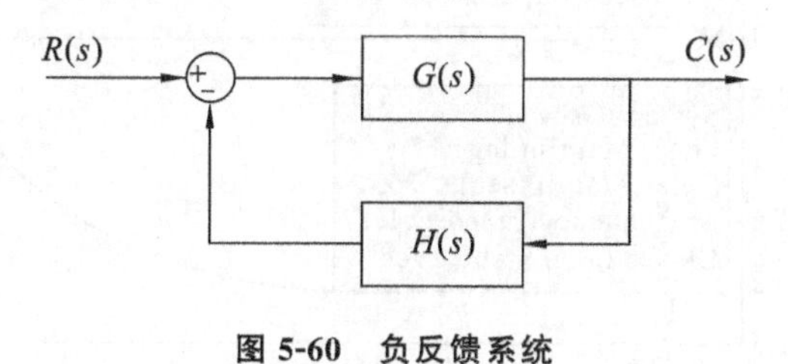

图 5-60 负反馈系统

其中：

$$G(s)=\frac{6}{s^3+2s^2+3s+1}$$

$$H(s)=\frac{1}{s+2}$$

绘制系统的奈奎斯特图，判断其闭环系统的稳定性，并在奈奎斯特图中进行必要的标注，同时绘制闭环系统的单位阶跃响应曲线进行验证。

解：利用下面的 MATLAB 命令，编写 M 文件如下。

```
clear;clc;close all
%编写并输出传递函数 Gs 和 Hs
num1=6;den1=[1 2 3 1];
Gs=tf(num1,den1);
num2=1;den2=[1 2];
Hs=tf(num2,den2);
%系统的开环传递函数，前向通道与反馈通道的串联
GsHs=series(Gs,Hs);
figure(1)
nyquist(GsHs)
figure(2)
%系统的闭环传递函数
Gc=feedback(Gs,Hs);
step(Gc)
```

运行后，可得到系统的奈奎斯特图，如图 5-61 所示，对图形进行标注，可以看到系统是闭环稳定的，并得到幅值裕度：1.57 dB，相角裕度：17°，从系统闭环单位阶跃响应图（见图 5-62）可以得到验证，系统的响应速度比较快，振荡强烈。

【例 5-30】 下有典型二阶系统：

$$G(s)=\frac{\omega_n^2}{s^2+2\zeta\omega_n s+\omega_n^2}$$

(1) 绘制 $\omega_n=10$，$\zeta=0.1,0.5,1,2$ 时的伯德图；

(2) 绘制 $\zeta=0.707$，$\omega_n=1,5,10,20$ 时的伯德图；

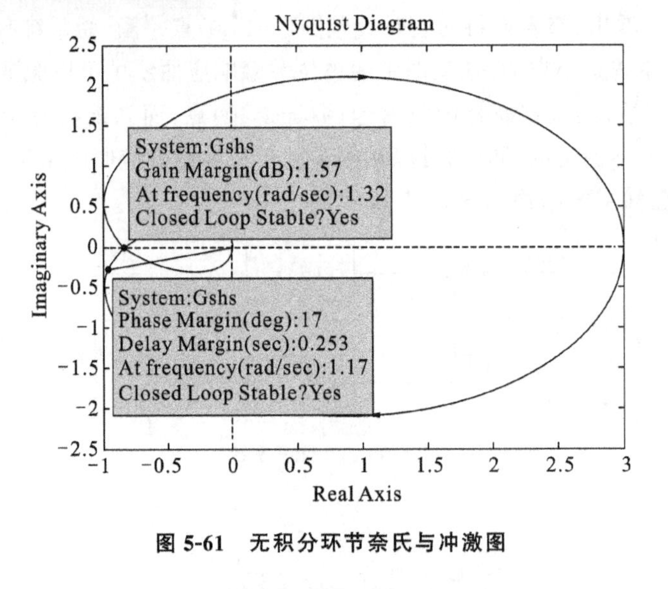

图 5-61 无积分环节奈氏与冲激图

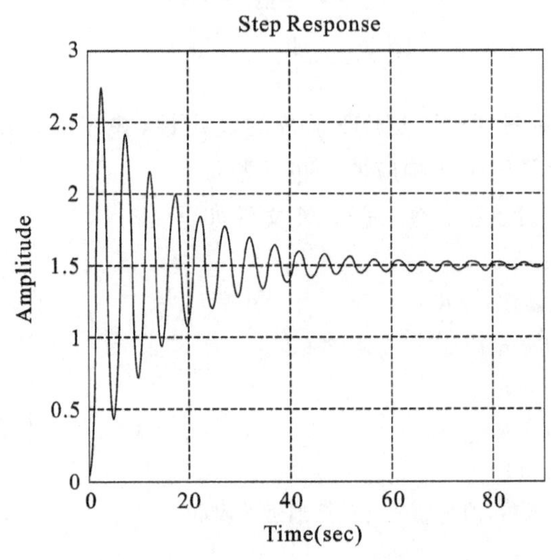

图 5-62 系统闭环单位阶跃响应

(3) 分析上述两种情况时，ζ、ω_n 与系统伯德图的性能关系。

解:利用下面的 MATLAB 命令，编写 M 文件如下。

```
clear;clc;close all
wn=10;
%利用 for 循环绘制不同阻尼比伯德图
for zeta=[0.1 0.5 1 2]
    num=wn^2;
    den=[1 2*zeta*wn wn^2];
    figure(1)
    bode(num,den)
    hold on
end
zeta=0.707;
%利用 for 循环绘制不同振荡频率伯德图
```

```
for wn=[1 5 10 20]
    num=wn^2;
    den=[1 2*zeta*wn wn^2];
    figure(2)
    bode(num,den)
    hold on
end
```

运行后，可得到系统不同阻尼比时的伯德图（见图 5-63）。可以看出，当阻尼比较小时，系统频域响应在自然振荡频率 $\omega_n=10$ 附近将出现较强的振荡，出现较大的谐振峰值；不同振荡频度时的伯德图如图 5-64 所示，可以看出，当自然振荡频率增加时，伯德图的带宽将变宽，使得系统的时域响应速度变快。

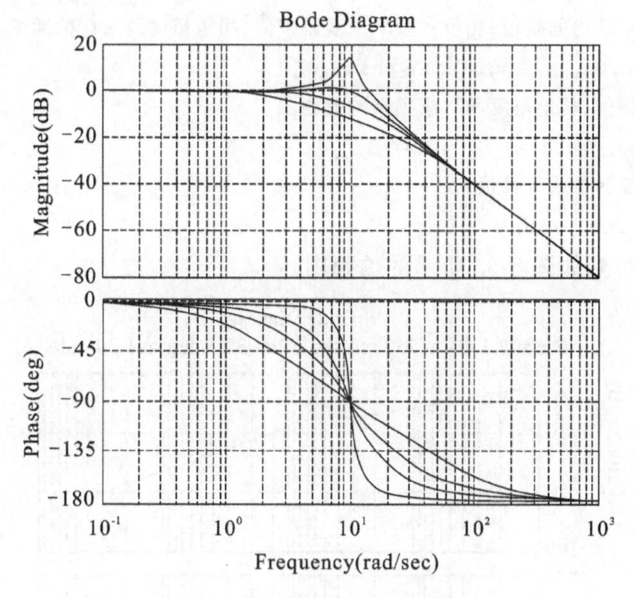

图 5-63　不同阻尼比时的伯德图

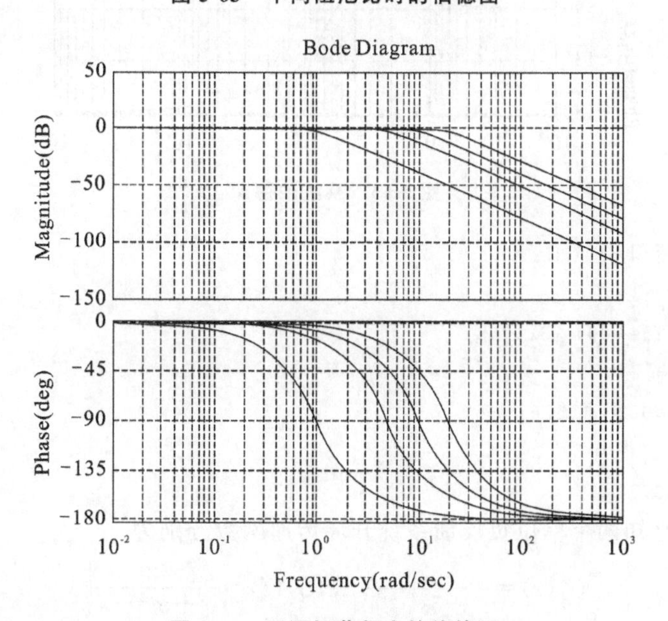

图 5-64　不同振荡频率的伯德图

【例 5-31】 已知单位负反馈系统前向通道的传递函数为

$$G(s)=\frac{2s^4+4s^3+8s^2+4s+1}{s^6+3s^5+6s^4+6s^3+3s^2+s}$$

试绘制出伯德图并计算系统的频域性能指标。

解:利用下面的 MATLAB 命令,编写 M 文件如下。

```
clear;clc;close all
num=[24 8 4 1];
den=[13 6 6 3 1 0];
Go=tf(num,den);
%求出伯德图的幅值、相位和频率向量
[mag,phase,w]=bode(Go);
%从伯德图中求出的幅值、相位和频率中获得幅值、相角裕度及对应的频率
[gm,pm,wcp,wcg]=margin(mag,phase,w)
%绘制带有幅值、相角裕度和对应频率的伯德图
margin(mag,phase,w)
%将幅值裕度转变成分贝值
Gm_dB=20*log10(gm)
```

运行 M 文件,得到如图 5-65 所示的伯德图。

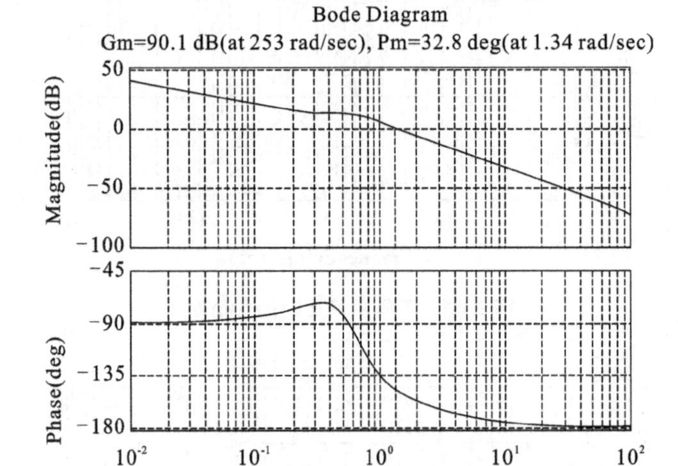

图 5-65 系统伯德图

同时在命令窗口中显示:

```
gm= pm=
    3.2128e+004  32.7887
wcp= wcg=
    253.4933  1.3361
Gm_dB=
    90.1377
```

【例 5-32】 已知两个单位负反馈系统开环传递函数分别为

$$G_1(s)=\frac{2}{s^3+5s^2+4s}\quad ,G_2(s)=\frac{2}{s^3+5s^2-4s}$$

绘制系统伯德图,利用伯德图判断闭环系统的稳定性。

解:利用下面的 MATLAB 编写 M 文件如下。

```
clear;clc,close all
num1=2;den1=[1 5 4 0];
Go1=tf(num1,den1);
num2=2;den2=[1 5 -4 0];
Go2=tf(num2,den2);                        %输入两个系统开环传递函数
figure(1);
bode(Go1);                                %绘制第 1 个系统的伯德图
title('系统 1 对数频率特性');
xlabel('频率(rad/sec)');
figure(2);
bode(Go2);                                %绘制第 2 个系统的伯德图
title('系统 2 对数频率特性');
xlabel('频率(rad/sec)');
[gm1,pm1,wcp1,wcg1]=margin(Go1)
[gm2,pm2,wcp2,wcg2]=margin(Go2)           %求出两个系统的稳定裕度
```

运行 M 文件,在命令窗口中显示:

```
gm1=            pm1=
    10.0000     59.1915
wcp1=           wcg1=
    2.0000      0.4526
Warning:The closed-loop system is unstable.
>In lti.margin at 89
gm2=            pm2=
    Inf         -62.9987
wcp2=           wcg2=
    NaN         0.4262
```

程序运行后,得到系统 1 的伯德图如图 5-66 所示,系统 2 的伯德图如图 5-67 所示。从命令窗口看运行结果,利用 margin 命令得到的两个系统的裕度值中,系统 1 是稳定的,系统 2 是不稳定的。将两个系统的伯德图进行标注,从图 5-66 标注中可以得到,系统 1 是稳定的,幅值裕度为 20dB,相角裕度为 59.2°,图 5-67 中显示系统 2:Closed Loop Stable? No,系统闭环不稳定。

另外,margin 函数和 bode 函数都可以画出系统的伯德图,如果用 margin 函数的话,不带输出参数的话直接画出伯德图,并在标题下标出裕度值及对应频率(参看图 5-65),图形内无法进行标注。用 bode 函数则相反。

【例 5-33】 已知一带延迟环节的系统开环传递函数为

$$G(s)=\frac{s+1}{(s+3)^2}e^{-0.5s}$$

试求其无延迟环节时有理传递函数的频率响应,同时在同一坐标中绘制以 Pade 近似延迟因子式系统的伯德图,并求此时系统的频域性能指标。

解:利用下面的 MATLAB 编写 M 文件如下。

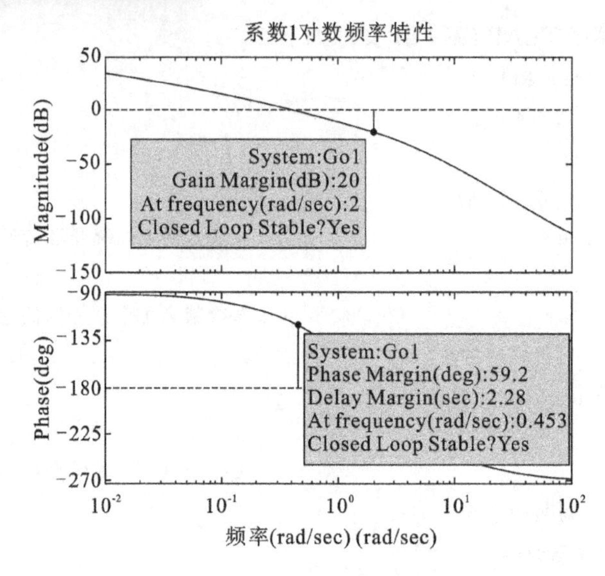

图 5-66　系统 1 伯德图

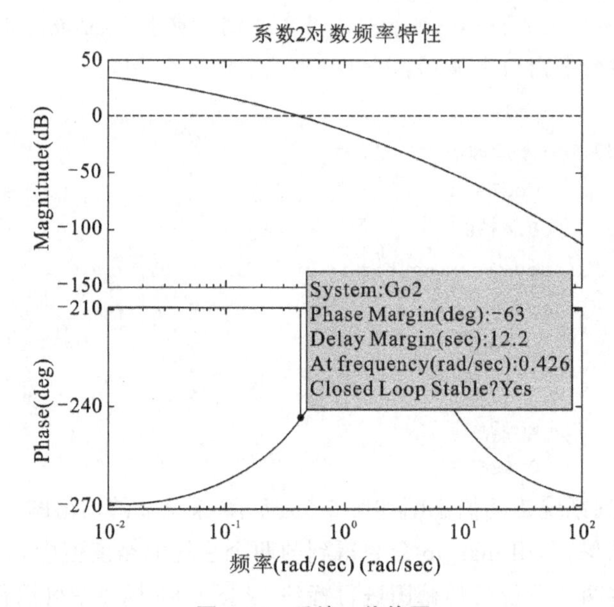

图 5-67　系统 2 伯德图

```
clear;clc;close all
%输入不带延迟环节的系统的开环传递函数
num1=[1-1];
den1=conv([1 3],[1 3]);
Go1=tf(num1,den1);
%定义 4 阶的延迟环节
[np,dp]=pade(0.5,4);
%输入带延迟环节的系统的开环传递函数
numt=conv(num1,np);
dent=conv(den1,dp);
Got=tf(numt,dent);
%在 0.01 与 10000 之间产生 500 个对数等分点
w=logspace(-2,4,500);
```

```
%求出不带延迟环节系统的开环传递函数幅值与相位
[mag1,phase1]=bode(num1,den1,w);
%求出带延迟环节系统的开环传递函数幅值与相位
[mag2,phase2]=bode(numt,dent,w);
hold on
figure(1)
%定义子图,绘制对数幅频特性
subplot(2,1,1);
semilogx(w,20*log10(mag1),'k',w,20*log10(mag2),'k');grid on
title('对数幅频特性');xlabel('频率(弧度/秒)');ylabel('幅度(分贝)')
%定义子图,绘制相频特性
subplot(2,1,2);grid
semilogx(w,phase1,'k',w,phase2,'k--');grid on
title('相频特性');xlabel('频率(弧度/秒)');ylabel('相位(度)')
%求两个系统的稳定裕度
[gm1,pm1,wcp1,wcg1]=margin(Go1)
[gm2,pm2,wcp2,wcg2]=margin(Got)
```

运行 M 文件,在命令窗口中显示:

```
gm1=              pm1=
    9                 Inf
cp1=              wcg1=
    0                 NaN
gm2=              pm2=
    7.0205            Inf
wcp2=             wcg2=
    5.4990            NaN
```

程序运行后生成的伯德图如图 5-68 所示。

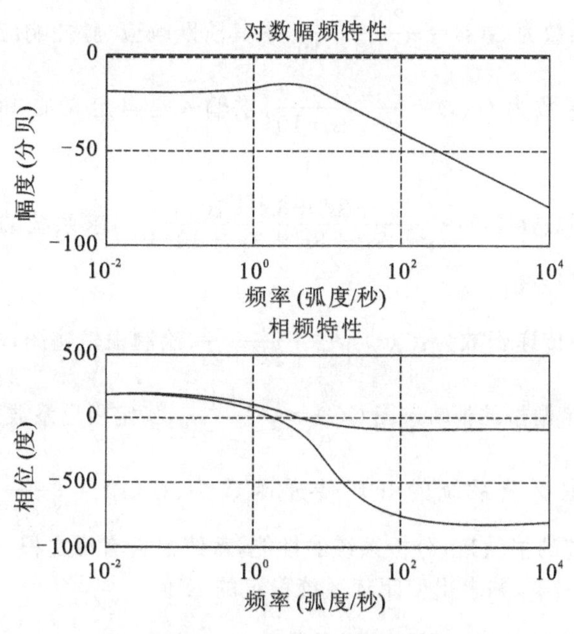

图 5-68 对延迟环节的分析

从图中可以看到，两个系统的对数幅频特性曲线重叠，带延迟环节系统的相位发生了很大的偏移。

本章小结

分析方法是进行控制系统设计的基础，对控制系统的分析在控制系统仿真中具有举足轻重的作用。本章主要介绍了经典控制的分析方法，包括时域分析法、根轨迹分析法和频域分析法的基本概念及相关的理论知识。

描述了与三种分析方法相关的 MATLAB 函数的使用方法，详细讲解应用 MATLAB/Simulink 工具对控制系统进行性能分析的方法。用大量实例应用不同解决方法，从不同角度阐述了三种分析方法，实现对系统动态性能、稳态性能的分析与计算。

习　题　5

5.1　简述自动控制系统的组成。

5.2　已知系统的闭环传递函数为：$G(s)=\frac{20}{s^5+3s^4+8s^3+3s^2+10s+9}$，求系统闭环极点，判断系统是否稳定。

5.3　判断系统 $G(s)=\frac{50}{s^4+2s^3+8s^2+5s+26}$是否稳定。

5.4　已知单位反馈系统的开环传递函数为：$G(s)=\frac{7}{s(s+4)}$，试用 MATLAB 语言绘制系统单位阶跃响应，求出系统的各项时域动态性能指标。

5.5　已知单位反馈系统的开环传递函数为：$G(s)=\frac{7(s+1)}{s(s+4)(s^2+2s+2)}$，试用 MATLAB 语言判断系统的稳定性，如果稳定，求出单位阶跃输入时系统的稳态误差。

5.6　系统传递函数为 $G(s)=\frac{20s+43}{s^2+3s+10}$，求其阶跃响应、脉冲响应。

5.7　系统传递函数为 $G(s)=\frac{20}{s^2+2s+10}$，求输入是自定义的 $1(t)+3\times\sin(t)$ 时的响应。

5.8　给定传递函数：$G(s)=\frac{3s^4+8s^3+3s^2+10s+6}{s^5+3s^4+8s^3+3s^2+10s+9}$，求系统的零、极点分布图。并用鼠标点击显示其零极点值。

5.9　某系统开环传递函数为：$G(s)=\frac{2k}{s^3+3s^2+2s}$，绘制根轨迹图，求 $k=5$ 时的极点。

5.10　绘制系统带栅格的根轨迹图 $G(s)=\frac{s+1}{s^2+2s+3}$，指定阻尼系数为 0.8，自然频率为 2。

5.11　已知单位反馈系统的开环传递函数为：$G(s)=\frac{k(s+1)}{s(s+4)(s^2+3s+2)}$，试用 MATLAB 语言求系统的根轨迹，分析系统的性能，系统是否有重实根、纯虚根，如果有的话，在在根轨迹图中标注出来，并求出使闭环系统稳定的 K 值。

5.12　已知一单位反馈系统开环传递函数为 $G(s)=k\frac{(s+3)}{s(s+5)(s+6)(s^2+2s+2)}$，

试在根轨迹上选择一点，求出该点的增益 k 及其闭环极点的位置，并判断在该点系统的稳定性。

5.13　已知单位负反馈系统开环传递函数为：$G(s)=\dfrac{1}{s(s+1)(0.5s+1)}$

试完成以下要求：

(1) 试绘制根轨迹图；

(2) 求系统临界稳定时根轨迹增益；

(3) 求系统 $k=0.5$ 时 u 单位阶跃响应曲线。

5.14　系统开环传递函数为：$G=\dfrac{50}{(s+5)(s-2)(s+3)}$，绘制系统的 Nyquist 图，并判断系统的稳定性。

5.15　系统开环传递函数为：$G=\dfrac{5*(0.1s+1)}{s(0.5s+1)(s^2+0.6s+1)}$，绘制系统的 Nyquist 图，并判断系统的稳定性。

5.16　系统开环传递函数为：$G=\dfrac{50}{(s+5)(s-2)}$，绘制系统的伯德图，并判断系统的稳定性，如果系统稳定，求其稳定裕度。

5.17　已知一带延迟因子的系统开环传递函数为：$G(s)=10\dfrac{s+5}{(s+3)(s+4)}e^{-0.6s}$，试求其无延迟时传递函数的频率响应，同时在同一坐标中绘制以 Pade 近似延迟因子式系统的伯德图，并求此时系统的频域性能指标。

5.18　系统模型如习题 5.18 图所示：

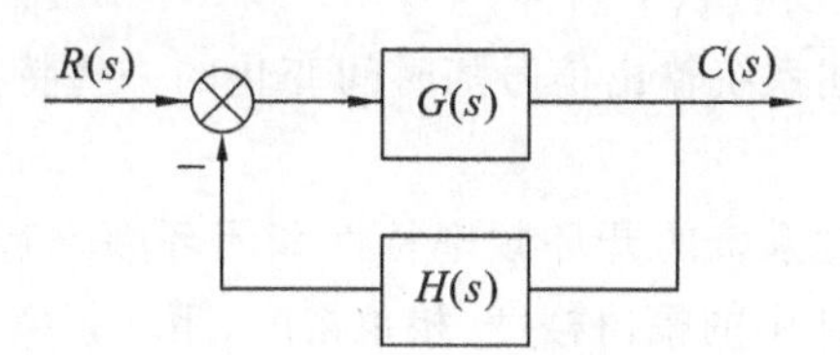

习题 5.18 图　闭环控制系统

其中：　$G(s)=\dfrac{100\ (s+5)^2}{(s+1)(s^2+s+9)}, H(s)=\dfrac{1}{s}$

求系统的伯德图，判断系统的稳定性，利用相关函数求出系统的幅值裕度和相角裕度，同时在绘制出来的伯德图上进行标注。

5.19　已知单位负反馈系统的开环传递函数为：$G(s)=\dfrac{5s^3+12s^2+8s+2}{s^6+4s^5+10s^4+10s^3+4s^2+s}$，试绘制出伯德图并计算系统的频域性能指标。

5.20　已知单位负反馈系统的开环传递函数为：$G(s)=\dfrac{3s^2+8s+2}{(s+1)(s^2+1)(s^2+4s+5)}$，试绘制出奈奎斯特图，分析其稳定性，绘制伯德图，并计算系统的频域性能指标。

第6章 控制系统校正

当控制系统的性能指标达不到要求时，需要进行控制系统的校正，控制系统校正属于设计环节。一般来说，系统的校正是根据系统期望的性能指标，定性分析、定量计算系统需要的特性，依据分析及计算结果确定系统的校正方法，设计相应的校正装置类型与参数。通过校正来改变系统性能，从而使系统满足期望的性能指标。系统的校正是一个反复试验各种参数的过程，需要相当多的经验积累，并需要进行大量的计算。

本章主要介绍线性定常时不变的单输入单输出系统的校正。目前工程实践中常用的两种校正方法是串联校正和反馈校正。

在本章的内容安排上，首先简单回顾系统的时域性能指标和频域性能指标并介绍系统的校正方式，然后分别讲解系统校正的根轨迹法和频率特性法，最后针对各个校正方法编写了相应的MATLAB实例程序。

6.1 控制系统设计指标

6.1.1 控制系统的性能指标

控制系统的性能指标主要有以下两种。

(1) 时域性能指标：描述系统输出信号随时间变化的一些特征参数，包括动态性能指标和稳态性能指标。

(2) 频域性能指标：通过系统的开环频率特性和闭环频率特性的特征量间接地表征系统的性能，包括开环频率特性中的幅值裕度、相角裕度，闭环频率特性中的谐振峰值、频带宽度和谐振频率等。

6.1.2 控制系统的时域性能指标

控制系统的时域性能指标包括静态性能指标和动态性能指标两类。

静态性能指标指系统在典型输入（如单位阶跃输入、单位斜坡输入、单位加速度输入等）作用下的稳态误差 e_{ss}，包括扰动引起的误差。

动态性能指标主要是指调节时间 t_s 和最大超调量 $\sigma\%$。此外还有延迟时间 t_d、上升时间 t_r、峰值时间 t_p 等。通常采用调节时间 t_s 和最大超调量 $\sigma\%$ 来描述系统的动态性能指标。

(1) 上升时间 t_r：输出响应第一次达到稳态值的时间。考虑到不敏感区或者允许误差，有时定义为输出响应稳态值的10%～90%所需的时间。

(2) 峰值时间 t_p：输出响应超出稳态值达到的第一个峰值所需的时间。

(3) 最大超调量（简称超调量）$\sigma\%$：动态过程中输出响应的最大值超过稳态值的百分比。

(4) 调节时间 t_s：输出与其对应于输入的终值之间的偏差达到容许范围（一般取5%或2%）所经历的暂态过程时间（从 $t=0$ 开始计时）。

时域性能指标及其计算在第5章有较为详细的描述，这里只做一下简单的回顾，以方便本章的学习。

6.1.3 控制系统的频域性能指标

频域性能指标包括开环频域性能指标和闭环频域性能指标。

1. 开环频域性能指标

开环频域性能指标主要包括截止频率 ω_c、相角裕度 γ 和幅值裕度 h。

$|G(j\omega)H(j\omega)|=1$ 的频率称为系统的截止频率，用 ω_c 表示，即

$$|G(j\omega_c)H(j\omega_c)|=1$$

定义相角裕度：$\gamma=180°+\angle G(j\omega_c)H(j\omega_c)$，其物理意义是，如果开环系统对频率为 ω_c 的信号的相位滞后再增加 γ，系统处于临界稳定状态。

设使 $\angle G(j\omega)H(j\omega)=-180°$ 时的频率为 ω_x（称为穿越频率），定义式(6-1)

$$h=\frac{1}{|G(j\omega_x)H(j\omega_x)|} \tag{6-1}$$

在极坐标系下：

$$h=-20\lg|G(j\omega_x)H(j\omega_x)|$$

中的 h 为系统的幅值裕度。

幅值裕度的物理意义是，如果开环增益再增加 h 倍，系统将处于临界稳定状态。

2. 闭环频域性能指标

闭环频域性能指标主要包括频带宽度和谐振峰值两个。

1）频带宽度

带宽频率指当闭环幅频特性下降到频率为 0 时的分贝值以下 3 分贝时对应的频率，记为 ω_b，也就是指幅频特性 $A(\omega)$ 从 $A(0)$ 衰减到 $0.707A(0)$ 时所对应的频率。

当 $\omega>\omega_b$ 时，有

$$20\lg|\Phi(j\omega)|<20\lg|\Phi(j0)|-3 \tag{6-2}$$

频率范围 $(0,\omega_b)$ 称为系统的频带宽度（简称带宽）。由定义表明，高于带宽频率的输入信号，系统输出将出现较大的衰减，所以带宽大，则系统跟踪输入信号的能力强，但在另一方面，系统抑制高频干扰的能力则弱。

2）谐振峰值

谐振峰值是指幅频特性 $A(\omega)$ 的最大值 M_r，此时的频率称为谐振频率，记为 ω_r，谐振峰值反映了系统的平稳性。

3. 闭环系统频域性能指标和时域性能指标的转换

系统的时域性能指标物理意义明确、直观，但仅运用于单位阶跃响应而不能直接用于频域的分析和设计。闭环系统频域性能指标带宽频率虽能反映系统的跟踪速度和抗干扰能力，但需要通过闭环频率特性加以确定。而系统开环频域指标相角裕度 γ 和截止频率 ω_c 可以利用已知的开环对数频率特性曲线确定，并且 ω_c 和 γ 的大小在很大程度上决定了系统的性能，因此常用它们来估算系统的时域性能指标。

1）闭环频域性能指标和开环频域性能指标的转换

闭环振荡性指标谐振峰值 M_r 和开环指标相角裕度 γ 都能表征系统的稳定程度，M_r 和 γ 的关系如下：

$$M_r=M(\omega_r)=\frac{1}{|\sin\gamma(\omega_r)|}\approx\frac{1}{|\sin\gamma|}\text{，（当 }A(\omega)=\frac{1}{|\cos\gamma(\omega)|}\text{时）} \tag{6-3}$$

2）开环频域性能指标和时域性能指标的转换

对于典型二阶系统，阻尼比 ζ 和自然振荡频率 ω_n 是其两个参数，系统时域性能指标都可以由这两个参数计算出来，所以，下面只要确定开环频域指标与 ζ、ω_n 的关系即可实现开环频域性能指标和时域性能指标的转换。

截止频率与时域系统参数的关系如下：

$$\frac{\omega_c}{\omega_n}=(\sqrt{4\zeta^4+1}-2\zeta^2)^{\frac{1}{2}} \tag{6-4}$$

相角裕度与时域系统参数的关系如下：

$$\gamma=\arctan\left[2\zeta(\sqrt{4\zeta^4+1}-2\zeta^2)^{\frac{1}{2}}\right] \tag{6-5}$$

6.2 控制系统校正方法

校正装置的形式及它们和系统其他部分的连接方式，称为系统的校正方式。校正方式包括串联校正、反馈校正、前置校正和干扰补偿等。对于线性定常时不变的单输入单输出系统的校正，目前工程实践中常用的两种校正方法是串联校正和反馈校正。本章重点介绍串联校正。串联校正和反馈校正结构框图如图 6-1 所示。

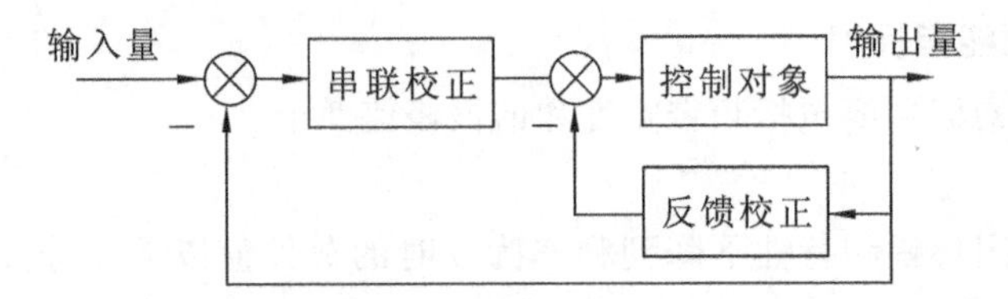

图 6-1　串联校正和反馈校正结构框图

6.2.1　串联校正

串联校正是将校正装置串接在系统的前向通道中。串联校正装置的参数设计是根据系统固有部分的传递函数和对系统的性能指标要求来进行的。

串联校正又分为串联超前校正、串联滞后校正和串联滞后-超前校正三种。

1. 串联超前校正

串联校正装置输出信号在相位上超前于输入信号，即串联校正装置具有正的相角特性，这种串联校正装置称为串联超前校正装置，对系统的校正称为串联超前校正。

串联超前校正利用校正装置的相位超前特性来增加系统的相位稳定裕量，利用串联校正装置幅频特性曲线的正斜率段来增加系统的穿越频率，从而改善系统的平稳性和快速性。所以这种校正设计方法常用于要求稳定性好、超调小以及动态过程响应快的系统中。

2. 串联滞后校正

串联校正装置输出信号在相位上落后于输入信号，即串联校正装置具有负的相角特性，这种串联校正装置称为滞后校正装置，对系统的校正称为串联滞后校正。

这种校正设计方法的特点是校正后系统的剪切频率比校正前的小，系统的快速性能变差，但系统的稳定性得到提高，所以，在系统快速性要求不是很高，而稳定性和稳态精度要求较高的场合，串联滞后校正设计是很适合的。

3. 串联滞后-超前校正

在某一频率范围内具有负的相角特性，而在另一频率范围内却具有正的相角特性的串联校正装置称串联滞后-超前校正装置，对系统的校正称为串联滞后-超前校正。

通过前面的分析知道，只采用串联超前校正或串联滞后校正难以同时满足系统的快速性和稳态性要求。而采用串联滞后-超前校正则能同时改善系统的快速性和稳态性，它既具有串联滞后校正高稳定性、高精确度的长处，又具有串联超前校正响应快、超调小的优点，满足系统各方面较高的性能要求。

它实质上是综合了串联滞后校正和串联超前校正的特点，即利用串联校正装置的超前部分来增大系统的相角裕度，以改善其快速性；利用校正装置的滞后部分来改善系统的平稳性，两者分工明确，相辅相成，达到了同时改善系统动态和稳态性能的目的。

6.2.2 反馈校正

在控制工程实践中，为改善控制系统的性能，除可选用前述的串联校正外，也常常采用反馈校正。在反馈校正中，校正装置 $G_c(s)$ 反馈包围了系统的部分环节（或部件），它同样可以改变系统的动态结构、参数和性能，使系统的性能达到所要求的性能指标。

常见的反馈有被控量的速度、加速度反馈，执行机构的输出及其速度的反馈，以及复杂系统的中间变量反馈等。反馈校正采用局部反馈包围系统前向通道中的一部分环节来实现校正。

从控制的观点来看，采用反馈校正不仅可以得到与串联校正同样的校正效果，而且还有许多串联校正不具备的突出优点。

(1) 反馈校正能有效地改变被包围环节的动态结构和参数。

(2) 在一定条件下，反馈校正装置的特性可以完全取代被包围环节的特性，反馈校正系统方框图从而可大大削弱这部分环节由于特性参数变化及各种干扰带给系统的不利影响。

通常，反馈校正又可分为硬反馈校正和软反馈校正两种。

硬反馈校正装置的主体是比例环节（可能还含有小惯性环节），它在系统的动态和稳态过程中都起反馈校正作用。

软反馈校正装置的主体是微分环节（可能还含有小惯性环节），它的特点是只在动态过程中起校正作用，而在稳态时，相当于开路，不起作用。

6.3 基于根轨迹的校正

根轨迹是指系统的某一参数（一般指开环增益 K）由零变到无穷大时，闭环特征方程的根在 S 平面上的变化轨迹。应用根轨迹法进行校正设计，实质是通过采用校正装置修改系统的根轨迹，将一对闭环主导极点配置到需要的位置上。

一般情况下，如果增加系统的开环极点，则系统的根轨迹向右移动，从而降低控制系统稳定性，增加系统响应的调整时间；如果增加系统的开环零点，则系统的根轨迹向左移动，从而提高控制系统稳定性，减小系统响应的调整时间。

掌握系统中增加开环极点或零点对根轨迹的影响，就能很容易地确定校正装置的零点、极点位置，将根轨迹改变成所需要的形状，以改善系统的性能。

6.3.1 根轨迹法串联超前校正

基于根轨迹法的串联超前校正设计是在原系统中串联超前校正环节，也就是增加开环零点和极点，调整原来的根轨迹，得到所需的根轨迹。一般用解析法获得超前校正环节。

校正装置的传递函数：

$$G_c(s)=k_c\frac{s+z_c}{s+p_c}\quad(|z_c|<|p_c|) \tag{6-6}$$

解析法的设计步骤如下。

(1) 根据所需闭环系统稳态误差和动态特性，确定闭环主导极点 s_1。

由给定的调节时间 t_s 和最大超调量 $\sigma\%$，可得

$$\zeta=\frac{\ln(1/\sigma_p)}{\sqrt{\pi^2+\left(\ln\frac{1}{\sigma_p}\right)^2}} \tag{6-7}$$

$$\omega_n=\frac{1}{\zeta t_s}\ln\frac{1}{\Delta\sqrt{1-\zeta^2}}\quad(\Delta=0.02\text{ 或 }0.05) \tag{6-8}$$

如果知道峰值时间 t_p，自然振荡频率 ω_n 也可以通过下式求出：

$$\omega_n=\frac{\pi}{t_p\sqrt{1-\zeta^2}} \tag{6-9}$$

求出基于二阶系统的阻尼比 ζ 与自然振荡频率 ω_n，则 $s_1=-\zeta\omega_n+j\omega_n\sqrt{1-\zeta^2}$ 就是两个闭环主导极点之一。

(2) 计算需要校正装置提供的补偿相角，确定超前校正装置的零点和极点。

先绘制系统的根轨迹图，如果闭环主导极点在根轨迹上，则只需要调整开环增益就可以产生期望的闭环极点，如果闭环主导极点不在根轨迹上，且位于期望主导极点右侧，则应加入串联超前校正装置。

先确定零点，再确定极点。零点一般可以直接放置在期望闭环主导极点的下面，再根据校正后系统期望的闭环主导极点应该产生的相角的值和根轨迹的相角条件，确定极点的位置。

补偿相角的计算公式(6-10)可以由下列计算得到：

因为

$$s_1-\zeta\omega_n+j\omega_n\sqrt{1-\zeta^2}\varphi=180°-\angle G_o(s_1),i=1,2,\cdots$$

所以

$$\angle G_o(s_1)=\sum_{i=1}^{m}\angle(s_1-z_i)-\sum_{i=1}^{n-v}\angle(s_1-p_i)-v\angle s_1 \tag{6-10}$$

(3) 根据要求计算校正环节的增益。

(4) 计算加入串联超前校正装置后系统的开环传递函数，校验校正后系统是否满足预期的设计要求，如不满足则再按照以上步骤适当调整零点、极点位置，重复以上步骤。

下面通过一个实例来详细演示基于根迹轨的串联超前校正方法在 MATLAB 中的设计步骤和实现过程。

【例 6-1】 已知一控制系统的开环传递函数为

$$G(s)=\frac{2}{s(0.25s+1)(0.1s+1)}$$

试设计校正环节，改善系统的动态性能，使其校正后系统静态速度误差系数小于 10，最大超调量 $\sigma\%\leqslant 40\%$，调节时间 $t_s\leqslant 0.97$ s。

解：下面利用根轨迹法进行设计，设校正环节传递函数为

$$G_c(s)=k_c\frac{s+z_c}{s+p_c}\quad(|z_c|<|p_c|)$$

(1) 根据给定的系统性能指标，求出期望的主导闭环极点。

```
clear;clc;close all
%利用公式,求阻尼比和自然振荡频率
zeta=log(1/0.4)/sqrt(pi^2+(log(1/0.4))^2)
wn=1/zeta/0.97*log(1/0.05/sqrt(1-zeta^2))
%求主导闭环极点
p=-zeta*wn+j*wn*sqrt(1-zeta^2);
```

求出期望系统的阻尼比 $\zeta=0.2800$，自然振荡频率 $\omega_n=11.1803$，一个主导闭环极点 $s_1=-3.1305+10.7331i$。

(2) 绘制原系统的根轨迹。

```
num=2;
den=conv([1 0],conv([0.25 1],[0.1 1]));
Gtf=tf(num,den);
rlocus(num,den)
```

运行命令生成图形如图 6-2 所示。

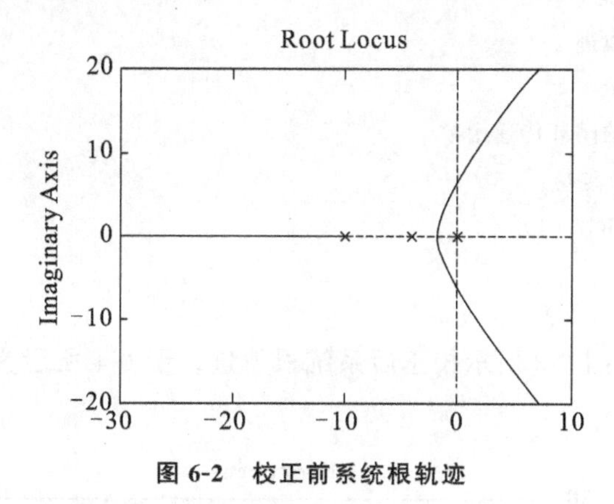

图 6-2　校正前系统根轨迹

系统期望的闭环主导极点并不在原系统的根轨迹上。

(3) 确定串联超前校正装置的零点和极点的位置。

```
%求原系统的零极点增益
Gzpk=zpk(Gtf);
zero=Gzpk.z{:};
pole=Gzpk.p{:};
gain=Gzpk.k;
%求补偿相角并定出校正装置零极点
x=-3.15:-0.01:-90;
ang=180-90-angle(p-pole(1))*180/pi-angle(p-pole(2))*180/pi-angle
(p-pole(3))*180/pi-angle(p-x)*180/pi;
zc=real(p)
pc=spline(ang,x,-180)
```

零点确定：在期望的闭环极点位置下方增加一个相位超前的装置的实零点 $z_c=-3.1305$。

极点确定：根据校正后系统期望闭环主导极点应产生的相角的值和根轨迹的相角条件求出校正装置的极点 $p_c=-31.1027$。

(4) 计算校正装置增益 K_c。

要求静态速度误差系数10，原系统为1型系统，所以 $K_v=K_s$，K_s 为校正后系统的开环增益系数，原系统 $K=2$。

校正环节传递函数：

$$G_c(s)=K_c\frac{s+3.13}{s+31.1}=K_c\frac{3.13\left(\dfrac{1}{3.13}s+1\right)}{31.1\left(\dfrac{1}{31.1}s+1\right)}=0.1006K_c\frac{(0.3195s+1)}{(0.03215s+1)}$$

原开环系统 $K=2$，要求 $K_v=K_s<10$，可以取 $K_c=45$。

(5) 校正后系统指标验证。

求加入超前校正环节后系统的传递函数、根轨迹，并绘制系统校正前后的单位阶跃响应，以验证校正后系统的性能指标是否满足要求。

```
%校正后开环系统
num1=conv(45*[1 3.13],num);
den1=conv([1 31.1],den);
Gch=tf(num1,den1)
%校正后系统根轨迹
rlocus(num1,den1)
%校正前后系统的闭环传递函数
G=feedback(Gtf,1);
G1=feedback(Gch,1);
%单位阶跃响应
step(G,G1,'r')
```

运行程序后得到如图6-3所示校正后系统根轨迹。图6-4所示为校正前后的系统阶跃响应。

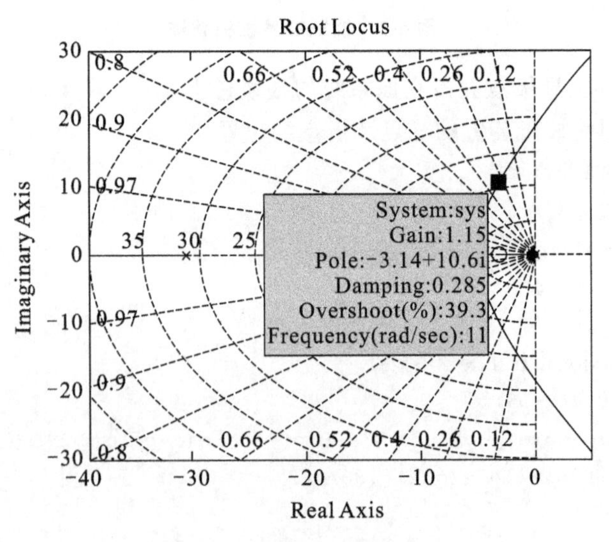

图 6-3　校正后系统根轨迹图

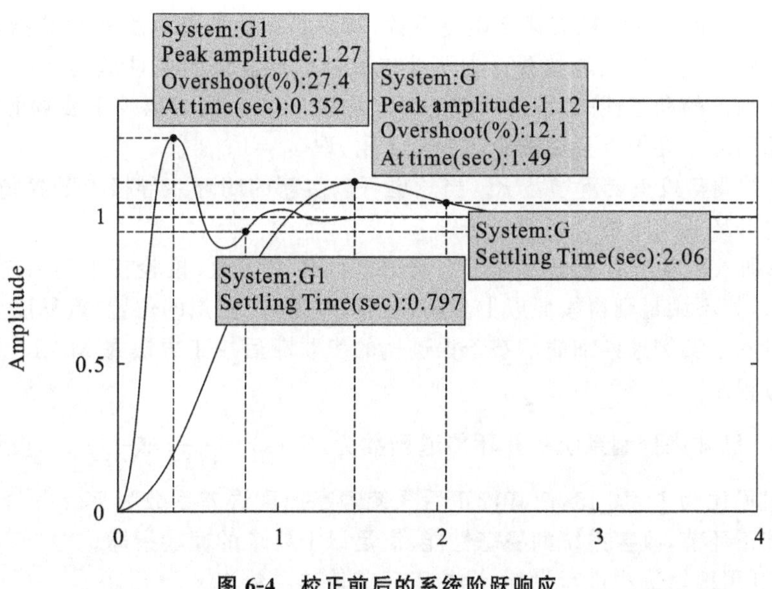

图 6-4 校正前后的系统阶跃响应

从图 6-3 中可以看出，校正后主导闭环极点 $-3.14+10.6i$ 落在根轨迹上，由图 6-4 可以看出校正前系统的最大超调量 $\sigma\%=12.1\%$，调整时间为 $t_s=2.06$ s，校正后系统的最大超调量为 $\sigma\%=27.4\%$，调整时间为 $t_s=0.797$ s，系统的稳定幅值为 1，由以上性能参数数据可知，经过串联超前校正后的系统，动态性能明显提高。

6.3.2 根轨迹法串联滞后校正

基于根轨迹的串联滞后校正设计是通过串联滞后校正环节来改善系统性能的方式。当原有控制系统已具有满意的动态性能，而稳态性能不能满足要求时，可采用串联滞后校正。一般来说，串联滞后校正在改善系统性能的同时，也会恶化系统的动态性能，为此，应使滞后校正环节的零点和极点尽量靠近。

可以设滞后校正装置的传递函数为

$$G_c(s)=K_c\frac{1}{\beta}\frac{s+z_c}{s+p_c}(\beta=10,z_c=\beta p_c) \tag{6-11}$$

解析法的设计步骤如下。

(1) 跟串联超前校正一样，先根据需要的闭环系统稳态误差和动态特性，确定闭环主导极点 s_1；由给定的调节时间 t_s 和最大超调量 $\sigma\%$，可求出阻尼比 ζ[见式(6-7)]与自然振荡频率 ω_n[见式(6-8)]。

$$\zeta=\frac{\ln(1/\sigma_p)}{\sqrt{\pi^2+\left(\ln\frac{1}{\sigma_p}\right)^2}},\omega_n=\frac{1}{\zeta t_s}\ln\frac{1}{\Delta\sqrt{1-\zeta^2}}\quad(\Delta=0.02\text{ 或 }0.05)$$

如果知道峰值时间 t_p，自然振荡频率 ω_n 也可以通过式(6-9)求出。

$$\omega_n=\frac{\pi}{t_p\sqrt{1-\zeta^2}}$$

求出基于二阶系统的阻尼比 ζ 与自然振荡频率 ω_n，则 $s_1=-\zeta\omega_n+j\omega_n\sqrt{1-\zeta^2}$ 就是两个闭环主导极点之一。

(2) 由根轨迹图可以确定与闭环主导极点相对应的未校正前原系统的开环放大系数，当然也可以按幅值条件来计算系统的开环放大系数。

(3) 计算未校正系统的稳态速度误差系数，看是否满足要求的稳态性能指标，并确定串联滞后校正装置零点和极点的位置。为了使串联滞后校正装置既能改善系统的稳态性能，又不会太影响系统的动态性能，取滞后校正环节中的 $\beta=10$，同时取校正装置的零点 z_c 到原点的距离为原闭环主导极点到虚轴距离的 0.1 倍，取 $p_c=z_c/\beta$ 。

(4) 计算并调整校正装置增益 K_c，当然也可以由新的闭环主导极点的模值条件来计算校正后系统的开环放大系数。

(5) 计算加入串联滞后校正装置后系统的开环传递函数，校验校正后系统是否满足预期的设计要求，如不满足则再按照以上步骤适当调整零点、极点的位置，重复以上步骤。

下面通过一个实例来详细演示基于根迹轨的串联滞后校正方法在 MATLAB 中的设计步骤和实现过程。

【例 6-2】 已知一控制系统的开环传递函数为：$G_o(s)=\dfrac{K}{s(s+1)(s+5)}$，设计要求：闭环主导极点的阻尼比为 $\zeta=0.45$，使其校正后系统静态速度误差系数为 $K_v=7(1/s)$。试设计一串联滞后校正环节，改善系统的稳态性能，满足以上要求的性能指标。

解：下面利用根轨迹法进行设计，设校正环节传递函数为

$$G_c(s)=K_c\,\frac{1}{\beta}\,\frac{s+z_c}{s+p_c}$$

其中，取 $\beta=10$，$z_c=\beta p_c$。

(1) 绘制校正前系统的根轨迹，如图 6-5 所示。

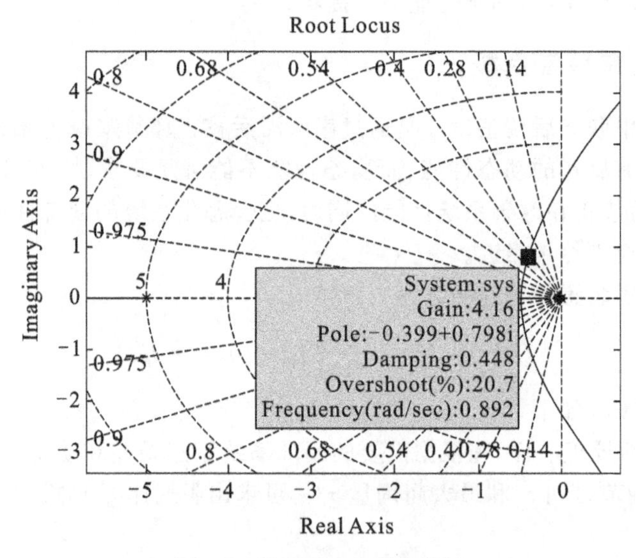

图 6-5　校正前系统的根轨迹

(2) 根据给定的系统性能指标：闭环主导极点的阻尼比 $\zeta=0.45$，求出期望的主导闭环极点。

```
clear;clc;close all
%绘制原系统的根轨迹
num=1;
den=conv([1 0],conv([1 1],[1 5]));
Gtf=tf(num,den);
rlocus(num,den)
```

从图中可以看到，当闭环极点阻尼比 $\zeta=0.448$ 时，系统的一个主导闭环极点（这里取一位小数）为 $s_1=-0.4+i0.8$。

(3) 确定与闭环主导极点相对应的未校正前原系统的开环放大系数。

从图 6-5 中可以看到,此时增益为 4.16。当然也可以按幅值条件来计算系统的开环放大系数。

(4) 计算未校正系统的稳态速度误差系数,看是否满足要求的稳态性能指标:

$$K_v=\lim_{s\to 0} sG_o(s)=\lim_{s\to 0} s\frac{4.16}{s(s+1)(s+5)}=0.832\mathrm{s}^{-1}$$

原系统为 1 型系统,输入如下命令:

```
nums=[1 0];dens=1;
ss=tf(nums,dens);                       %输入 s
deng=conv([1 1 0],[1 5]);
Gs=tf(4.16,deng);                       %输入前向通道传递函数
G=Gss*Gs;
kv=dcgain(G)                            %求终值
```

求出 $K_v=0.832$,现要求校正后系统静态速度误差系数为 $K_v=7(1/s)$,故原系统不满足稳态性能要求,需要加入校正装置来达到要求。

(5) 确定串联滞后校正装置的零点和极点的位置。

为了使串联滞后校正装置既能改善系统的稳态性能,又不会太影响系统的动态性能,取串联滞后校正环节 $G_c(s)=\frac{1}{\beta}\frac{s+z_c}{s+p_c}$中的 $\beta=10$,同时取校正装置的零点 z_c 到原点的距离为原闭环主导极点到虚轴距离的 0.1 倍,即 $z_c=0.1\times 0.4=0.04$,则可以取 $p_c=z_c/\beta=0.004$,设串联放大器的放大倍数为 K_c,故滞后校正装置的传递函数可确定为

$$G_c(s)=0.1K_c\frac{s+0.04}{s+0.004}$$

(6) 绘制校正后系统的根轨迹,找出校正后的闭环主导极点,对比校正前后的根轨迹。

校正后系统的开环传递函数为

$$G(s)=0.1K_c\frac{s+0.04}{s+0.004}\times\frac{4.16}{s(s+1)(s+5)}=0.416K_c\frac{s+0.04}{s(s+0.004)(s+1)(s+5)}$$

```
numc=[1 0.04];
denc=[1 0.004];
Gco=tf(numc,denc);
Gos=Gco*Gtf
rlocus(Gtf,'k--',Gos,'k')
```

可以看到,校正后系统的根轨迹如图 6-6 所示。

当 $\zeta=0.45$ 时系统的闭环主导极点为 $s_1=-0.37+\mathrm{i}0.73$,原系统为 $s_1=-0.4+\mathrm{i}0.8$,说明校正后对主导极点的影响不大,也就是对动态性能影响不大。

(7) 计算校正装置增益 K_c。

调整串联放大器的放大倍数 K_c,由图 6-6 可以得到,校正后与闭环主导极点相对应的系统的开环放大系数为 3.78。

当然也可以由新的闭环主导极点的模值条件来计算校正后的系统开环放大系数。

结合校正后系统的传递函数

$$G(s)=0.416K_c\frac{s+0.04}{s(s+0.004)(s+1)(s+5)}$$

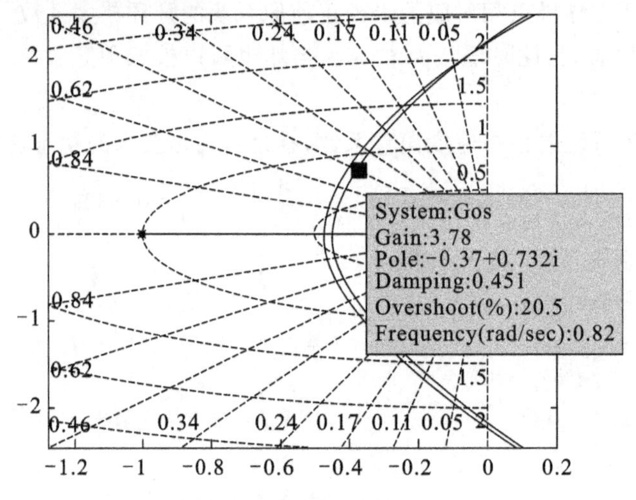

图 6-6　校正后系统的根轨迹

可以求出

$$K_c = 3.78/0.416 = 9.09$$

校正环节传递函数：

$$G_c(s) = K_c \frac{1}{\beta} \frac{s+z_c}{s+p_c} = 0.909 \frac{s+0.04}{s+0.004}$$

(8) 校正后系统指标验证。

求加入串联滞后校正环节后系统的稳态速度误差系数,并绘制系统校正前后的单位阶跃响应,以验证校正后系统的性能指标是否满足要求。

输入如下命令：

```
%校正装置环节传递函数
Gc=tf(0.909*[1 0.04],[1 0.004]);
%原系统开环传递函数,k=4.16
Gtf1=4.16*Gtf;
%校正后开环系统
Gos1=Gc*Gtf1;
%求校正后稳态终值,其中 Gs 的传递函数为 s
kv1=dcgain(Gss*Gos1)
%校正前后系统的闭环传递函数
Gtf1=4.16*Gtf;
G=feedback(Gtf1,1);
G1=feedback(Gos1,1);
%单位阶跃响应
step(G,'k--',G1,'k')
%单位斜坡响应
Gx=tf(1,[1 0])
Gx1=Gx*feedback(Gtf,1);
G1x1=Gx*feedback(Gos1,1);
%Step(Gx1,G1x1)
step(Gx1,'k--',G1x1,'k')
```

运行程序后，得到校正后系统的稳态速度误差系数 $K_{v1}=7.56$，比要求的 $K_v=0.7$ 大，故满足稳态误差的要求。

程序运行后得到图 6-7 所示的校正前后系统的单位阶跃响应。

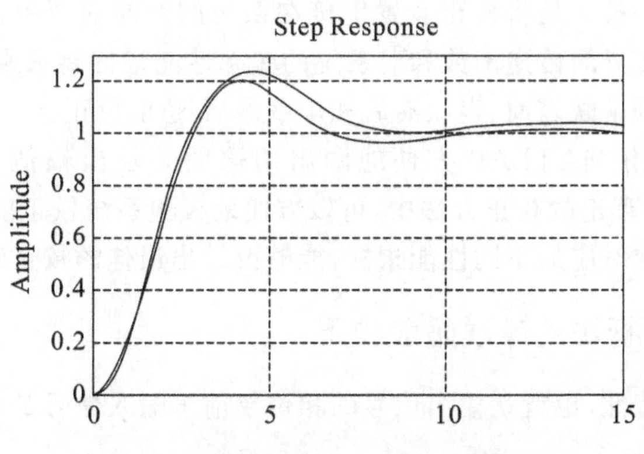

图 6-7　校正前后系统的单位阶跃响应

由图 6-7 可以看出，校正前后系统的动态性能只有微弱的变化，而根据前面的分析，稳态性能得到提高。

6.3.3　根轨迹法串联滞后-超前校正

在设计控制系统时，如果原系统的稳态误差系数和动态特性都不能满足设计指标的要求，那么就应该考虑采用串联滞后-超前校正装置来改善原系统的性能。首先，通过串联超前校正来改善系统的动态性能，然后再通过串联滞后校正来减小系统的稳态误差。

串联超前-滞后校正装置的传递函数可以表示为式(6-12)所示的零极点形式：

$$G_c(s)=\frac{s+z_{c1}}{s+p_{c1}}\frac{s+z_{c2}}{s+p_{c2}}=G_{c1}(s)G_{c2}(s) \quad (|z_{c1}|<|p_{c1}|,|z_{c2}|<|p_{c2}|) \tag{6-12}$$

基于根轨迹法的串联滞后-超前校正步骤如下。

(1) 按照串联超前校正的设计方法设计原系统 $G_o(s)$ 的串联超前校正装置，并求出超前校正的传递函数 $G_{c1}(s)$。

(2) 将 $G_{c1}(s)$ 与原系统开环传递函数 $G_o(s)$ 合成为新的系统传递函数 $G_o'(s)$。

(3) 按照串联滞后校正的设计方法设计系统 $G_o'(s)$ 的串联滞后校正装置，并求出滞后校正环节的传递函数 $G_{c2}(s)$。

(4) 求出串联滞后-超前装置的传递函数 $G_c(s)=KG_{c1}(s)G_{c2}(s)$。

(5) 系统检验，检验校正后的系统是否满足预期的设计指标。如果动态特性不能满足预期设计指标，则返回步骤(1)重新设计；如果稳态误差不能满足设计指标的要求，则返回步骤(3)重新进行设计。

串联滞后-超前校正装置设计方法是串联超前校正装置和串联滞后校正装置设计方法的综合，前面分别较为详细介绍了这两种方法，并用实例进行了分析，此处就不再列举实例进行演示，读者可以通过完成课后习题进行练习。

6.4 基于频域分析法的系统校正

频域分析法的串联校正是将校正装置串接在系统的前向通道中，串联校正装置的参数设计是根据系统固有部分的传递函数和对系统的频率性能指标要求来进行的。频域分析法的串联校正同样又分为串联超前、串联滞后和串联滞后-超前校正。

其设计方法是利用 MATLAB 方便地画出伯德图并求出幅值裕度和相角裕度。将 MATLAB 应用到经典理论的校正方法中，可以方便地校验系统校正前后的性能指标。通过反复试探不同校正参数对应的不同性能指标，能够设计出最佳的校正装置。

6.4.1 基于频域分析法的串联超前校正

具有超前的相频特性，也就是输出信号的相位超前于输入信号的相位的校正装置，称为超前校正装置。

超前校正利用校正装置的相位超前特性来增加系统的相位稳定裕量，利用校正装置幅频特性曲线的正斜率段来增加系统的穿越频率，从而改善系统的平稳性和快速性。

频域分析法串联超前校正有如下一些特点。

(1) 串联超前校正主要是针对系统频率特性的中频段进行的，校正后，对数幅频特性曲线的中频段斜率为−20 dB/dec，校正后的系统有足够的频带宽度，具有满足要求的相角裕度。

(2) 串联超前校正的优点是会使系统的穿越频率变大，校正后系统的频带变宽，动态响应速度变快，但抗高频干扰的能力变差。

(3) 串联超前校正很难使原系统的低频特性得到改善，如果想用提高增益的办法使低频段上移，则会使整个对数幅频特性曲线上移，导致系统的平稳性变差，抗高频噪声的能力也将被削弱。

(4) 当原系统的对数相频特性曲线在穿越频率附近急剧下降时，由穿越频率的增加而导致的系统的相位滞后量，将超过由校正装置所能提供的相位超前量。此时，如果用单级的串联超前校正装置来校正，则收效不大。

(5) 串联超前校正主要用于系统的稳态性能已满足要求，而动态性能有待改善的情况。

从以上几个特点可以看到，串联超前校正的基本原理是利用超前校正网络的相角超前特性去增大系统的相角裕度，从而改善系统的动态性能。基于频率分析法的串联超前校正就是利用校正装置的相位特性来补偿原系统过大的相位滞后、提高系统的相角裕度的。

超前校正装置的传递函数可以表示为式(6-13)所示的零极点形式：

$$G_c(s)=\frac{1+\beta Ts}{1+Ts}(\beta>1) \tag{6-13}$$

基于频率法的超前校正步骤如下。

(1) 根据系统传递函数分析原系统的性能，根据所要求的稳态性能指标，确定系统的开环放大系数 K。

(2) 绘制校正前系统的伯德图，并计算校正前系统的相角裕度和幅值裕度。

(3) 利用下式确定使相角裕度达到希望值所需要增加的相位超前相角 φ_m：

$$\varphi_m=\gamma-\gamma_0+\Delta\gamma \tag{6-14}$$

式中：γ 为指标要求的相角裕度；γ_0 为校正前系统的相角裕度；$\Delta\gamma$ 为附加的相角裕度裕量，一般取 10°左右。$\Delta\gamma$ 的加入是因为加入超前校正环节之后，会带来穿越频率的增大，从而会减小相角裕度，这样就需要对相位增量进行有效补偿。

(4) 利用下式计算超前校正装置的参数 β:

$$\beta=\frac{1-\sin\varphi_m}{1+\sin\varphi_m} \tag{6-15}$$

(5) 确定校正后系统的截止频率 ω_c'，计算超前校正装置的另一参数 T。

将对应相位超前相角 φ_m 的频率作为校正后新的截止频率 ω_c'，即 $\omega_c'=\omega_m$。根据 $20\lg|G_o'(j\omega_m)|\omega=-10\lg a$ 求 ω_m，再通过 $\omega_m=\omega_c'=\frac{1}{\sqrt{\beta}T}$，求出 T，即

$$T=\frac{1}{\omega_c'\sqrt{\beta}} \tag{6-16}$$

(6)求出超前校正装置的传递函数：

$$G_c(s)=\frac{1+\beta Ts}{1+Ts} \quad (\beta>1)$$

(7)系统检验：检验校正后的系统是否满足预期的设计指标。如果稳态性能指标不能满足预期设计要求，则返回步骤 (3)重新设计。

下面通过一个实例来详细演示基于频率分析法的串联超前校正方法在 MATLAB 中的设计步骤和实现过程。

【例 6-3】 已知控制系统的开环传递函数为：$G_o(s)=\frac{4K}{s(s+2)}$，试设计一个串联校正装置，使系统满足以下要求：稳态速度误差系数 $K_v=20\ s^{-1}$，相角裕度不小于 50°，幅值裕度不小于 10 dB。

解：下面利用频域法进行设计，设超前校正环节传递函数为

$$G_c(s)=\frac{1+\beta Ts}{1+Ts} \quad (\beta>1)$$

(1) 根据稳态速度误差系数 $K_v=20\ s^{-1}$，确定开环放大系数

$$K_v=\lim_{s\to 0}sG_o(s)=\lim_{s\to 0}s\frac{4K}{s(s+2)}=2K=20$$

求出 $K=10$。

(2) 绘制校正前系统的伯德图，求原系统的相角裕度和幅值裕度。

```
clear;clc;close all
%绘制校正前系统的伯德图
num=4*10;
den=conv([1 0],[1 2]);
Gtf=tf(num,den);
bode(Gtf,'k--')
%求幅值、相角裕度及对应的频率
[gm,pm,wcp,wcg]=margin(Gtf)
%将幅值裕度转变成分贝值
Gm_dB=20*log10(gm)
```

校正前系统的伯德图如图 6-8 所示。

可以看到相角裕度为 18°，求出幅值裕度为无穷大，截止频率为 6.17 rad/s，说明相角裕度不满足要求。

(3) 确定使相角裕度达到希望值所需要增加的相位超前相角 φ_m。

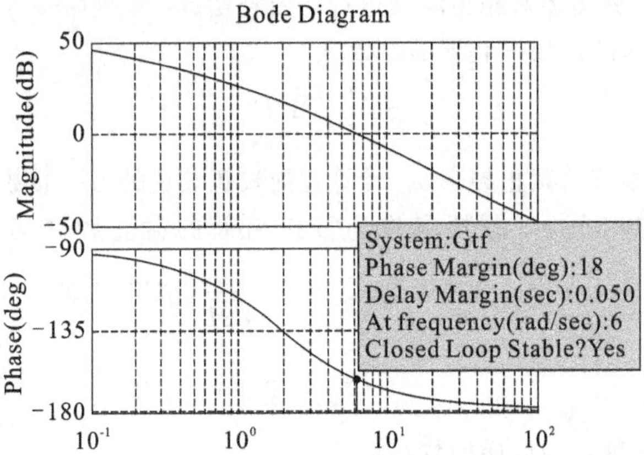

图 6-8 校正前系统的伯德图

校正后要求相角裕度为 50°，所以至少超前相角为 50°－18°＝32°，考虑到加入到串联超前校正装置后幅频特性的穿越频率（截止频率）要向右移动，将会减小原来的相角，因此这里增加约 10°的超前相角，故共需增加相位超前相角 $\varphi_m = 32° + 10° = 42°$。

（4）计算串联超前校正装置的参数 β 和串联超前校正装置的另一参数 T，并最终确定校正装置传递函数。

```
%计算超前校正装置的参数β(beta)
beta=(1+sin(42*pi/180))/(1-sin(42*pi/180));
```

将对应相位超前相角 φ_m 的频率作为校正后新的截止频率 ω_c'，即 $\omega_c' = \omega_m$。以下根据 $20\lg|G_o'(j\omega_m)|\omega = -10\lg a$ 求 ω_m。

```
alpha=10*log10(beta);
[mag,pha,w]=bode(Gtf);
mag=20*log10(mag);
wc=spline(mag,w,-alpha)                    %求出 wc=8.8460
```

根据 $\omega_m = \omega_c' = \dfrac{1}{\sqrt{\beta}T}$，求出 T。

```
T=1/wc/sqrt(beta);                         %求 T,T=0.056362
numc=[beta*T 1];denc=[T 1];
Gc=tf(numc,denc)                           %求校正装置传递函数
```

（5）在校正前系统的伯德图中绘制出校正后系统的伯德图，验证校正后系统的性能是否满足要求。

输入如下命令：

```
Go=Gc*Gtf;
hold on
bode(Go,'k')                               %校正后系统开环传递函数
[gm1,pm1,wcp1,wcg1]=margin(Go);            %求出校正后系统的裕度及对应的频率
Gm_dB=20*log10(gm)
Gss=tf([1 0],1);
G=Gss*Go;
kv=dcgain(G)                               %求稳态速度误差系数
figure(2)
```

```
Gtfc=feedback(Gtf,1);
Goc=feedback(Go,1);
Step(Gtfc,'k--',Goc,'k')%求阶跃响应
```

在校正前系统的伯德图中绘制出校正后系统的伯德图，如图 6-9 所示（校正前系统的伯德图为虚线，校正后系统的伯德图为实线）。校正前后系统的单位阶跃响应如图 6-10 所示。

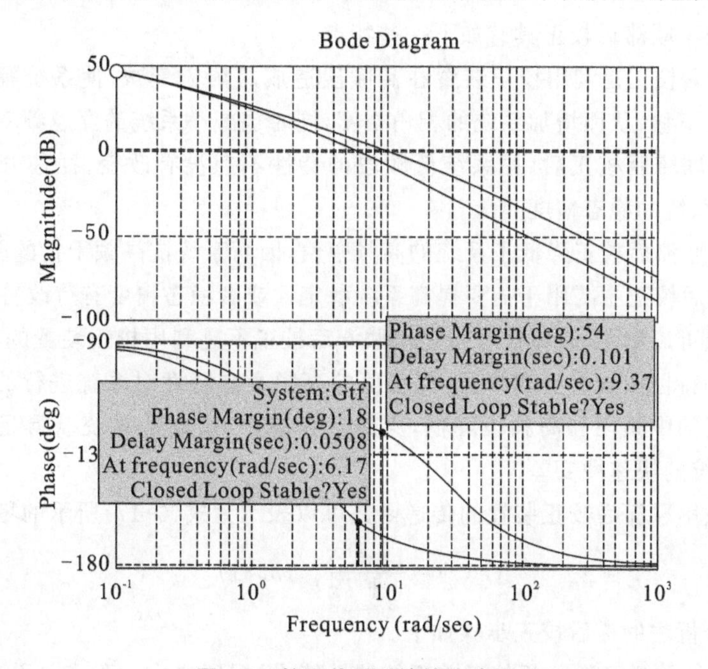

图 6-9　校正前后系统的伯德图

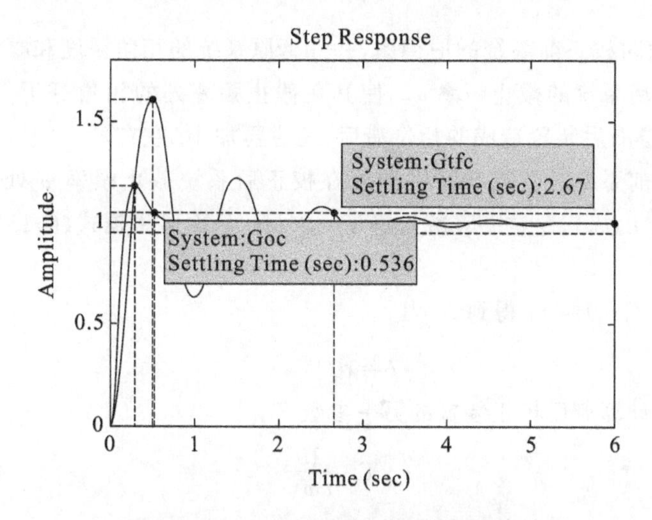

图 6-10　校正前后系统的单位阶跃响应

从图 6-9 可以看到，校正后系统的相角裕度为 54°，幅值裕度为无穷大，截止频率由原来的 6.17 rad/s 右移到 9.37 rad/s，计算出稳态速度误差系数 K_v 为 20，满足设计要求。从校正前后系统的单位阶跃响应看，系统超调由 60%下降到 20%左右，调节时间由 2.67 s 减小为 0.536 s，动态性能加强，稳态值校正前后并没有变化。

6.4.2 基于频域分析法的串联滞后校正

输出量的相位总是滞后于输入量的相位的频域分析法校正装置称为滞后校正装置。对数幅频特性渐近线还显示了这种校正装置具有低通滤波器的性能，高频时，其幅值也有一定的衰减量。

频域分析法串联滞后校正具有如下一些特点。

(1) 串联滞后校正是利用校正装置在高频段造成的幅值衰减，使系统幅频特性曲线的中频段和高频段下移，从而增加系统的相角裕度，同时也减小系统的穿越频率。

(2) 采用串联滞后校正后，原系统低频段的特性不但没有改变，往往开环增益还增加了，从而可改善系统的稳态精度。

(3) 由于串联滞后校正降低了系统的高频幅值，因而系统抗高频干扰的能力得到加强。

(4) 串联滞后校正主要用于需要提高系统稳定性或者稳态精度有待改善的场合。

从以上几点可以看到，频域法分析法串联滞后校正不是利用校正装置的相位滞后特性，而是利用其幅频特性曲线的负斜率段，即幅值的高频衰减特性对系统进行的。它使得原系统幅频特性曲线的中频段和高频段降低，穿越频率减小，从而使系统获得足够大的相角裕度，但也使得系统的快速性变差。

频域分析法串联滞后校正装置的传递函数可以表示为式(6-17)所示的零极点形式：

$$G_c(s)=\frac{1+bTs}{1+Ts}\quad (b>1) \tag{6-17}$$

基于频率分析法的滞后校正步骤如下。

(1) 根据系统传递函数分析校正前系统的性能，根据所要求的稳态性能指标，确定系统的开环放大系数 K。

(2) 绘制 K 值时校正前系统的伯德图，并计算原系统的相角裕度和幅值裕度。

(3) 确定校正后系统的截止频率 ω_c'，使其在截止频率处的相角等于$-180°$加上所要求的相角裕度(为补偿滞后装置造成的相位滞后，还应再加 10°左右)。

(4) 计算校正前系统对数幅频特性曲线在校正后系统截止频率 ω_c'处幅值下降到 0 dB 时所需要的衰减量 $L(\omega_c')$，令这一衰减量等于$-20\lg b$，从而可根据式(6-18)计算滞后校正装置的参数 b 的值：

即由 $20\lg b+L(\omega'_c)=0$，得到：

$$b=10^{-\frac{L(\omega'_c)}{20}} \tag{6-18}$$

(5) 利用下式计算滞后校正装置的另一参数 T。

$$T=\frac{10}{b\omega'_c} \tag{6-19}$$

(6) 求出超前校正装置的传递函数：

$$G_c(s)=\frac{1+bTs}{1+Ts}(b>1)$$

(7) 系统检验：检验校正后的系统是否满足预期的设计指标。如果稳态性能指标不能满足预期设计要求，则返回步骤 (3)重新设计。

下面通过一个实例来详细演示基于频域法的串联滞后校正方法在 MATLAB 中的设计步骤和实现过程。

【例 6-4】 设有反馈控制系统的开环传递函数为

$$G_o(s)=\frac{K}{s(0.1s+1)(0.2s+1)}$$

试设计一个串联校正装置，使系统满足以下要求：稳态速度误差系数 $K_v=30\ s^{-1}$，相角裕度不小于 40°，幅值裕度不小于 10(dB)，截止频率不小于 2.3 rad/s。

解：下面利用频域分析法进行设计，设串联滞后校正环节传递函数为

$$G_c(s)=\frac{1+bTs}{1+Ts}\quad (b>1)$$

(1) 根据稳态速度误差系数 $K_v=30\ s^{-1}$，确定开环放大系数。

$$K_v=\lim_{s\to 0}sG_o(s)=\lim_{s\to 0}s\frac{K}{s(0.1s+1)(0.2s+1)}=K=30$$

求出 $K=30\ s^{-1}$。

(2) 绘制校正前系统的伯德图，求校正前系统的相角裕度和幅值裕度。

```
clear;clc;close all
num=30;
den=conv([1 0],conv([0.1 1],[0.2 1]));
Gtf=tf(num,den);
bode(Gtf,'k--')                              %绘制校正前系统的伯德图
[gm,pm,wcp,wcg]=margin(Gtf)                  %求幅值、相角裕度及对应的频率
Gm_dB=20*log10(gm)                           %将幅值裕度转变成分贝值
```

校正前系统的伯德图如图 6-11 所示。

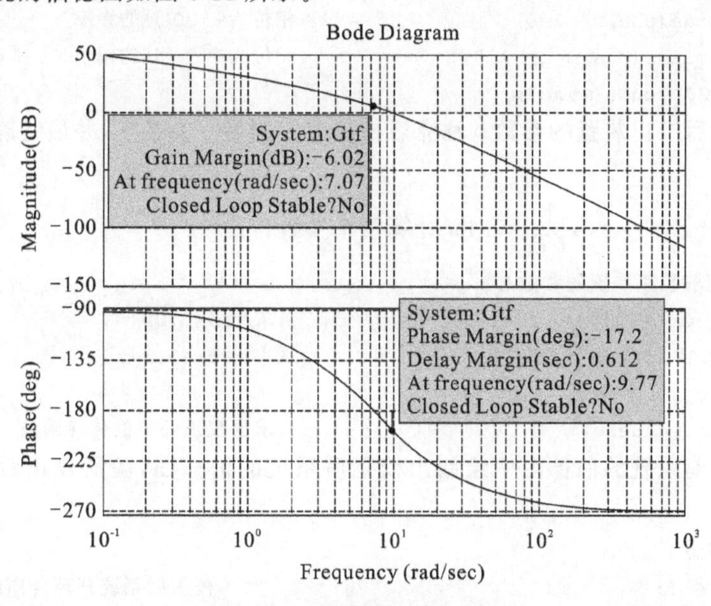

图 6-11 校正前系统的伯德图一

可以看到，幅值裕度为 −6.02 dB，相角裕度为 −17.2°，穿越频率为 7.07 rad/sec，截止频率为 9.77 rad/sec，系统明显不稳定，且截止频率远大于要求值。考虑到对系统截止频率要求不大，可以选用串联滞后校正来满足设计要求。

(3) 确定校正后系统的截止频率，使其在截止频率处的相角应等于 −180°加上所要求的相角裕度(为补偿滞后装置造成的相位滞后，还应再加 10° 左右)。

现在需要的相角裕度为40°+10°=50°，在相频特性中，找出相位为 −180°+50°=−130°的频率为 2.47 rad/sec，选其为校正后系统的截止频率，如图 6-12 所示。

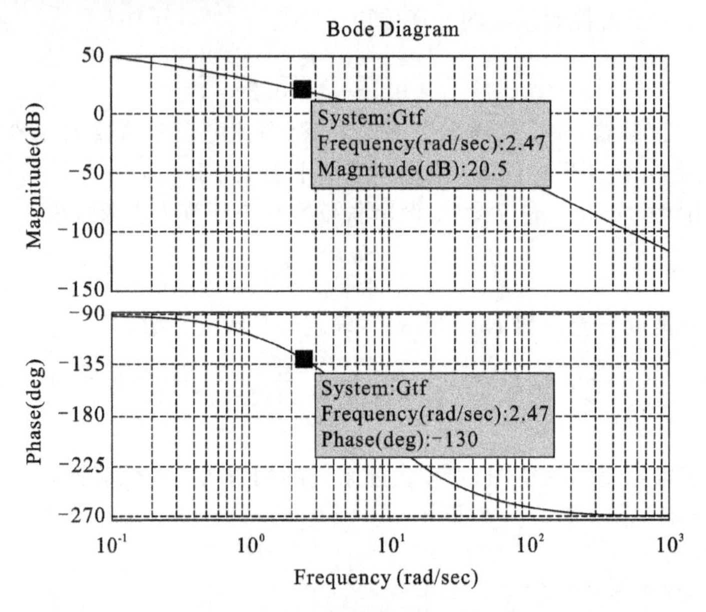

图 6-12　校正前系统的伯德图二

并在幅频特性中找出频率为 2.47 rad/sec 时的幅值为 20.5 dB，也可以用以下命令求出此幅值：

```
[mag,pha,w]=bode(Gtf);
wc=spline(pha,w,-130);                    %相位为-130°时的频率
magc=spline(pha,mag,-130);                %相位为-130°时的幅值
Gm_dB=20*log10(magc);
```

(4) 计算滞后校正装置的参数 b 和滞后校正装置的另一参数 T，并最终确定校正装置传递函数。

根据 $20\lg b+L(\omega_c')=0$，$\frac{1}{bT}=0.1\omega_c'$ 计算两个参数。

```
%计算超前校正装置的参数 b
b=10^(-Gm_dB /20)                          %求出 b=0.094
T=1/(0.1*wc*b)                             %求出 T=43.34s
numc=[b*T 1];denc=[T 1];
Gc=tf(numc,denc);                          %求出校正环节的传递函数
```

(5) 在校正前系统的伯德图中绘制出校正后系统的伯德图，验证校正后系统的性能是否满足要求。

输入如下命令：

```
Go=Gc*Gtf;                                 %校正后系统开环传递函数
hold on
bode(Go,'k')
[gm1,pm1,wcp1,wcg1]=margin(Go);            %求校正后系统的裕度及对应频率
Gm_dB=20*log10(gm1)
Gss=tf([1 0],1);G=Gss*Go;
kv=dcgain(G)                               %求稳态速度误差系数
figure(2)
Gtfc=feedback(Gtf,1);                      %原系统闭环传递函数
Goc=feedback(Go,1);                        %校正后系统闭环传递函数
```

```
subplot(2,1,1);
step(Gtfc,'k');                              %求原系统阶跃响应
title('校正前系统');axis([0 2 -10 10]);grid
subplot(2,1,2);
step(Goc,'k');                               %求校正后系统阶跃响应
Gss=tf([1 0],1);
G=Gss*Go;
kv=dcgain(G)                                 %求稳态速度误差系数
title('滞后校正系统');axis([0 4 0 1.5]);grid
```

校正前后系统的伯德图如图 6-13 所示(校正前系统的伯德图为虚线,校正后系统的伯德图为实线),校正前后系统的单位阶跃响应如图 6-14 所示。

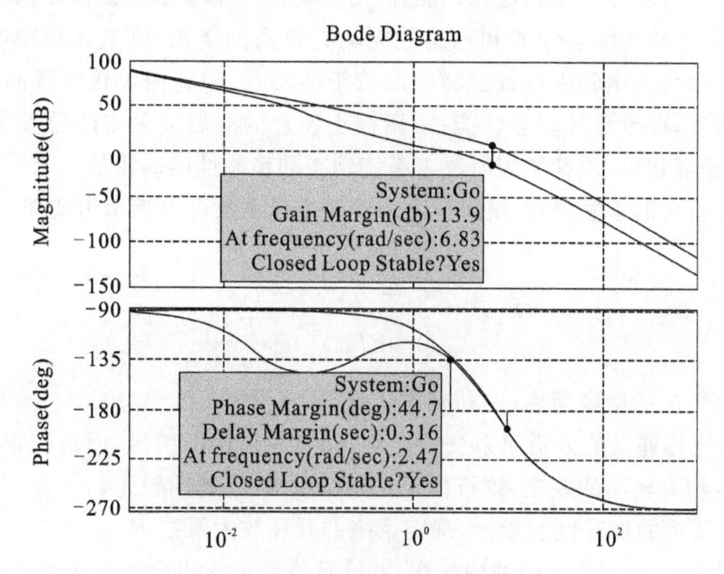

图 6-13 校正前后系统的伯德图

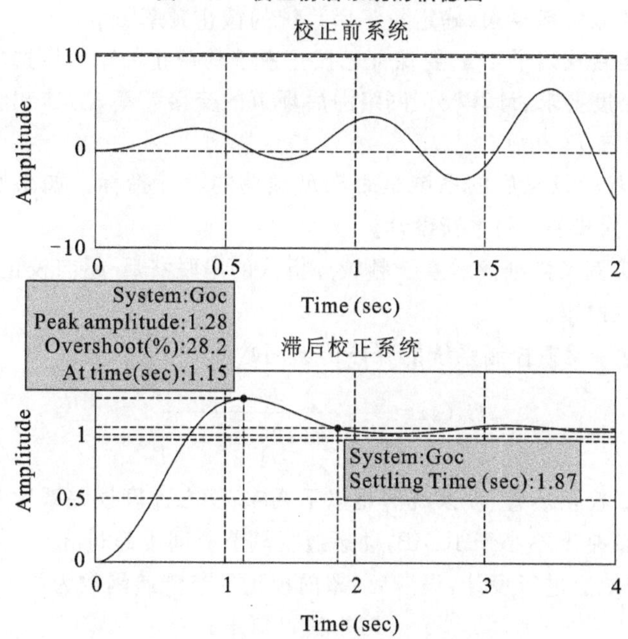

图 6-14 校正前后系统的单位阶跃响应

从图 6-13 中可以看到，校正后系统的相角裕度为 44.7°，幅值裕度为 13.9 dB，截止频率由原来的 9.77 左移到 2.47(rad/sec)，计算出稳态速度误差系数 K_v 为 30 s^{-1}，满足设计要求。从校正前后系统的单位阶跃响应看，系统由不稳定变成稳定，超调为 28.2%，调节时间为 1.87 s。

6.4.3 基于频域分析法的串联滞后-超前校正

通过前面的分析知道，采用串联超前校正可以改善系统的动态性能，采用串联滞后校正可以改善稳态性能，但是，如果原系统在动态性能和稳态性能都不满足要求时，仅采用串联超前校正或串联滞后校正不能同时满足两种性能的要求，这时，就可以采用串联滞后-超前校正同时改善系统的动态性能和稳态性能，满足较高的性能要求。也就是说，如果原系统不稳定，而对校正后系统的动态性能和稳态性能均有较高的要求，则宜采用串联滞后-超前校正。它实质上是综合了串联滞后校正和超前校正的特点，即利用校正装置的超前部分来增大系统的相角裕度，以改善其动态性能；利用校正装置的滞后部分来改善系统的稳态性能，两者分工明确，相辅相成，达到了同时改善系统动态和稳态性能的目的。

基于频域分析法的串联滞后-超前校正装置的传递函数可以表示为式(6-20)所示的零极点形式：

$$G_c(s)=\frac{(1+T_a s)(1+T_b s)}{(1+\alpha T_a s)\left(1+\dfrac{T_b}{\alpha}s\right)} \tag{6-20}$$

基于频率分析法的串联滞后-超前校正步骤如下。

(1) 根据系统传递函数分析原系统的性能，如果原系统不稳定，而对校正后系统的动态性能和稳态性能均有较高的要求，则可决定采用串联滞后-超前校正。

(2) 根据所要求的稳态性能指标，确定系统的开环放大系数 K。

(3) 绘制 K 值时校正前系统的伯德图，并计算原系统的相角裕度和幅值裕度。

(4) 根据系统性能指标要求，确定校正后系统的截止频率 ω_c'。

(5) 求校正网络衰减因子 $1/\alpha$，要保证已校正系统的截止频率为所选的 ω_c'。

(6) 根据相角裕度要求，计算校正网络滞后环节的交接频率 ω_a，求出校正网络已校正系统的相角裕度，从而求 T_a 和 T_b。

(7) 系统检验：检验校正后的系统是否满足预期的设计指标。如果性能指标不能满足预期设计要求，则返回步骤 (3)重新设计。

下面通过一个实例来详细演示基于频域分析法的串联滞后-超前校正方法在 MATLAB 中的设计步骤和实现过程。

【例 6-5】 设有一反馈控制系统的开环传递函数为

$$G_o(s)=\frac{k}{s\left(\dfrac{1}{6}s+1\right)\left(\dfrac{1}{2}s+1\right)}$$

试设计一个串联校正装置，使系统满足以下要求：稳态速度误差系数 $K_v=180\ s^{-1}$，相角裕度不小于 45°，幅值裕度不小于 10 dB，动态过程调节时间不超过 3 s。

解：下面利用频域法进行设计，设滞后-超前校正环节传递函数为

$$G_c(s)=\frac{(1+T_a s)(1+T_b s)}{(1+\alpha T_a s)\left(1+\dfrac{T_b}{\alpha}s\right)}$$

（1）根据稳态速度误差系数 $K_v=180\ s^{-1}$，确定开环放大系数：

$$K_v=\lim_{s\to 0}sG_o(s)=\lim_{s\to 0}s\frac{K}{s\left(\frac{1}{6}s+1\right)\left(\frac{1}{2}s+1\right)}=K=180$$

求出 $K=180\ s^{-1}$。

（2）绘制校正前系统的伯德图，求原系统的相角裕度和幅值裕度。

```
clear;clc;close all
%绘制校正前系统的伯德图
num=180;den=conv([1 0],conv([1/6 1],[1/2 1]));
Gtf=tf(num,den);
bode(Gtf,'k--')
[gm,pm,wcp,wcg]=margin(Gtf)                %求幅值、相角裕度及对应的频率
Gm_dB=20*log10(gm)                         %将幅值裕度转变成分贝值
```

校正前系统的伯德图如图 6-15 所示。

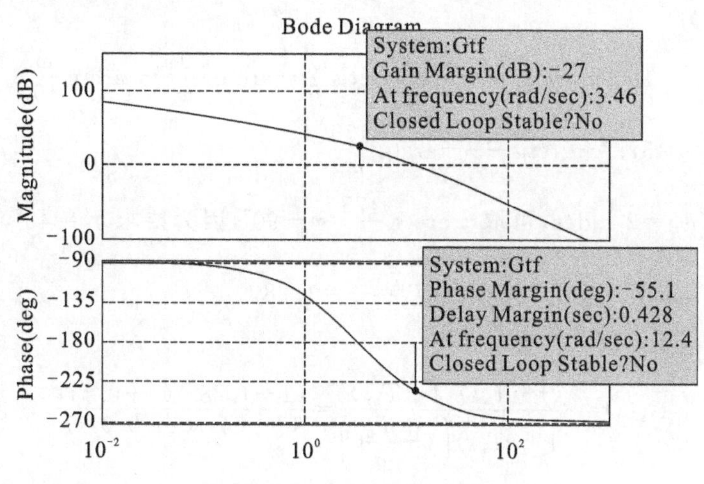

图 6-15　校正前系统的伯德图

可以看到，幅值裕度为-27 dB，相角裕度为$-55.1°$，系统不稳定，需要将相角裕度提升到 40°，选用串联滞后-超前校正来满足设计要求。

（3）确定一新的截止频率，根据 $t_s\leqslant 3$ s，$\gamma'=45°$，求校正后截止频率 ω_c'。

高阶系统频域性能指标与时域性能指标的关系为

$$\omega_c'=\frac{K_o\pi}{t_s}$$

$$K_o=2+1.5(M_r-1)+2.5(M_r-1)^2\quad(1\leqslant M_r\leqslant 1.8)$$

$$M_r=\frac{1}{\sin\gamma}$$

```
Gama=45;ts=3;
Mr=1/sin(Gama);
Ko=2+1.5*(Mr-1)+2.5*(Mr-1)^2;
Wc1=Ko*pi/ts                              %求出 wc1=2.45
```

当要求 $t_s\leqslant 3$s，$\gamma'=45°$时，算得 $\omega'_c\geqslant 2.45$ rad/s，频率在 2～6 rad/s 之间，原系统的幅频特性曲线斜率为-40 dB/dec。考虑到要求中频区斜率为-20 dB/dec，可取 $\omega_b=2$ rad/s，并取 $\omega_c'=3.5$ rad/s。

(4) 求校正网络衰减因子 $1/\alpha$,要保证已校正系统的截止频率为的选的 $\omega_c'=3.5$ rad/s,下列等式应成立:

$$-20\lg\alpha+L(\omega_c')+20\lg T_b\omega_c'=0$$

下面先求 $L(\omega_c')$:

```
wc=3.5;
[mag,pha,w]=bode(Gtf);
magc=spline(w,mag,wc);
Gm_dB=20*log10(magc)          %求出 L(ω'c) =26.864
```

而 $T_b=\dfrac{1}{\omega_b}=0.5$。

```
Tb=0.5;
Alpha=10^((Gm_dB+20*log10(Tb*wc))/20);          %求出 α=38.5701
```

这里取 $\alpha=50$。

(5) 根据相角裕度要求,计算校正网络滞后环节的交接频率 ω_a。求出校正网络已校正系统的相角裕度为

$$\begin{aligned}\gamma'&=180°+\operatorname{arctg}\frac{\omega_c'}{\omega_a}-90°-\operatorname{arctg}\frac{\omega_c'}{6}-\operatorname{arctg}\frac{50\omega_c'}{\omega_a}-\operatorname{arctg}\frac{\omega_c'}{100}\\&=57.7+\operatorname{arctg}\frac{3.5}{\omega_a}-\operatorname{arctg}\frac{175}{\omega_a}\end{aligned}$$

考虑到 $\omega_a<\omega_b=2$ rad/s,可取 $-\operatorname{arctg}\dfrac{175}{\omega_a}\approx-90°$,因为要求 $\gamma'=45°$,将上式简化为 $\operatorname{arctg}\dfrac{3.5}{\omega_a}=77.3°$,求出 $\omega_a=0.78$ rad/s,$T_a=\dfrac{1}{\omega_a}=1.28$。

系统的校正网络为

$$G_c(s)=\frac{(1+T_a s)(1+T_b s)}{(1+\alpha T_a s)\left(1+\dfrac{T_b}{\alpha}s\right)}=\frac{(1+1.28s)(1+0.5s)}{(1+64s)(1+0.01s)}$$

(6) 在校正前系统的伯德图中绘制出校正后系统的伯德图,验证校正后系统的性能是否满足要求。

输入如下命令:

```
%校正网络传递函数
numc=conv([1.28 1],[0.5 1]);
denc=conv([64 1],[0.01 1]);
Gc=tf(numc,denc);
%校正后系统开环传递函数
Go=Gc*Gtf;
hold on
bode(Go,'k');hold off
[gm1,pm1,wcp1,wcg1]=margin(Go);                %求校正后系统裕度及对应的频率
Gm_dB=20*log10(gm1)                            %求出幅值裕度:26.864dB
Gss=tf([1 0],1);
G=Gss*Go;
kv=dcgain(G)                                   %求稳态速度误差系数:kv=180
figure(2)
```

```
Gtfc=feedback(Gtf,1);                              %原系统闭环传递函数
Goc=feedback(Go,1);                                %校正后系统闭环传递函数
subplot(2,1,1);
step(Gtfc,'k');                                    %求原系统阶跃响应
title('校正前系统');axis([0 0.9 -50 50]);grid
subplot(2,1,2);
step(Goc,'k');title('校正后系统');                 %求校正后系统阶跃响应
```

在校正前系统的伯德图中绘制出校正后系统的伯德图如图 6-16 所示(校正前系统的伯德图为虚线,校正后系统的伯德图为实线),验证校正后系统的性能是否满足要求。校正前后系统的单位阶跃响应如图 6-17 所示。

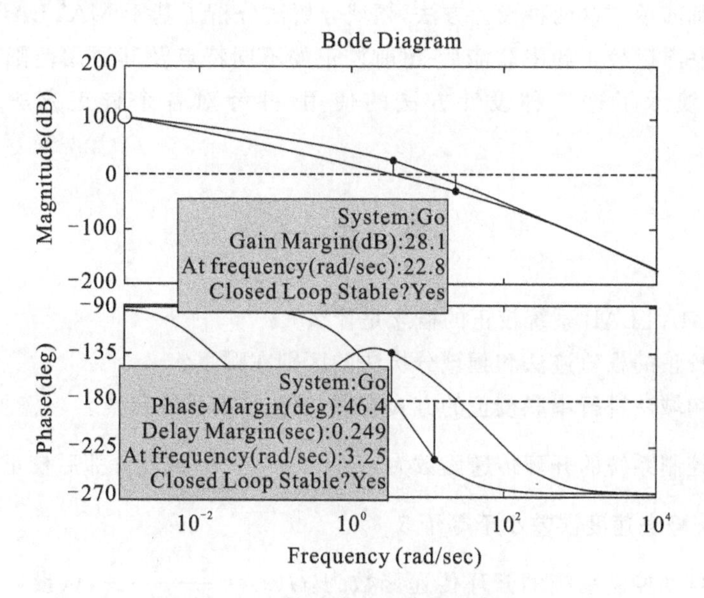

图 6-16 校正前后系统的伯德图

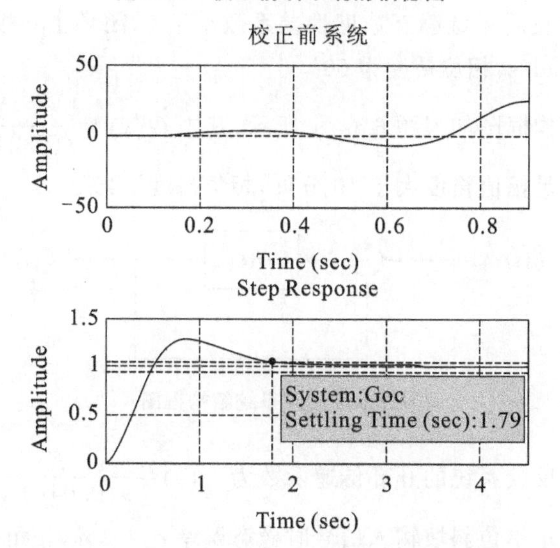

图 6-17 校正前后系统的单位阶跃响应

从校正前后系统的伯德图中可以看到,校正后系统的相角裕度为 46.4°,幅值裕度为 28.1 dB,截止频率由原来的 12.4 rad/sec 左移到 3.25 rad/sec,计算出稳态速度误差系数 K_v

为180 s^{-1}。从校正前后系统的单位阶跃响应看出，系统从不稳定变得稳定，调节时间为1.79 s，满足设计要求。

本章小结

本章主要介绍了利用MATLAB进行线性定常时不变的单输入单输出控制系统的校正设计，重点分析了目前工程实践中常用的两类校正方法：基于根轨迹法的串联校正和基于频域分析法的串联校正。

根轨迹法的串联校正分析了基于MATLAB的串联滞后、串联超前环节的设计方法及步骤，并举例详细演示了这两种设计方法，频域分析法分析了基于MATLAB的控制系统串联超前校正、串联滞后校正和串联滞后-超前校正的不同特点及其适用范围、分析方法和设计步骤，用实例演示了这三种设计方法的使用，并针对各个校正方法编写了相应的MATLAB程序。

习 题 6

6.1 基于MATLAB系统校正的概念是什么？

6.2 系统校正的根轨迹法和频域分析法的区别在哪里？

6.3 利用频域法进行串联校正的方式有哪几种，各有什么特点？

6.4 已知控制系统的开环传递函数为$G(s)=\frac{4}{s(s+3)}$，试设计滞后校正环节，要求阻尼比为0.707，系统静态速度误差小于等于5%。

6.5 已知自动控制系统的开环传递函数为：$G(s)=\frac{4}{s(s+0.5)}$，试设计串联滞后-超前校正环节，要求使其校正后系统静态速度误差系数小于5，闭环主导极点满足阻尼比为0.5和自然振荡频率为5 rad/s，相位裕度为50°。

6.6 给定系统结构框图如习题6.6图所示，其中$G(s)=\frac{100}{s(0.04s+1)}$，试设计一个串联校正装置，使系统满足幅值裕度大于10分贝，相角裕度≥45°。

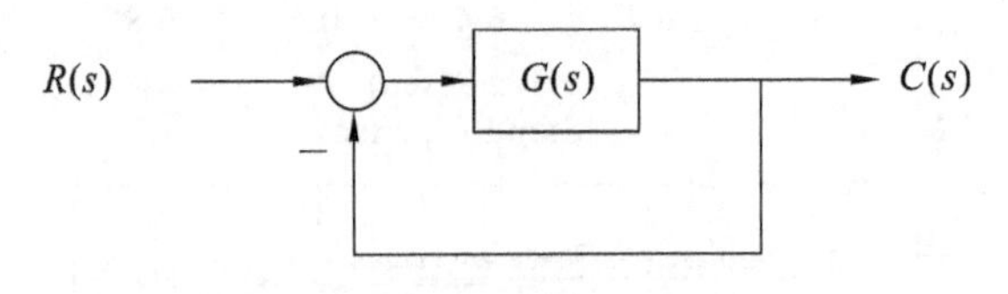

习题6.6图 系统结构框图

6.7 已知单位负反馈系统的开环传递函数为$G(s)=\frac{K}{s(0.04s+1)}$，试设计串联滞后校正装置，使系统指标满足单位斜坡输入信号时稳态误差$e_{ss}\leqslant 1\%$，相角裕度$\gamma\geqslant 45°$。

第7章 控制系统工具箱

控制系统工具箱是建立在MATLAB基础上，对控制系统进行分析和设计的功能强大的开发设计工具，为控制系统的建模、仿真、分析与设计提供了丰富的函数与简便的图形用户界面。在MATLAB中，控制系统工具箱除了包含有丰富的函数，还专门提供了面向系统对象模型的系统的分析与设计工具：线性时不变系统浏览器（LTI Viewer）和SISO Design Tool，为用户提供了非常友好的图形界面。

利用线性时不变系统浏览器可以方便地获得系统的时域响应和频率特性曲线，同时得到系统的性能指标；在单输入单输出线性系统设计工具中，用户可以很方便地获得系统根轨迹与伯德图，利用修改线性系统零点、极点以及增益等传统设计方法进行SISO线性系统设计。控制系统工具箱还具有开放性和可扩展性，用户可以创建常用的M文件来满足自己的特殊需要。

本章将介绍这两种工具的使用。

7.1 线性时不变系统浏览器(LTI Viewer)

LTIViewer是控制系统工具箱中所提供的线性时不变系统浏览器，用来完成系统的分析与线性化处理，是最为直观的图形界面。它提供了丰富的功能，通过图形界面，可以完成对系统进行阶跃响应、脉冲响应、波特图、奈奎斯特图等的分析，使系统的线性分析变得简单而直观。

在使用线性时不变系统浏览器LTI Viewer对系统进行分析时，必须先把系统模型转换成LTI对象，这种对象具有以下三种形式之一：状态空间模型、多项式传递函数模型、零极点增益模型。

7.1.1 LTI浏览器的启动

在MATLAB命令窗口中，可以用以下两种方法启动LTI Viewer。

(1) 在MATLAB的命令窗口中直接键入ltiview命令。

(2) 在MATLAB窗口的左下角开始(Start)菜单中，单击“Toolboxs→Control system”命令子菜单中的“LTI Viewer”选项。

在命令窗口直接键入ltiview命令的第1种方式启动下，系统给出了单位阶跃响应曲线的显示窗口，此时由于尚未输入系统模型，故无响应曲线显示，如图7-1所示。在通过开始(Start)菜单的第2种方式启动下，运行界面采用了默认系统模型，且同时显示系统的单位阶跃响应曲线(Step)和单位脉冲响应(Impulse)曲线，如图7-2所示。

使用LTI浏览器，输入系统模型，首先必须先构造系统的模型，然后输入到LTI浏览器中。LTI浏览器系统的模型的三种形式分别为：tf对象、zpk对象和ss对象。

将模型输入的方法有以下两种。

(1) 在MATLAB的命令窗口中键入ltiview命令时，设置ltiview命令的系统参数。

其常用的两种调用格式：

```
LTIVIEW(SYS1,SYS2,…,SYSN)
LTIVIEW(PLOTTYPE,SYS1,SYS2,…,SYSN)
```

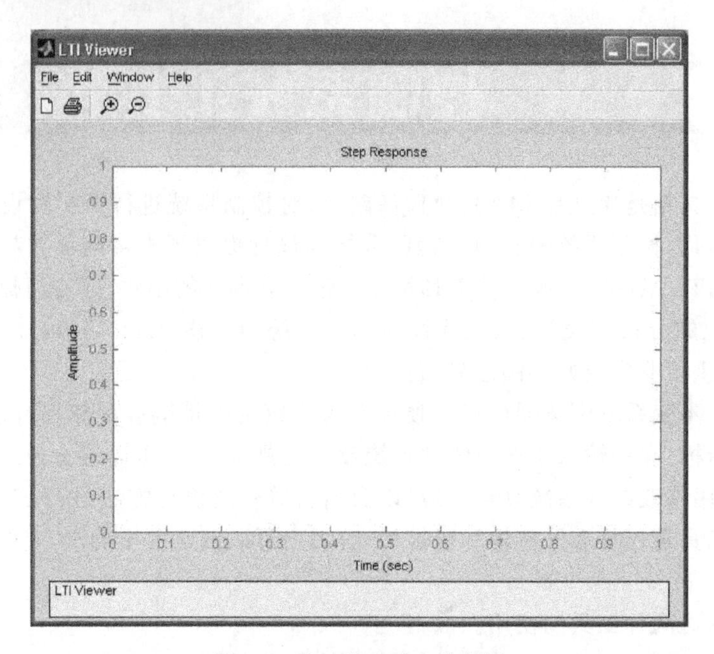

图 7-1　第 1 种启动方式界面

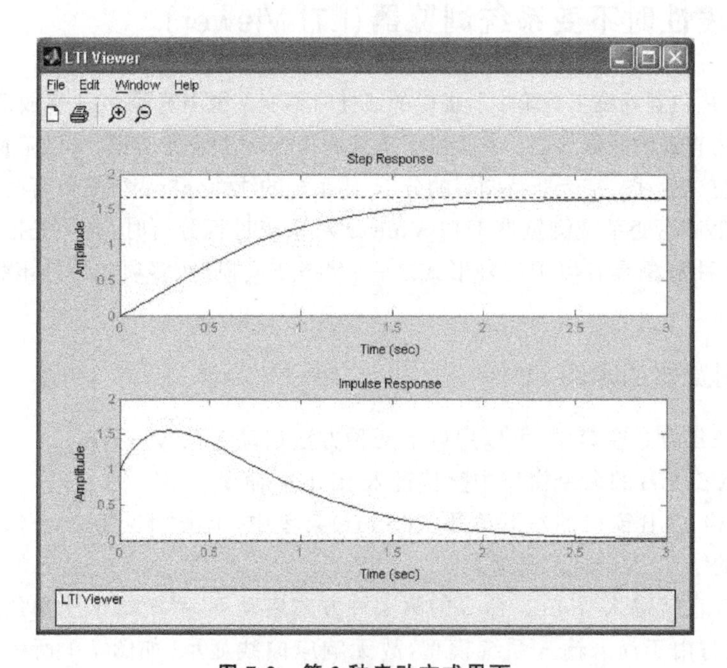

图 7-2　第 2 种启动方式界面

其中:SYS1 是系统三种形式 tf、zpk 和 ss 之一,PLOTTYPE 是指响应绘制类型,可以是阶跃(step)、冲激(impulse)、伯德图(bode)、带裕度的伯德图(bodemag)、奈奎斯特图(nyquist)、尼科尔斯(nichols)、零极点图(pzmap)等。

【例 7-1】　输入如下命令:

```
num=3.5;den=[1 2 3 2];
Go=tf(num,den);
Gc=feedback(Go,1)
Ltiview({'step';'impulse'},Gc)
```

运行后，在 LTI 浏览器中打开闭环系统 Gc 的单位阶跃和单位脉冲响应。

(2) 在启动 LTI Viewer 之后，利用 LTI Viewer 窗口中 File 菜单下的导入(Import)命令。

在命令窗口中输入【例 7-1】中的系统：

```
num=3.5;den=[1 2 3 2];
Go=tf(num,den);
Gc=feedback(Go,1)
```

运行后，将在工作空间中保存有以上变量 num、den，系统 Go、Gc。利用 ltiview，打开 LTI 浏览器后，在 File 菜单下单击 Import 命令。打开 Import System Data 界面，可以导入系统模型。如图 7-3 所示。

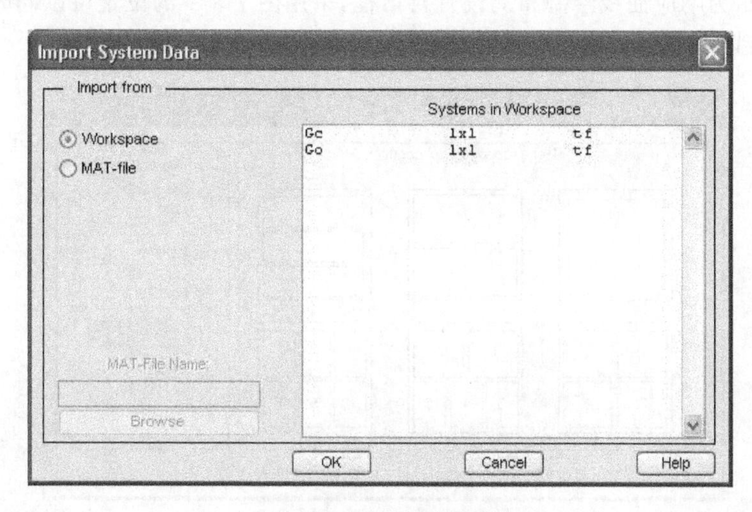

图 7-3 导入系统模型

选中 Gc，然后点击 OK 即可。

线性系统的 LTI 模型可来自 MATLAB 工作空间或磁盘文件中。但如果对象模型来源为 Simulink 系统模型框图，则必须对此进行线性化处理以获得系统的 LTI 对象描述。

7.1.2 不同响应曲线绘制

在已有系统响应曲线的 LTI Viewer 窗口中，通过单击鼠标右键，选择如图 7-4 所示的弹出菜单绘图类型(Plot Type)选项下的子菜单，可以改变浏览器中系统响应曲线的类型。

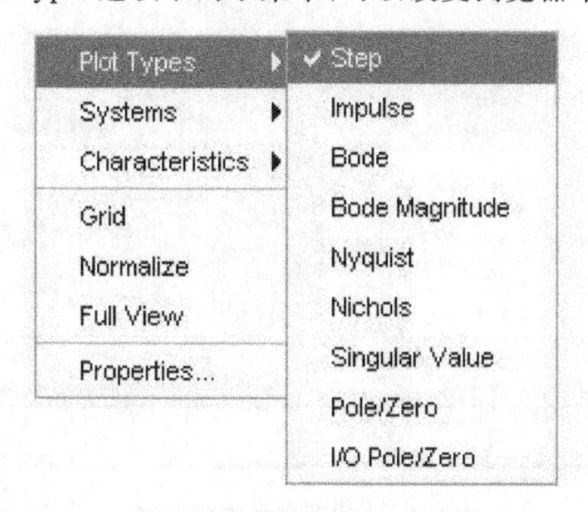

图 7-4 导入系统模型

由图 7-4 所示的菜单可知，使用 LTI Viewer，可以绘制系统的单位阶跃响应曲线(Step)、单位脉冲响应曲线(Impulse)、波特图(Bode)、波特图幅值图(Bode Magnitude)、奈奎斯特图(Nyquist)、尼科尔斯图(Nichols)、奇异值分析(Singular Value)和零极点图(Pole/Zero)等。

7.1.3 响应曲线绘制布局改变

在默认的情况下，LTI Viewer 窗口只绘制一个系统响应曲线。如果需要同时绘制多个系统响应曲线，则可以使用编辑(Edit)菜单下的绘图结构(Plot configurations)选项对 LTI 浏览器的图形绘制窗口的布局进行改变，并在指定的位置绘制指定的响应曲线。

图 7-5 所示为响应曲线绘制布局设置对话框，采用图 7-5 中的设置可以同时绘制出 4 幅不同的响应曲线，其图形如图 7-6 所示。

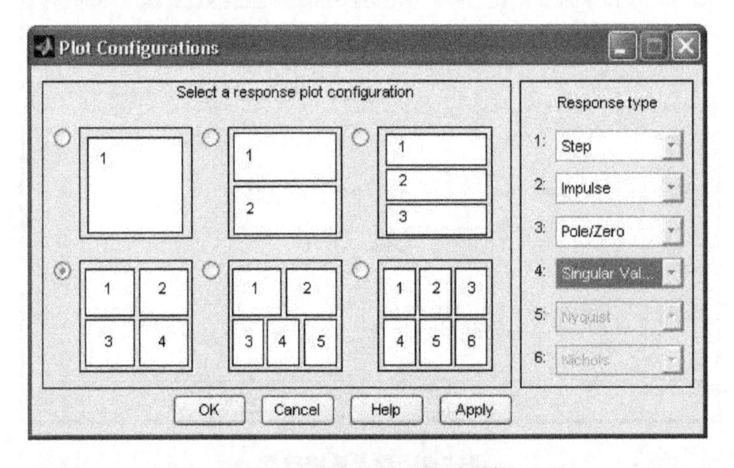

图 7-5 绘制布局设置对话框

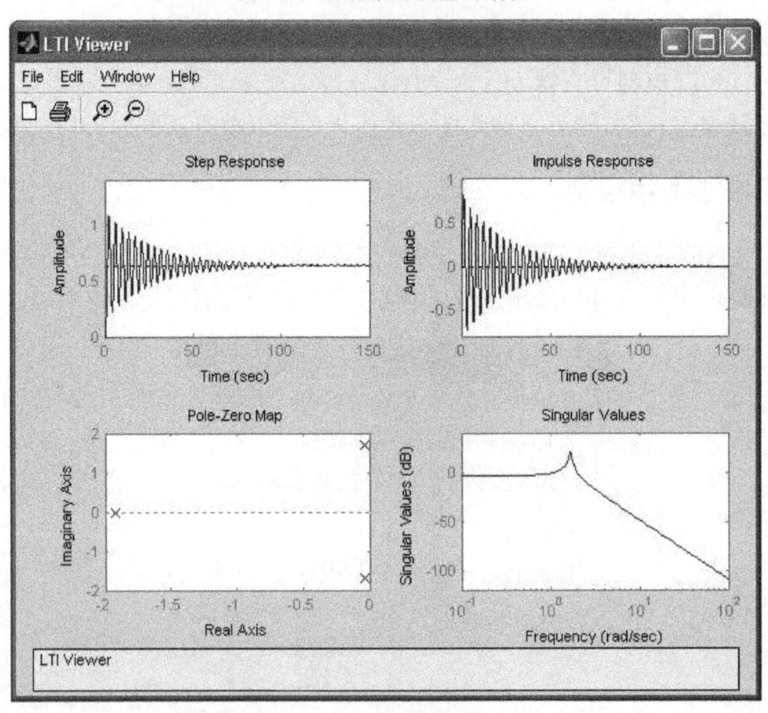

图 7-6 4 幅不同的响应曲线

7.1.4 系统时域与频域性能分析

使用 LTI Viewer 不仅可以方便地绘制系统的各种响应曲线，还可以从系统响应曲线中获得系统响应信息，从而使用户可以对系统性能进行快速的分析。其操作方式具体如下。

首先，通过单击系统响应曲线上任意一点，可以获得动态系统在此时刻的所有信息，包括运行系统的名称、系统的输入输出以及其他与此响应类型相匹配的系统性能参数。例如，对于系统的单位阶跃响应，单击响应曲线中的任意一点，可以获得系统响应曲线上此点所对应的系统运行时间(Time)、幅值(Amplitude)等信息。

其次，用户可以在 LTI Viewer 的图形窗口中通过单击鼠标右键，从弹出的快捷菜单中选择参数(Characteristics)选项来获得响应的特性参数。对于不同类型的系统响应曲线，用于描述响应特性的参数也不相同，但是都可以使用类似方法从响应曲线中获得相应的信息。

以上操作方式与采用相应函数产生的响应曲线图是一样的，如用 step 函数产生阶跃响应曲线后，也可以单击响应曲线中的任意一点，获得系统响应曲线上此点信息，同样可以通过参数(Characteristics)选项来获得响应的特性参数。

7.1.5 图形界面的参数设置

对 LTI Viewer 图形窗口的参数控制有两种方式。

1. 对整个浏览器窗口 LTI Viewer 进行控制

单击 LTI Viewer 窗口的 Edit 菜单下的浏览器参数(Viewer Preferences)命令对浏览器进行设置(此设置的作用范围为 LTI Viewer 窗口以及所有系统响应曲线绘制区域)，如图 7-7 所示。

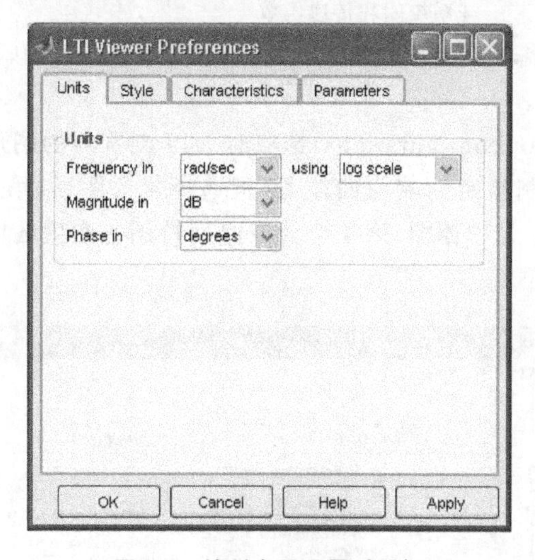

图 7-7　绘制布局设置对话框

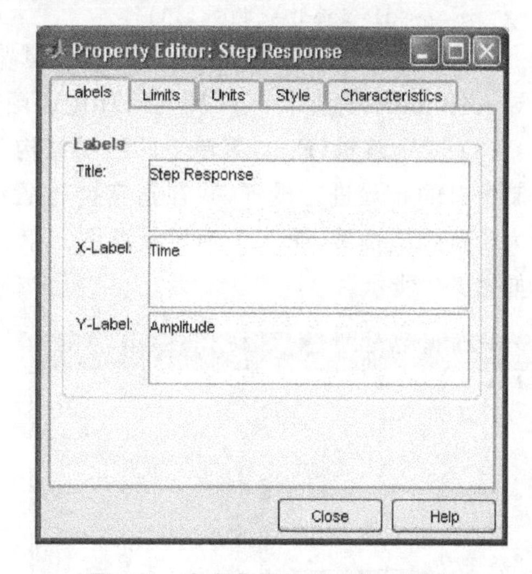

图 7-8　响应曲线特性设置对话框

Viewer Preferences 对话框有 4 个选项：

(1) 单位(Units)：设置系统图形显示时的频率、幅值以及相角的单位；

(2) 类型(Style)：设置系统响应曲线图形是否绘制网格、图形窗口的字体和颜色；

(3) 特征值 (Characteristics)：设置系统响应曲线的性能特性参数；

(4) 参数(Parameters)：设置系统响应曲线的输出时间矢量与频率矢量；

2. 对某一系统响应曲线绘制窗口进行操作

在系统响应曲线绘制窗口中单击鼠标右键，选择弹出菜单中的特性(Propertise)对指定响应曲线的显示进行设置，如图 7-8 所示。

特性(Propertise)对话框中有 5 个选项：

(1) 标签(Labels)：设置系统响应曲线图形窗口的标题、坐标轴的标签；

(2) 范围(Limits)：设置坐标轴的输出范围；

(3) 单位(Units)：设置系统响应曲线图形的显示单位；

(4) 类型(Style)：设置系统响应曲线图形是否绘制网格、图形窗口的字体和颜色；

(5) 特征值(Characteristics)：设置系统响应曲线的性能特性的参数。

7.1.6 系统分析实例

【例 7-2】 设反馈控制系统的开环传递函数如下，其他如【例 6-5】描述。

$$G_o(s)=\frac{1}{s\left(\frac{1}{6}s+1\right)\left(\frac{1}{2}s+1\right)}$$

利用 LTI 浏览器分析该系统的性能。

解：打开 LTI 浏览器，利用系统的闭环传递函数绘制系统的闭环单位阶跃响应，闭环的零极点图，按时域分析法对系统进行分析；利用系统的开环传递函数绘制系统的伯德图和奈奎斯特图，按频域分析法对系统进行分析，分析系统步骤如下。

(1) 在命令窗口中输入系统模型，包括开环与闭环传递函数。

```
>>num=1;
>>den=conv([1 0],conv([1/6 1],[1/2 1]));
>>Gtf=tf(num,den);                        %系统开环传递函数
>>Gcl=feedback(Gtf,1);                    %系统闭环传递函数
```

(2) 在命令窗口中输入 ltiview，打开浏览器，利用 LTI Viewer 窗口中编辑(File)菜单下的导入(Import)命令导入开环与闭环传递函数。

(3) 使用编辑(Edit)菜单下的绘图结构(Plot configurations)选项对 LTI 浏览器的图形绘制窗口的布局进行设置，并在指定的位置绘制指定的响应曲线，这里选择 4 个图形，第 1 个为阶跃响应曲线，第 2 个为零极点图。第 3 个为伯德图，第 4 个为奈奎斯特图。产生的图形如图 7-9 所示。

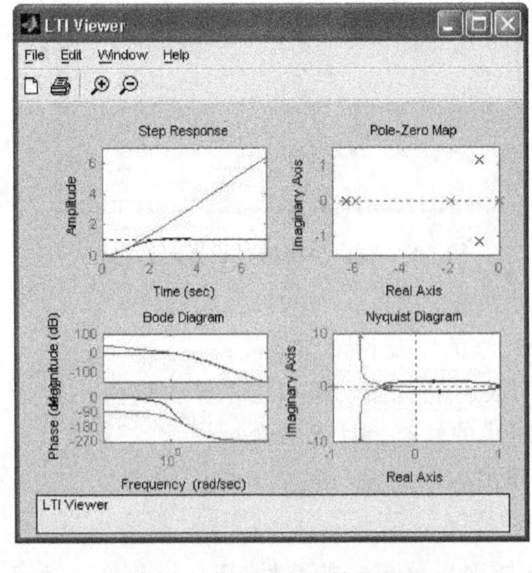

图 7-9 含有两个系统的图形

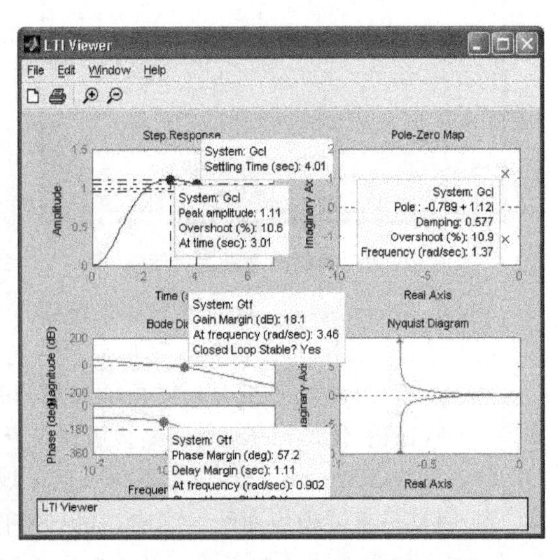

图 7-10 进行了性能标注的响应曲线

可以看到，每个图形都包含了开环与闭环两个系统。注意：对于时域分析法时，应该选用闭环传递函数，对于频率分析法，选用开环传递函数。

(4) 在第 1 个图（阶跃响应曲线）、第 2 个图（零极点图）中，右击在弹出的快捷菜单中，单击系统(Systems)选项，将 Gtf（开环系统传递函数）前面的钩去掉。在第 3 个图（伯德图）、第 4 个图（奈奎斯特图）中，将 Gcl（闭环系统传递函数）前面的钩去掉。

同样，利用快捷菜单，对图形进行标注，如图 7-10 所示。

分析图 7-10，从系统的时域性能指标来看，其单位阶跃峰值为 1.11，超调量为 10.6%，调整时间为 4.01 s，系统的所有 3 个闭环极点都落在 S 平面的左半平面上，系统是稳定的，一个主导极点为 $-0.789+1.12i$，比较靠近虚轴；从系统的频域性能指标来看，其幅值裕度为 18.1 dB，相角裕度为 57.2°，截止频率为 0.902 rad/sec，截止频率相对较小。

所以，从以上分析可以看到，该系统无论从快速性，还是从稳定性的方面考虑，都有进行调整的余地。具体的系统分析与校正设计请看【例 6-5】。

7.2 单输入单输出系统设计工具(SISO Design Tool)

LTI Viewer 的使用使得用户对系统的线性分析变得简单而直观，但 LTI Viewer 只是控制系统工具箱中所提供的较为简单的分析工具，主要用来完成系统的分析与线性化处理，而并非系统设计。

SISO Design Tool 设计工具是控制系统工具箱所提供的一个强能非常强大的单输入单输出线性系统设计器，它为用户提供了非常友好的图形界面。在 SISO 设计器中，用户可以使用根轨迹法与伯德图法，通过修改线性系统零点、极点以及增益等传统设计方法进行 SISO 线性系统设计。

7.2.1 SISO 设计器的启动

在 MATLAB 命令窗口中，可以用以下两种方法启动 SISO Design Tool。

(1) 在 MATLAB 的命令窗口中直接键入 sisotool 或 rltool 命令；键入 sisotool 与 rltool 命令的区别在于 rltool 命令只打开根轨迹设计界面，而不打开伯德图设计界面。

(2) 在 MATLAB 窗口的左下角开始(Start)菜单中，单击“Toolboxs→Control system”命令子菜单中的“SISO Design Tool”选项。

以上两种方式启动方式的区别：在命令窗口直接键入 sisotool 命令的第 1 种方式启动时，系统给出了补偿环节、系统结构形式、根轨迹和伯德图的空白显示窗口，此时由于尚未输入系统模型，故无响应曲线显示，如图 7-11 所示。在通过开始(Start)菜单的第 2 种方式启动时，运行界面采用了默认系统模型，且同时在根轨迹编辑器(Root Locus Editor)中显示系统的根轨迹图形，在开环伯德图编辑器(Open-Loop Bode Editor)中显示开环伯德图曲线，如图 7-12 所示。

7.2.2 系统模型输入

跟在 LTI 浏览器输入系统模型一样，SISO 工具的使用，首先必须先构造并确定系统的模型，然后再导入到 SISO 工具中。

将模型导入并系统结构的方法有两种。

(1) 在 MATLAB 的命令窗口中键入 SISO 命令，同时设置 SISO 命令的系统参数。

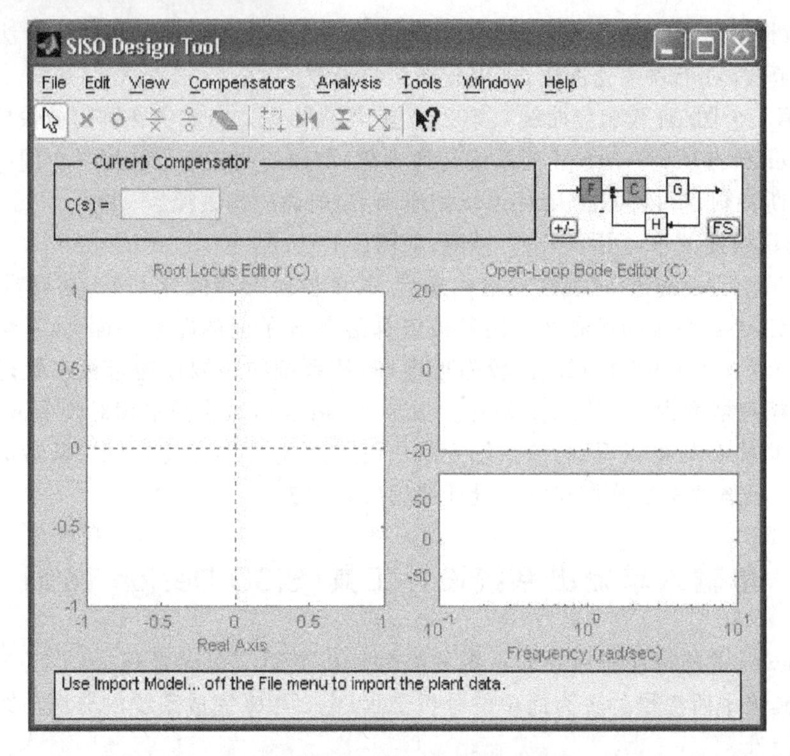

图 7-11　第 1 种启动方式界面

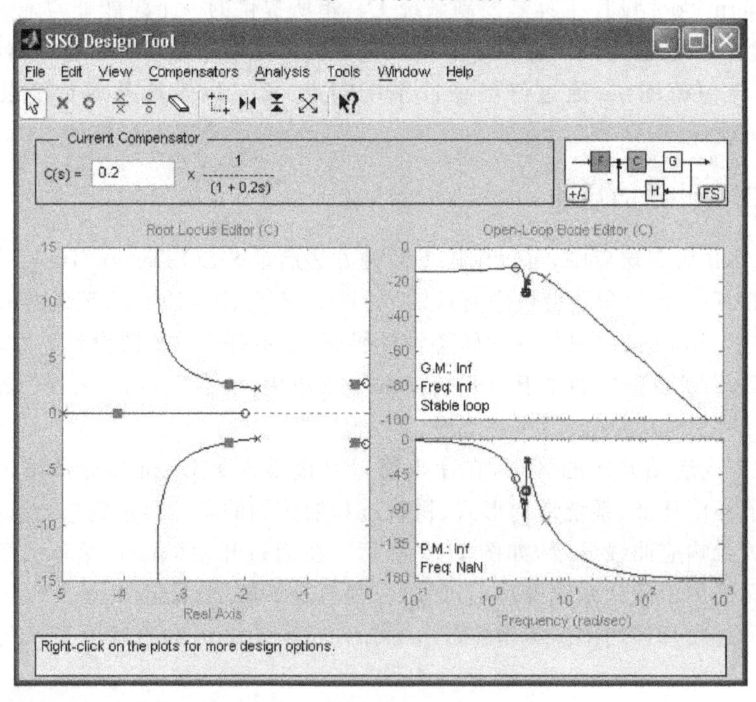

图 7-12　第 2 种启动方式界面

其常用的调用格式如下：

```
SISOTOOL(G)
SISOTOOL(G,C)
SISOTOOL(VIEWS,G,…)
```

其中：G 是系统模型，C 是补偿器模型，VIEWS 是 SISO 界面选择的图形类型，包括根轨迹图

(rlocus)、伯德图(bode)、尼科尔斯(nichols)和前置滤波装置(prefilter)等。

【例 7-3】 输入如下命令：

```
num=3.5;den=[1 2 3 2];
Go=tf(num,den);Gc=feedback(Go,1)
sisotool({'rlocus','bode'},Go)
```

运行后，在 SISO 工具中打开开环系统 Go 的根轨迹和伯德图，如图 7-13 所示。

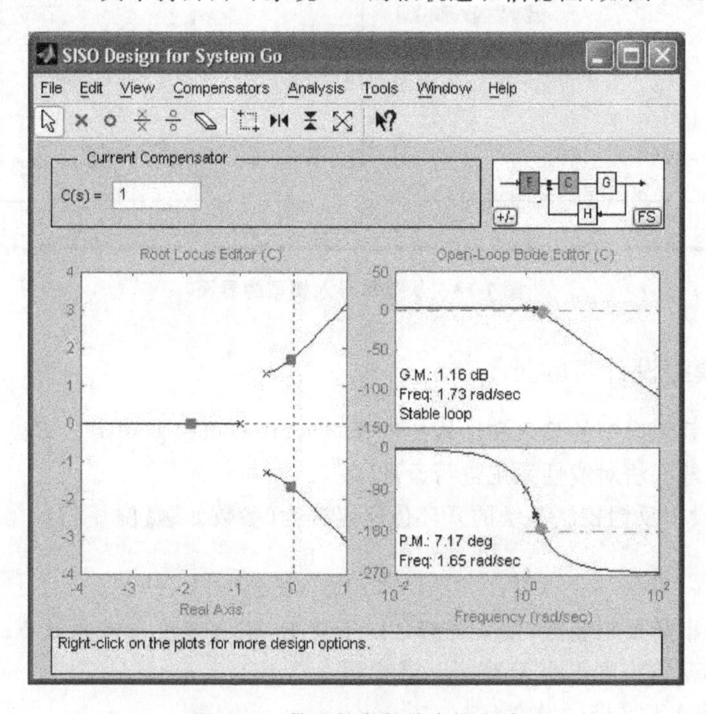

图 7-13 带函数参数的直接启动

(2) 在启动 SISO 工具之后，利用 SISO 设计窗口中编辑(File)菜单下的导入(Import)命令。在命令窗口中输入【例 7-3】中的系统：

```
num=3.5;den=[1 2 3 2];
Go=tf(num,den);
Gc=feedback(Go,1)
```

运行后，将在工作空间中保存有以上变量 num、den，系统 Go、Gc。利用 Sisotool 命令，打开 SISO 工具后，在编辑(File)菜单下单击导入(Import)命令。打开导入系统数据(Import System Data)界面，可以导入系统模型，选中 Go，然后点击 OK 即可，如图 7-14 所示。

控制系统结构图，如图 7-14 右上角系统数据(System Data)模块所示，可以改变系统的结构，包括对控制对象(Plant)、传感器(Sensor)、补偿器(Compensator)和预滤波器(Prefilter)的设置等，系统为用户提供了 6 种结构的形式供选择，这些选择可以通过单击其他…(Other…)按键实现；用户还可以改变控制系统结构图的标号和反馈极性等。

图 7-14 中，系统数据(System Data) 对话框中显示了当前系统的 4 个环节及参数值，其中系统 G=Go，其他环节均为 1。系统各环节的参数值，用户可利用两种方法灵活改变：一是首先用鼠标单击相关环节数据(Data)框中的当前值，然后利用键盘直接输入环节模型参数即可；二是首先选定相关环节，然后利用该窗口中的浏览(【Browse】)按键便可打开并选择模型输入。

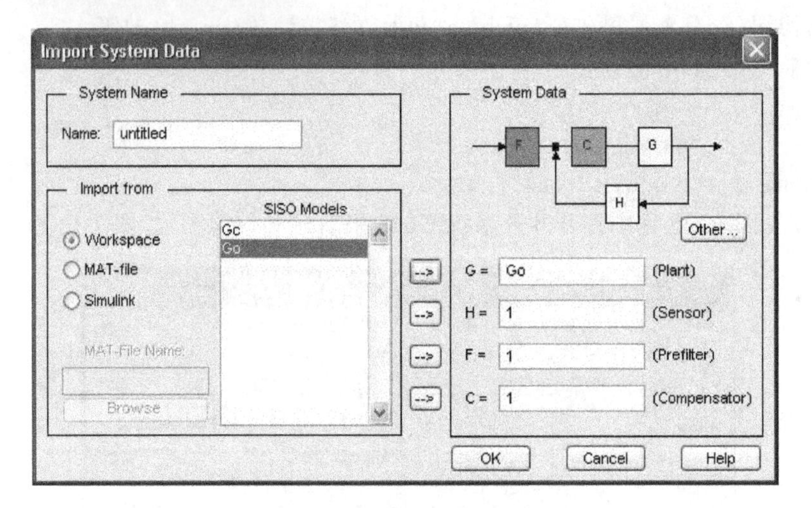

图 7-14　从菜单导入模型的界面

7.2.3　系统模型设计与验证

在完成线性系统模型的输入和结构的选择之后，用户可以使用诸如零极点配置、根轨迹以及系统伯德图等方法对线性系统进行设计。

【例 7-4】　设一反馈控制系统的开环传递函数为(参数如题【例 6-4】)。

$$G_o(s)=\frac{1}{s(0.1s+1)(0.2s+1)}$$

试设计一个串联校正装置，使系统满足以下要求：稳态速度误差系数 $K_v=30\ s^{-1}$，相角裕度不小于 40°，幅值裕度不小于 10 dB，截止频率不小于 2.3 rad/s。

解：利用 SISO 工具进行设计。

(1) 输入系统模型：

```
num=1;den=conv([1 0],conv([0.1 1],[0.2 1]));
Gtf=tf(num,den);
Gcl=feedback(Gtf,1);
sisotool({'rlocus','bode'},Go)
```

运行程序后得到如图 7-15 所示界面，从图中可以看到，幅值裕度为 7.07 dB，截止频率为 0.977 rad/s，系统的稳定性好，但是快速性较差，不符合系统要求。

(2) 设置补偿器。

从【例 6-4】分析中知道，可以采用串联滞后校正装置，其传递函数为

$$G_c(s)=\frac{30(s+0.246)}{s+0.023}$$

单击图 7-15 中的 Current Compensator(当前补偿器)对话框，弹出图 7-16 所示对话框，将增益(Gain)设置为 30，将零点(Zeros)设置为－0.246，将极点(Poles)设置为－0.023，点击 OK 按键，得到修改后的系统如图 7-17 所示。

另外，用户也可能利用 SISO 窗口中功能菜单下面的零极点的快捷键×、○、$\frac{\times}{\times}$、$\frac{\bigcirc}{\bigcirc}$等，直接在根轨迹编辑器中增减补偿器 C 的零极点；在根轨迹编辑器中，还可直接利用鼠标拖动补偿器的零极点，以改变零极点的分布；而通过拖动紫色方块可改变其增益等，以进一步对系统的根轨迹进行控制与操作。

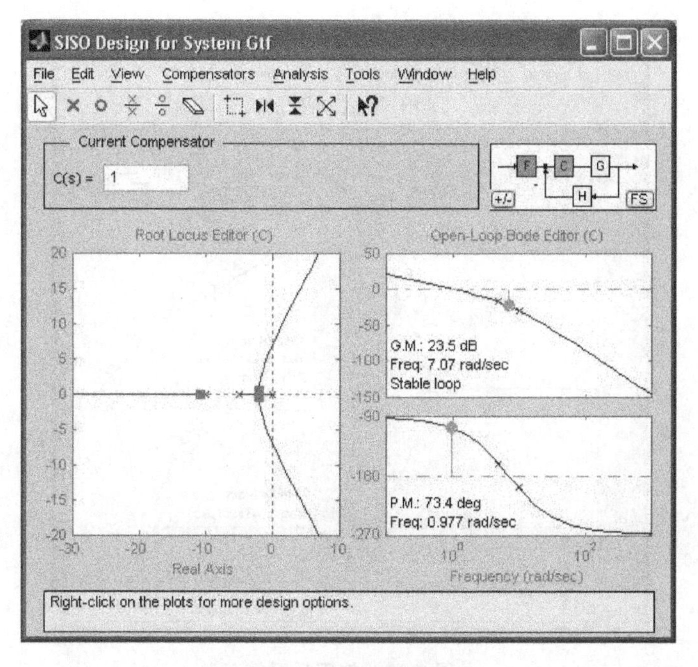

图 7-15　原系统 SISO 窗口

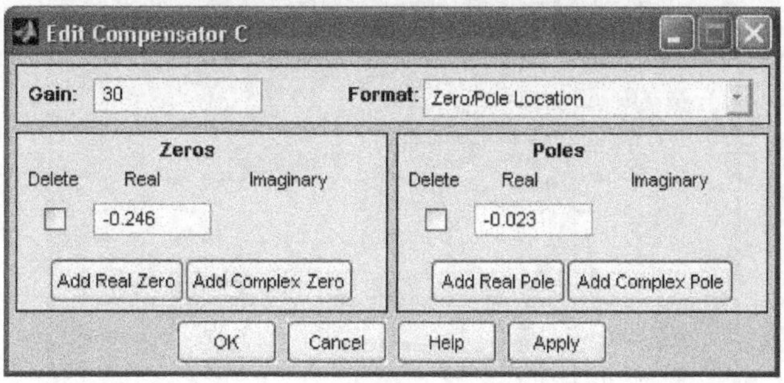

图 7-16　补偿器设置对话框图

(3) 系统的验证。

在使用 SISO Design Tool 完成系统的设计之后，在系统实现之前必须对设计好的系统进行验证，除了对 SISO 窗口中的伯德图标注的性能指标进行验证之外，也可以进行设置并进行时域仿真分析，进一步对控制器进行验证，以确保系统设计的正确性。

SISO Design Tool 提供了时域响应分析的方法，用户可以利用 SISO 窗口中的分析(Analysis)菜单下的阶跃响应(Response to Step Command)命令，直接由设计好的系统生成相应的单位阶跃响应曲线，如图 7-18 所示。也可以生成单位脉冲响应曲线。

SISO Design Tool 提供了 Simulink 集成的方法，用 SISO 窗口中工具(Tools)菜单下的绘制仿真图(DrawSimulinkDiagram)命令，直接由设计好的系统生成相应的 Simulink 系统框图。在生成 Simulink 系统模型之前，必须保存线性系统的执行结构、补偿器以及传感器等 LTI 对象至 MATLAB 工作空间中。生成系统的结构框图中，将输入信号改为单位阶跃信号模块，如图 7-19 所示。

运行图 7-19 所示模型，同样得到阶跃响应图，如图 7-18 所示。

以【例 7-4】为例，从图 7-17 可以看到，相角裕度为 44.8°，幅值裕度为 14 dB，截止频率为

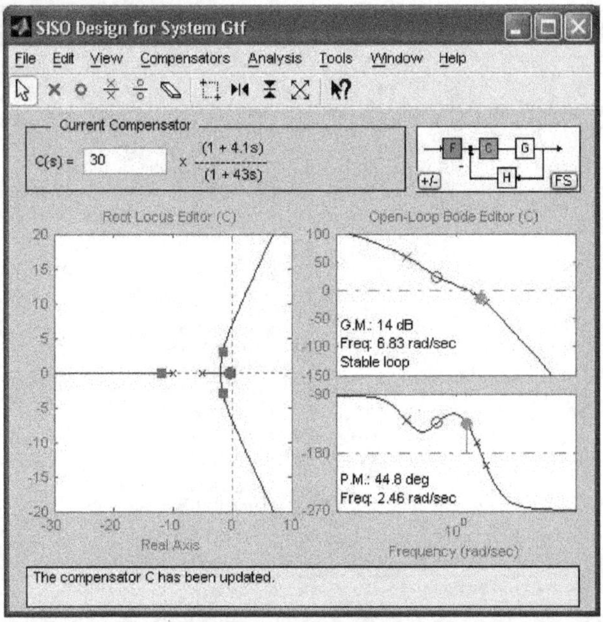

图 7-17　校正后系统

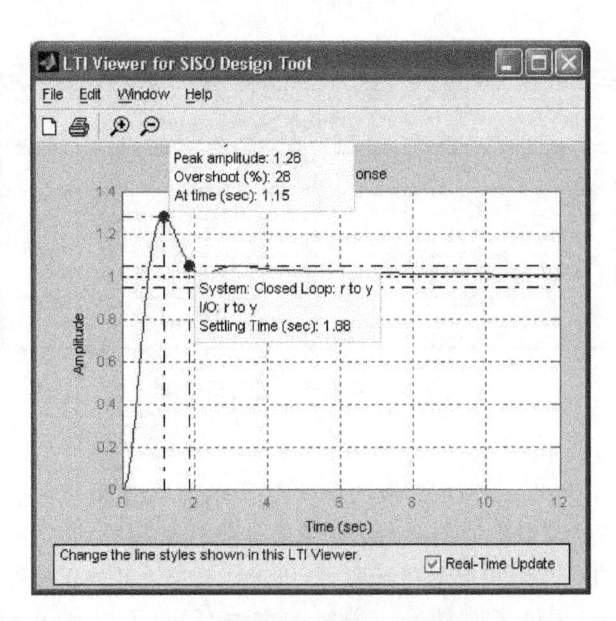

图 7-18　校正后系统阶跃响应

2.46 rad/s。从图 7-18 可以看到，系统的超调为 28%，调整时间为 1.88 s。

7.2.4　设计实例

【例 7-5】 设反馈控制系统的开环传递函数如下，如【例 6-5】描述。

$$G_o(s)=\frac{k}{s\left(\frac{1}{6}s+1\right)\left(\frac{1}{2}s+1\right)}$$

利用 SISO 设计工具进行设计，设计一个串联校正装置，使系统满足以下要求：稳态速度误差系数 $K_v=180\ \mathrm{s}^{-1}$，相角裕度不小于 45°，幅值裕度不小于 10 dB，动态过程调节时间不超

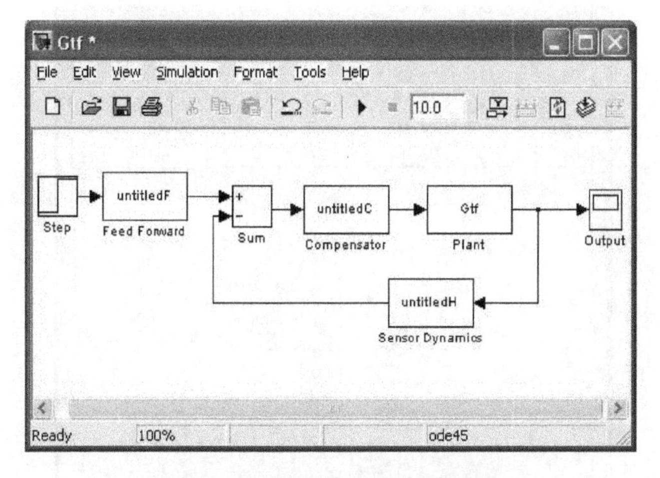

图 7-19 校正后生成的系统框图

过 3 s。

解:在【例 7-2】中,利用 LTI 浏览器,按时域分析法和频域分析法对系统进行分析,从系统的时域性能指标来看,其单位阶跃峰值为 1.11,超调为 10.6%,调整时间为 4.01 s,系统是稳定的,一个主导极点为 $-0.789+1.12i$,比较靠近虚轴;从系统的频域性能指标来看,其幅值裕度为 18.1 dB,相角裕度为 57.2°,截止频率为 0.902 rad/sec,截止频率相对较小。所以,从以上分析可以看到,该系统无论从快速性,还是从稳定性的方面考虑,都有进行调整的余地。

利用 SISO 设计工具设计步骤如下。

(1) 根据设计要求:$K_v=180\ s^{-1}$,得到($k=180$),在命令窗口中输入系统模型,包括开环与闭环传递函数($k=180$)。

```
>>num=180;
>>den=conv([1 0],conv([1/6 1],[1/2 1]));
>>Gtf=tf(num,den);                              %系统开环传递函数
>>Gcl=feedback(Gtf,1);                          %系统闭环传递函数
```

(2) 在命令窗口中输入 sisotool,打开浏览器,如图 7-20 所示,利用 SISO 窗口中编辑(File)菜单下的导入(Import)命令导入系统开环传递函数。再利用 SISO 窗口中的分析(Analysis)菜单下的阶跃响应(Response to Step Command)命令,直接由原系统生成相应的单位阶跃响应曲线,如图 7-21 所示。

此时系统的幅值裕度为-27 dB,相角裕度为-55.1°,截止频率为 12.4 rad/sec。系统处于不稳定状态。

(3) 进行补偿器设计。

根据分析,校正环节的传递函数如下(请参照【例 6-5】)。

$$G_c(s)=\frac{(1+T_a s)(1+T_b s)}{(1+\alpha T_a s)\left(1+\dfrac{T_b}{\alpha}s\right)}=\frac{(1+1.28s)(1+0.5s)}{(1+64s)(1+0.01s)}$$

单击图 7-20 中的当前补偿器(Current Compensator)对话框,弹出如图 7-22 所示的对话框,将增益(Gain)设置为 1.28×0.5/64/0.01(即等于 1),增加两个零点(Zeros),分别为-1/1.28 和-1/0.5,增加两个极点(Poles),分别为-1/64 和-1/0.01,点击 OK 按键,得到修改后的系统,如图 7-23 所示。

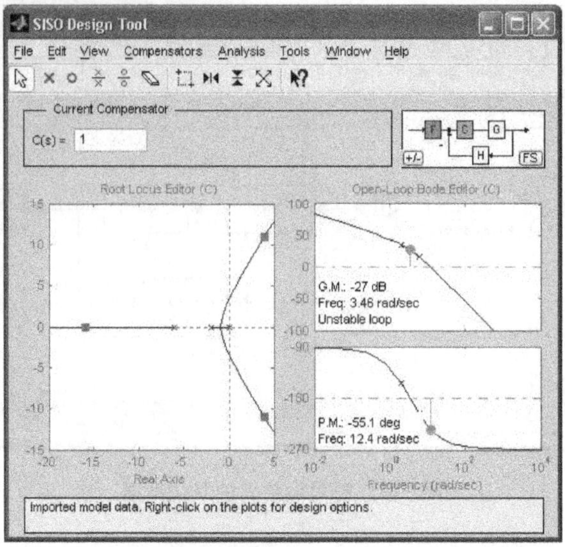

图 7-20　校正前系统 SISO 界面

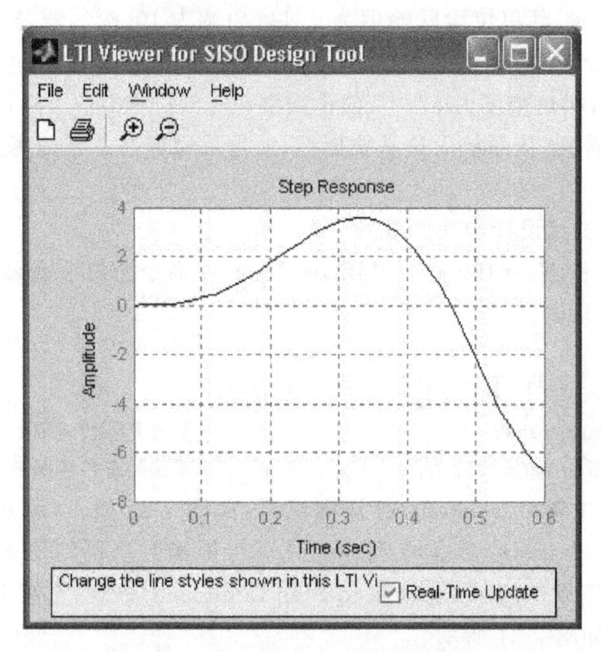

图 7-21　校正前系统的单位阶跃响应

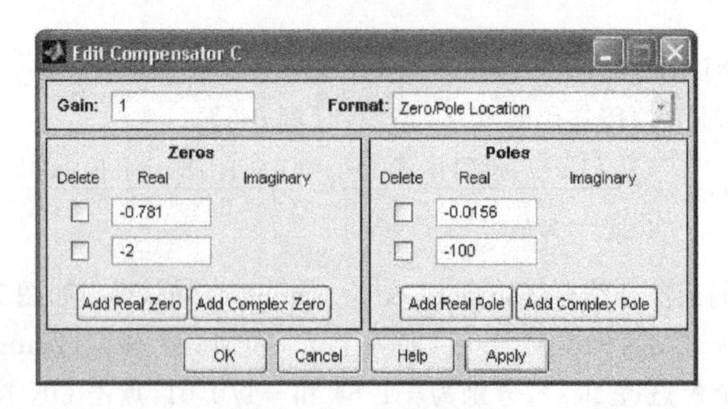

图 7-22　补偿器对话框

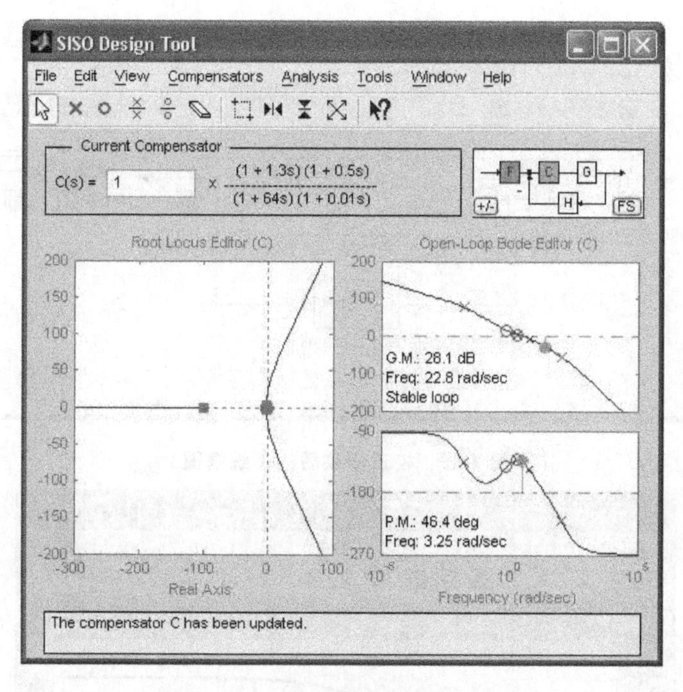

图 7-23 校正后生成的 SISO 窗口

(4) 系统的验证。

利用 SISO 窗口中的 Analysis 菜单下的阶跃响应(Response to Step Command)命令,直接由设计好的系统生成相应的单位阶跃响应曲线,如图 7-24 所示。

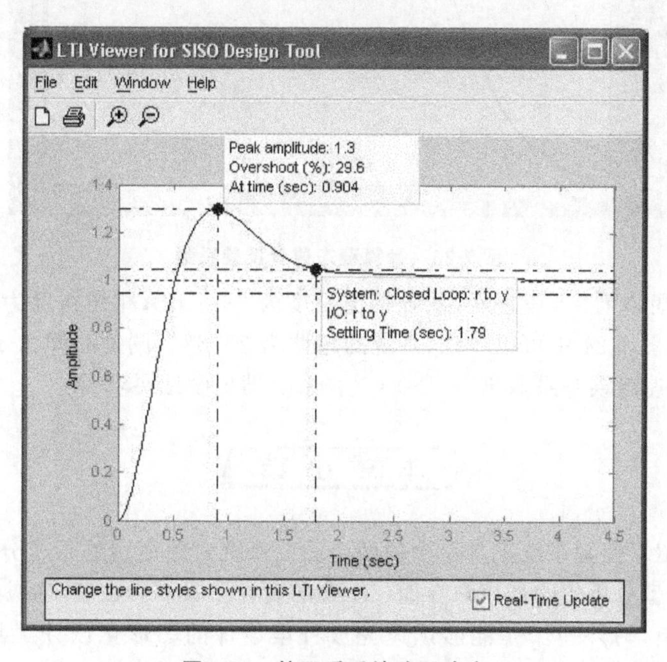

图 7-24 校正后系统阶跃响应

利用 SISO 窗口中工具(Tools)菜单下的绘制仿真结构图(DrawSimulinkDiagram)命令,直接由设计好的系统生成相应的 Simulink 系统框图。将结构框图进行修改以便验证系统的稳态性能(稳态速度误差系数),修改后如图 7-25 所示,运行后得到图 7-26。

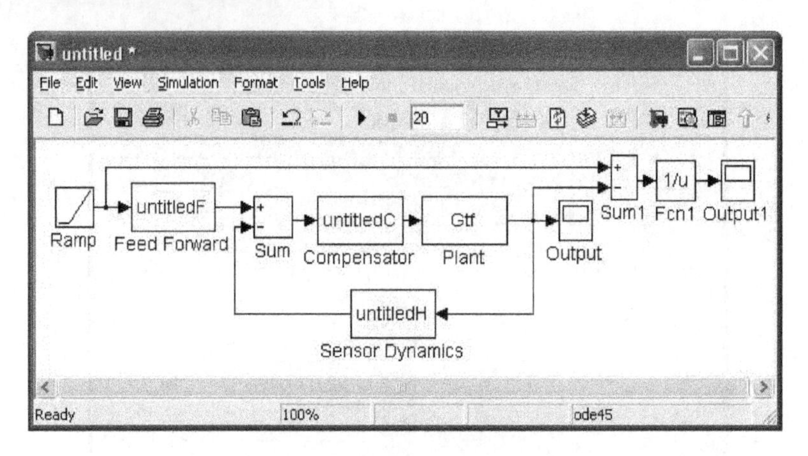

图 7-25 校正修改后的系统框图

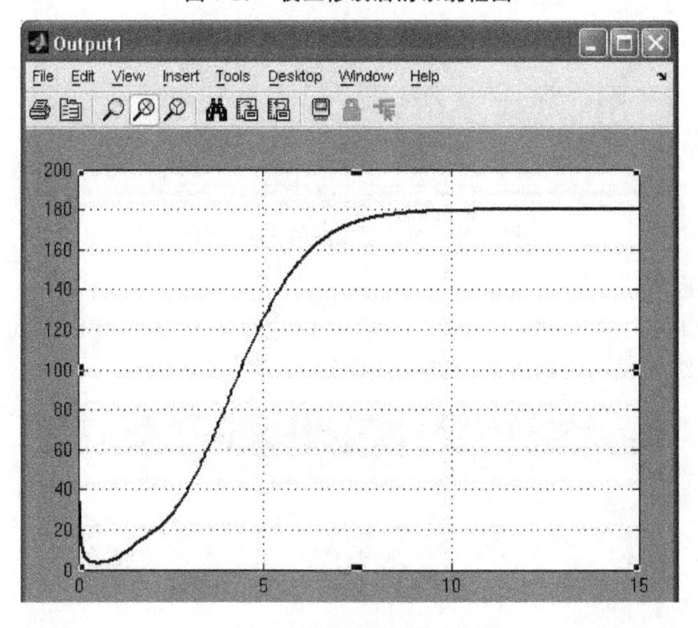

图 7-26 计算稳态速度误差系数

从图 7-23 中可以看到，校正后，系统幅值裕度为 28.1 dB，相角裕度为 46.4°，截止频率为3.25 rad/s。从图 7-24 中可以看到，系统的超调为 29.6%，调整时间为 1.79 s，从图 7-26 中可以得到，稳态速度误差系数 $K_v=180\ s^{-1}$。系统满足设计要求。

本章小结

本章主要介绍了控制系统工具箱中的两个面向系统对象模型的系统分析设计的重要工具，一个是用于模型分析的图形用户界面(GUI)的设计工具——LTI Viewer，使得观察系统响应变得非常简单，另外一个是能够迅速完成补偿设计的图形化设计工具——SISO 设计工具。

LTI Viewer 可以提供绘制浏览器模型的主要时域和频域响应曲线，可以利用浏览器提供的优良工具，对各种曲线进行观察分析；SISO 设计工具允许使用根轨迹、波特图、尼科尔斯图等手段进行系统补偿设计，同时可对系统进行阶跃响应等各种 LTI 分析。

本章通过实例让读者来快速掌握这两种工具。

习 题 7

7.1 已知典型二阶系统的传递函数为 $G=\frac{4}{s^2+2s+4}$，使用线性时不变系统浏览器图形工具——LTI Viewer 进行系统分析。

7.2 已知系统的开环传递函数为：$G=\frac{20}{s^2+4s}$，使用线性时不变系统图形工具——LTI Viewer 进行系统分析。

7.3 已知系统的闭环传递函数为：$G=\frac{80}{s^2+10s+100}$，应用 LTI Viewer 对系统进行分析。

7.4 已知系统的开环传递函数为：$G(s)=\frac{2}{s(0.25s+1)(0.1s+1)}$，使用单输入单输出线性系统设计器——SISO Design Tool 进行设计，使其校正后系统静态速度误差系数小于 10，超调量 $\sigma\%\leqslant 40\%$，调节时间 $t_s\leqslant 0.97$ s。

7.5 设单位负反馈系统被控对象的传递函数为 $G(s)=\frac{10(s+0.01)}{s(s^2+0.01s+0.0025)}$，应用 SISO Design Tool 设计控制器 $G_c(s)$，使系统的性能指标为 $\gamma=50°$。

7.6 设单位负反馈系统被控对象的传递函数为 $G(s)=\frac{30s+15}{s^3+9s^2+17s+10}$，使用 SISO Design Tool 设计控制器 $G_c(s)$，使系统的性能指标为 $t_s<1.0$ s，$\delta_p=20\%$。

第8章 自动控制仿真实验

为了配合自动控制建模与仿真课程的学习，本章设计了17个实验，每个实验由4个部分组成，包括实验目的、实验准备、实验内容与实验练习。实验目的介绍本实验的目标，达到的学习效果，实验准备简要介绍学习本实验所要预备的知识点及本实验知识点的概述，实验内容较为详细地介绍了本实验涉及的知识，是对前7章对应内容的一个总结补充，实验练习则通过实验题目对学习后的课程内容进行检验。如果读者对实验内容较为熟悉，可以直接进行实验练习，每个实验2学时，共34学时的实践训练。

17个实验的内容涉及对MATLAB的了解，基本数学运算，Simulink环境使用，控制系统的时间响应分析，控制系统的根轨迹，控制系统的频率分析，自动控制的校正，还有综合性实验，GUI设计等前面章节中的知识。通过以下17个实验的练习，使读者能较为熟练地掌握自动控制系统的仿真实验。

8.1 实验1 MATLAB基本操作

1. 实验目的

(1) 熟悉MATLAB的窗口界面及各菜单项的基本用途与使用。

(2) 熟悉MATLAB的命令窗口的基本用途与使用。

(3) 了解MATLAB的矩阵运算；掌握MATLAB基本命令与操作。

(4) 了解MATLAB的多项式运算。

(5) MATLAB的编辑和调试操作环境、图形操作环境的基本用途与使用。

(6) 了解plot与figure函数的运用。

2. 实验准备

了解MATLAB软件的强大功能，熟悉基本操作。

MATLAB在数值计算、符号运算上具有强大的运算功能。用户可以用它来处理矩阵计算，多项式运算，微积分运算，方程组的求解，统计与优化等问题。

向量和矩阵是MATLAB语言的数据单元，它可以实现程序流程控制，包括顺序、选择、循环等多种，跟高级计算机语言一样具有大量的运算符、函数、数据结构，还具有面向对象的编程。MATLAB可以解决简单问题，也能开发复杂的大型程序。MATLAB的开放性及扩展性，使它在工程应用上非常流行。

3. 实验内容

1) MATLAB桌面系统

桌面平台是各桌面组件的综合平台，不同功能的桌面组件构成了整个MATLAB操作平台。MATLAB的桌面平台如图8-1所示。

其组件有很多，常用的有如下6个组件：

(1) 命令窗口(Command Window)；

(2) 历史命令窗口(Command History)；

(3) 路径浏览器(Current Directory Browser)；

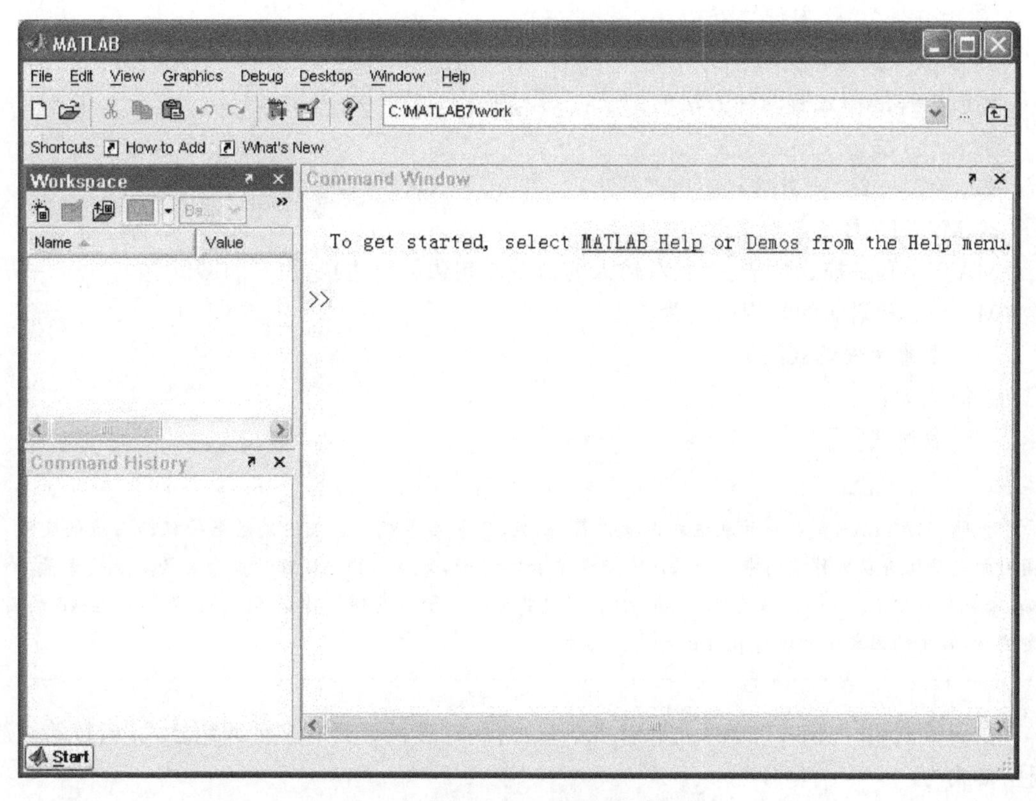

图 8-1 MATLAB 桌面平台

(4) 帮助浏览器(Help Browser);

(5) 工作空间浏览器(Workspace Browser);

(6) M 文件编辑调试器(Editor-Debugger)。

用户可以在 View 菜单下选择打开或关闭某个窗口。

2) MATLAB 命令窗口

命令窗口是 MATLAB 进行演算式操作的窗口,MATLAB 作为解释性语言,在 MATLAB 命令窗口中的符号“≫”后面键入一个 MATLAB 命令并按回车键,MATLAB 会立即进行处理,并显示处理结果。

命令窗口的操作非常简单,但是不适宜用来编写、调试修改和保存较大的程序。对于较大的完整程序,可以先通过程序文件编辑器(MATLAB 中也称为 M 文件编辑器)编写程序后运行调试,修改,最后再将整个程序的源代码保存为后缀名为“.m”的文件中。

3) MATLAB 基本操作命令

(1) 简单矩阵的输入。

MATLAB 原本就是为矩阵运算设计的语言,MATLAB 翻译为矩阵实验室,矩阵是 MATLAB 运算中所有变量的形式。矩阵的维数及类型在 MATLAB 中是没有限制的,使用矩阵时也无须事先定义其类型和维数,MATLAB 会根据存储空间的需要自动确定变量的类型和维数。

矩阵输入最容易理解的方式是直接输入矩阵的各个元素,其输入规则如下:

① 元素之间用逗号或空格间隔开;

② 用中括号“[ ]”把所有元素括起来;

③ 用分号“;”代表行结束。

2) 复数矩阵输入

复数矩阵的输入有两种方法的例子：

① a=[1;2]+i*[3;4];

② a=[1+2i 2+3i;3+4i 4+5i]。

3) MATLAB语句和变量

MATLAB是描述性语言，它对输入的命令语句边解释边执行。

MATLAB语句的常用格式为：

变量=表达式[;]

或简化为：

表达式[;]

说明：MATLAB语句中的表达式由操作符、函数、变量名等组成。表达式结果将赋给左边的变量，同时把变量保存在工作空间中。如果没有变量名和“=”号，则MATLAB自动产生名为ans的变量，例如，命令窗口中输入5+5，结果显示ans=10，同时将ans变量存储到工作空间。ans是MATLAB的固定变量，常用的固定变量还有pi、Inf、eps、NaN等。

在函数调用时，MATLAB允许有多个输出量，许多函数具有多种调用格式，函数的一般调用格式为：

[返回变量列表]=fun−name(输入变量列表)

例如用step函数来绘制系统的阶跃响应图或求得响应数值，可由下面不同的多种的格式调用：

```
step(sys)
[y,t]=step(sys)
step(sys1,'PlotStyle1',…,sysN,'PlotStyleN')
```

其中变量sys表示系统的传递函数模型，不带返回值时直接绘制系统单位阶跃响应曲线，带返回值时不绘制曲线，而是计算出响应值，看第3种格式，输入变量还可以有其他格式，包括多个系统的，对不同曲线线型的规定等。

4) 语句以“%”开始和以分号“;”结束的作用

高级程序语言中都有注释符，表示注解和说明，使得程序阅读与修改方便，注释符下的注解和说明是不执行的。在MATLAB中，以“%”作为注释符，以“%”开始的程序行，后面的一切内容都是不会被执行的。

分号“;”用来取消显示，如果MATLAB程序语句以分号结束，程序语句命令执行后，结果不在命令窗口显示。

5) 获取工作空间信息

MATLAB的桌面系统中有一个工作空间(Workspace)，工作空间用于存储命令执行过程中产生的所有变量。工作空间相当于计算机的缓存，在退出程序之后，这些变量将被删除，在退出程序之前，如果想清除工作空间中的所有变量，可以使用clear清除命令，如果只是想清除单个变量，例如变量“x”，可以输入命令clear x。

如果想在命令窗口中显示工作空间的变量清单，在命令窗口中输入who或whos命令就可以了。

6）常数与算术运算符

MATLAB采用十进制数，提供了常用的算术运算符包括：+，-，*，/（\），^（幂指数）。

7）MATLAB图形窗口

当函数调用产生图形时，MATLAB图形窗口自动建立。

图形窗口中的图形通过设置可通过打印机直接打印出来。图形导出并保存的格式可选emp、bmp、jpg等。命令窗口中的内容也是可以打印的。

4. 实验练习

1）MATLAB命令窗口的使用

（1）MATLAB数学应用例子。

①矩阵运算：

```
a=[2 3;1 3;2 1];
b=[1 2 3;2 3 4];
c=a*b
```

② 求导：

```
syms a x
f=a*x^2+5*x+6
```

③ 求积分：

```
syms a x
f=2*a*x+5;
int(f,x)
```

④ 解方程：

```
syms x
f=x^2+2*x+1
```

⑤ 解微分方程：

```
dsolve('Dy=1+y^2','x')
```

⑥ 拉氏变换：

```
syms s
y=laplace(0.5*exp(-t)+0.5*exp(-3*t))
```

⑦ 反拉氏变换：

```
syms s
y=ilaplace((s+2)/(s^2+4*s+3))
```

（2）MATLAB控制系统应用例子。

① 传递函数输入：

```
g=tf([1],[1,1,1]);
```

② 单位阶跃响应：

```
g=tf([2],[1,2,1]);
step(g)
```

③ 伯德图：

```
g=tf([3],[1,2,2]);
bode(g),grid
```

④ 绘制图形：

```
g=tf([1],[1 1 1])
t=0:0.1:10;
y=step(g,t);
plot(t,y),grid
```

2）MATLAB的编辑和调试操作环境、图形操作环境的基本用途与使用

编辑和调试操作环境练习如下。

（1）已知系统的开环传递函数 $G(s)H(s)=K/(s(s+1)(s+2))$，试绘制系统根轨迹，并确定系统临界稳定时对应的开环增益及对应系统临界阻尼比的开环增益。

```
clear;clc
num=1;
den=poly[0 -1 -2];                   %由系统极点求系统开环传递函数的分母
rlocus(num,den);                     %绘制根轨迹
[k,p]=rlocfind(num,den)              %确定根轨迹某一点处的开环增益值
```

（2）分析下列语句的作用：

```
figure('pos',[50,100,200,500])
set(gcf,'color','w')
```

3）理解 plot()与 figure()的用法

（1）编写并运行以下命令，分析命令的作用：

```
F=figure('pos',[50,100,200,150],'color','w');
A=axes('pos',[0.5,0.5,0.4,0.4]);
T=0:1:6;
plot(t,sin(t))
xlabel('这里是X轴');ylabel ('这里是Y轴');title('这里是标题')
```

（2）编程实现在同一图形操作环境中绘制：

① $y1=\sin 2t+\cos t$；

② $y2=\sin 2t$。

8.2 实验2 符号运算与矩阵运算

1. 实验目的

（1）掌握运用MATLAB进行简单的数学运算。

（2）学习MATLAB符号变量(表达式)的定义，符号运算相关函数。

（3）掌握运用MATLAB的符号数学工具箱进行符号运算。

（4）掌握运用MATLAB进行的简单矩阵运算。

（5）掌握MATLAB的矩阵运算规则。

2. 实验准备

MATLAB即“矩阵实验室”，矩阵是其基本运算单元。MATLAB的强大功能之一体现在能直接处理向量或矩阵。

与一般的数值计算不同，符号计算是对字符串符号进行分析和运算，为了便于理解，大家可以将符号计算看作“由计算机实现的数学公式推导”。进行符号计算时，MATLAB负责将计算请求提交给其内置的MAPLE组件并返回MAPLE的计算结果。MATLAB的符号计算历经多次的改进和完善，其功能已经非常强大，尤其是在大规模的简单公式推导、逻辑

推导等方面有重要应用。

MATLAB的符号数学工具箱可以完成几乎所有的符号运算功能。这些功能主要包括：符号表达式的运算，符号表达式的复合、化简，符号矩阵的运算，符号微积分、符号函数画图，符号代数方程求解，符号微分方程求解等。此外，工具箱还支持可变精度运算，既支持符号运算并以指定的精度返回结果。

3. 实验内容

1）符号对象的创建

MATLAB符号运算工具箱处理的对象主要是符号常量、符号变量以及符号表达式。要实现符号运算，首先需要将处理对象定义为符号变量或符号表达式。

命令1：sym

功能：定义一个符号常量、符号变量或符号表达式。

命令2：syms

功能：创建多个符号对象。

例：syms a b x % 定义a,b,x均为符号变量。

2）(符号)矩阵的算术运算

命令：+、-、*、.*、\、.\、/、./、^、.^、'、.'

功能：符号矩阵的算术操作

用法如下：

A+B、A-B：符号阵列的加法与减法。

A*B：符号矩阵乘法。

A.*B：符号数组的乘法。A.*B为按参量A与B对应的分量进行相乘。

A\B：矩阵的左除法。X=A\B为符号线性方程组A*X=B的解。

A.\B：数组的左除法。

A/B：矩阵的右除法。X=B/A为符号线性方程组X*A=B的解。

A./B：数组的右除法。A./B为按对应的分量进行相除。

A∧B：矩阵的方幂。计算矩阵A的整数B次方幂。

A.∧B：数组的方幂。A.∧B为按A与B对应的分量进行方幂计算。

A'：矩阵的Hermition转置。若A为复数矩阵，则A'为复数矩阵的共轭转置。

A.'：数组转置。A.'为真正的矩阵转置，其没有进行共轭转置。

3）符号运算函数

下面用例题来演示各个重要的符号运算函数的使用。

(1) 极限。

MATLAB求极限命令可如表8-1所示。

表8-1 极限运算符

调用格式	MATLAB命令
$\lim\limits_{x \to a} f(x)$	Limit(f,x,a)或limit(f,a)
$\lim\limits_{x \to a-} f(x)$	Limit(f,x,a,'left')
$\lim\limits_{x \to a+} f(x)$	Limit(f,x,a,'right')

【例 8-1】 求 $\lim\limits_{x\to-1}=\left(\frac{1}{x+1}-\frac{2}{x^3+1}\right)$,并绘制函数图形。

解:输入命令:

```
syms x;
f=1/(x+1)-2/(x^3+1);
limit(f,x,-1)
ezplot(f);hold on;plot(-1,-1,'r.')
```

【例 8-2】 求 $\lim\limits_{x\to\infty}=\left(\frac{x+1}{x-1}\right)^x-1$。

解:输入命令:

```
limit(((x+1)/(x-1)).^x-1,inf)        %inf:∞,计算结果为 exp(2)-1
```

【例 8-3】 求 $\lim\limits_{x\to0^+}=x^x$。

解:输入命令:

```
limit(x.^x,x,0,'right')          %计算结果为 1
```

【例 8-4】 求 $\lim\limits_{x\to0^-}=(\cot x)^{\frac{1}{\ln}}$。

解:输入命令:

```
limit((cot(x)).^(1./log(x)),x,0,'left')        %计算结果为 exp(-1)
```

(2) 求导数。

MATLAB 求导数命令如表 8-2 所示。

表 8-2 导数运算符

调用格式	MATLAB 命令
$diff(f(x))$	求 $f(x)$ 一阶导数 $f'(x)$
$diff(f(x),n)$	$f(x)$ 的 n 阶导数 $f^{(n)}(x)$ (n 是整数)
$diff(f(x,y),x)$	$f(x,y)$ 对 x 的偏导数 $\frac{\partial f}{\partial x}$ (n 是整数)
$diff(f(x,y),x,n)$	$f(x,y)$ 对 x 的 n 阶偏导数 $\frac{\partial^n f}{\partial x^n}$ (n 是整数)

【例 8-5】 求 $f(x)=a(\cos x)2$ 关于 x 的一次导数。

解:输入命令:

```
symsa x
f=a*(cos(x))^2;
diff(f,x)            %计算结果 ans=-2*a*cos(x)*sin(x)
```

或者直接输入:diff(cos(x)^2,x)。

【例 8-6】 求 $y=\frac{\cot x}{x-1}$ 的导数。

解:输入命令

```
y_dx=diff(cot(x)/(x-1))          %dy_dx=(-1-cot(x)^2)/(x-1)-cot(x)/(x-1)^2
```

MATLAB 的函数名允许使用字母、空格、下划线及数字,不允许使用其他字符,在这里用 dy_dx 表示 f'(x)。

【例 8-7】 求 $y=\ln\cos x+\sin 3x$ 的导数。

解：输入命令：

```
dy_dx=diff(log(cos(x))+sin(3*x))
```

计算结果：dy_dx=-sin(x)/cos(x)+3*cos(3*x)。

在 MATLAB 中，函数 lnx 用 log(x)表示，而 log10(x)表示 lgx。

利用 diff 函数可以一次同时求出若干个函数的导数。

【例 8-8】 求参数方程所确定的函数的导数，设 $\begin{cases}x=A(t-\cos t)\\y=A(1-\sin t)\end{cases}$，求 $\frac{dy}{dx}$。

解：设参数方程 $\begin{cases}x=x(t)\\y=y(t)\end{cases}$，确定函数 $y=y(x)$，则 $y=y(x)$ 的导数为

$$\frac{dy}{dx}=\frac{y'(t)}{x'(t)}。$$

输入命令：

```
symsA t
dx_dt=diff(A*(t-cos(t)));
dy_dt=diff(A*(1-sin(t)));
dy_dx=dy_dt/dx_dt          %计算结果 dy_dx=-cos(t)/(1+sin(t))
```

【例 8-9】 设 $u=\sqrt{x^2-y^2-z^2}$，求 u 对 y 一阶偏导数。

解：输入命令：

```
syms x y z
diff((x^2-y^2-z^2)^(1/2),y)          %计算结果 ans=-1/(x^2-y^2-z^2)^(1/2)*y
```

【例 8-10】 求高阶导数，设 $f(x)=x^2e^{3x}-4x$，求 $f^{(10)}(x)$。

解：输入命令：

```
syms x
diff(x^2*exp(3*x)-4*x,x,10)
```

求得结果：

```
ans=
    590490*exp(3*x)+393660*x*exp(3*x)+59049*x^2*exp(3*x)
```

(3) 求积分。

MATLAB 求积分函数如表 8-3 所示。

表 8-3 求积分运算

调用格式	MATLAB 命令
int($f(x)$)	计算不定积分 $\int f(x)dx$
int($f(x,y),x$)	计算不定积分 $\int f(x,y)dx$
int($f(x),x,a,b$)	计算定积分 $\int_a^b f(x)dx$
int($f(x,y),x,a,b$)	计算定积分 $\int_a^b f(x,y)dx$

【例 8-11】 计算不定积分 $\int x^2\cos x dx$。

解:输入命令:

```
int(x^2*log(x))
```

可得结果:

```
x^2*sin(x)-2*sin(x)+2*x*cos(x)
```

【例 8-12】 计算定积分$\int_0^1 x\sin x\mathrm{d}x$。

解:输入命令:

```
int(x*sin(x),x,0,1)      %计算结果 ans=sin(1)- cos(1)
```

(4) 求解常微分方程。

MATLAB 求解微分方程命令 dsolve,调用格式如下。

dsolve('微分方程'):

给出微分方程的解析解,表示为 t 的函数。

dsolve('微分方程','初始条件'):

给出微分方程初值条件的解,表示为 t 的函数。

dsolve('微分方程','变量 x'):

给出微分方程的解析解,表示为 x 的函数。

dsolve('微分方程','初始条件','变量 x'):

给出初值条件的解,表示为 x 的函数。

【例 8-13】 求解一阶微分方程$\frac{\mathrm{d}y}{\mathrm{d}x}+2xy=xe^{-x}$。

微分方程在输入时,y'应输入 Dy,y''应输入 $D2y$ 等,D 应大写。

解:输入命令:

```
dsolve('Dy+2*x*y=x*exp(-x^)','x')
```

得结果:

```
ans=
    1/2*(x^2+2*C1)/exp(x^2)
```

【例 8-14】 求微分方程 $xy'+y-e^x=0$ 在初始条件 $y|_{x=1}=2e$ 下的特解。

解:输入命令:

```
dsolve('x*Dy+y-exp(x)=0','y(1)=2*exp(1)','x')
```

得结果为:

```
ans=
    1/x*(exp(x)+exp(1))
```

【例 8-15】 求解二阶微分方程 $y''+3y'+e^x=0$ 的通解。

解:输入命令:

```
dsolve('D2y+3*Dy+exp(x)=0','x')
```


得结果:

```
ans=
    -1/4*exp(x)+C1+C2*exp(-3*x)
```

【例 8-16】 求一元二次方程 $ax2+bx+c=0$ 的根。

解:输入命令:

```
x=sym('x');
f='a*x^2+b*x+c';
solve(f)
```

```
ans=
1/2/a*(-b+(b^2-4*a*c)^(1/2))
1/2/a*(-b-(b^2-4*a*c)^(1/2))
```

或者直接输入：

```
>>solve('a*x^2+b*x+c')
```

4. 实验练习

1) MATLAB 中的数学运算

(1) 求半径为 5 的圆周长。

保存为 zy2_1.m

(2) 求 $z=\dfrac{4^2-e^{-2}}{5^3+2}+\sqrt{34}$。

保存为 zy2_2.m

(3) 有一传递函数的分子、分母多项式系数为：num=[1 1 3]；den=[1 4 7 25 32]，计算当 $s=-3\pm 6i$ 时的传递函数的值。

保存为 zy2_3.m

2) MATLAB 中的符号运算

(1) 写出符号表达式 $z=\dfrac{4x^2-y}{5x^3+2}+y$；并计算当 $x=3$，$y=4$ 时 z 的值。

保存为 zy2_4.m

(2) 求函数 $x/|x|$，当 $x\to 0$ 时的左极限与右极限。

保存为 zy2_5.m

(3) 求 $f=(\sin x+ax^3+e^{-3bx})/x^2$ 关于 x 的导数，并进行简化。

保存为 zy2_6.m

(4) 求 $y=\sin x+ax^3+e^{-3x}$ 关于 x 的积分。

保存为 zy2_7.m

(5) 求 $ax^2+bx+c=0$ 关于 x 的解。

保存为 zy2_8.m

(6) 求联立方程 $y=x\hat{}2+3*x+5$，$y=-5*x-2$ 的解。

保存为 zy2_9.m

(7) 计算微分方程 $\dfrac{d^3x}{dt^3}+4\dfrac{d^2x}{dt^2}+25\dfrac{dx}{dt}+6=0$，在初值 $x(0)=x'(0)=x''(0)=0$ 条件下的解，并用 4 位数字显示结果。

保存为 zy2_10.m

3) MATLAB 中的矩阵运算

求方程组 $\begin{pmatrix} x_1+12x_2+7x_3=4 \\ 3x_1+8x_2+5x_3=9 \\ 4x_1+3x_2+6x_3=13 \end{pmatrix}$ 的解。

保存为 zy2_11.m

求 $a=\begin{pmatrix} 1 & 2 & 3 \\ 3 & 4 & 5 \end{pmatrix}$ 的转置矩阵 b，并求 ab。

保存为 zy2_12.m

8.3 实验3 MATLAB程序设计基础

1. 实验目的

(1) 掌握逻辑关系与逻辑运算符的使用。

(2) 掌握运用MATLAB的三种控制结构进行简单的程序设计。

(3) 掌握MATLAB函数的定义语法与编写。

2. 实验准备

MATLAB有两种工作方式,第1种是交互式的命令行工作方式,第2种是基于M文件的程序工作方式,在前一种工作方式下,MATLAB被当作一种高级"数学演算纸和图形表现器"来使用,而M文件编程语言为用户提供了二次开发的工具。

跟其他程序设计语言一样,MATLAB包含三种控制流程结构,分别是顺序结构、选择结构和循环结构。选择结构是根据给定的条件成立或不成立分别执行不同的语句,MATLAB提供了两种用于实现选择结构的语句:if语句和switch语句;循环结构是指按照给定的条件重复执行指定的语句,这是十分重要的一种程序结构,MATLAB提供了两种实现循环结构的语句:for语句和while语句。

3. 实验内容

1) MATLBA程序的基本设计原则

(1) 要善于运用注解使程序更具可读性,"%"后面的内容是程序的注解。

(2) 主程序开头用clear指令清除变量,以消除工作空间中其他变量对程序运行的影响,用clc清屏,以利于观测运行结果,用close关闭原先打开的图形窗口。但注意在子程序中不要用clear。

(3) 为方便维护,参数值集中放在程序的开始部分。充分利用MATLAB工具箱提供的指令来执行所要进行的运算,没有必要的话,在语句行之后输入分号使其及中间结果不在命令窗口上显示,可以提高执行速度。

(4) input指令可以用来输入一些临时的数据;而对于大量参数,则通过建立一个存储参数的子程序,在主程序中用子程序的名称来调用。

(5) 程序尽量模块化,也就是采用主程序调用子程序的方法,将所有子程序合并在一起来执行全部的操作。

(6) 充分利用Debugger来进行程序的调试,并利用其他工具箱或图形用户界面(GUI)的设计技巧,将设计结果集成到一起。

(7) 设置好MATLAB的工作路径,以便程序运行。

2) M文件的编辑及MATLAB工作路径的设置

(1) 进入MATLAB的编辑/调试(Editor/Debugger)窗口来编辑程序。

(2) 在编辑环境中,文字的不同颜色显示表明文字的不同属性。

绿色:注解;黑色:程序主体;红色:属性值的设定;蓝色:控制流程。

(3) 在运行程序之前,必须设置好MATLAB的工作路径,使得所要运行的程序及运行程序所需要的其他文件处在当前目录之下,只有这样,才可以使程序得以正常运行。否则可能导致无法读取某些系统文件或数据,从而程序无法执行。

(4) 通过cd指令在命令窗口中可以更改、显示当前工作路径,通过路径浏览器(path

browser)也可以进行设置。

3) MATLAB 的程序类型

MATLAB 的程序类型有三种，一种是在命令窗口下执行的脚本 M 文件；另外一种是可以存取的 M 文件，也即程序文件；最后一种是函数(function)文件。

(1) 脚本 M 文件。

在命令窗口中输入并执行 M 文件，它所用的变量都要在工作空间中获取，不需要输入输出参数的调用，退出 MATLAB 后变量就释放了。

(2) 程序文件。

以.m 格式进行存取，包含一连串的 MATLAB 指令。这种方式需要在工作空间中创建并获取变量，即处理的数据为命令窗口中的数据，没有输入参数，也不会返回参数。

程序运行时只需在工作空间中键入其名称并按回车键即可。

函数文件与在命令窗口中输入命令一样，函数接受输入参数，然后执行并输出结果。用 help 命令可以显示它的注释说明。

4) 程序流程控制

(1) for 循环语句。

基本格式。

```
for  循环变量=起始值:步长:终止值
     循环体
end
```

步长缺省值为 1，可以在正实数或负实数范围内任意指定。对于正数，循环变量的值大于终止值时，循环结束；对于负数，循环变量的值小于终止值时，循环结束。循环结构可以嵌套使用。

(2) while 循环语句。

基本格式。

```
while  表达式
       循环体
end
```

若表达式为真，则执行循环体的内容，执行后再判断表达式是否为真，若不为真，则跳出循环体，向下继续执行。

While 循环和 for 循环的区别在于，while 循环结构的循环体被执行的次数不是确定的，而 for 结构中循环体的执行次数是确定的。

(3) if,else,elseif 语句。

```
if  逻辑表达式
    执行语句
end
```

当逻辑表达式的值为真时，执行该结构中的执行语句，执行完之后继续向下进行；若为假，则跳过结构中的内容，向下执行。

```
if  逻辑表达式
    执行语句 1
  else
    执行语句 2
```

```
end
if  逻辑表达式1
    执行语句1
  elseif  逻辑表达式2
    执行语句2
end
```

if-else 的执行方式为：如果逻辑表达式的值为真，则执行语句 1，然后跳过语句 2，向下执行；如果为假，则执行语句 2，然后向下执行。

if-elseif 的执行方式为：如果逻辑表达式 1 的值为真，则执行语句 1；如果为假，则判断逻辑表达式 2，如果为真，则执行语句 2，否则向下执行。

（4）switch 语句。

格式：

```
switch 表达式(%可以是标量或字符串)
    case 值1
语句1
    case 值2
语句2
        ….
    otherwise
语句3
end
```

执行方式：表达式的值和哪种情况（case）的值相同，就执行哪种情况中的语句，如果不同，则执行 otherwise 中的语句。格式中也可以不包括 otherwise，这时如果表达式的值与列出的各种情况都不相同，则继续向下执行。

4. 实验练习

（1）使用关系与逻辑运算符建立如下分段函数，并绘制其图形，同时设置 x 轴标签为"这里是 x 轴"，y 轴标签为"这里是 y 轴"。

$$y=\begin{cases} x^2, 0<=x<4 \\ x+1, 4<=x<=10 \end{cases} \quad 0<=x<=10$$

保存为 zy3_1. m

（2）使用 MATLAB 中的选择结构做以下题目：产生一个随机数 x，其中 $0<=x<=10$，如 $x<=4$，则 $y=2x$，如 $x>4$，则 $y=x+1$。

保存为 zy3_2. m

（3）用 while…end 的结构计算 1000 以内奇数的和。

保存为 zy3_3. m

（4）用 for…end 的结构计算 $s=\sum_{i=1}^{10000}\left(\frac{1}{2^i}+\frac{1}{3^i}\right)$。

保存为 zy3_4. m

（5）传递函数为 $G(s)=\frac{w_n^2}{s^2+2\zeta w_n+w_n^2}$，绘制 $w_n=4$ 时，ζ 分别为 0.2、0.4、0.6、0.8、1.0、2.0 时的系统的单位阶跃响应。标题为"2 阶系统单位阶跃响应"观察在不同 ζ 时超调量的

变化。

保存为 zy3_5. m

(6) 传递函数为 $G(s)=\frac{w_n^2}{s^2+2\zeta w_n+w_n^2}$,绘制 $\zeta=0.5$ 时,w_n 分别为 1、2、4、10 时的系统的单位阶跃响应。标题为“2 阶系统单位阶跃响应”。观察在不同 w_n 时的响应速度的变化。

保存为 zy3_6. m

(7) 理解以下函数并输入。

```
function y=zy8(r);
y=2*pi*r;
```

保存为 zy3_7. m

(8) 设计一个函数 zy9(a,b),实现以下功能:比较两值大小,并输出其中的大值,若两数相同输出“the two num is same”。

保存为 zy3_8. m

(9) 在同一个窗口中同时绘制正弦、余弦、正切、余切曲线,试编写相应的程序。

保存为 zy3_9. m

8.4 实验 4 Simulink 仿真的环境与使用

1. 实验目的

(1) 熟悉 Simulink 的窗口界面及各菜单项的基本用途。

(2) 掌握 Simulink 建模过程,各种模块的使用连接。

(3) 掌握参数设定及输入输出选择。

(4) 掌握 Simulink 模块参数设置,仿真运行。

2. 实验准备

计算机仿真的三个基本要素是系统、模型和计算机,联系着它们的三项基本活动是模型建立、仿真模型建立(又称二次建模)和仿真试验。

计算机仿真一般采用数学模型,用数学语言对系统的特性进行描述,仿真工作过程具体如下。

(1) 通过建立系统的数学模型来建立系统的仿真模型,也就是使系统的数学模型能为计算机所接受并能在计算机上运行。

(2) 运行仿真模型进行仿真试验,根据仿真试验的结果进一步修正系统的数学模型和仿真模型。

在工程实际中,控制系统的结构往往很复杂,如果不借助专用的系统建模软件,则很难准确地把一个控制系统的复杂模型输入计算机,对其进行进一步的分析与仿真。

Simulink 通过模型化图形的输入提供了一些按功能分类的基本的系统模块,用户只需要知道这些模块的输入输出及模块的功能,而不必考察模块内部是如何实现的,通过对这些基本模块的调用,再将它们连接起来就可以构成所需要的系统模型(以. mdl 文件进行存取),进而进行仿真与分析。

3. 实验内容

1) Simulink 建立系统模型的基本步骤

(1) Simulink 的启动。

在 MATLAB 命令窗口的命令提示符“>>”下键入 Simulink 命令后按回车或者在工具栏中单击按键，即可启动 Simulink 程序。软件启动后自动打开 Simulink 模型库窗口，如图 8-2 所示。

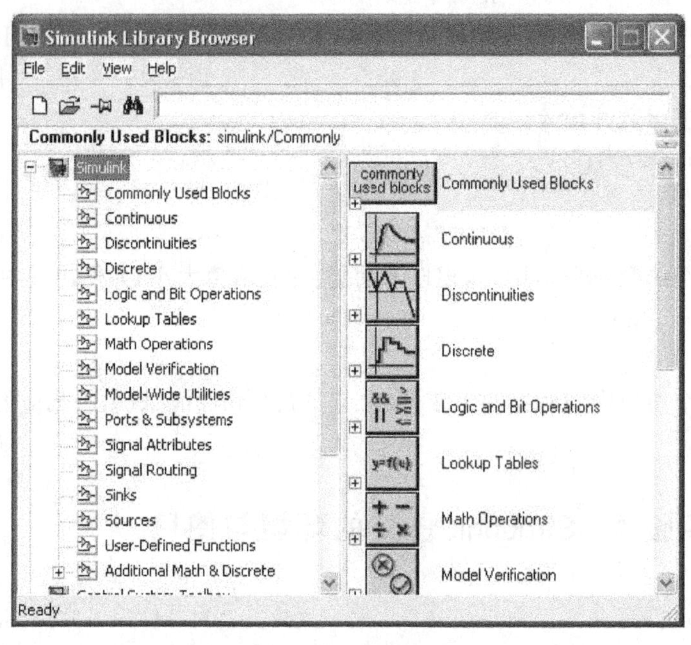

图 8-2　Simulink 模型库

这一模型库中含有许多子模型库，如连续模块库(continuous)、信号源模块库(Sources)、输出显示模块库(Sinks)等。

若想建立一个控制系统的结构框图，则应该选择编辑(File)菜单项中的新建(New)选项中的模型(Model)，或选择工具栏上新建模型(new Model)按键，打开一个空白的模型编辑窗口，如图 8-3 所示。

图 8-3　模型编辑窗口

(2) 画出系统的各个模块。

打开相应的子模块库，选择所需要的元素，用鼠标左键点中后拖到模型编辑窗口的合适位置。

(3) 给出各个模块参数。

由于选中的各个模块只包含默认的模型参数，如默认的传递函数模型为 1/(s+1)的简单格式，所以必须通过修改得到实际的模块参数。要修改模块的参数，可以用鼠标双击该模块图标，则会出现一个相应对话框，提示用户修改模块参数。

(4) 画出连接线。

把所有模块都画出来之后，再画出模块间所需要的连线，构成完整的系统。模块间连线的画法很简单，只需选择起始模块的输出端，左击鼠标并按住，拖曳鼠标到终止模块的输入端后释放鼠标键，系统会自动地在两个模块间画出带箭头的连线。若需要从连线中引出节点，可在鼠标点击起始节点时按住 Ctrl 键，再将鼠标拖动到目的模块。

(5) 指定输入和输出端子。

在 Simulink 下允许有两类输入输出信号，第一类是仿真信号，可从信号源模块库(source)图标中取出相应的输入信号端子，从输出显示模块库(Sink)图标中取出相应输出端子即可。第二类是要提取系统线性模型，则需打开连接模块库 Connection(连接模块库)图标，从中选取相应的输入输出端子。

2) Simulink 的基本模块

从 Simulink 模块库浏览窗口中，可看到 Simulink 基本模块库及其子库，如 Continuous，Discrete，……，Sources，Sinks 等。

在 Simulink 中，用来模拟连续系统的基本模块有四个：增益模块(Gain)，求和模块(Sum)，微分模块(Derivative)，积分模块(Integrator)。除了这四个基本模块，传递函数模块(Transfer Fcn)也经常用来模拟物理系统和控制器。下面主要介绍连续系统的基本模块，其他模块及离散系统模块的使用类似，请同学们自行学习掌握。

(1) 增益模块。

作用：使增益模块的输入信号乘以一个常数，并输出。

可用代数表达式表示为：

$$y(t)=k\,x(t)$$

其中的 $y(t)$、$x(t)$ 和 k 可以为标量、向量或矩阵。

增益模块的图标为：>1> Gain1

(2) 求和模块。

作用：对两个或多个信号进行求和运算。

可用代数表达式表示为：

$$c=a+b$$

两种形状：圆形和方形，可以通过“Sum Parameters”修改形状参数。

求和模块的图标为：>(++)>

求和模块可以进行标量求和运算，也可以进行向量或矩阵求和运算，但是标量或矩阵的维数必须相等。求和模块至少有一个输入而仅有一个输出。输入的正负号的数目可以双击模块进入编辑对话框进行设置。

（3）微分模块。

作用：计算输入对时间的变化率。

可用代数表达式表示为：

$$y=\frac{\mathrm{d}x}{\mathrm{d}t}=y'$$

微分模块的图标为：>[du/dt]>
Derivative

（4）积分模块。

作用：计算输入信号从起始时间到当前时刻对时间的积分。

可用代数表达式表示为：

$$y(t)=y(t_0)+\int_{t_0}^{t}x(\tau)\mathrm{d}\tau$$

积分模块如图所示：>[$\frac{1}{s}$]>
Integrator

（5）传递函数模块。

传递函数表示法频繁地应用于控制系统设计和系统的动态模拟。传递函数定义为系统在零初始条件下输出的 Laplace 变换与输入的 Laplace 变换之比。传递函数是一种描述系统输入输出关系的简便方法。

传递函数模块的说明如下。

① 用传递函数模块对线性定常系统进行仿真，能够使仿真模型简单和紧凑，但是无法输出内部变量，如 x 的导数。

② 无法适用具有初始条件的情况。

③ 传递函数模块只适用于单输入单输出系统，即单自由度系统，但无法应用于多输入多输出系统，即多自由度系统。

传递函数模块如图所示：>[$\frac{1}{s+1}$]>
Transfer Fcn

3）Simulink 的仿真实例

【例 8-17】 典型二阶系统的结构图如图 8-4 所示。

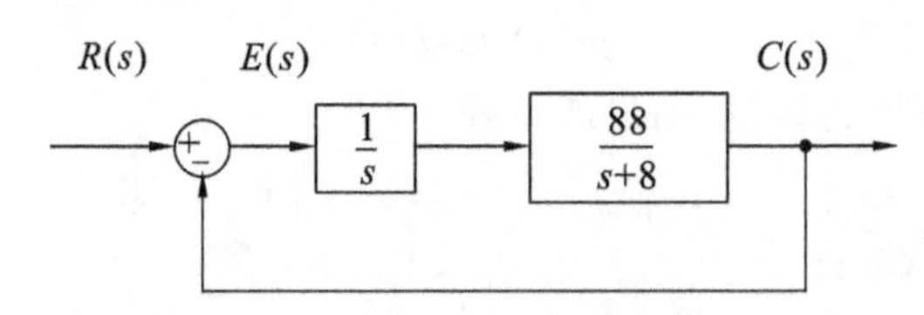

图 8-4　典型二阶系统结构图

用 Simulink 对系统进行仿真分析。

按前面步骤，启动 Simulink 并打开一个空白的模型编辑窗口。

（1）画出所需模块，并设置正确的参数。

① 在信号源(Sources)子模块库中选中阶跃输入(Step)图标，将其拖入编辑窗口，并用鼠标左键双击该图标，打开参数设定的对话框，将参数阶跃时刻(Step time)设为 0。

② 在数学(Math)子模块库中选中加法器(Sum)图标，拖到编辑窗口中，并双击该图标将参数符号列表(List of signs)设为|＋－(表示输入为正，反馈为负)。

③ 在连续(Continuous)子模块库中、选积分器(Integrator)和传递函数(Transfer Fcn)

图标拖到编辑窗口中，并将传递函数分子(Numerator)改为(88)，分母(Denominator)改为(1,8)。

④ 在输出(Sinks)子模块库中选择示波器(Scope)和输出端口模块(Out1)图标，并将它们拖到编辑窗口中。

(2) 将所有模块按图 8-4 所示用鼠标连接起来，构成一个原系统的框图，如图 8-5 所示。

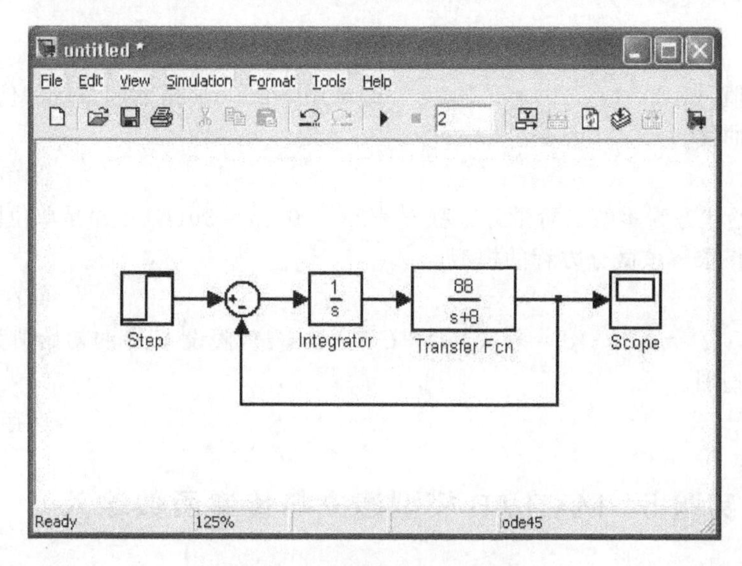

图 8-5 系统的 Simulink 实现

(3) 选择仿真算法和仿真控制参数，启动仿真过程。

在编辑窗口中点击仿真(Simulation)菜单中的仿真参数(Simulation parameters)选项，会出现一个参数对话框，在解法器(Solver)模板中设置响应的仿真范围的开始时间(StartTime)和终止时间(StopTime)，仿真步长范围中的最大步长(Maxinum step size)和最小步长(Mininum step size)。

对于本例，StopTime 可设置为 2。最后点击 Simulation→Start 菜单或点击相应的热键启动仿真。双击示波器，在弹出的图形上会"实时地"显示出仿真结果。输出结果如图 8-6 所示。

4. 实验练习

(1) 仿真练习，建立仿真图如图 8-7 所示。

保存为 zy4_1. mdl

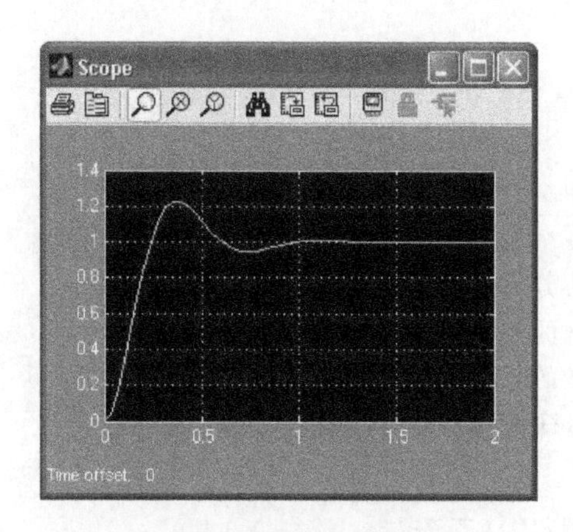

图 8-6 仿真结果显示

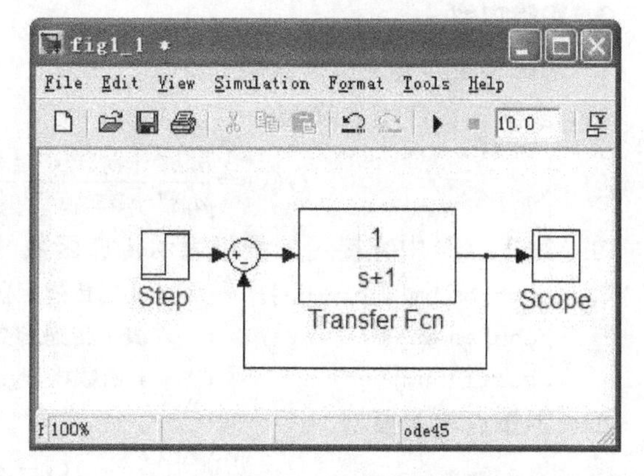

图 8-7 简单的 Simulink 仿真图

(2) 考虑简单的线性微分方程：

$$y^{(3)}+3y''+4y'+5y=\sin t$$

方程各阶导数初值为零。

①试用 Simulink 搭建起系统的仿真模型，并绘制出仿真结果曲线。

②若给定的微分方程变成：

$$3y^{(3)}+3y''+4y'+5y=e^{-3t}+e^{-5t}\sin(4t+\frac{\pi}{3})$$

且方程初值：$y(0)=1, y'(0)=y''(0)=0.5$，试用 Simulink 搭建起系统的仿真模型，并绘制出仿真结果曲线。

保存为 zy4_2.mdl

(3) 有初始状态为零的二阶微分方程 $x''+2x'+0.3x=3u(t)$，$u(t)$是单位阶跃函数。用积分器直接构搭求解该微分方程的模型。

保存为 zy4_3.mdl

(4) 已知：$y(t)=\int\sin(t)\mathrm{d}t=-\cos(t)+C=-\cos(t)$，假设 $y(t)$的初始值为-1，构建该微分方程的模型图。

保存为 zy4_4.mdl

8.5 实验5 MATLAB 模型建立与传递函数输入

1. 实验目的

(1) 理解系统建模、仿真的基本概念，学会简单的系统建模。

(2) 掌握运用 MATLAB 进行的拉氏与反拉氏变换。

(3) 掌握传递函数的不同输入方法。

2. 实验准备

本实验需要在复习自动控制系统建模与仿真概念的基础上，熟悉拉氏与反拉氏变换的概念与常用的拉氏与反拉氏变换式，掌握 MATLAB 的拉氏与反拉氏变换函数，同时掌握 MATLAB 传递函数的不同输入方法。

控制系统可用三种模型来表示：多项式系数传递函数模型、零极点增益模型、状态空间模型，每一种模型又有连续与离散之分。分析系统的需要，有时三种模型间需要相互转换。MATLAB 提供了各种函数，可以很方便地完成这些工作。

3. 实验内容

1) 系统模型与形式

(1) 多项式传递函数模型。

$$G(s)=\frac{b_m s^m+b_{m-1}s^{m-1}+\cdots+b_1 s+b_0}{a_n s^n+a_{n-1}s^{n-1}+\cdots+a_1 s+a_0}$$

在 MATLAB 中直接用矢量组表示传递函数的分子、分母多项式系数，即：

```
num=[bm bm-1…… b0];          表示传递函数的分子多项式系数
den=[an an-1…… a0];          表示传递函数的分母多项式系数
sys=tf(num,den) t            f 函数将 sys 变量表示成多项式传递函数模型
```

(2) 零极点增益模型。

$$G(s)=k\frac{(s-z_1)(s-z_2)\cdots(s-z_m)}{(s-p_1)(s-p_2)\cdots(s-p_n)}$$

在 MATLAB 中用 z、p、k 矢量组分别表示系统的零点、极点和增益，即

```
z=[ z1 z2…… zm ];
p=[ p1 p2…… pn ];
k=[ k ];
sys=zpk(z,p,k)        zpk 函数将 sys 变量表示成零极点增益模型。
```

(3) 状态空间模型。

```
x=ax+bu
y=cx+du
```

在 MATLAB 中用(a、b、c、d)表示矩阵组。

```
sys=ss(a,b,c,d), ss 函数将 sys 变量表示成状态空间模型。
```

【例 8-18】 设系统传递函数分子为 $s+1$，分母为 s^3+4s^2+2s+6，时滞为 3，建立其传递函数模型。

解：输入命令：

```
clear;clc;syms t
num=[1 1];
den=[1 4 2 6];
dt=3;
G=tf(num,den,'inputdelay',dt)
```

2) 求传递函数用到的一些函数

(1) 函数 1：laplace。

功能：拉普拉斯变换。

格式：(1) L=laplace(F)；

(2) laplace(F,t)；

(3) fourier(F,w,z)。

【例 8-19】 求 $f(t)=\frac{1}{13}(2e^{-3t}+3\sin2t-2\cos2t)$ 的拉氏变换式，并进行简化。

解：输入命令：

```
clear;clc;syms t
y=(2*exp(-3*t)+3*sin(2*t)-2*cos(2*t))/13;
g=laplace(y);
simplify(g)
```

(2) 函数 2：ilaplace。

功能：反拉普拉斯变换。

格式：(1) F=ilaplace(L)；

(2) F=ilaplace(L,y)；

(3) F=ilaplace(L,y,x)。

【例 8-20】 求以下 $F(s)$ 的原函数 $F(s)=\frac{s+2}{(s+3)(s^2+3s+1)}$

```
clear;clc;syms s
y=ilaplace((s+2)/(s+3)/(s^2+3* s+1))
simplify(y)
```

(3) 函数 3:poly。

功能:特征多项式。

格式:p=poly(A)或 p=poly(A,v)。

(4) 函数 4:poly2sym。

功能:将多项式系数向量转化为带符号变量的多项式。

格式:r=poly2sym(c)和 r=poly2sym(c,v)。

(5) 函数 5:sym2poly。

功能:将符号多项式转化为数值多项式。

格式:c=sym2poly(s)。

(6) 函数 6:numden。

功能:获得符号表达式的分子与分母。

格式:[N,D]=numden(A)。

【例 8-21】 求以下时域函数的拉氏变换,并将拉氏变换式转化为传递函数模型。

$$y(t)=2e^{-3t}+3\sin2t-2\cos2t$$

解:输入命令:

```
clear;clc
syms t;
y=laplace(2*exp(-3*t)+3*sin(2*t)-2*cos(2*t));
g=simplify(y)                                    %输出符号表达式 g
[num1,den1]=numden(g);
num=sym2poly(num1);den=sym2poly(den1);
G=tf(num,den)                                    %输出传递函数 G
```

计算结果:

```
g=
    26/(s+3)/(s^2+4)
Transfer function:
           26
------------------
  s^3+3s^2+4s+12
```

(7) 函数 7:ord2。

功能:生成二阶系统符号表达式的分子与分母。

格式:[num,den]=ord2(wn,z)。

【例 8-22】 给定二阶系统的 ω_n,ζ 分别为 4 rad/sec,0.2,求出其传递函数。

解:输入命令:

```
>>wn=4;z=2;
>>[num,den]=ord2(wn,z);
>>G=tf(num,den)
```

4. 实验练习

(1) 求 $f(t)=\frac{1}{2}(6\sin2t+32e^{-3t})-2\cos4t^2$ 的拉氏变换式,并进行简化。

保存为 zy5_1.m

(2) 电路如图 8-8 所示。

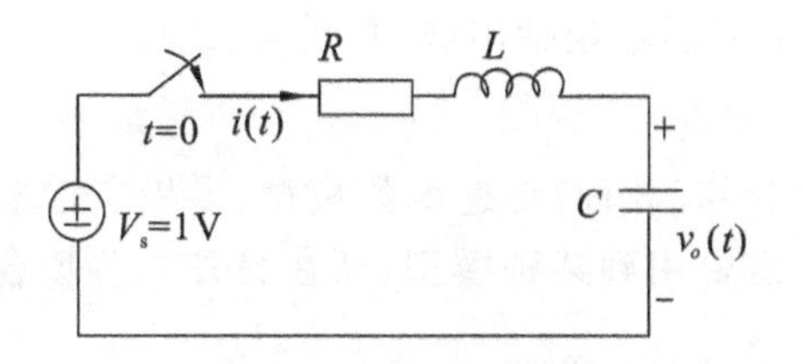

图 8-8 串联二阶电路

$R=1.4\ \Omega, L=2\ \mathrm{H}, C=0.32\ \mathrm{F}$,初始状态:电感电流、电容电压为零。求其系统微分表达式,将微分表达式转化为传递函数。

保存为 zy5_2.m

(3) 求以下传递函数的原函数:$F(s)=\dfrac{s^2+2}{(s^2+3)(s^4+3s+1)}$,并进行化简。

保存为 zy5_3.m

(4) 按 s 降幂的方式输入以下传递函数:

$$G(s)=\frac{12s^3+24s^2+12s+20}{2s^4+6s^2+2s+2}$$

保存为 zy5_4.m

(5) 按零极点模型的方式输入以下传递函数:

$$G(s)=\frac{6(s+4)}{(s+1)(s+2)(s+3)(s+4)}$$

保存为 zy5_5.m

(6) 通过定义传递函数算子的方式输入以下传递函数,并求传递函数零极点。

$$G(s)=\frac{3(s^2+3)}{(s+1)^3(s^2+2s+1)(s^2+5)}$$

保存为 zy5_6.m

(7) 输入传递函数:

$$G(s)=\frac{s^3+2s^2+3s+4}{s^3(s+2)[(s+5)^2+5]}$$

保存为 zy5_7.m

(8) 求以下时域函数的拉氏变换,并将拉氏变换式转化为传递函数模型。

$$y(t)=4\sin 3t-\cos 2t+3e^{-t}$$

保存为 zy5_8.m

(9) 设系统传递函数的分子为 $4s+8$,分母为 $3s^4+4s^2+4s+8$,时滞为 2,建立其传递函数模型。

保存为 zy5_9.m

 8.6 实验 6 MATLAB 模型转换与连接

1. 实验目的

(1) 理解控制系统不同模型之间转换的必要性,模型转换的主要功能。

(2) 掌握按 s 降幂的方式的传递函数模型与零极点增益模型之间的转换。

(3) 掌握利用零极点增益模型判断系统的稳定性。

(4) 掌握不同模型之间的连接,包括串联、并联与反馈。

2. 实验准备

自动控制系统的模型主要有 3 种:传递函数模型、零极点增益模型和状态空间模型,在分析和设计中,一些场合下需要用到某种模型,而在另外一些场合下可能需要另外的模型,这就需要进行模型的转换。

模型的转换就是以上 3 种模块之间的转换,有专用的函数与之对应。

很少系统是由单环节模型构成,实际控制系统基本都是由多个环节互连而成,所以解决互连问题,获得等效模型,是系统分析与设计的重要内容。控制系统的典型连接结构包括串联、并联和反馈。

3. 实验内容

1) 模型间的转换

在控制仿真中,有三种重要的数学模型,在 MATLAB 中模型之间的转换关系如图 8-9 所示。

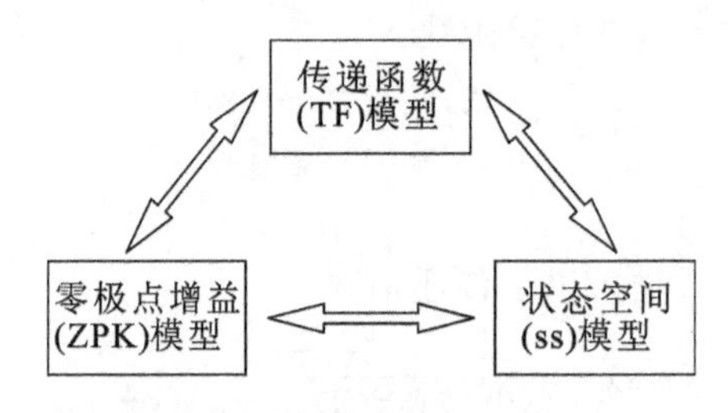

图 8-9 模型转换关系

进行模型间转换的命令有:ss2tf、ss2zp、tf2ss、tf2zp、zp2tf、zp2ss。

2) 模型间的关系与系统建模

实际工作中常常需要由多个简单系统构成复杂系统,MATLAB 中有下面几种命令可以解决两个系统间的连接问题。这里简单地介绍几种命令,详细知识读者可查阅第 4 章。

(1) 系统的串联。

函数:series (或直接用'*'号)。

功能:实现两个系统的串联。

示意图如图 8-10 所示。

$R(s)$ $G_1(s)$ $R_1(s)$ $G_2(s)$ $C(s)$

图 8-10 系统的串联连接

【例 8-23】 将下面两个系统串联连接。

$$G_1(s)=\frac{1}{s+3},G_2(s)=\frac{s+4}{s^2+2s+1}$$

解:输入命令:

```
clear;clc
n1=[1];d1=[1 3];
n2=[1 4];d2=[1 2 1];              %G1=tf(n1,d1);G2=tf(n2,d2)
[n,d]=series(n1,d1,n2,d2)
Gs=tf(n,d)                        %或 Gs=tf(G1*G2)
```

运行结果:

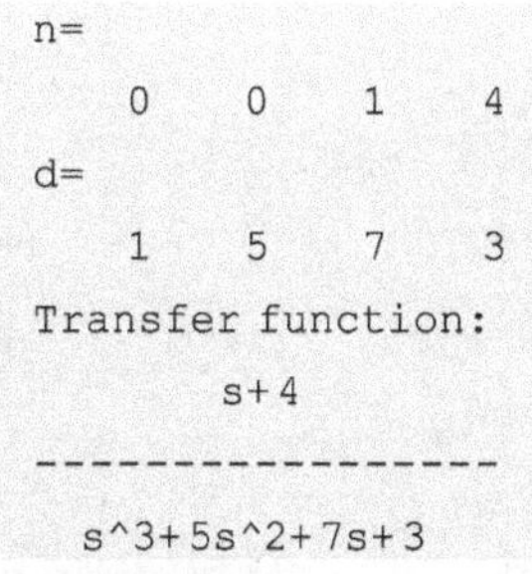

```
n=
    0    0    1    4
d=
    1    5    7    3
Transfer function:
         s+4
------------------
  s^3+5s^2+7s+3
```

(2)系统的并联。

函数:parallel (或直接用'+'号)。

功能:实现两个系统的并联。

示意图如图 8-11 所示。

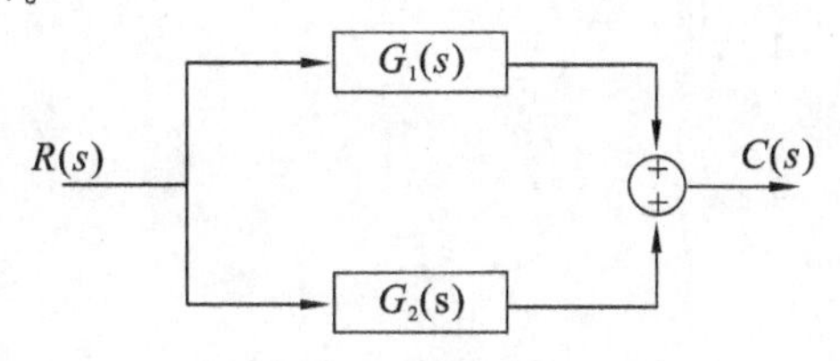

图 8-11　系统的并联连接

【例 8-24】　将【例 8-23】中的两个系统并联连接。

解:输入命令:

```
clear;clc
n1=[1];d1=[1 3];
n2=[1 4];d2=[1 2 1];                      %G1=tf(n1,d1);G2=tf(n2,d2)
[n,d]=parallel(n1,d1,n2,d2)
Gs=tf(n,d)                                %或 Gs=tf(G1+G2)
```

运行结果:

```
n=
    0    2    9    13
d=
    1    5    7    3
Transfer function:
    2s^2+9s+13
-----------------
  s^3+5s^2+7s+3
```

(3) 系统的反馈。

函数:feedback。

功能:实现系统的反馈连接。

示意图如下图所示,其中图 8-12 所示为系统的正反馈,图 8-13 所示为系统的负反馈。

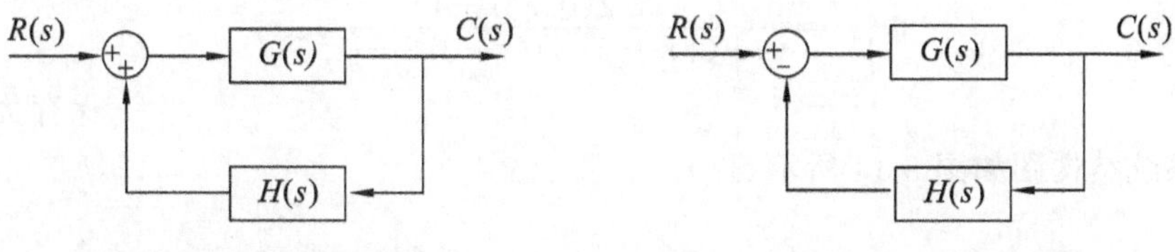

图 8-12　系统的正反馈　　**图 8-13　系统的负反馈**

【例 8-25】 设有下面两个系统：

$$G(s)=\frac{s+1}{s^2+2s+4} \quad H(s)=\frac{1}{2s+1}$$

将它们负反馈连接，求出其传递函数。

解：输入命令：

```
clear;clc
n1=[1 1];d1=[1 2 4];
n2=[1];d2=[2 1];                    %G1=tf(n1,d1);H1=tf(n2,d2)
[n,d]=feedback(n1,d1,n2,d2)
Gs=tf(n,d)                          %或 Gs=feedback(G1,H1)
```

运行结果：

```
n=
    0    2    3    1
d=
    2    5    11   5
Transfer function:
    2s^2+3s+1
------------------
  2s^3+5s^2+11s+5
```

4. 实验练习

(1) 将零极点增益模型 $G(s)=\frac{6(s+3)(s-1)}{(s+1)(s+4)(s+5)}$ 转换为按 s 降幂的方式的传递函数模型，求出其分子分母系数。

保存为 zy6_1. m

(2) 将闭环传递函数 $G(s)=\frac{3s^3+11s^2+20s}{s^4+19s^3+45s^2+87s+50}$ 转换为零极点增益模型，并求出其闭环极点，由此判断系统稳定性。

保存为 zy6_2. m

(3) 分别按 s 降幂的方式与零极点增益方式输入以下传递函数：

$$G(s)=\frac{s^3+2s^2+3s+4}{s^3(s+2)[(s+5)^2+5]}$$

保存为 zy6_3. m

(4) 在同一个坐标系中绘制典型二阶系统(曲线画为红色)、具有零点的二阶系统(曲线画为黑色)的单位阶跃响应曲线，在坐标点(3,1. 3)处开始分两行标识"红色曲线为无零点，黑色曲线为有零点"，并比较它们的性能(超调量与调节时间的变化)。系统的传递函数分别为

$$\Phi(s)=\frac{3.2}{(s+0.8+j1.6)(s+0.8-j1.6)}$$

$$\Phi(s)=\frac{3.2(0.33s+1)}{(s+0.8+j1.6)(s+0.8-j1.6)}$$

保存为 zy6_4. m

(5) 系统结构图如图 8-14 所示。

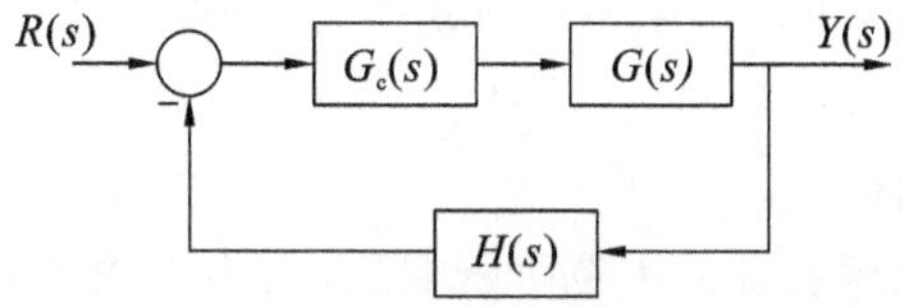

图 8-14　系统结构图

各环节传递函数为

$$①\ G(s)=\frac{12s^3+24s^2+12s+20}{2s^4+4s^3+6s^2+2s+2}$$

$$②\ G_c(s)=\frac{5s+3}{s}\quad H(s)=\frac{1000}{s+1000}$$

求系统传递函数。并在同一个坐标系中绘制其有反馈(曲线画为黄色)与无反馈时(曲线画为蓝色)的单位阶跃响应曲线,给图形标上栅格,设置坐标轴,X 轴为 0～0.5,Y 轴为 0～1.2,设置 X 轴刻度为每格 0.04,Y 轴刻度为每格 0.2。

保存为 zy6_5.m

(6) 求如图 8-15 所示系统的传递函数。并将其转化为零极点增益模型。

保存为 zy6_6.m

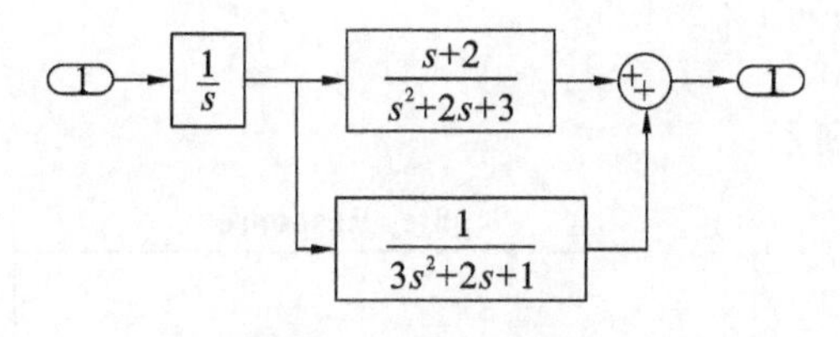

图 8-15　系统结构图

8.7　实验 7　时域响应基本分析

1. 实验目的

(1) 理解控制系统分析以及时域分析方法的基本概念。

(2) 掌握根据系统模型获得响应曲线的不同方法。

(3) 掌握利用 MATLAB 绘制单位阶跃响应与冲激响应曲线的方法。

(4) 掌握在图形操作环境中对坐标轴的定义,掌握图形的标注方法。

2. 实验准备

本节实验的主要目的是通过上机实验,学习运用 MATLAB 常用命令对系统进行时域分析的基本方法。包括对时域分析方法的有关概念的掌握,用 MATLAB 绘制单位阶跃响应的 step 函数与冲激响应的 impulse 函数的使用;并掌握在图形操作环境中对坐标轴的定义,掌握图形的标注方法。

系统对不同的输入信号具有不同的响应,而控制系统在运行中受到的外作用信号具有随机性。因此在研究系统的性能和响应时,需要采用某些标准的测量信号。常用的测量信号有:阶跃信号、速度信号、冲激信号、加速度信号等等。具体采用哪种信号,则要看系统主要工作于那种信号作用的场所,如系统的输入信号是突变信号,则采用阶跃信号分析为宜。而系统输入信号是以时间为基准成比例变化的量时,则采用速度信号分析为宜。MATLAB

中包含了一些常用分析函数，可以产生单位阶跃响应、冲激响应等供分析所用。

3. 实验内容

1）单位阶跃响应的求法

step()函数可以求得连续系统的单位阶跃响应，当不带输出变量时，可在当前窗口中绘出单位阶跃响应曲线，带有输出变时时则输出一组数据。

函数调用格式：

连续系统的单位阶跃响应函数 step()的调用格式为

```
[y,x,t]=step(sys,t)
[y,x,t]=step(num,den,t)
[y,x,t]=step(A,B,C,D,iu,t)
```

如果只想绘制出系统的阶跃响应曲线，则可以不带输出变量（不输入“[y,x,t]=”）来调用此函数。

其中，sys 是由函数 tf()、zpk()或 ss()产生的，A、B、C、D 是状态空间方程的四个矩阵参数，num、den 分别是传递函数分子分母系数向量。

【例 8-26】 系统传递函数为：$G(s)=\dfrac{50}{s^2+4s+25}$，绘制其阶跃响应曲线。

解：输入命令：

```
>>num=50;>>den=[1 4 25];
>>step(num,den)
```

生成结果如图 8-16 所示。

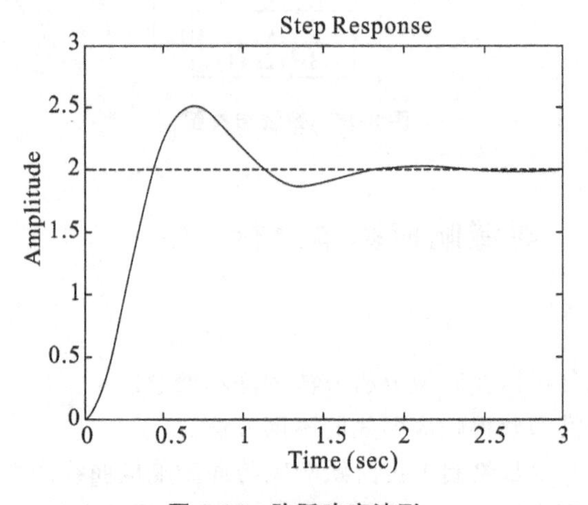

图 8-16 阶跃响应波形

2）求系统的单位冲激响应

impulse 命令可求得系统的单位冲激响应。

当不带输出变量时可在当前窗口得到单位冲激响应曲线，带有输出变量时则得到一组对应的数据。

该函数的调用格式与 step 函数完全一致。

【例 8-27】 设单位反馈控制系统的开环传递函数为

$$G(s)=\frac{5}{s(s+4)}$$

求此系统的单位冲激响应。

解：输入命令：

```
>>num=5;den=conv([1 0],[1 4]);
>>Go=tf(num,den);
>>G=feedback(Go,1);
>>impulse (num,den)
```

生成结果如图 8-17 所示。

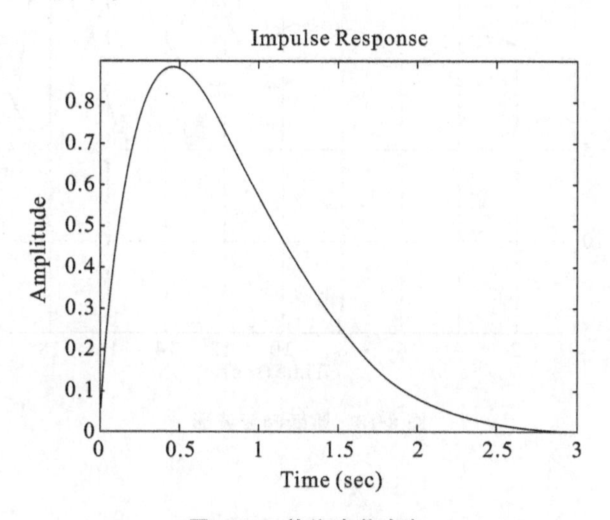

图 8-17　单位冲激响应

3) 系统时域响应图形处理

【例 8-28】　已知系统的开环传递函数如下，在同一坐标系统中绘制系统单位阶跃响应曲线以及在单位负反馈下的单位阶跃响应曲线。

$$G_o(s)=\frac{20}{s^4+8s^3+36s^2+40}$$

要求：

(1) 单位阶跃响应曲线，有反馈为绿色线虚线，无反馈为黑色实线；

(2) 图形标注：

① 标题为“传递函数为 20/(s4＋8s3＋36s2＋40)”；

② 给 X，Y 轴设定标签；

③ 在图中选一位置进行两行标注：“有反馈为绿色线”，“无反馈为黑色线”；

④ 用光标在图形中标注，在绿色线上选一点标上“单位反馈”。

解：编写 M 文件并运行：

```
clear;clc;close all
G1=tf([20],[1 8 36 0 40]);
G2=feedback(G1,1);
hold on
step(G1,'k');
step(G2,'g:')
grid;title('传递函数为 20/s4+8s3+36s2+40');
%进行两行标注
text(8,8,{'有反馈为绿色线','无反馈为黑色线'})
%用光标在图形中标注
gtext('单位反馈')
```

生成图形如图 8-18 所示。由图可知，系统无论是开环还是闭环，都是处于不稳定状态。

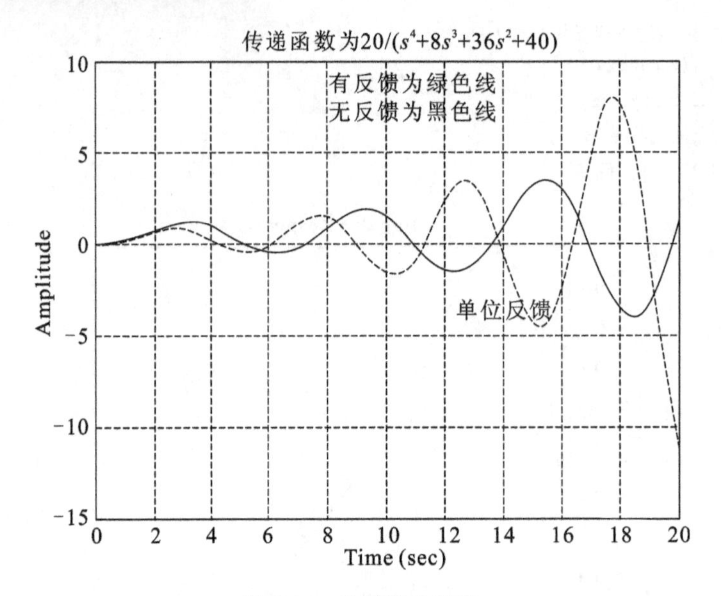

图 8-18　阶跃响应波形

4. 实验练习

(1) 编写如下 M 文件，理解其功能及每条命令的含义。

```
clear,clc,close all
figure('pos',[120,130,300,200],'color','w')
axes('pos',[0.1 0.12 0.8 0.72]);
syms s
for T=5:5:30;
    ezplot(ilaplace(1/s/(T*s+1)),[0 100]);
    hold on;
end;
grid;axis([0 100 0 1.2]);
title('T:5--30');set(gca,'ytick',0:.2:1.2)
```

保存为 zy7_1.m

(2) 系统传递函数如下：

① $G(s)=\dfrac{s^3+7s^2+24s+24}{s^4+10s^3+35s^2+24}$;

② $G(s)=\dfrac{3.2}{(s+0.8+j1.6)(s+0.8-j1.6)}$。

在同一坐标系中绘制其单位阶跃响应。

保存为 zy7_2.m

(3) 在同一坐标系中绘制一阶传递函数 $G(s)=\dfrac{1}{s+1}$ 和二阶传递函数 $G(s)=\dfrac{1}{s^2+1}$ 的冲激响应。

保存为 zy7_3.m

(4) 在同一坐标系中绘制一阶惯性环节当时间参数分别为 5、10、20 时（传递函数为 $G(s)=\dfrac{1}{Ts+1}$）的单位阶跃响应。要求对坐标轴进行如下个性化处理：

① 适当设置坐标原点在图形操作窗口的位置，X、Y 轴长度都为图形操作窗口宽和高

的 80%；

② X 轴长度为 100，Y 轴长度为 1.2；

③ X 轴每格刻度为 5，Y 轴每格刻度为 0.1。

保存为 zy7_4.m

(5) 系统结构图如图 8-19 所示。

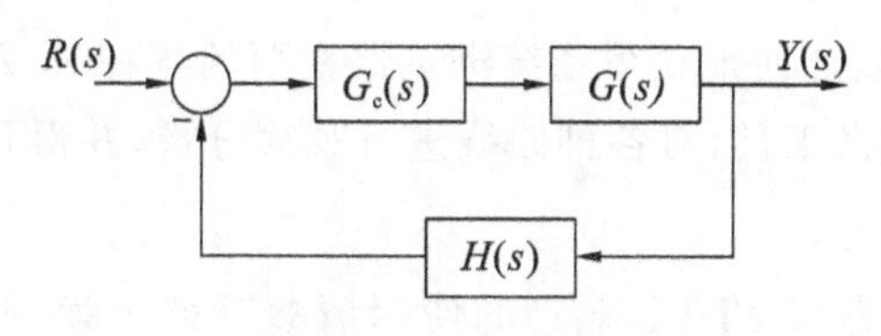

图 8-19　系统结构图

各环节传递函数为：

① $G(s)=\dfrac{6s^3+14s^2+20}{s^4+6s^2+2s+1}$；

② $G_c(s)=\dfrac{s+2}{s}$；

③ $H(s)=1$。

求系统单位阶跃响应曲线。

保存为 zy7_5.m

(6) 绘制有以下 3 个开环极点，开环增益为 1 的单位负反馈系统的单位阶跃响应曲线。

① $-1,-2\pm 2i$；

② $-1,-1.5,-2.5$。

保存为 zy7_6.m

(7) 对于具有开环极点 $s_1=-3$，$s_2=-5$，开环增益 $K=1$ 的二阶系统，绘制系统的单位阶跃响应曲线。确定单位阶跃输入时系统输出的时域函数。

保存为 zy7_7.m

(8) 已知系统传递函数 $G(s)=\dfrac{5(s+1)}{(15s+1)(20s+1)}$，求其单位阶跃响应。

保存为 zy7_8.m

 8.8　实验 8　时域响应性能指标分析及 LTI Viewer 使用

1. 实验目的

(1) 学习二阶系统单位阶跃响应的动态性能指标的测试和分析。

(2) 研究二阶系统的两个重要参数，阻尼比 ζ 和自然振荡频率 ω_n 对系统动态品质的影响。

(3) 定量分析 ζ、ω_n 与超调量 $\sigma\%$，调整时间 t_s 等时域性能指标的关系。

(4) 学习线性时不变系统浏览器——LTI Viewer 的使用。

2. 实验准备

动态性能指标是在系统稳定的前提下获得的，它是系统分析的重要时域性能指标。

对于二阶系统，通常采用单位阶跃输入信号下控制系统的动态响应性能指标，这些指标包括：延迟时间 t_d、上升时间 t_r、峰值时间 t_p、调节时间 t_s、最大超调量 $\sigma\%$。在 MATLAB 中，

可以根据各个性能指标的定义编程获得这些指标，也可以根据单位阶跃响应曲线图获得，还可以通过二阶系统的两个重要参数：阻尼比和自然振荡频率来求取。

控制系统工具箱为控制系统的建模、分析、仿真提供了丰富的函数与简便的图形用户界面。线性时不变系统浏览器(LTI Viewer)是 MATLAB 专门面向系统对象模型的系统分析工具。

利用 LTI Viewer 可以方便地获得系统浏览器模型的各种时域响应和频率特性等曲线，可以通过浏览器提供的优良工具，对各种曲线进行观察分析，并得到系统的性能指标。

3. 实验内容

线性时不变系统浏览器(LTI Viewer)的使用请参照第 7 章，下面介绍求阶跃响应的性能指标的方法

1）图形法求性能指标

利用图形法求阶跃响应性能指标分为下列两种情况。

(1) 利用 step 函数产生的响应曲线图。

求出系统的传递函数模型之后，使用单位阶跃函数(step)产生响应曲线，用鼠标左键单击时域响应曲线上任意一点，系统会自动跳出一个小方框，小方框显示了这一点的横坐标(时间)和纵坐标(幅值)。按住鼠标左键在曲线上移动，可找到曲线幅值最大的一点，即曲线最大峰值，此时小方框显示的时间就是此二阶系统的峰值时间，根据观测到的稳态值和峰值可计算出系统的超调量，系统的上升时间和稳态响应时间可以此类推。

在获得系统的单位阶跃响应曲线图后，也可以通过特征值(Characteristics)选项来获得响应的特性参数。

(2) 利用 LTI Viewer 线性时不变系统浏览器。

使用 LTI Viewer 不仅可以方便地绘制系统的各种响应曲线，还可以从系统响应曲线中获得系统响应信息，从而使用户可以对系统性能进行快速的分析。

对于系统的单位阶跃响应，单击响应曲线中的任意一点，可以获得系统响应曲线上此点所对应的系统运行时间、幅值等信息。

用户也可以在 LTI Viewer 的图形窗口中通过单击鼠标右键，从弹出的快捷菜单中选择特征值(Characteristics)选项来获得响应的特性参数。

以上操作方式与采用 step 函数产生的响应曲线图是一样的。

2）用编程方式求取时域响应的各项性能指标

通过前面的学习，可以用阶跃响应函数 step() 获得系统输出量，若将输出量返回到输出变量 y 中，可调用如下格式：

```
[y,t]=step(G)
```

显然，如果对返回的这一对变量的值[y,t]根据各个时域性能指标的定义进行计算，可计算得到各个时域性能指标。

峰值时间(timetopeak)可由以下命令获得：

```
[Y,k]=max(y);
timetopeak=t(k)
```

用取最大值函数 max()求出 y 的峰值及相应的时间，并存于变量 Y 和 k 中。然后在变量 t 中取出峰值时间，并将它赋给变量 timetopeak。

最大(百分比)超调量(percentovershoot)可由以下命令获得：

```
C=dcgain(G);
[Y,k]=max(y);
percentovershoot=100*(Y-C)/C
```

dcgain 函数用于求取系统的终值，将终值赋给变量 C，然后依据超调量的定义，由 Y 和 C 计算出百分比超调量。

上升时间(risetime)可利用 MATLAB 中的循环控制语句编制 M 文件来获得。要求出上升时间，可用 while 语句编写以下程序得到：

```
C=dcgain(G);
n=1
while y(n)<C
n=n+1;
end
risetime=t(n)
```

在阶跃输入条件下，y 的值由零逐渐增大，当以上循环满足 y＝C 时，退出循环，此时对应的时刻即为上升时间。

对于输出无超调的系统响应，上升时间定义为输出从稳态值的 10%上升到 90%所需时间，则计算程序如下：

```
C=dcgain(G);
n=1;
while y(n)<0.1*C
  n=n+1;
end
m=1;
while y(n)<0.9*C
  m=m+1;
end
risetime=t(m)-t(n)
```

调节时间(setllingtime)可由语句编程得到：

```
 C=dcgain(G);
i=length(t);
  while(y(i)>0.98*C)&(y(i)<1.02*C)
i=i-1;
  end
setllingtime=t(i)
```

用矢量长度函数 length()可求得 t 序列的长度，将其设定为变量 i 的上限值。

【例 8-29】 设单位反馈系统的开环传递函数为 $G_o(s)=\dfrac{0.4s+1}{s(s+0.6)}$，求系统阶跃响应及性能指标。

解：编写 M 文件并运行：

```
num=[0.4,1];den=conv([1 0],[1,0.6]);
Go=tf(num,den);
G=feedback(Go,1)
%计算最大峰值时间和它对应的超调量。
```

```
C=dcgain(G)
[y,t]=step(G);
plot(t,y);grid
[Y,k]=max(y);
timetopeak=t(k)
percentovershoot=100*(Y-C)/C
%计算上升时间。
n=1;
while y(n)<C
n=n+1;
end
risetime=t(n)
%计算稳态响应时间。
i=length(t);
while(y(i)>0.98*C)&(y(i)<1.02*C)
i=i-1;
end
setllingtime=t(i)
```

运行后的响应图如图 8-20 所示。

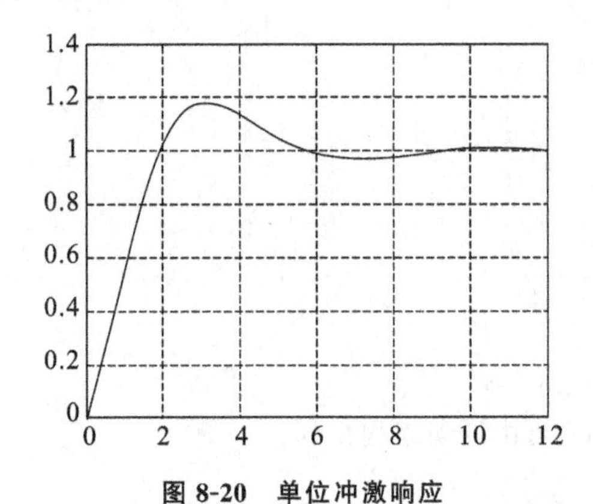

图 8-20 单位冲激响应

命令窗口中显示的结果为：

```
Transfer function:
    0.4s+1
----------
   s^2+s+1
C=timetopeak=
     1   3.2024
percentovershoot=risetime=
   17.9754  1.9877
setllingtime=
     7.7300
```

4. 实验练习

(1) 利用线性时不变系统浏览器——LTI Viewer 完成。实现在同一坐标系中绘出二阶系统标准形式在不同参数时的曲线。

① 保持自然振荡频率 $\omega_n=1$ 不变，改变阻尼比 ζ，当 ζ 为 0.2、0.7、1 时的单位阶跃响应曲线。

a. 在 MATLAB 命令窗口中构造当 $\omega_n=1$ 时，ζ 为 0.2，0.7，1 的三个标准二阶传递函数；

b. 利用 ltiview 命令进入线性时不变系统浏览器；

c. 导入(import)构造的传递函数，使用线性时不变系统浏览器进行系统分析。

观察由实验练习(1)绘制的图形，分析过渡过程曲线的变化情况。研究 ζ 与单位阶跃响应的关系，利用有关设置，在两图中标识出三个系统相应响应峰值，上升时间，调节时间以及稳态值(并把各值记录下来，实验报告中会使用)。

将带有标识的图形保存为 fig8_1. bmp

② 保持阻尼比 $\zeta=0.5$ 不变，改变自然振荡频率 ω_n，当 ω_n 为 0.47、1、1.47 时的单位阶跃响应曲线。

a. 在 MATLAB 命令窗口中构造当 $\zeta=0.5$ 时，ω_n 为 0.47、1、1.47 的三个标准二阶传递函数；

b. 利用 ltiview 命令进入线性时不变系统浏览器；

c. 导入(import)构造的传递函数，使用线性时不变系统浏览器进行系统分析。

观察由实验内容中绘制的图形，分析过渡过程曲线的变化情况。研究 ω_n 与单位阶跃响应的关系，利用有关设置，在两图中标识出各个系统相应响应峰值，上升时间，调节时间以及稳态值(把各值记录下来，实验报告中会使用)。

将带有标识的图形保存为 fig8_2. bmp

(2) 实验思考：当 ζ 分别为 0、−1 时，$\omega_n=0.47$，分别绘制标准型二阶系统响应 figure1 和 figure2，并进行分析。

保存为 zy8_2. m

(3) 系统结构图如图 8-21 所示。

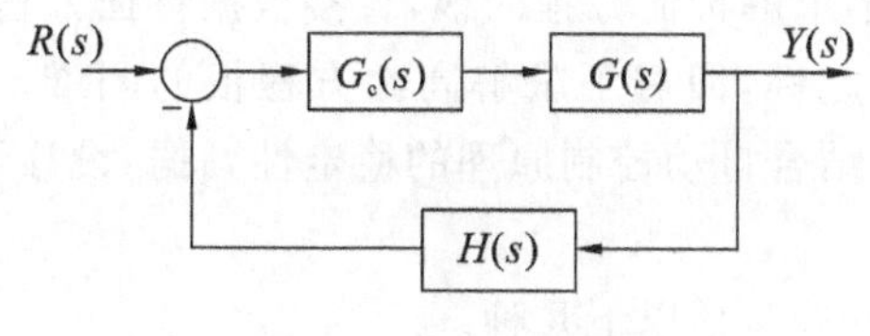

图 8-21　系统结构图

各环节传递函数为：

$$G=\frac{2s}{s^2+3s+6}\;;\quad G_c=\frac{1}{s^2}\;;\quad H(s)=\frac{1}{s+1}$$

编程实现：

① 求系统闭环传递函数；

② 将系统闭环传递函数转换为零极点增益模型，求出系统的闭环零、极点；

③ 绘制系统的零极点图以及系统的单位阶跃响应；

④ 使用线性时不变系统浏览器——LTI Viewer 来完成以上实验；

⑤ 计算并分析单位阶跃响应时域性能指标。

保存为 zy8_3. m

8.9 实验9 线性系统时域稳定性分析

1. 实验目的

(1) 掌握系统的稳定性判别方法及其原理。

(2) 掌握 MATLAB 中判别系统稳定性的方法,求系统极点的相关函数。

(3) 掌握使用 Ltiviewer 来绘制系统零极点的方法。

(4) 掌握 roots、pzmap 等函数的使用。

2. 实验准备

稳定是控制系统正常工作的首要条件,也是控制系统的重要性能。因此,分析系统的稳定性,并提出确保系统稳定的条件是自动控制理论的基本任务之一。应用 MATLAB 来分析系统的稳定性将给系统稳定性的分析带来很大的便利。

如果系统不稳定,就会在任何微小的扰动作用下偏离原来的平衡状态,并随时间的推移而发散。因而,分析系统的稳定性并提出系统稳定的措施,是自动控制理论的基本任务之一。可见,稳定性是系统在去掉扰动以后,自身具有的一种恢复能力,所以是系统的一种固有特性。这种特性只取决于系统的结构、参数而与初始条件及外作用无关。

从时域分析法中可以知道,线性系统稳定的充要条件是系统的特征根均位于 S 平面的左半平面。因此系统的零极点增益模型可以直接被用来判断系统的稳定性。

3. 实验内容

系统稳定的充分必要条件是系统闭环特征方程的所有根都具有负的实部,或者说都位于 S 平面的左半平面。通常对于高阶系统,求根本身不是一件容易的事。但是,根据上述结论,系统稳定与否,只要能判别其特征根实部的符号,而不必知道每个根的具体数值。因此,也可不必解出每个根的具体数值来进行判断。

劳思稳定性判据通过不求解特征方程的根,直接根据特征方程的系数,分析特征根的正负情况,从而判断系统的稳定性,回避了求解高次方程根的困难。而在 MATLAB 中,利用了计算机强大的计算能力,结合自动控制原理的稳定性判据,设计了多种分析系统稳定性的方法。

判断系统是否稳定的方法包括以下几种。

1) 直接求系统特征多项式的根

设 p 为特征多项式的系数向量,则 MATLAB 函数 roots()可以直接求出特征方程在复数范围内的解,该函数的调用格式为:

```
r=roots(p)
```


【例 8-30】 系统闭环传递函数为:$G(s)=\dfrac{1}{(s+1)(s^3+2s^2+2s+1)}$,求其特征根,并判断系统的稳定性。

解:编写并运行以下 M 程序:

```
p=conv([1 1],[1 2 2 1]);                    %获得特征方程的多项式系数
R=roots(p)                                  %求解特征方程根
Rr=real(R);                                 %取出闭环极点实部
Rri=round(Rr*10000);
Rr1=find(Rri>0);                            %查找正实部极点
```

```
Rr2=find(Rri==0);                    %查找实部为 0 的极点
if Rr1>0
disp('存在正实部极点,该闭环系统不稳定')
elseif Rr2>0
disp('该系统存在纯虚根,闭环系统临界稳定')
else
disp('该闭环系统稳定')
end
```

输出结果：

```
R=
  -0.5000+0.8660i
  -0.5000-0.8660i
  -1.0000+0.0000i
  -1.0000-0.0000i
```

闭环系统稳定。

2）*求传递函数求零点和极点*

在 MATLAB 控制系统工具箱中，给出了由传递函数对象 G 求出系统零点和极点的函数，其调用格式分别为：

```
Z=tzero(G)    或 Z=G.z{:}
P=pole(G)     或 P=G.P{:}
```

式中要求传递函数 G 必须是零极点增益模型。

【例 8-31】 已知系统闭环传递函数为：$G(s)=\dfrac{6s^2+56s+92}{s^4+6s^3+32s^2+18s}$，求系统的闭环零点和极点，并判断系统的稳定性。

解：编写并运行以下 M 程序：

```
num=[6,56,92];den=[1,6,32,18,0];
G=tf(num,den);G1=zpk(G);
Z=tzero(G)                    %或者 Z=G1.z{:}
P=G1.P{1}                     %或者 P=pole(G1)
```

结果显示：

```
Z=
   -7
   -2
P=
    0
  -3.0000+2.0000i
  -3.0000-2.0000i
  -1.5000
```

有极点落在虚轴上，系统不稳定。

3）*零极点分布图*

在 MATLAB 中，可利用 pzmap 函数绘制连续系统的零、极点图，从而分析系统的稳定性，该函数调用格式如下。

(1) [p,z]=pzmap(a,b,c,d)：返回状态空间描述系统的极点矢量和零点矢量，而不在图形窗口中绘制出零极点图。

(2) [p,z]=pzmap(num,den):返回传递函数描述系统的极点矢量和零点矢量,而不在屏幕上绘制出零极点图。

(3) pzmap(a,b,c,d)或 pzmap(num,den):不带输出参数项,则直接在 S 复平面上绘制出系统对应的零极点位置,极点用×表示,零点用 o 表示。

(4) pzmap(p,z):根据系统已知的零极点列向量或行向量直接在 S 复平面上绘制出对应的零极点位置,极点用×表示,零点用 o 表示。

【例 8-32】 绘制以下给定闭环系统传递函数的零极点图,并判断系统稳定性。

$$G(s)=\frac{s^3+4s^2+4s+6}{s^5+5s^4+6s^3+2s^2+8s+2}$$

解:利用下列命令可自动打开一个图形窗口,显示该系统的零、极点分布图,如图 8-22 所示。

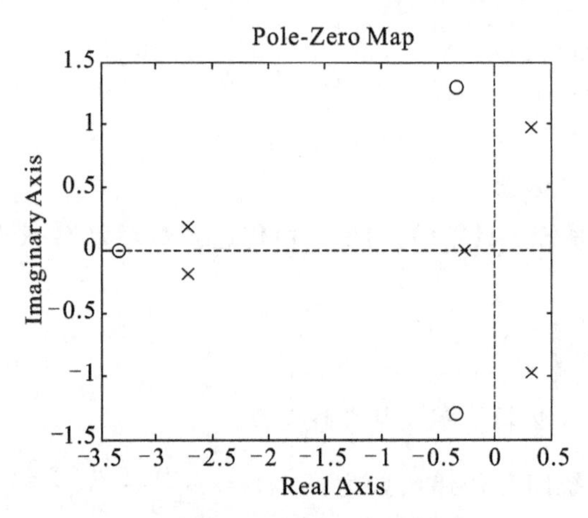

图 8-22　零、极点分布图

```
num=[1,4,4,6];den=[1,5,6,2,8,2];
G=tf(num,den)
pzmap(num,den)                    %或者 pzmap(G)
```

从图 8-22 中可以看到,有一对极点落在 S 平面的右半平面上,所以系统是不稳定的。

4. 实验练习

(1) 系统模型如图 8-23 所示,判断系统的稳定性。

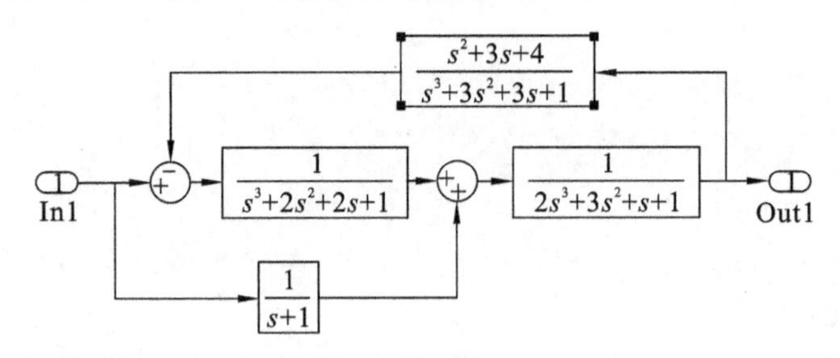

图 8-23　系统结构图

首先求出系统的传递函数。

保存为 zy9_1.m

① 利用相关函数求出其传递函数闭环极点,并判断其稳定性。

② 利用 LTI 浏览器求出模型的零极点图。

将图形保存为 fig9_1. bmp

③ 利用 pzmap()绘制出系统的零极点图。

④ 利用 LTI 浏览器绘制系统的单位阶跃响应，对坐标轴进行适当调整（将 x 轴改为 40），验证系统的稳定性。

将图形保存为 fig9_2. bmp

(2) 实验思考。编写 M 文件：对于标准二阶传递函数，当 ζ 分别为 0、−1 时，（$\omega_n=0.47$），分别绘制系统单位阶跃响应 figure1 和 figure2，求出其闭环极点，并分析其稳定性与极点的关系。

保存为 zy9_2. m

8.10 实验 10 线性系统时域响应稳态误差分析

1. 实验目的

(1) 掌握系统的稳态误差的概念与求取方法。

(2) 掌握利用 MATLAB 中的仿真工具求取稳态误差。

(3) 掌握绝对稳定和相对稳定的概念，稳态误差与稳定性的关系。

2. 实验准备

线性系统稳定性分为绝对稳定性和相对稳定性。

系统的绝对稳定性：系统是否满足稳定（或不稳定）的条件，即充要条件。

系统的相对稳定性：稳定系统的稳定程度。

稳态性能是指系统的控制精度。当系统由一个稳态过渡到另一个稳态时，总是希望系统的输出尽可能地接近给定值。但由于干扰或输入信号的不同，有些系统就可能产生误差，所以，系统的用稳态误差来衡量稳态性能。

稳态误差是描述系统稳态性能的指标，指当时间趋于无穷大时，输出量与输入量之间的差值，如果在稳态时，系统的输出量与输入量不能完全吻合，就认为系统有稳态误差，这个误差表示系统的准确度。稳态误差是系统控制精度或抗扰动能力的一种度量。

稳态误差公式一般为

$$e_{ss}=\lim_{s\to 0}sE(s)=\lim_{s\to 0}\frac{sR(s)}{1+G(s)H(s)}$$

式中，$R(s)$是系统的输入，$G(s)H(s)$是系统的开环传递函数，所以可以看到，系统的稳态误差除了跟系统本身有关之外，还跟输入信号有关，上式算出的稳态误差是误差信号稳态分量在趋于无穷时的数值，故也称为终值误差。

在分析控制系统时，既要研究系统的动态响应，如达到新的稳定状态所需的时间，同时也要研究系统的稳态特性，以确定对输入信号跟踪的误差大小。

3. 实验内容

在 MATLAB 中，系统稳态误差的求取有以下几种方法。

(1) 利用求取稳态值的函数 dcgain 来求稳态误差。

调用格式为：ess=dcgain(G)

其中： $$G=s\cdot R(s)\cdot \Phi_e(s)$$

$R(s)$为输入信号的拉氏变换；$\Phi_e(s)=\dfrac{E(s)}{R(s)}=\dfrac{1}{1+G(s)H(s)}$为误差传递函数，$G(s)$为前向通道的传递函数，$H(s)$ 为反馈通道的传递函数。

(2) 根据系统的稳态误差定义式,求稳态误差

稳态误差定义式:　　$e_{ss}=\lim\limits_{s\to 0}sE(s)=\lim\limits_{s\to 0}\frac{sR(s)}{1+G(s)H(s)}$

所以有:e_{ss}=limit(E,s,0,'right')。

(3) 对于时域分析中的动态、稳态性能指标的计算,也可以将其封装到函数中,通过调用函数来实现计算。

(4) 利用 Simulink 工具箱求取稳态误差。

根据误差的定义:被控量的希望值 Co(t)(也就是输入值)和实际值 C(t)(也就是输出值)之差。即 $\varepsilon(t)=c_0(t)-c(t)$,$t\to\infty$ 时的 $\varepsilon(t)$ 称为稳态误差,用 e_{ss} 表示 $e_{ss}=\lim\limits_{t\to\infty}\varepsilon(t)$。

所以,可利用 Simulink 工具箱构造仿真系统,用示波器获取系统偏差,从理论上看,当仿真时间足够大的时候,即得到系统的稳态误差,这种方法根据稳态误差的定义,构造模型进行仿真,非常直观,操作简单。

利用以上方法进行稳态误差性能指标的求取在本教程 5.2.4 中有详细的实例演示。

4. 实验练习

(1) 系统模型如图 8-24 所示。

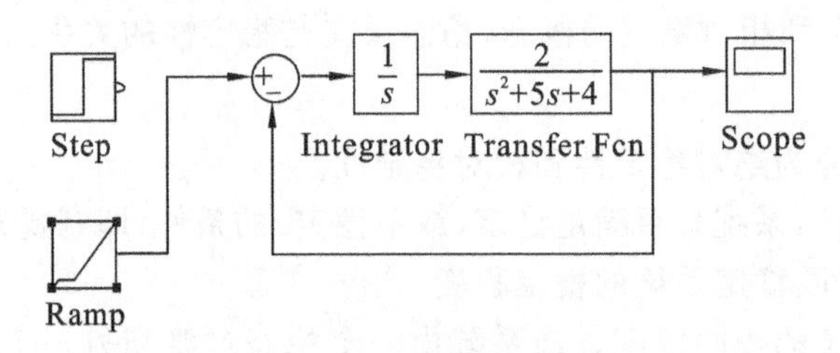

图 8-24　系统结构图

① 编程求出系统的闭环传递函数,并判断其稳定性。

保存为 zy10_1.m

② 利用 Simulink 工具箱求出以下情况时的稳态误差。输入(in1)分别为:

a. 单位阶跃函数;

b. 单位斜坡函数:t;

c. 单位加速度函数:$0.5t^2$。

将产生的三个图形分别保存为 fig10_1、fig10_2、fig10_3.bmp

③ 求系统移去积分环节的稳态误差,分析积分环节对系统稳态性能的影响。

(2) 求如图 8-25 所示系统在单位阶跃、单位斜坡输入时的稳态误差。

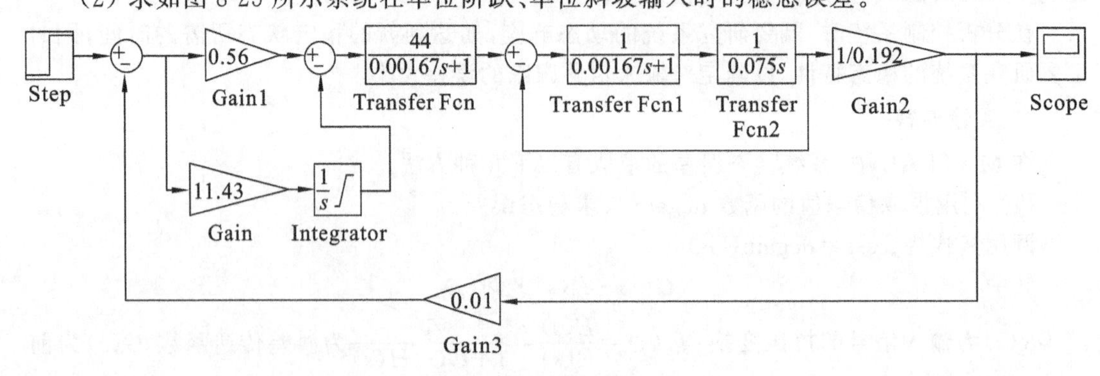

图 8-25　系统结构图

根据仿真实验结果写分析报告，报告应包括如下实验思考：

① 系统稳定性与稳态误差的关系；

② 积分环节对系统稳态的影响；

③ 稳态误差与输入之间的关系。

保存为 zy10_2.doc

8.11 实验 11 根轨迹基本分析

1. 实验目的

(1) 理解根轨迹图的含义。

(2) 利用 MATLAB 进行根轨迹的绘制。

(3) 掌握控制系统工具箱中绘制根轨迹的相关函数。

(4) 掌握利用已绘制的根轨迹求相关的参数。

2. 实验准备

根轨迹是指系统的某一参数从零变化到无穷大时，特征方程的根在 S 平面上的变化轨迹。这个参数一般选为开环系统的增益 K。课本中介绍的手工绘制根轨迹的方法，只能绘制根轨迹草图。而用 MATLAB 可以方便地绘制精确的根轨迹图，并可观测参数变化对特征根位置的影响。

假设系统的开环传递函数为

$$G(s)H(s) = K^* \frac{\prod_{j=1}^{m}(s-z_j)}{\prod_{i=1}^{n}(s-p_i)}$$

其中：K^* 为根轨迹增益；z_j 为开环零点；p_i 是开环极点。

其系统闭环传递函数为

$$\Phi(s) = \frac{G(s)}{1+G(s)H(s)}$$

系统的闭环特征方程可以写成：

$$1+G(s)H(s)=0$$

特征方程可以写成：

$$K^* \frac{\prod_{j=1}^{m}(s-z_j)}{\prod_{i=1}^{n}(s-p_i)} = -1$$

对每一个 K^* 的取值，可以得到一组系统的闭环极点。如果改变 K^* 的数值，则可以得到一系列这样的极点集合。若将这些 K^* 的取值下得到的极点位置按照各个分支连接起来，则可以得到一些描述系统闭环极点位置的曲线，这些曲线又称为系统的根轨迹。

3. 实验内容

1) 绘制系统的根轨迹 rlocus()

MATLAB 中绘制根轨迹的函数调用格式如下。

(1) rlocus(a,b,c,d)或者 rlocus(num,den)：根据 SISO 开环系统的状态空间描述模型

和传递函数模型，直接在屏幕上绘制出系统的根轨迹图。开环增益的值从零到无穷大变化。

(2) rlocus(a,b,c,d,k)或 rlocus(num,den,k)：通过指定开环增益 k 的变化范围来绘制系统的根轨迹图。

(3) r=rlocus(num,den,k)或者[r,k]=rlocus(num,den)：不在屏幕上绘出系统的根轨迹图，而根据开环增益变化矢量 k，返回闭环系统特征方程 1+k * num(s)/den(s)=0 的根 r，它有 length(k)行，length(den)−1 列，每行对应某个 k 值时的所有闭环极点。或者同时返回 k 与 r。

说明：num，den 分别为按 s 的降幂排列的系统开环传递函数的分子、分母多项式系数，k 为根轨迹增益，增益范围可以设定。

2) 对应闭环极点位置，确定增益值 k 的函数 rlocfind()

在 MATLAB 中，提供了 rlocfind 函数获取与特定的复根对应的增益 k 的值。在求出的根轨迹图上，可确定选定点的增益值 k 和闭环根 r(向量)的值。该函数的调用格式为：

(1)[k,p]=rlocfind(a,b,c,d) 或者[k,p]=rlocfind(num,den)

执行前，必须先执行绘制根轨迹命令 rlocus(num,den)，画出根轨迹图。执行 rlocfind 命令时，出现提示语句“Select a point in the graphics window”，即要求在根轨迹图上选定闭环极点。将鼠标移至根轨迹图选定的位置，单击左键确定，根轨迹图上出现“+”标记，即得到了该点的增益 k 和闭环根 r 的返回变量值，显示于命令窗口中。

(2) 如果不带输出参数[k,p]时，此时只将 k 的值返回到缺省变量 ans 中。

3) 绘制阻尼比 ζ 和自然振荡频率 ω_n 的栅格线 sgrid()

当对系统的阻尼比 ζ 和自然振荡频率 ω_n 有要求时，希望在根轨迹图上作等 ζ 或等 ω_n 线。MATLAB 中实现这一要求的函数为 sgrid()，该函数的调用格式如下。

(1) sgrid：在现有的屏幕根轨迹或零极点图上绘制自然振荡频率、阻尼比对应的栅格线。

(2) sgrid('new')：先清屏，再画栅格线。

(3) sgrid(z,wn)：绘制由用户指定的阻尼比、自然振荡频率的格线。

4) 综合例题

【例 8-33】 系统的开环传递函数为 $G(s)=K^{*}\dfrac{s+2}{(s^2+4s+9)^2}$，试求：(1)系统的根轨迹；(2)系统稳定的 K 的范围；(3)$K=1$ 时闭环系统阶跃响应曲线。

解：输入命令

```
num=[1 2];den=conv([1 4 9],[1 4 9])
G=tf(num,den);
figure(1)
rlocus (G);                          %绘制系统的根轨迹
sgrid
[k,r]=rlocfind(G)                    %确定临界稳定时的增益值 k 和对应的极点 r
Gs=feedback(G,1);                    %形成单位负反馈闭环系统
figure(2)
step(Gs)                             %绘制闭环系统的阶跃响应曲线
grid
```

则系统的根轨迹图如图 8-26 所示，闭环系统阶跃响应曲线如图 8-27 所示。

其中，调用 rlocfind 函数，求出系统与虚轴交点的 K 值，可得与虚轴交点的 K 值为 96.5748，故系统稳定的 K 的范围为 $K<96.5748$。

4. 实验练习

(1) 系统开环传递函数为 $G(s)=\dfrac{k}{(2s+1)(3s+1)(6s+1)}$。

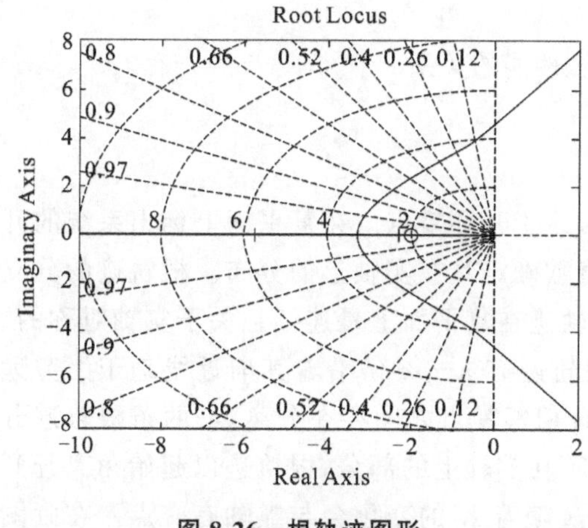

图 8-26 根轨迹图形

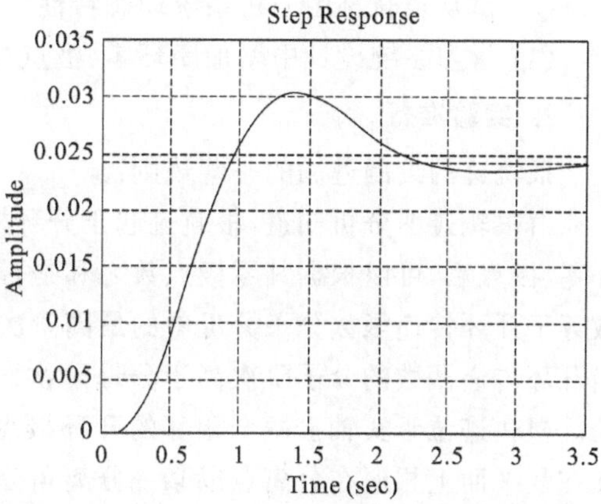

图 8-27 $k=1$ 时的阶跃响应曲线

① 求系统闭环零极点图($k=1$ 时)。判断系统稳定性。

② 求系统根轨迹。

③ 求 $k=5$ 时的闭环极点。

保存为 zy11_1.m

(2) 已知某系统的开环传递函数为：$G(s)=\dfrac{k(s+3)}{(s+2)(s+5)(s+8)}$，试绘制系统的根轨迹，并在根轨迹图上任选一点，计算该点的增益 k 及其对应的极点大小。

保存为 zy11_2.m

(3) 已知某单位反馈系统的开环传递函数如下，要求：

$$G(s)=\frac{k}{s(0.01s+1)(0.02s+1)}$$

① 绘制系统带栅格线的闭环根轨迹，确定使系统产生重实根和纯虚根的开环增益 k。

② 思考：此栅格线所代表的含义。

保存为 zy11_3.m

(4) 已知某系统的开环传递函数为：$G(s)=\dfrac{k}{(s+6)(s-1)}$。要求：

① 求系统闭环零极点图($k=1$ 时)；

② 绘制闭环系统单位阶跃响应图($k=1$ 时)；

③ 绘制系统根轨迹图($k=1$ 时)；

④ 绘制系统根轨迹图($k=26$ 时)；

⑤ 给系统增加一个开环极点 $p=2$，求此时根轨迹图；

⑥ 给系统增加一个开环零点 $z=1$，求此时根轨迹图；

保存为 zy11_4.m

8.12 实验12 根轨迹分析系统性能

1. 实验目的

(1) 复习MATLAB进行根轨迹的绘制。

(2) 利用根轨迹图分析系统稳态性能。

(3) 试从根轨迹图分析系统动态特性。

(4) 学习系统设计中增加闭环零、极点与系统性能的关系。

2. 实验准备

根轨迹的绘制遵循的一些规则：

由根轨迹图分析知道，根轨迹起于开环极点，终于开环零点。在复平面上标出系统的开环零、极点后，可以根据其零极点数之和是否为奇数确定其在实轴上的分布。根轨迹的分支数等于开环传递函数分子分母中的最高阶次，根轨迹在复平面上是连续且关于实轴对称的。当开环传递函数的分子阶次高于分母阶次时，根轨迹有 $n-m$ 条沿着其渐近线趋于无穷远处。根轨迹位于实轴上两个相邻的开环极点或者相邻零点之间存在分离点，两条根轨迹分支在复平面上相遇在分离点以某一分离角分开；不在实轴上的部分，根轨迹以起始角离开开环复极点，以终止角进入开环复零点。有的根轨迹随着 K 的变化会与虚轴有交点。在画图时，确定了以上的各个参数或者特殊点后，就可得系统的根轨迹概略图。

从以上根轨迹的绘制规则中，可以看到开环零点和开环极点对整个根轨迹的影响，对系统性能的影响。

3. 实验内容

用MATLAB可以方便地绘制精确的根轨迹图，并可通过自己添加零极点或者改变根轨迹增益的范围来观测参数变化对特征根位置的影响。

给系统添加开环极点会使系统的阶次升高，若添加的合理，会使系统的稳态误差减小，同时若添加的不合理，反倒会使系统不稳定；给系统添加开环零点，可使原来不稳定的系统变成稳定的系统。

如果根轨迹与虚轴有交点，在 K 从零到无穷变化时，系统的稳定性会发生变化。

【例8-34】 已知系统传递函数为：$G(s)=\dfrac{k}{s(s+1)(s+2)}$，要求：

(1) 记录根轨迹的起点、终点与根轨迹的条数；

(2) 确定根轨迹的分离点与相应的根轨迹增益；

(3) 确定临界稳定时的根轨迹增益 k。

解：输入命令：

```
z=[];p=[0 - 1 - 2];k= 1;
G=zpk(z,p,k);
figure(1);pzmap(G)                              %得到图 8-28
figure(2);rlocus(G);sgrid;                      % 得到图 8-29,并进行标注
title('根轨迹图');
%求临界稳定时的根轨迹增益 K
figure(3);rlocus(G)
title('临界稳定时的根轨迹增益 K');
```

```
[k,p]=rlocfind(G)                          %得到图 8-30
%求取根轨迹的分离点与相应的根轨迹增益
figure(4);rlocus(G)
title('根轨迹的分离点与相应的根轨迹增益曲线图');
[k,p]=rlocfind(G)                          %得到图 8-31
运行后得到 figure(3)结果:
Select a point in the graphics window
selected_point=
      0+1.4037i
k=
   5.9115
p=
  -2.9919
  -0.0040+1.4056i
  -0.0040-1.4056i
```

运行后得到 figure(4)结果：

```
Select a point in the graphics window
selected_point=
  -0.4171-0.0124i
k=
  0.3851
p=
  -2.1548
  -0.4226+0.0112i
  -0.4226-0.0112i
```

运行后产生 4 个图，由 pzmap(G)得到系统零极点图，如图 8-28 所示，由 rlocus(G)得到根轨迹图，并进行标注，如图 8-29 所示。

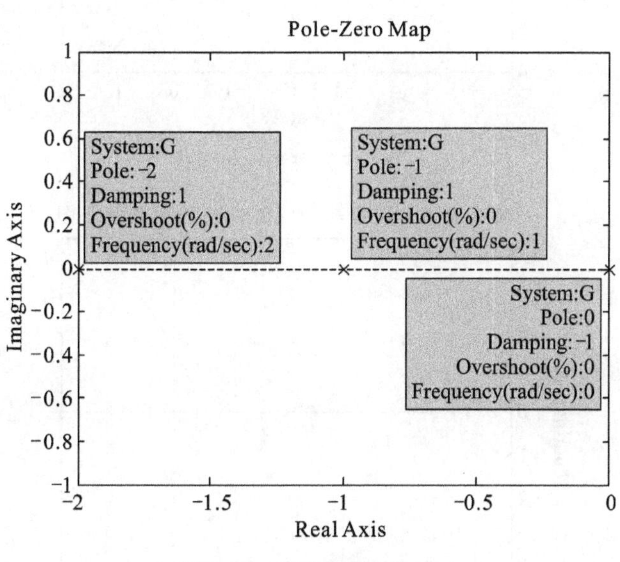

图 8-28　系统的零极点图

由 rlocfind(G)可以得到根轨迹的标注图，如图 8-30 所示，求得系统的稳定增益点，如图 8-31 所示，求得系统的根轨迹分离点增益。

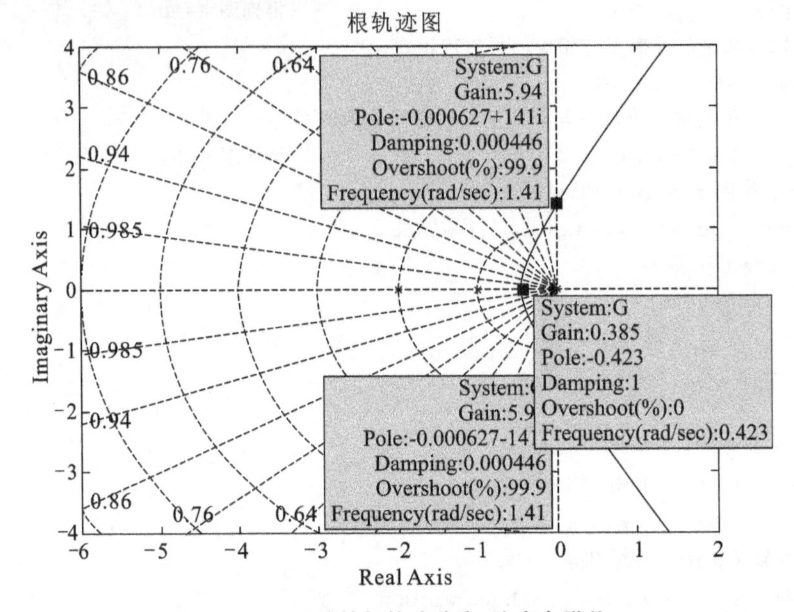

图 8-29 系统的根轨迹分离、稳定点增益

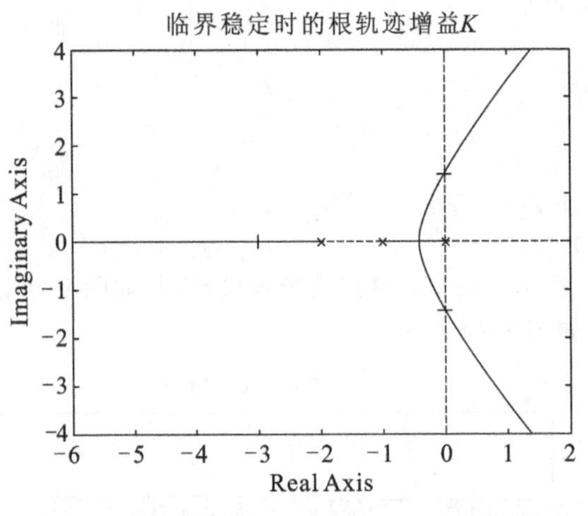

图 8-30 求系统稳定点增益

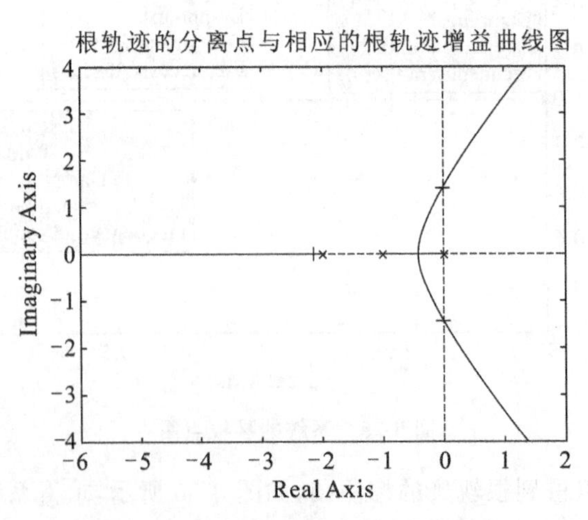

图 8-31 求系统的根轨迹分离点增益

由图 8-29 可知，根轨迹起点分别为 0、−1、−2，终点为无穷远处，共 3 条根轨迹。

结合图 8-30 以及命令窗口中的输出，可以看到临界稳定时的根轨迹增益 $K=5.9115$。

结合图 8-29、图 8-31，以及命令窗口的输出，可以得到分离点 $d=-0.4226$，相应的根轨迹增益 $K=-0.3851$。

4. 实验练习

(1) 系统开环传递函数为：$G(s)=\dfrac{k}{s(s+1)(s+4)}$。

① 求系统根轨迹。

② 确定使系统产生重实根和纯虚根的开环增益 k 及对应极点。

③ 试从根轨迹图分析其动态特性。

保存为 zy12_1.m

(2) 已知某系统的开环传递函数为：$G(s)=\dfrac{k*26}{(s+6)(s-1)}$，要求：

① 绘制系统带栅格线的根轨迹图。

② 图 8-32 所示三张子图分别为原根轨迹图，增加一个开环极点 $p=2$ 后的根轨迹图，增加一个开环零点 $z=1$ 后的根轨迹图。

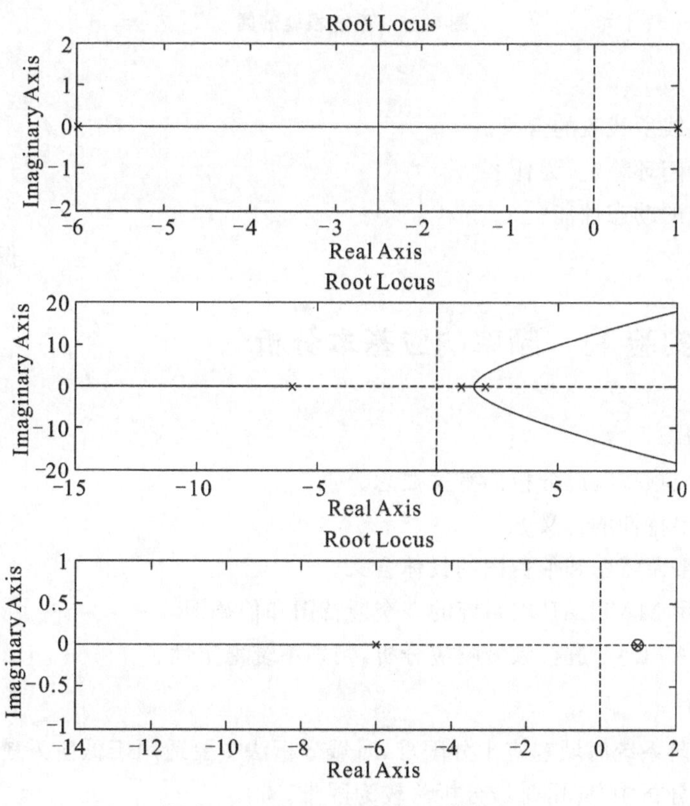

图 8-32　开环零、极点对系统的影响

(1) 从三个根轨迹图中，分析稳定性变化。

(2) 从图中看第三个根轨迹图出现 $p=1$ 的极点，是否系统不稳定？为什么？

保存为 zy12_2.m

(3) 已知某系统开环传递函数为：$G(s)=\dfrac{K(s+5)}{(s+1)(s+3)(s+12)}$。MATLAB 绘制的根轨迹图如图 8-33 所示。

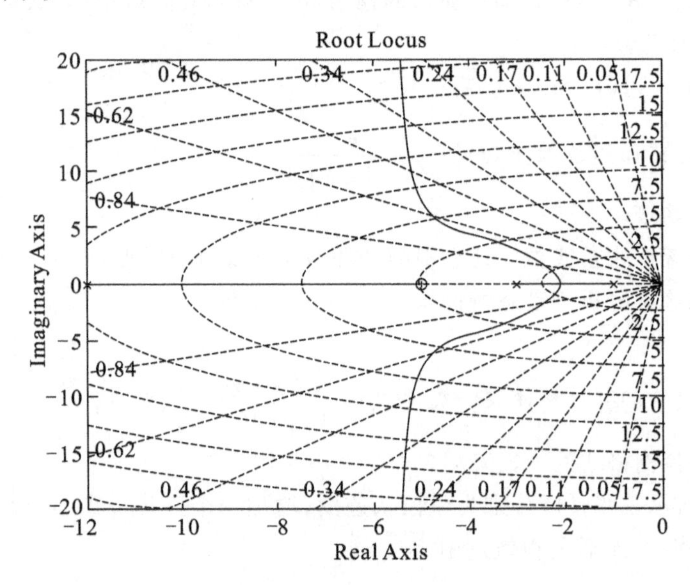

图 8-33 系统根轨迹图

要求：

① 说明栅格线所代表的含义。

② 系统是否闭环稳定，为什么？

③ 分析系统的动态性能？

保存为 zy12_3.m

8.13 实验 13 频率响应基本分析

1. 实验目的

(1) 理解系统频率响应分析的有关概念。

(2) 理解频率特性的含义。

(3) 理解奈奎斯特图和伯德图的具体含义。

(4) 掌握利用 MATLAB 求系统的奈奎斯特图和伯德图。

(5) 利用 MATLAB 进行频域响应分析，判别系统稳定性。

2. 实验准备

由于求解高阶系统时域响应十分困难，时域分析法主要适用于低阶系统的性能分析，在高阶系统的性能分析中，应用时域分析法较为困难。

而频域分析法克服了求解高阶系统时域响应十分困难的缺点，可以根据系统的开环频率特性去判断闭环系统的稳定性，分析系统参数对系统性能的影响。频域分析法主要适用于线性定常系统，是分析和设计控制系统的一种实用工程方法，应用十分广泛。

频率特性是频域分析法分析和设计控制系统时所用的数学模型，它既可以根据系统的工作原理，应用机理分析法建立起来，也可以由系统的其他数学模型(传递函数、微分方程等)方便地转换过来,或用实验法来确定。

可以证明,对于一个稳定的线性定常系统,在其输入端施加一个正弦信号时,当动态过程结束后,在其输出端必然得到一个与输入信号同频率的正弦信号,其幅值和初始相位为输入信号频率的函数。

在正弦信号作用下,系统稳态输出分量与输入信号之比相对于频率的复数关系,即系统对正弦输入的稳态响应称为频率响应。

本实验介绍频率特性的基本概念,并利用 MATLAB 绘制系统的开环频率特性、乃奎斯特图。

3. 实验内容

在工程分析和设计中,通常把频率特性画成一些曲线,从频率特性曲线出发进行研究。这些曲线包括幅频特性和相频特性曲线、幅相频率特性曲线、对数频率特性曲线以及对数幅相曲线等,其中以幅相频率特性曲线、对数频率特性曲线应用最广。在绘制对数幅频特性曲线时,可用简单的渐近线近似地绘制,必要时可进行修正。

对于最小相位系统,幅频特性和相频特性之间存在着唯一的对应关系,故根据对数幅频特性,可以唯一地确定相应的相频特性和传递函数。而对于非最小相位系统则不然。

频率特性是根据线性定常系统在正弦信号作用下输出的稳态分量而定义的,但它能反映系统动态过程的性能,故可视为动态数学模型。

下面介绍利用 MATLAB 进行的奈奎斯特图(幅相频率特性图)和伯德图(对数频率特性图)的绘制。

1) 频率特性函数 $G(j\omega)$

设线性系统传递函数为

$$G(s)=\frac{b_0 s^m+b_1 s^{m-1}+\cdots+b_{m-1}s+b_m}{a_0 s^n+a_1 s^{n-1}+\cdots+a_{n-1}s+a_n}$$

则频率特性函数为

$$G(j\omega)=\frac{b_0\ (j\omega)^m+b_1\ (j\omega)^{m-1}+\cdots+b_{m-1}(j\omega)+b_m}{a_0\ (j\omega)^n+a_1\ (j\omega)^{n-1}+\cdots+a_{n-1}(j\omega)+a_n}$$

由下面的 MATLAB 语句可以直接求出 $G(j\omega)$。

```
i=sqrt(-1)                   %求取-1的平方根
GW=polyval(num,i*w)./polyval(den,i*w)
```

其中 num,den 为系统的传递函数模型分子分母系数。而 ω 为频率点构成的向量,点右除(./)运算符表示操作元素点对点的运算。从数值运算的角度来看,上述算法在系统的极点附近精度不会很理想,甚至出现无穷大值,运算结果是一系列复数返回到变量 GW 中。

2) 奈奎斯特图

对于频率特性函数 G(jω),给出 ω 从负无穷到正无穷的一系列数值,分别求出 Im(G(jω))和 Re(G(jω))。以 Re(G(jω)) 为横坐标,Im(G(jω)) 为纵坐标绘制成为极坐标频率特性图。

MATLAB 提供了函数 nyquist()来绘制系统的极坐标图,其用法如下。

(1) nyquist(num,den):可绘制出以连续时间多项式传递函数表示的系统的极坐标图。

(2) nyquist(a,b,c,d):绘制出系统的一组 Nyquist 曲线,每条曲线相应于连续状态空间系统[a,b,c,d]的输入/输出组合对。其中频率范围由函数自动设置,在响应快速变化的位置会自动采用更多取样点。

(3) nyquist(a,b,c,d,iu):可得到从系统第 iu 个输入到所有输出的极坐标图。

(4) nyquist(a,b,c,d,iu,ω)或 nyquist(num,den,ω):可利用指定的角频率矢量绘制出系统的极坐标图。

(5) 当不带返回参数时,直接在屏幕上绘制出系统的极坐标图(图上用箭头表示 ω 的变化方向,负无穷到正无穷)。当带输出变量[re,im,ω]引用函数时,可得到系统频率特性函数的实部 re 和虚部 im 及角频率点 ω 矢量(为正的部分)。可以用 plot(re,im)绘制出对应 ω 从负无穷到零变化的部分。

【例 8-35】 考虑二阶典型环节:$G(s)=\dfrac{1}{s^2+0.6s+1}$,试利用 MATLAB 画出奈奎斯特图。

解:输入命令:

```
num=[0,0,1];
den=[1,0.6,1];
nyquist(num,den)
%设置坐标显示范围
v=[- 2,2,- 2,2];axis(v);grid
```

得出系统的奈奎斯特图,如图 8-34 所示。

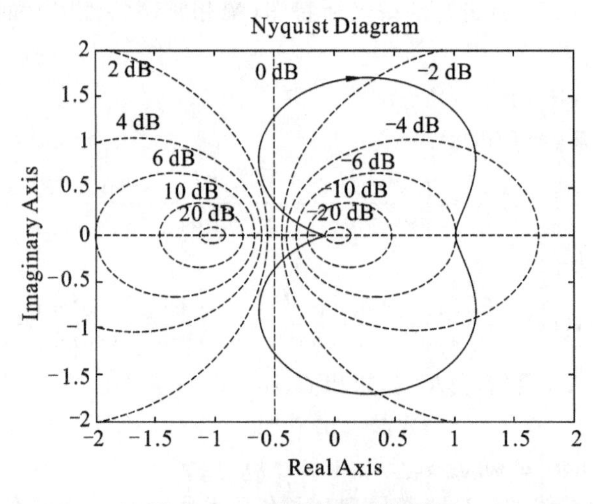

图 8-34 二阶环节奈奎斯特图

3) 伯德图

对数频率特性图包括了对数幅频特性图和对数相频特性图。横坐标为频率 ω,采用对数分度,单位为弧度/秒;纵坐标均匀分度,分别为幅值函数 20lgA(ω),以 dB 表示;相角以度表示。

MATLAB 提供了函数 bode()来绘制系统的伯德图,其用法如下。

(1) bode(num,den):可绘制出以连续时间多项式传递函数表示的系统伯德图。

(2) bode(a,b,c,d,iu,ω)或 bode(num,den,ω):利用指定的角频率矢量绘制出系统的伯德图。

(3) 当函数带输出变量[mag,pha,ω]或[mag,pha]时,可得到系统伯德图相应的幅值

mag、相角 pha 及角频率点 ω 矢量或只是返回幅值与相角。相角以度为单位，幅值可转换为分贝单位：mag dB＝20×log10(mag)。

【例 8-36】 已知单位负反馈系统的开环传递函数为：$G(s)=\frac{6(s+1)}{s(s+8)}$，试绘制出系统伯德图。

解：输入命令：

```
num=6*[1,1];
den=[1,8,0];
bode(num,den)
grid
title('系统 G(s)=6*(s+1)/[s(s+8)] 伯德图')
```

得出系统的伯德图，如图 8-35 所示。

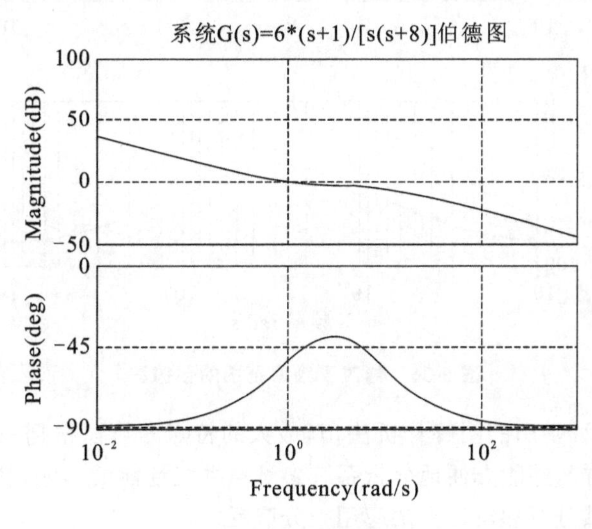

图 8-35 伯德图

该程序绘图时的频率范围是自动确定的，从 0.01 deg/s 到 30 deg/s，且幅值取分贝值，ω 轴取对数，图形分成 2 个子图，第 1 个是对数幅频特性图，第 2 个是相频特性图，均是自动完成的。

如果希望调整显示的频率范围，则程序修改为：

```
num=6*[1,1];
den=[1,8,0];
w=logspace(-1,2,100);                          %从 0.1 至 100,取 100 个点。
[mag,phase,w]=bode(num,den,w);
magdB=20*log10(mag)                            %增益值转化为分贝值。
%第 1 个子图画伯德图幅频部分。
subplot(2,1,1);
semilogx(w,magdB,'- k')                        %用黑线画
grid
title('系统 G(s)=6(s+1)/[s(s+8)]伯德图')        %设置子图标题
xlabel('频率(rad/s) ')                          %设置子图 x 轴标题
ylabel('增益(dB) ')                             %设置子图 y 轴标题
```

```
%第 2 个子图画伯德图相频部分。
subplot(2,1,2);
semilogx(w,phase,'- r ');
grid
xlabel('频率(rad/s) ')
ylabel('相位(deg) ')
```

修改程序后绘制出的伯德图如图 8-36 所示。

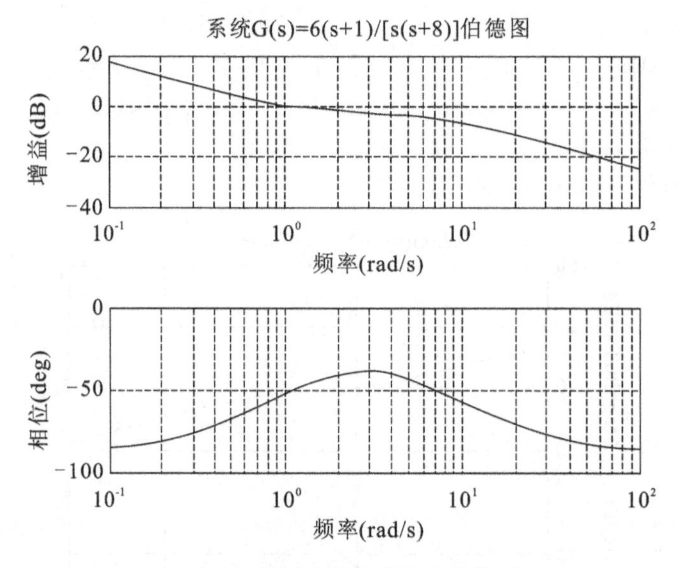

图 8-36　修改了频率范围的伯德图

频域分析法是一种常用的图解分析法，其最大的特点是可以根据系统的开环频率特性来判断闭环系统的性能，并能方便地分析系统参量对系统性能的影响，从而指出改善系统性能的途径和方法，频域分析和设计方法应用十分广泛。

利用奈奎斯特稳定判据，可根据系统的开环频率特性来判断闭环系统的稳定性，并可定量地反映系统的相对稳定性，即稳定裕度。稳定裕度通常用幅值裕度和相角裕度来表示，把系统的开环频率特性画在等 M 圆图和等 N 圆图上，可以求得系统的闭环频率特性，根据系统的开环频率特性或闭环频率特性可以粗略地估计系统的一些时域性能指标。

利用数字计算机求解系统的频率特性更加显示出频域分析法简便、适用的优点。在难以用解析方法确定系统或元件的频率特性的情况下，可以用实验方法确定。

4. 实验练习

(1) 绘制一阶惯性环节 $G(s)=\frac{1}{Ts+1}$，当 T 分别为 0.3、0.6、1、2 的奈奎斯特图，并分析时间参数与系统奈奎斯特图的关系。

保存为 zy13_1.m

(2) 绘制一阶惯性环节 $G(s)=\frac{1}{Ts+1}$，当 T 分别为 0.3、0.6、1、2 的伯德图，并分析时间参数与系统伯德图的关系。

保存为 zy13_2.m

(3) 绘制二阶系统 $G(s)=\frac{\omega_n{}^2}{s^2+2\zeta\omega_n s+\omega_n{}^2}$，$\omega_n=2$，当 ζ 分别为 0.1、0.6、1、2 的奈奎斯特

图,并分析阻尼比与系统奈奎斯特图的关系。

保存为 zy13_3.m

(4) 绘制二阶系统 $G(s)=\frac{\omega_n^2}{s^2+2\zeta\omega_n s+\omega_n^2}$,$\omega_n=2$,当 ζ 分别为 0.1、0.6、1、2 的伯德图,并分析阻尼比与系统伯德图的关系。

保存为 zy13_4.m

(5) 已知某系统的开环传递函数没有零点,极点为 −1、−0.5、−0.5,开环增益为 2.5,用相应函数画出系统的奈奎斯特图和伯德图,然后利用 ltiview 工具画出两个图形。

保存为 zy13_5.m

(6) 传递函数为 $G(s)=\frac{\omega_n^2}{s^2+2\zeta\omega_n s+\omega_n^2}$,$\omega_n=4$,$\zeta$ 分别为 0.2、0.6、1.0、2.0 时:

① 在同一坐标系下绘制系统的单位阶跃响应,标题为"2 阶系统单位阶跃响应";

② 在同一坐标系下绘制系统奈奎斯特图,分析阻尼比与系统奈奎斯特图的关系;

③ 在同一坐标系下绘制伯德图,并分析阻尼比与系统伯德图的关系。

保存为 zy13_6.m

(7) 系统结构图如图 8-37 所示。

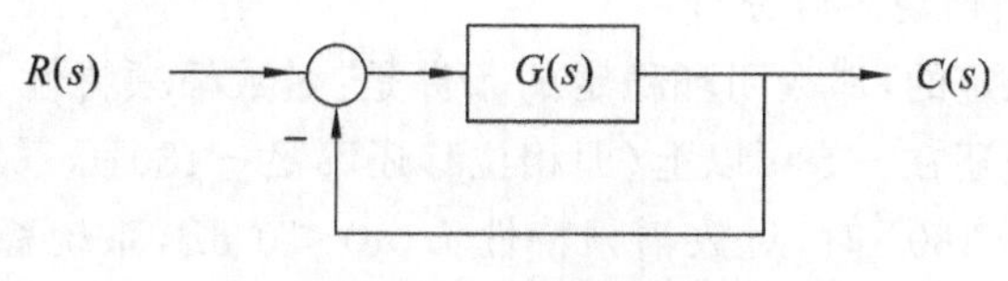

图 8-37 系统结构图

其中: $G(s)=\frac{16.7s}{(0.85s+1)(0.25s+1)(0.0625s-1)}$

① 利用 MATLAB 编程用时域分析法判断系统的闭环稳定性。

保存为 zy13_7.m

② 试用 nyquist 频率曲线判断系统的闭环稳定性,在 nyquist 图中进行标注。

保存为 fig13_1.bmp

③ 绘制系统的伯德图,求系统的谐振峰值,谐振频率与相应的相位值(在伯德图中进行标注)。

保存为 fig13_2.bmp

8.14 实验 14 线性系统频率响应性能分析

1. 实验目的

(1) 掌握利用奈奎斯特稳定判据判断系统稳定性及其原理。

(2) 利用 MATLAB 进行频域响应分析,判别系统稳定性。

(3) 频域性能指标学习与分析。

(4) 掌握使用 MATLAB 求系统相对稳定性的性能指标。

(5) 学习利用 margin 函数求系统稳定裕度。

2. 实验准备

在频域分析法中,如果系统开环是稳定的,那么闭环稳定的条件是:对数幅频特性 $L(\omega)$

达到 0dB 时，即在截止频率 ω_c 处，曲线还在 $-180°$ 以上（即相位移还不足 $-180°$），系统是稳定的。或者说，当相频特性曲线达到 $-180°$ 时，对数幅频特性 $L(\omega)<0$dB，系统稳定。反之，则系统不稳定。

在频率特性中表征相对稳定的量是相角裕度和幅值裕度。

稳定裕度是指系统稳定的程度，表示距临界稳定有多近。当然，如果系统本身不稳定，那么就谈不上稳定裕度。根据奈奎斯特判据可知，系统的开环幅相曲线位于临界点附近的曲线，对闭环稳定性影响很大，开环幅相曲线越是接近临界点，系统稳定的程度越差。

针对系统的闭环频率特性可定义一组频域性能指标。频率特性曲线在数值上和形状上的特征，常用几个特征量来表示，即谐振峰值 M_r、带宽频率 ω_b、相频宽 $\omega_{b\varphi}$ 和零频幅比 $A(0)$。这些特征量又称频域性能指标，它们在很大程度上能够间接地表明系统动态过程的品质。

3. 实验内容

1）奈奎斯特判据

奈奎斯特稳定判据（简称奈奎斯特判据）表述如下：闭环控制系统稳定的充分和必要条件是当 ω 从 $-\infty$ 变化到 $+\infty$ 时，系统的开环频率特性曲线 $G(j\omega)H(j\omega)$ 按逆时针方向包围 $(-1,j0)$ 点 P 四周，P 为位于 S 平面右半部的开环极点数目。

2）基于系统伯德图的稳定性分析

如果系统开环是稳定的，那么闭环稳定的条件是：对数幅频特性 $L(\omega)$ 达到 0 dB 时，即在截止频率 ω_c 处，曲线还在 $-180°$ 以上（即相位移还不足 $-180°$），系统是稳定的。或者说，当相频特性曲线达到 $-180°$ 时，对数幅频特性 $L(\omega)<0$ dB，系统稳定。反之。则系统不稳定。

前面谈到，稳定裕度是指系统稳定的程度有多深，距临界稳定有多近。根据奈奎斯特判据可知，系统的开环幅相曲线是位于临界点附近的曲线，对闭环稳定性影响很大，开环幅相曲线越是接近临界点，系统稳定的程度越差。

在频率特性中表征相对稳定的量是相角裕度和幅值裕度。

3）相角裕度

从系统稳定的条件看，开环幅相频率特性 $A(\omega_c)=|G(j\omega_c)H(j\omega_c)|=1$ 时，要求相角位移 $\varphi(\omega_c)>-180°$，从物理意义上容易理解，如果这一相角位移与 180°相差越大，系统显然越容易稳定。

相角裕度计算公式：

$$\gamma(\omega_c)=180°+\varphi(\omega_c)=180°+\angle G(j\omega_c)H(j\omega_c)$$

则：$\gamma(\omega_c)>0$ 则系统稳定，$\gamma(\omega_c)<0$ 则系统不稳定。

相角裕度是系统设计时的一个主要依据，它和系统动态特性有相当密切的关系。

在工程实践设计中，往往根据经验，一般要求：$\gamma(\omega_c)=30°\sim60°$。

4）幅值裕度 $h(\omega_x)$

若相角为 $\varphi(\omega)=-180°$，频率 ω_x 称为穿越频率。在 $\omega=\omega_x$ 时，频率特性幅值的倒数即 $\dfrac{1}{|G(j\omega_x)H(j\omega_x)|}$ 定义为幅值裕度 $h(\omega_x)$：

$$h(\omega_x)=\frac{1}{|G(j\omega_x)H(j\omega_x)|}$$

对数坐标系下：

$$h(\omega_x)=-20\lg|G(j\omega_x)H(j\omega_x)| \ (\text{dB})$$

$h(\omega_x)>1$ 时系统稳定；$h(\omega_x)<1$ 时系统不稳定。

对于稳定的系统而言，幅值裕度指出了系统在变为不稳定之前，允许将增益增加到多大；对不稳定系统而言，指出了要使系统稳定，必须将增益减少到多大。

在工程实践设计中，一般要求：$h(\omega_j)=4\sim6$ dB 或更大一点。

5）频域性能指标

频率特性曲线常用谐振峰值 M_r、带宽频率 ω_b、相频宽 $\omega_{b\varphi}$ 和零频幅比 $A(0)$ 等几个特征量来表示，如图 8-38 所示。

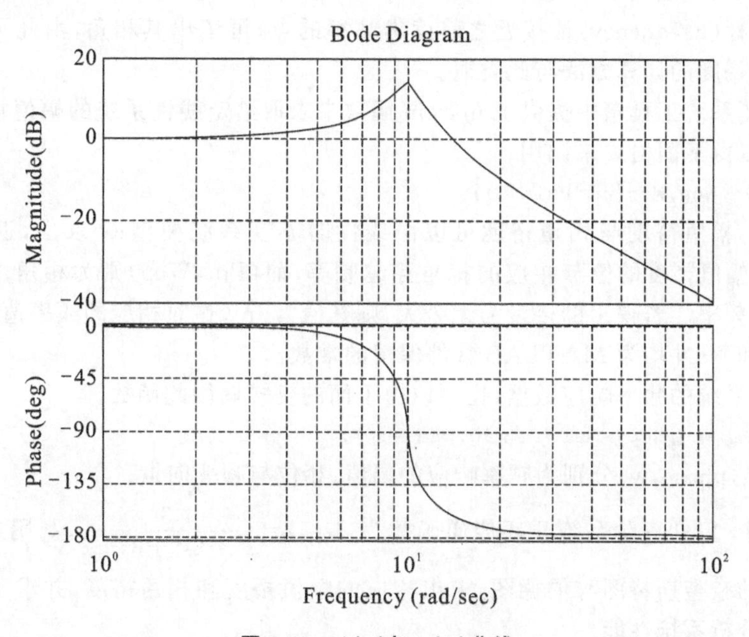

图 8-38 $A(\omega)$与 $\varphi(\omega)$曲线

这些特征量又称频域性能指标，它们在很大程度上能够间接地表明系统动态过程的品质。

(1) 谐振峰值 M_r。

谐振峰值是指幅频特性 $A(\omega)$的最大值。谐振峰值大，表明系统对某个频率的正弦信号反映强烈，有共振的倾向。这意味着系统的平稳性较差，阶跃响应将有过大的超调量。一般要求 $M_r<1.5A(0)$。

(2) 带宽频率 ω_b。

带宽频率是指幅频特性 $A(\omega)$的数值衰减到 0.707 $A(0)$时所对应的频率。ω_b 高，则 $A(\omega)$曲线由 $A(0)$到 0.707 $A(0)$所占据的频率区间较宽，一方面表明系统重现输入信号的能力强，这意味着系统的快速性好，阶跃响应的上升时间和调节时间短；另一方面系统抑制输入端高频声的能力就弱。设计中应折中考虑。

(3) 相频宽 $\omega_{b\varphi}$。

相频宽是指相频特性 $\varphi(\omega)$等于$-\pi/2$ 时所对应的频率，也可以作为快速性的指标。相频 $\varphi(\omega)$为负值，表明系统的稳态输出在相位上落后于输入。相频宽 $\omega_{b\varphi}$ 高一些，即输入信号的频率较高，变化较快时，输出才落后 $\pi/2$，这意味着系统反应迅速，快速性好。

(4) 零频幅比 $A(0)$。

零频幅比是指零频($\omega=0$)时的振幅比。输入一定幅值的零频信号，即直流或常值信号，若 $A(0)=1$，则表明系统响应的终值等于输入，静差为零。如 $A(0)\neq1$，表明系统有静差。所以 $A(0)$与 1 相差之大小，反映了系统的稳态精度，$A(0)$越接近 1，系统的精度越高。

频带宽,峰值小,过渡过程性能好。这是稳定系统动态响应的一般准则。

经验表明,闭环对数幅频特性曲线带宽频率附近斜率越小,则曲线越陡峭,系统从噪声中区别有用信号的特性越好,但是,一般这也意味着谐振峰值 M_r 较大,因而系统稳定程度较差。

6) 用 MATLAB 求取稳定裕量

跟求时域响应性能指标类似,由 MATLAB 里 bode 函数绘制的伯德图也可以采用游动鼠标法求取系统的幅值裕度和相角裕度。可以在幅频曲线上按住鼠标左键游动鼠标,找出纵坐标(Magnitude)趋近于零的点,从提示框图中读出其频率。然后在相频曲线上用同样的方法找到横坐标(Frequency)最接近之前读出频率的点,可读出其相角,由此可得系统的相角裕度。幅值裕度的计算方法与此类似。

此外,控制系统工具箱中提供了 margin 函数来求取给定线性系统的幅值裕度和相角裕度,该函数可以由下面格式来调用:

```
[Gm,Pm,Wcg,Wcp]=margin(G);
```

可以看出,幅值裕度与相角裕度可以由线性时不变系统模型 G 求出,返回的变量对(Gm,Wcg)为幅值裕度的值与相应的相角穿越频率,而(Pm,Wcp)则为相角裕度的值与相应的幅值穿越频率。若得出的裕量为无穷大,则其值为 Inf,这时相应的频率值为 NaN(表示非数值),Inf 和 NaN 均为 MATLAB 软件保留的常数。

如果已知系统的频率响应数据,还可以由下面的格式调用此函数。

```
[Gm,Pm,Wcg,Wcp]=margin(mag,phase,w);
```

其中(mag,phase,w)分别为频率响应的幅值、相位与频率向量。

【例 8-37】 已知三阶系统开环传递函数为:$G(s)=\dfrac{3}{s^3+2s^2+3s+2}$,利用 MATLAB 程序,画出系统的奈奎斯特图与伯德图,求出相应的幅值裕度和相角裕度,并求出闭环单位阶跃响应曲线,分析系统性能。

解:编写 M 文件并运行:

```
G=tf(3,[1,2,3,2]);
figure(1);                                %第 1 个图为奈奎斯特图
nyquist(G);grid
xlabel('实轴')ylabel('虚轴')title('奈奎斯特图')
figure(2);                                %第 2 个图为伯德图
bode(G);grid
xlabel('频率(rad/sec) ');title('伯德图')
[Gm,Pm,Wcg,Wcp]=margin(G)
figure(3)                                 %第 3 个图为时域响应图
G_c=feedback(G,1);
step(G_c);grid
xlabel('时间(secs) ');ylabel('幅值');
title('阶跃响应图')
```

显示结果为:

```
Gm= Pm=
    1.3338 17.1340
Wcg=Wcp=
    1.73231.5599
```

绘制出该三阶系统的奈奎斯特图、伯德图、阶跃响应图,分别如图 8-39、图 8-40、图 8-41 所示。

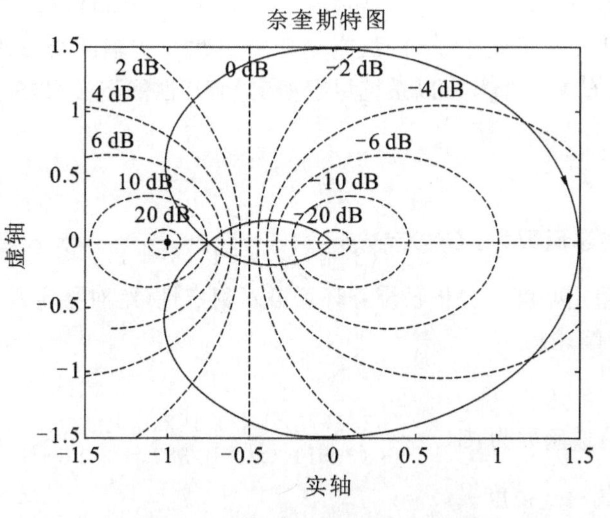

图 8-39　三阶系统的奈奎斯特图

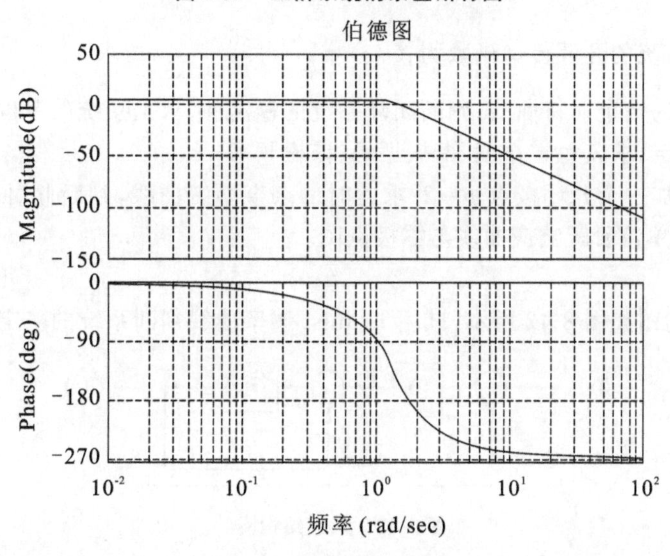

图 8-40　三阶系统伯德图

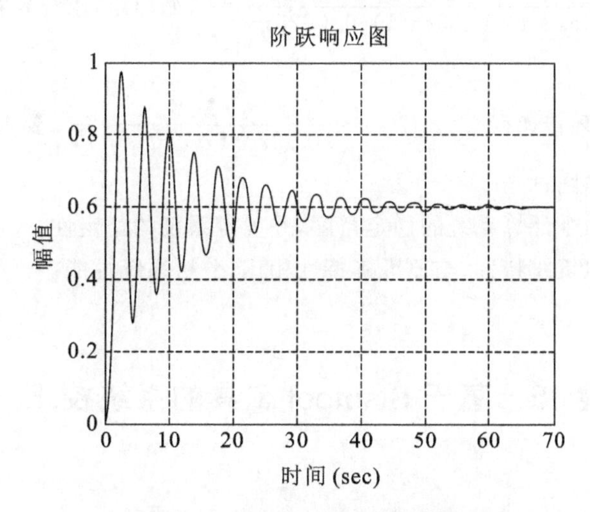

图 8-41　三阶系统的阶跃响应图

由奈奎斯特曲线可以看出，奈奎斯特曲线并不包围(−1,j0)点，故闭环系统是稳定的。由于幅值裕度虽然大于1，但很接近1，故奈奎斯特曲线与实轴的交点离临界点(−1,j0)很近，且相角裕度也只有17.134°，所以系统尽管稳定，但其性能不会太好。观察闭环阶跃响应图，可以看到波形有较强的振荡。

4. 实验练习

(1) 系统开环传递函数为：$G(s)=\dfrac{K}{(2s+1)(3s+1)(6s+1)}$，求$K$分别为5、10、15时的系统闭环稳定性及稳定裕度。分析系统开环增益对稳定性(绝对稳定性与相对稳定性)的影响(实验报告中进行阐述)。

保存为 zy14_1.m

(2) 开环系统传递函数为：$G(s)=\dfrac{2.7778(s^2+0.192s+1.92)}{s(s+1)^2(s^2+0.384s+2.56)}$。用奈奎斯特判据判定稳定性，如稳定，求其稳定裕度。

保存为 zy14_2.m

(3) 已知某系统的开环传递函数为：$G(s)=\dfrac{26}{(s+6)(s-1)}$，要求：

① 绘制系统的奈奎斯特曲线，判断闭环系统的稳定性，求出系统的单位阶跃响应；

② 如系统稳定，求其稳定裕度、谐振振幅、谐振频率；

③ 给系统增加一个开环极点$p=2$，求此时的奈奎斯特曲线，判断此时闭环系统的稳定性，并绘制系统的单位阶跃响应曲线与零极点图。

保存为 zy14_3.m

(4) 系统结构图如图8-42所示，试用nyquist频率曲线判断系统的稳定性。

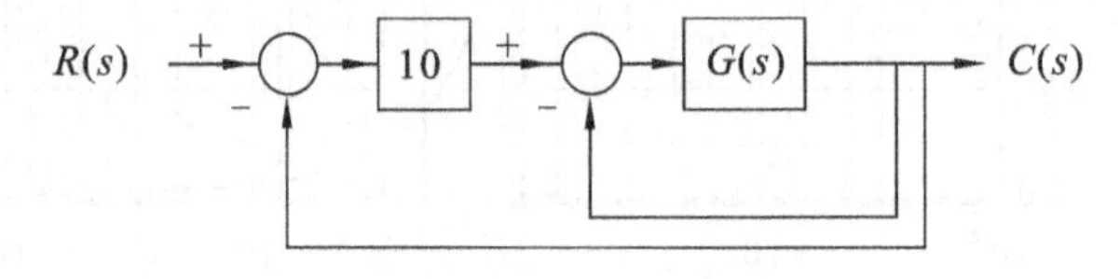

图8-42 系统结构图

其中$G(s)=\dfrac{16.7s}{(0.85s+1)(0.25s+1)(0.0625s+1)}$，如稳定，求稳定裕度。

保存为 zy14_4.m

(5) 已知系统开环传递函数为：$G(s)=\dfrac{30}{s(0.1s+1)(0.01s+1)}$，要求：

① 绘制系统伯德图；

② 由稳定裕度命令计算系统的稳定裕度，并确定系统的稳定性；

③ 在图上作近似折线特性，与原准确特性相比，分析系统性能。

保存为 zy14_5.m

8.15 实验15 基于Sisotool工具的系统校正

1. 实验目的

(1) 理解系统校正的含义。

(2) 掌握系统校正的方法。

(3) 加深理解串联校正装置对系统动态性能的校正作用。

(4) 对给定系统进行串联校正设计,并通过模拟实验检验设计的正确性。

(5) 掌握 Sisotool 工具的使用。

2. 实验准备

利用 MATLAB 可以方便地画出伯德图并求出幅值裕度和相角裕度。将 MATLAB 应用到经典控制理论的校正方法中,可以方便地校验系统校正前后的性能指标。通过反复试探不同校正参数对应的不同性能指标,能够设计出最佳的校正装置。

本实验的校正原理已在前面第 6 章进行介绍,理论计算过程可以由读者自己完成。本节只通过对校正前后系统性能的测量,来进一步体会串联校正的实际效果。

本实验要求掌握 Sisotool 工具的使用,使设计更为简便、直观。

3. 实验内容

掌握 Sisotool 工具的使用方法,下面举例说明。

【例 8-38】 现有开环系统:G=400/*S*/(*S*^2+30*S*+200),设计超前校正环节,使阻尼比为 0.5,自然振荡频率为 13.5 rad/s。

解:下面为利用 Sisotool 工具进行设计的步骤。

(1) 在工作空间中输入传递函数 G。

(2) 打开 Sisotool 操作环境,导入系统 G。

(3) 设置约束条件步骤:Edit→Root Locus→Design Constraints→Damping=0.5;Natural Frequency=13.5。

(4) 设置补偿器传递函数步骤:Compensator→Format→Options→Zero/pole/gain。

(5) 添加补偿器的零极点:单击 Current Compensator 框进行设置,添加零点−7,添加极点−5,移动极点使根轨迹通过等频率线和等阻尼比线的交点,Current Compensator 区显示补偿器的传递函数。

(6) 设置补偿器增益:移动红色正方块或在"Current Compensator"区输入增益值,使正方块到达交点,并观察裕度。

(7) 其他指标检查:Analysis→Other Loop Responses。

【例 8-39】 设控制系统如图 8-43 所示。

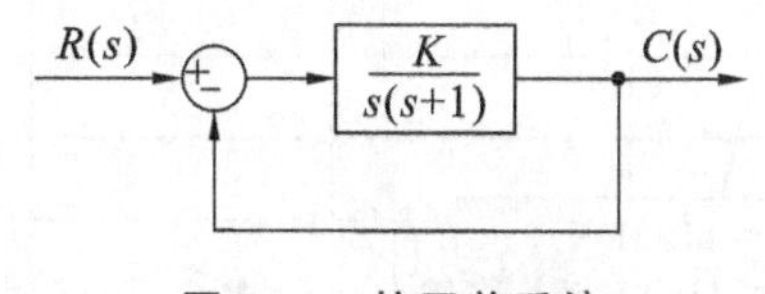

图 8-43 校正前系统

若要求系统在单位斜坡输入信号作用时,位置输出稳态误差≤0.1 rad,开环系统截止频率≥4.4 rad/s,相角裕度≥45°,幅值裕度≥10 dB,试设计一个串联校正装置,使系统满足要求。

解:为了满足上述要求,试探地采用超前校正装置 $Gc(s)$,使系统变为图 8-44 所示的结构。

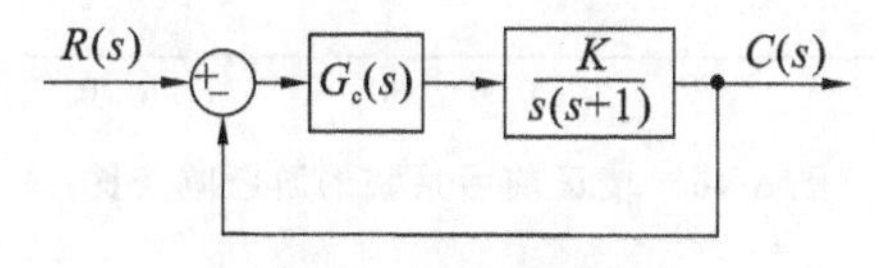

图 8-44 校正后系统

由位置输出稳态误差≤0.1 rad，得到 $k=10$，首先用下面的 MATLAB 语句得出原系统的幅值裕度与相角裕度。

```
>>G=tf(10,[1,1,0]);
[Gw,Pw,Wcg,Wcp]=margin(G);
```

在命令窗口中显示如下结果：

```
Gw=Wcg=
  Inf  Inf
Pw=Wcp=
  17.9642  3.0842
```

可以看出，这个系统有无穷大的幅值裕度，并且其相角裕度 $\gamma=17.9642°$，幅值穿越频率 $W_{cp}=3.0842$ rad/s。

引入一个串联超前校正装置：

$$G_c(s)=\frac{1+0.456s}{1+0.114s}$$

通过下面的 MATLAB 语句得出校正前后系统的伯德图如图 8-45 所示，校正前后系统的阶跃响应图如图 8-46 所示。

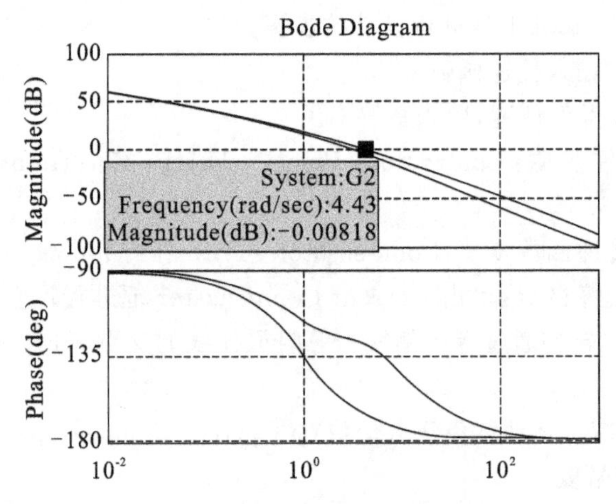

图 8-45　校正前后系统的伯德图

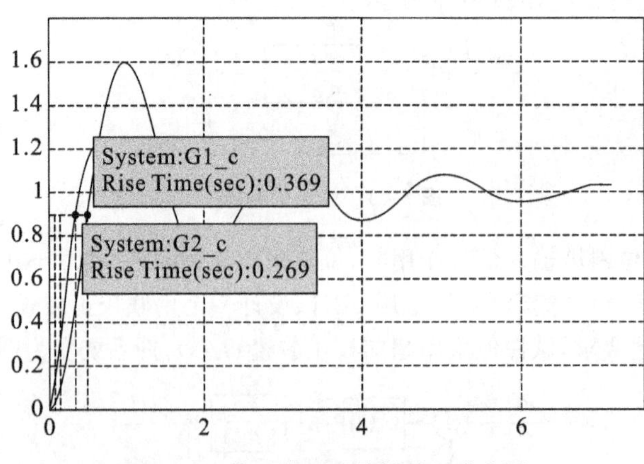

图 8-46　校正前后系统的阶跃响应图

其中 ω_1、γ_1、t_{s_1} 分别为校正前系统的幅值穿越频率、相角裕度、调节时间，ω_2、γ_2、t_{s_2} 分别

为校正后系统的幅值穿越频率、相角裕度、调节时间。

```
clear;clc;close
G1=tf(10,[1,1,0]);                                      %校正前模型
G2=tf(10*[0.456,1],conv([1,1,0],[0.114,1]))  %校正后模型
%画伯德图,校正前用实线,校正后用长画线。
bode(G1,'k')
hold on
bode(G2,'k--');grid
%画时域响应图,校正前用实线,校正后用长画线。
figure
G1_c=feedback(G1,1)
G2_c=feedback(G2,1)
step(G1_c,'k')
hold on
step(G2_c,'k--');grid
[Gw,Pw,Wcg,Wcp]=margin(G2)                  %校正后系统裕度
```

在命令窗口中显示如下结果：

```
Gw=Wcg=
  Inf  Inf
Pw=Wcp=
  49.5882  4.4302
```

校正后系统相角裕度 $\gamma=49.5882°$，幅值穿越频率（即系统要求的开环截止频率）$W_{cp}=4.4302$ rad/s。满足设计要求，同时从校正前后系统的阶跃响应图 8-46 中可以看到，系统的上升时间由 0.369 s 下降到 0.269 s。系统的性能有了明显的提高，满足了设计要求。

4. 实验练习

(1) 已知开环系统 $G(s)=\dfrac{4}{s(s+4)}$，设计串联超前校正环节，使闭环系统的最大超调量为 16%，回复时间为 2 s。

(2) 设控制系统如图 8-47 所示。

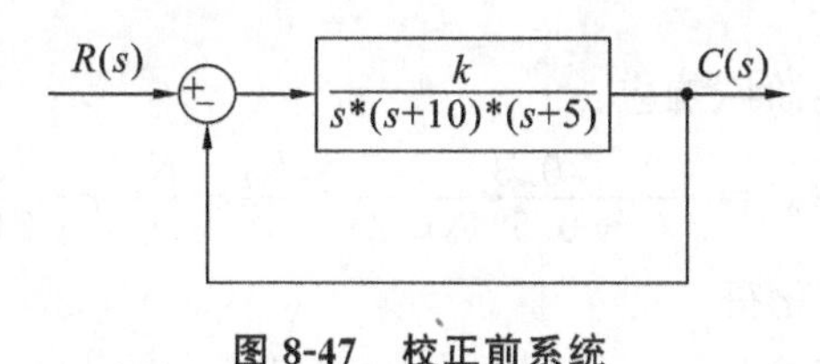

图 8-47 校正前系统

(3) 若要求校正后系统的静态误差系数等于 30 s^{-1}，截止频率不小于 2.3 rad/s，相角裕度不低于 40°，幅值裕度不小于 10 dB，试设计一个串联校正装置，使系统满足要求。

8.16 实验 16 综合实验

1. 实验目的

(1) 综合分析时域、频域响应。

(2) 掌握反馈控制系统的分析方法。

(3) 利用 MATLAB 解决自动控制原理的习题。

2. 实验内容

对于传递函数(transfer function)：

$$P(s)=\frac{0.3}{s(s+0.5)(s+2)}$$

给出的控制对象(controlled object)，考虑如图 8-48 所示的反馈控制系统(feedback control system)。这里，r 为目标值(reference)，d 为扰动(disturbance)，y 为控制变量(controlled variable)。并且，$C(s)$表示控制装置(controller)的传递函数。回答以下问题。

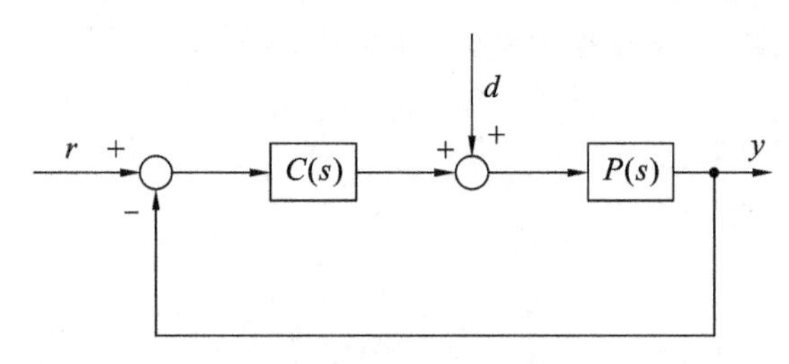

图 8-48 反馈控制系统

(1) 求出控制对象 $P(s)$的单位阶跃响应(unit step response)。

(2) 设 $C(s)=K$(K 为正的常数)，求出开环频率响应(open-loop frequency response)相位交点角频率(phase crossover angular frequency)，并求出控制系统稳定(stable)的 K 的范围。

(3) 设 $C(s)=K$(K 为正的常数)，如要将对单位阶跃扰动(unit step disturbance)的稳定误差(steady-state error)抑制在 0.2 以内，应如何设置 K 的值。

(4) 完成如下要求：

① 画出 $C_1(s)=\frac{\sqrt{3}s+1}{s+\sqrt{3}}$的 Bode 图(Bode diagram)，表示出增益(gain)为 0 dB 时的点，相位(phase)取得极值(extreme value)的点以及渐近线(asymptotes)。

② 求出令 $C(s)=\frac{25}{3}C_1(s)$时的相角裕度(phase margin)。

分析并解答如下：

① 控制对象 $P(s)$单位阶跃响应：

$$G(s)=\frac{1}{s}P(s)=\frac{0.3}{s^2(s+0.5)(s+2)}=\frac{K_1}{s^2}+\frac{K_2}{s}+\frac{K_3}{s+0.5}+\frac{K_4}{s+2}$$

根据留数定理，推理简化得

$$K_1=1;K_2=-2.5;K_3=\frac{1}{0.375};\ K_4=\frac{1}{6};$$

单位阶跃响应：

$$h(t)=0.3(t-2.5+\frac{1}{0.375}e^{-0.5t}+\frac{1}{6}e^{-2t})$$

② 系统开环频率特性为：

$$G(j\omega)=\frac{0.3K}{j\omega(0.5+j\omega)(2+j\omega)}$$

令相位交点角频率(穿越频率)为 ω_g，则有：

$$-90^\circ-\arctan 2\omega_g-\arctan 0.5\omega_g=-180^\circ$$

解得：$\omega_g=1$。

对于 $G(s)=\frac{K}{s(1+T_1s)(1+T_2s)}$ 型系统，稳定时，有

$$T_1+T_2>KT_1T_2$$

所以有：$0.5+2>0.3K\times0.5\times2$，即 $K<\frac{25}{3}$

③ 系统输出。

误差信号：

$$E_n(s)=-\frac{0.3}{s(s+0.5)(s+2)+0.3K}\times\frac{1}{s}$$

稳态误差：

$$e_{ssn}=\lim_{x\to0}sE_n(s)=-\frac{1}{K}\leqslant-0.2$$

即 $K\geqslant5$。

(4) 画图与求相角裕度。

① Bode 图绘制：

$$C_1(s)=\frac{\sqrt{3}s+1}{s+\sqrt{3}}$$

低频段：由于积分个数为 0，斜率为 0 dB。

幅值：$20\lg\frac{1}{\sqrt{3}}=-4.77$ dB。

交接频率：$\omega_1=\frac{1}{\sqrt{3}}$；斜率由 0→+20 dB(一阶微分环节$\sqrt{3}s+1$)；

$\omega_2=\sqrt{3}$；斜率由 +20→0 dB(一阶惯性环节$\frac{1}{s+\sqrt{3}}$)。

幅值：$20\lg\sqrt{3}=4.77$ dB。

增益为 0 dB 时，$L(\omega)=20\lg A(\omega)=0$ dB。

即：$20\lg\frac{1}{\sqrt{(\sqrt{3})^2+\omega^2}}-20\lg\frac{1}{\sqrt{1+(\sqrt{3}\omega)^2}}=0$，求得 $\omega=1$。

相位取得极值的点。

相位：

$$\varphi(\omega)=\arctan\sqrt{3}\omega-\arctan\frac{1}{\sqrt{3}}\omega$$

求导：

$$\varphi'(\omega)=\frac{\sqrt{3}}{1+3\omega^2}-\frac{\sqrt{3}}{3+\omega^2}$$

可知当 $\omega>1$ 时，$\varphi'(\omega)<0$，$\varphi(\omega)$为减函数；

当 $\omega<1$ 时，$\varphi'(\omega)>0$，$\varphi(\omega)$为增函数。

所以，在 $\omega=1$ 点，$\varphi(\omega)$取得极值 $\varphi(1)=30°$；Bode 图绘制如图 8-49 所示。

当 $C(s)=\frac{25}{3}C_1(s)$时，系统开环传递函数为：

$$G(s)=\frac{25}{3}\frac{0.3(1+\sqrt{3}s)}{s(s+\sqrt{3})(s+0.5)(s+2)}$$

先求系统的截止频率，令：

$$20\lg2.5+20\lg\sqrt{1+3\omega^2}-20\lg\omega-20\lg\sqrt{3+\omega^2}-20\lg\sqrt{0.25+\omega^2}-20\lg\sqrt{4+\omega^2}=0$$

求得 $\omega=1$。

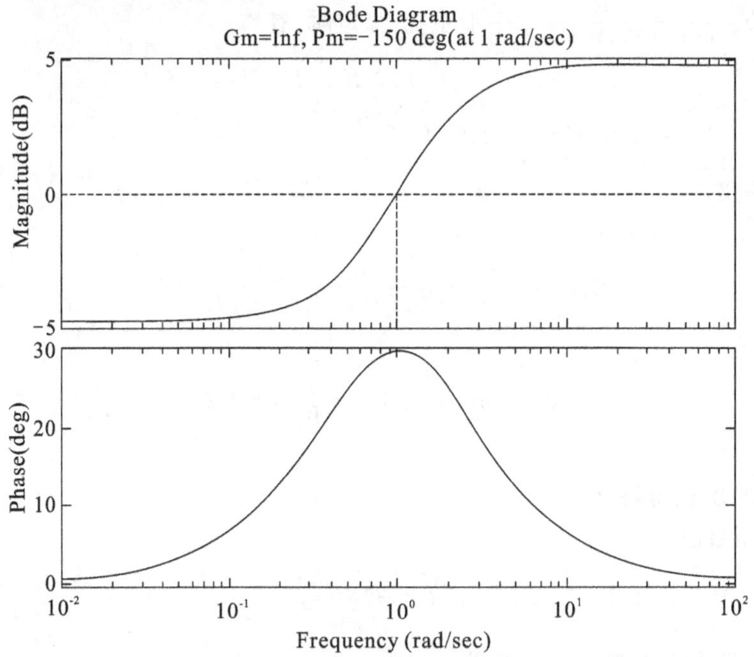

图 8-49　系统伯德图

系统的相角裕度为

$$
\begin{aligned}
\gamma &= 180^\circ + \arctan\sqrt{3} - 90^\circ - \arctan\frac{1}{\sqrt{3}} - \arctan\frac{1}{0.5} - \arctan\frac{1}{2} \\
&= 180^\circ + 60^\circ - 90^\circ - 30^\circ - 63.435^\circ - 26.565^\circ \\
&= 30^\circ
\end{aligned}
$$

系统 bode 图如图 8-50 所示。

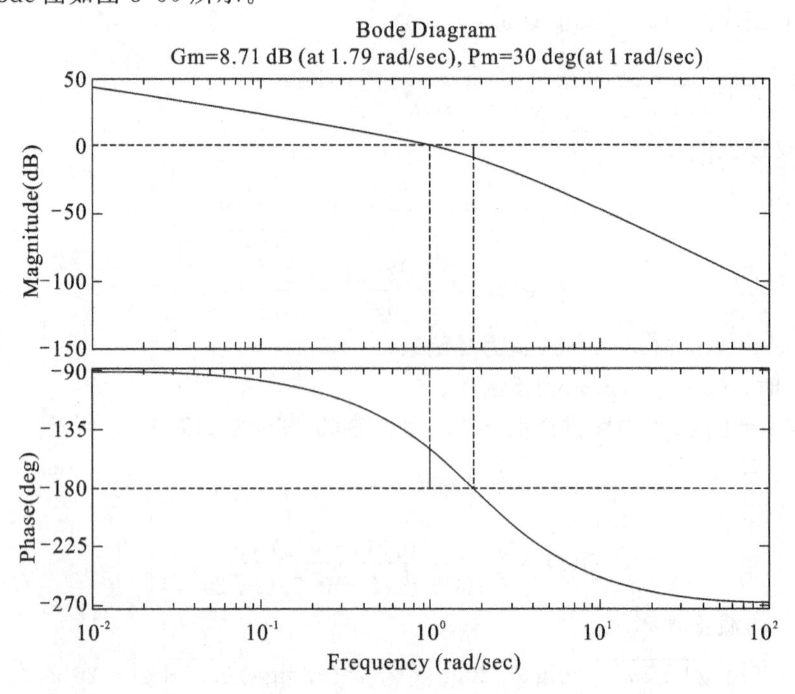

图 8-50　校正后系统伯德图

8.17 实验 17 自动控制原理仿真实验室

1. 实验目的

(1) 了解 MATLAB/GUIDE 的操作与应用。

(2) 熟悉 MATLAB/GUIDE 各个控件的使用、参数的设置与回调函数的编写。

(3) 掌握自动控制原理的仿真实验方法。

(4) 熟悉自动控制原理的实验项目。

2. 实验内容

利用仿真软件 MATLAB/GUI 建立自动控制原理仿真实验界面。实验界面应该包括如下内容(操作界面如图 8-51 所示):

(1) 相应的 GUI 控件,包括按键、文本等;

(2) 嵌入特定的图片;

(3) 将前面实验所建立的模型(.mdl 文件)作为实验项目嵌入实验界面中;

(4) 实验内容加入 M 文件。

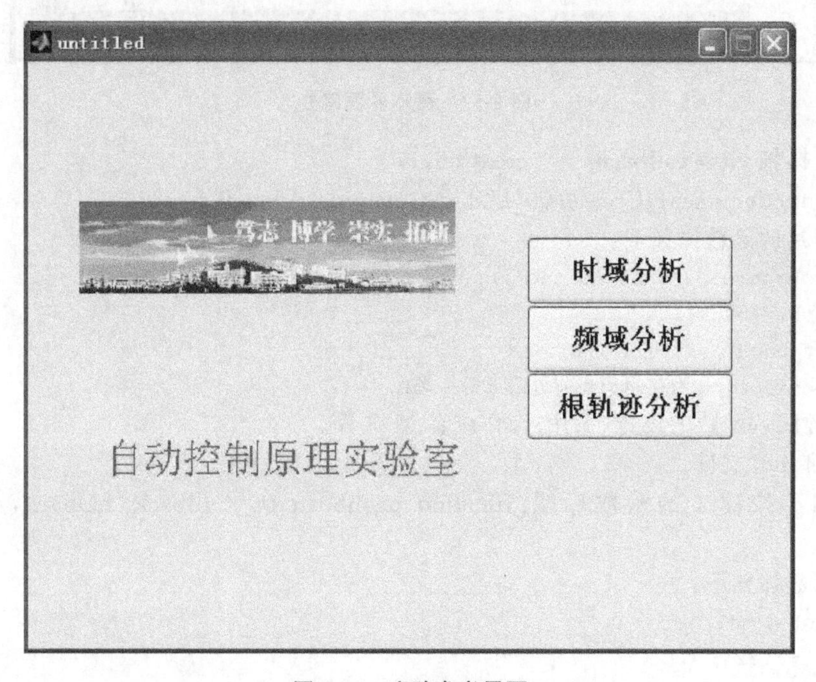

图 8-51 实验参考界面

实验说明及操作步骤如下。

(1) 实验界面的建立。

① guide 界面的进入:在 MATLAB 命令窗口中输入 guide。

② 界面的安排与控件属性的设置,使用控制工具条建立如图 8-52 所示界面。

本界面用到的控件包括:坐标轴 Aces、静态文本框(Static text)、按键(Push Button),视情况也可使用其他控件。双击各控件进行属性的设置。

(2) 图形、mdl 文件、M 文件链接(回调函数的使用),打开程序编辑窗口:选择菜单栏中 View→M→file editor。

① 给坐标轴编写回调函数,嵌入图片。

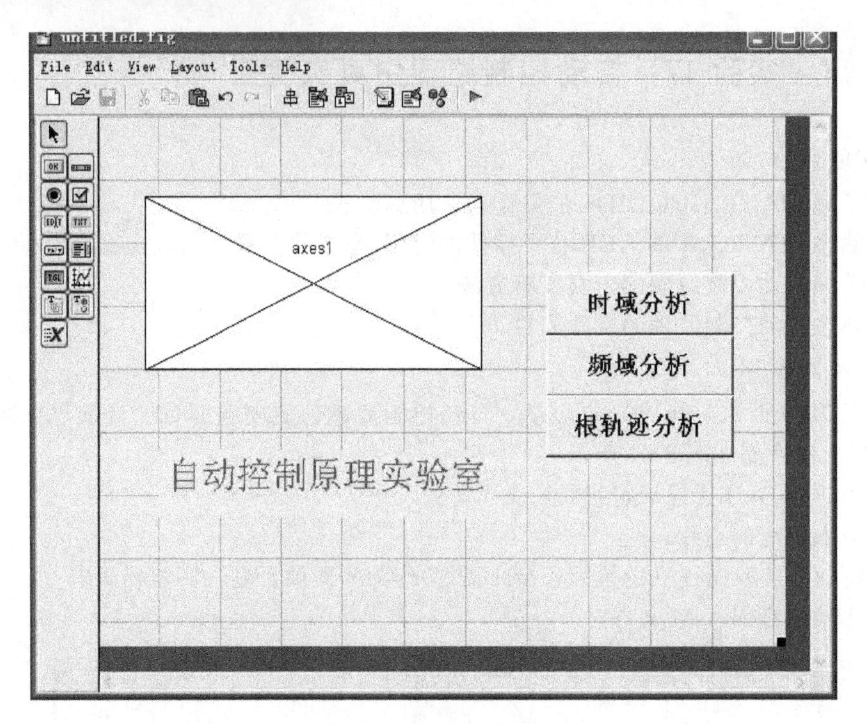

图 8-52　图形界面建立

右击坐标轴 view callbacks——creatfcn。

产生:function axes1_CreateFcn(hObject,eventdata,handles)。

嵌入图片的函数体如下：

```
back=imread('xuexiao.jpg');
imshow(back);
set(back,'visible','off');
xuexiao.jpg 为存储于当前目录下的一幅图片
```

② 按键回调函数的设置,调用.mdl 或者 M 文件。

a. 调回 mdl 文件。

找到如下按键 1 的函数标题:function pushbutton1_Callback(hObject,eventdata,handles)。

回调函数体如下：

```
global mdl;
mdl='ZY2';
h=waitbar(0,'please wait…');
for i=1:1000
  waitbar(i/1000)
end
close(h)
open_system(mdl);
```

ZY2 为存储于当前目录下的单闭环仿真 mdl 模型。

b. 调用 M 文件。

找到如下按键 3 的函数标题:function pushbutton3_Callback(hObject,eventdata,handles)。

回调函数体如下：

```
edit ZY5.m
global mdl;
mdl='onetwo';
h=waitbar(0,'please wait…');
for i=1:1000
    waitbar(i/1000)
end
close(h)
open_system(mdl);
```

onetwo 为存储于当前目录下的典型Ⅰ、Ⅱ型系统的 M 文件。

(3) 本系统中用到的 mdl 文件、M 文件如下。

① onetwo. M 文件内容如下：

```
G11= tf([40],[0.01 1 0]);
G12= feedback(G11,1);
G21= tf([4 40],[0.01 1 1 0]);
G22= feedback(G21,1);
figure
step(G12),hold on
step(G22),grid on
figure
bode(G11),hold on
bode(G21),grid on
```

② ZY5. M 文件内容如下：

```
clear;clc;close all
G= zpk([],[- 1 - .5 - .5],2.5);
figure(1),nyquist(G)
figure(2),bode(G);
bode(G);
ltiview({'nyquist','bode'},G)
```

③ ZY2. mdl 如图 8-53 所示。

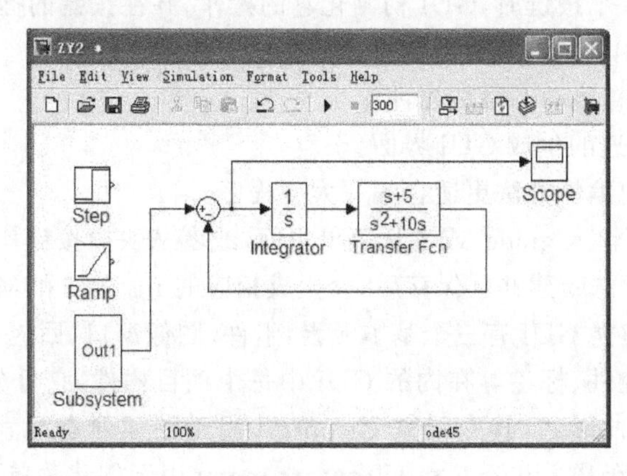

图 8-53　ZY2. mdl

3. 思考题

(1) 编写按键的回调函数，调用另一个 GUI 界面。

(2) 练习其他 GUI 其他控件的使用，如列表框、滚动轴等。

第9章 自控系统仿真实验室设计

本章运用 MATLAB/GUI 软件，结合自动控制原理实验的要求，举例演示自控原理仿真实验平台的开发，该平台为实验人员提供了方便，也为使用者解决了实际实验操作难题。

自动控制作为一种前沿技术已广泛应用于社会科学的各个领域，提高了社会生产率，为人们带来了很高的经济收益。

自动控制原理是自动化及其相关专业的核心课程之一，学好、学懂这门课程对自动化相关专业的学生来说至关重要。而自控原理这门课程理论知识较多，课程体系复杂，学生能够达到学以致用这个水平是一件很难的事情。其中自控实验是学生将理论知识付诸实践的一种重要手段，也是学生学好这门课程的关键。

本章先进行图形用户界面(GUI)介绍，接着描述虚拟实验界面的建立和仿真平台的结构与功能。该虚拟实验系统由两个部分组成，分别是软件介绍和课本实验。其中课本实验可以包括典型环节及其阶跃响应、二阶系统阶跃响应、控制系统的稳定性分析、系统频率特性的测试、控制系统串联校正、采样实验等。

9.1 图形用户界面(GUI)简介

Graphical User Interface 简称 GUI 即图形用户界面，是程序的图形化界面，由菜单选项、文件、图形编辑窗口等对象组成。对于 MATLAB 的 GUI 设计往往不需要开发人员对面向对象的编程语言及其设计有很深的掌握，而只要开发人员对 MATLAB 的基本操作与基本 C 语言知识有所运用，便可设计出与 Visual＋＋等面向对象的编程语言相比拟的界面。

在界面上，用户可用鼠标或者键盘选择、激活图形对象，使计算机产生一定动作或变化。GUI 为用户提供一个常见的图形编辑界面，另外还有一些控件(列表框、开关按键、滑块、面板等)供用户使用，GUI 操作简单且具有预告功能，当用户执行某一操作时，它会做出反应，若鼠标点击界面上的一个按键时，GUI 初始化它的操作，并在按键的标签上描述这个操作。

创建 MATLAB GUI 界面通常有以下两种方式：

(1) 使用.M 文件直接动态添加控件 ；

(2) 使用 guide 快速的生成 GUI 界面。

显然第二种可视化编辑方法更适合编写大型程序。

在 Command 里面输入 guide，或者从菜单里面，或者从快捷按键均可进入 GUIDE，进入后如图 9-1、图 9-2 所示。新建并且保存后，会生成相应的 fig 文件和 M 文件。

在 MATLAB 中建立 GUI 有三个基本元素：组件、图像窗口、回应。

组件即包括按键控件、标签等在内的 GUI 中每个项目构件，它可分为静态元素、图形化控件、坐标系和菜单三种形式，其中函数 Uicontrol 用于创建静态元素和图形化控件，函数 axes 用于创建坐标系，函数 Uimenu 和 Uicontext menu 用于创建菜单。

图像窗口中都必须是 GUI 组件，一般情况下，在画数据图像时，GUI 会自动创建图像窗口，但用户也可以自己使用函数 figure 来创建。

回应是指当用户使用鼠标或键盘等其他输入设备来键入一个事件时，MATLAB 就会产生相应的表现形式。例如，单击一个按键时，相应 MATLAB 程序就会被运行，而这些程序

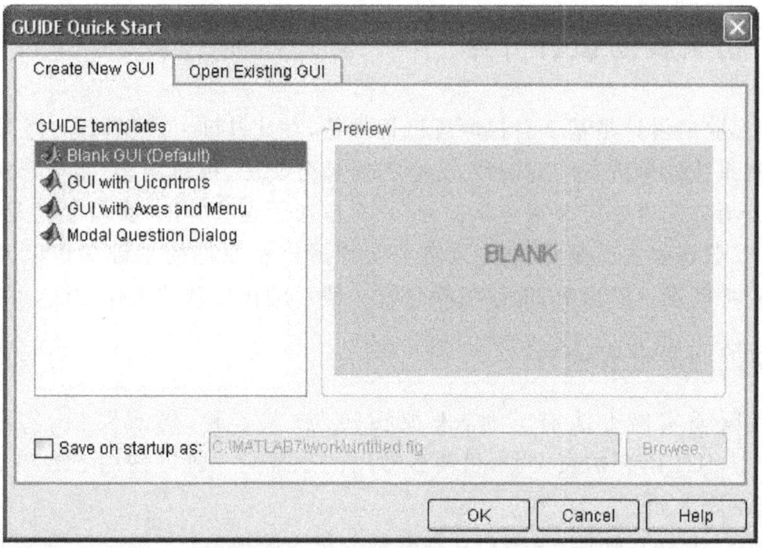

图 9-1 准备创建 GUI

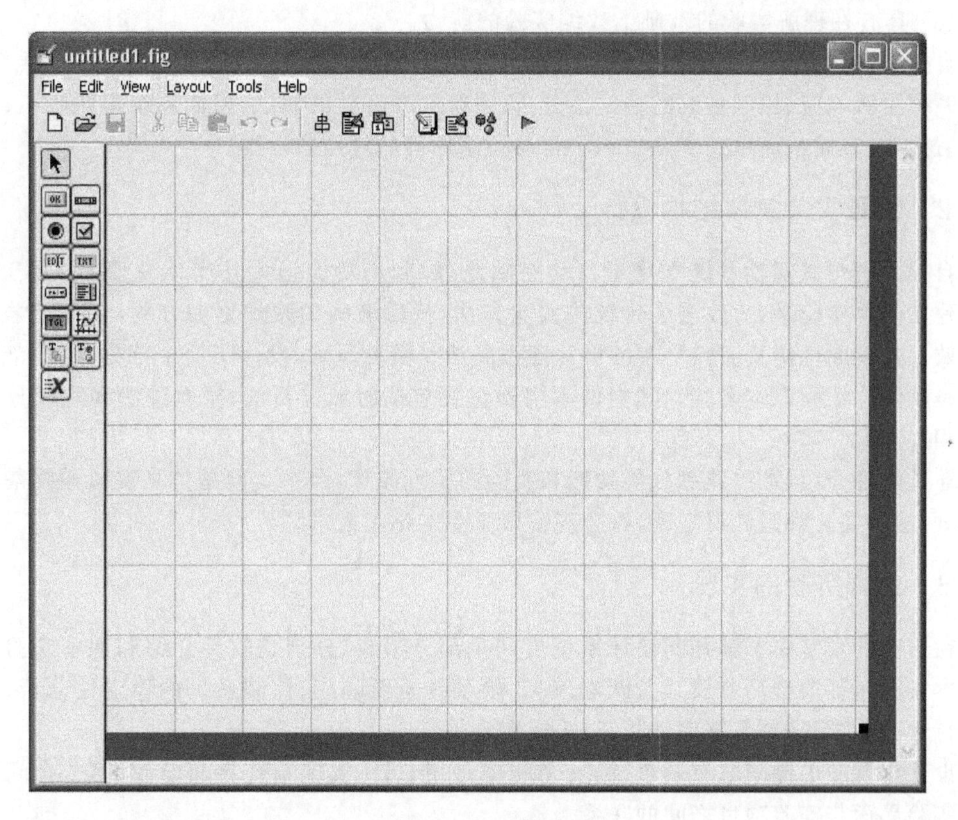

图 9-2 GUI 界面

就称为回应。

GUI 控件的回应可以采用回调函数，所谓控件的回调函数是指控件接收到用户的操作时调用的特定函数，每个回调函数都是一个子函数，每个图形对象类型不同，回调函数也是不同的，简而言之，执行一个操作，程序做出一个反应，例如，设计当点击按键 1(push button1)时，执行任务 B，这时需要进入按键 1 的回调函数 callback 里，写下任务 B 的代码。

9.2 仿真实验设计介绍

自控原理实验的设计是基于自控原理课程理论，在此基础上，实验设计才能满足课程要求。其中，控制系统的分析方法有四种，分别是时域分析法、根轨迹法、频域分析法和状态空间法，这四种分析方法也是应该完全掌握的，只有掌握了这些方法，实验才能做到得心应手。

自控原理实验课程主要是通过实验使学生掌握控制原理的基础知识以及基本分析方法，加强学生对控制理论的理解，能够建模分析一般自动化仪器的工作方法，解决实际问题。

9.2.1 自动控制原理实验方法

自动控制原理实验方法有五种：模拟实验、数字实验、仿真实验、实际系统实验、MATLAB及SIMULINK仿真实验，目前最常用的是最后一种。使用MATLAB仿真软件进行实验的基本要求如下：

(1) 熟悉MATLAB软件，学会独立观察和分析实验现象；

(2) 会计算实验相关参数；

(3) 具有在理解实验的基础上改编实验的能力。

自控原理仿真实验系统搭建课本上的六个基本实验，分别是：典型环节及其阶跃响应、二阶系统阶跃响应、控制系统的稳定性分析、系统频率特性的测试、控制系统串联校正、采样实验，这六个实验从简单到复杂贯穿了自动控制原理的应用与发展。

9.2.2 仿真实验总体结构设计

自控原理仿真实验系统立足于自动控制原理，利用功能强大且简单易懂的MATLAB软件建立仿真实验平台，改进了传统的实验方法，使得老师的教学更加方便，学生的学习更加高效。自控原理仿真实验平台的设计遵循简洁易懂的原则，设计了两个部分，这两个部分分别是软件介绍和课本实验。其中课本实验主要包括时域分析法、根轨迹法和频域分析法中的相关实验。

通过软件介绍，可以熟悉软件功能和实验的实现原理，课本实验是仿真实验系统最核心的部分，这些实验都是教材实验，符合现阶段学生的学习需求。

9.2.3 仿真实验的实现

在前面的章节中了解到此设计系统由两个部分组成，分别是软件介绍和课本实验。其中课本实验包括典型环节及其阶跃响应、二阶系统阶跃响应、控制系统的稳定性分析、系统频率特性的测试、控制系统串联校正、采样实验等。

设计实现的关键问题有两个，第一个问题是用GUI实现系统界面设计；第二个问题是建立实验界面与实验项目之间的联系。

GUI是界面交互的优选工具，系统界面包括引入通道和操作通道，这些界面都采用MATLAB的图形界面GUI创建。

用GUI设计一个引入通道，用户可以通过点击引入通道上的功能键分别进入不同的界面，各个分界面又可以随时返回到上一个界面上和进入下一个界面，各个界面通过回调函数进行联系，其设计流程图如图9-3所示。

GUI的M文件是由guide命令生成，M文件包含有运行GUI(GUI控件响应也在内)的

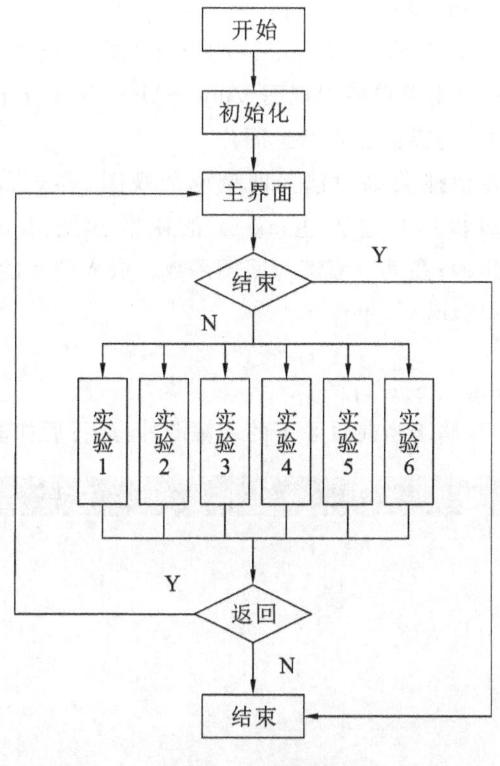

图 9-3 设计流程图

所有代码，它决定用户行为的响应，比如单击按键或者选择菜单项都会出现相应的响应。通过编写 GUI 的 M 文件来建立实验界面和实验项目之间的联系。

首先制作进入实验系统的 GUI 通道界面，然后再制作进入各个实验的 GUI 界面，最后完成各个实验的组成部分。实验的图像演示及仿真模型利用 Simulink 建立，部分图形的绘制利用 M 函数编写成 M 文件，需要用到时直接在 GUI 的图形界面调用。

9.3 仿真实验界面的建立

9.3.1 引入通道的建立

该仿真实验系统选用 MATLB 的图形界面 GUI 来制作。先来介绍利用 GUI 创建引入通道。建立引入通道要遵循一个原则，那就是界面要清晰，让实验人员一目了然。首先进行的是界面背景的设置，背景尽量简约大方；然后再是静态文本（static text）的设置，此次实验的标题和引导语分别设置为“自动控制原理仿真实验”、“更多精彩请点击”；最后是功能键，例如按键（push button）、列表框（Listbox）等其他键的设置，其中按键的主要作用是让实验人员点击进入不同的界面，以便进行实验操作。

1. 界面背景设置

启动 MATLAB 软件后，在操作界面上有三个上层窗口，分别是命令窗口（Command Window）、工作空间浏览窗口（Workspace）、历史指令窗口（Command History）。在命令窗口输入 guide，按回车键，会出现名为 GUIDE Quick Start 的界面，选择 Blank GUI(Default)

行，点击 OK 就会出现 guide 的空白操作界面，其默认名为 untitled. fig。

下面为该界面设置一个图片背景，在 guide 的设计编辑区点击 Axes 对象，拖曳其边缘直到覆盖整个设计区，通过点击菜单栏中视图 View→M→file editor，打开程序编辑窗口，给坐标轴 Axes 编写回调函数，为界面嵌入背景图片。

右击 Axes 坐标轴，在快捷菜单中选择回调函数视图（view callbacks）下的创建函数（creatfcn）选项，在程序编辑窗口里产生 axes1 的函数标题：function axes1 _ CreateFcn（hObject，eventdata，handles）；在其下面编写回调函数。嵌入图片的函数体如下：

```
back=imread('beijingtu.jpg');
imshow(back);
set(back,'visible','off');
```

其中 beijingtu. jpg 为存储于当前目录下的一幅图片，运行后如图 9-4 所示。

图 9-4　背景设置效果图

如果不加背景图，也可以设置其背景颜色为白色，在 guide 的设计编辑区拖入静态文本（Static Text），拖曳其边缘直到覆盖整个设计区，点击右键选中设为底层（Send to Back）选项，双击设计区，打开属性检查器（Inspector），将背景颜色（BackgroundColor）设置为想要的颜色，主要考虑到界面简约大方；将字符串（String）栏后面的 Static Text 字样删除即将 String 栏设置为空白，这样界面的背景就是浅绿色，而且不会有任何字样。

String 栏是起引导作用的，需要时可以输入任意字体，方便理解和操作，其他栏属性不变，这样就完成了背景颜色的设置，如图 9-5 所示。

2. 静态文本 Static Text 控件的设置

拖入一个 Static Text 控件到设计编辑区，双击打开其 Inspector 属性检查器，将背景颜色（BackgroundColor）设置为浅蓝色。在前景色（ForegroundColor）栏设置自己喜欢的字体颜色，在此设置为黑色，字体（FontName）设置为宋体，在字号（FontSize）栏，将字体大小设置

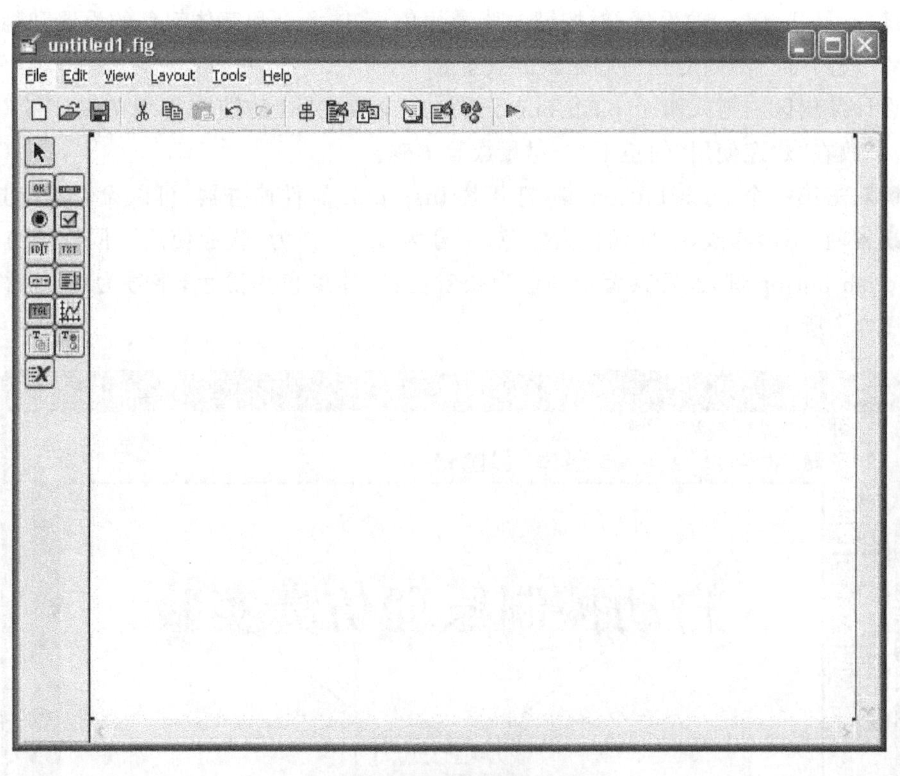

图 9-5 白色背景设置效果图

为 30(根据界面大小来设置字体大小),字体粗细(FontWeight)设置为粗体(bold),在 String 栏输入"自动控制原理仿真实验",保持其他属性不变。这样就完成了一个 Static Text 控制的文字、大小和颜色的设置。运行后如图 9-6 所示。

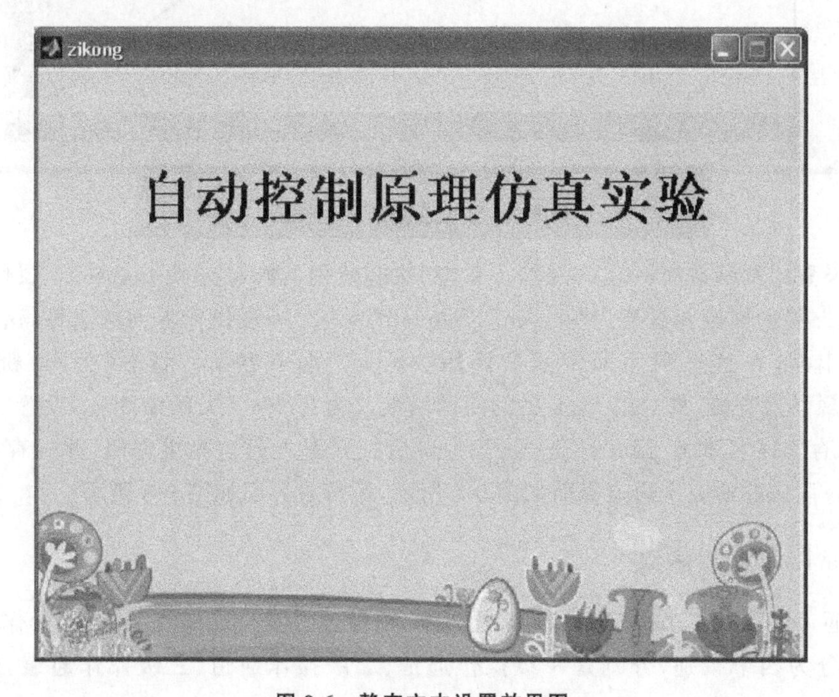

图 9-6 静态文本设置效果图

按键(push button)的设置:对按键的背景颜色、字体大小和字体颜色的设置和静态文本键的设置一样,唯一不同的是回调函数的设置。

在设计编辑区内拖入两个 push button 键,一个放在"自动控制原理仿真实验"的正下方,另一个放在"欢迎使用"的正下方,尽量放置美观。

左键双击第一个 push button 键,打开其 Inspector 属性检查器,可以设置其背景颜色,这里为缺省值,不做修改,字体颜色为黑色,字号为 20,字样为"欢迎使用";同样的方法设置第二个 push button 键,设置其背景颜色为缺省值,字体颜色为黑色,字号为 20,字样为"退出",如图 9-7 所示。

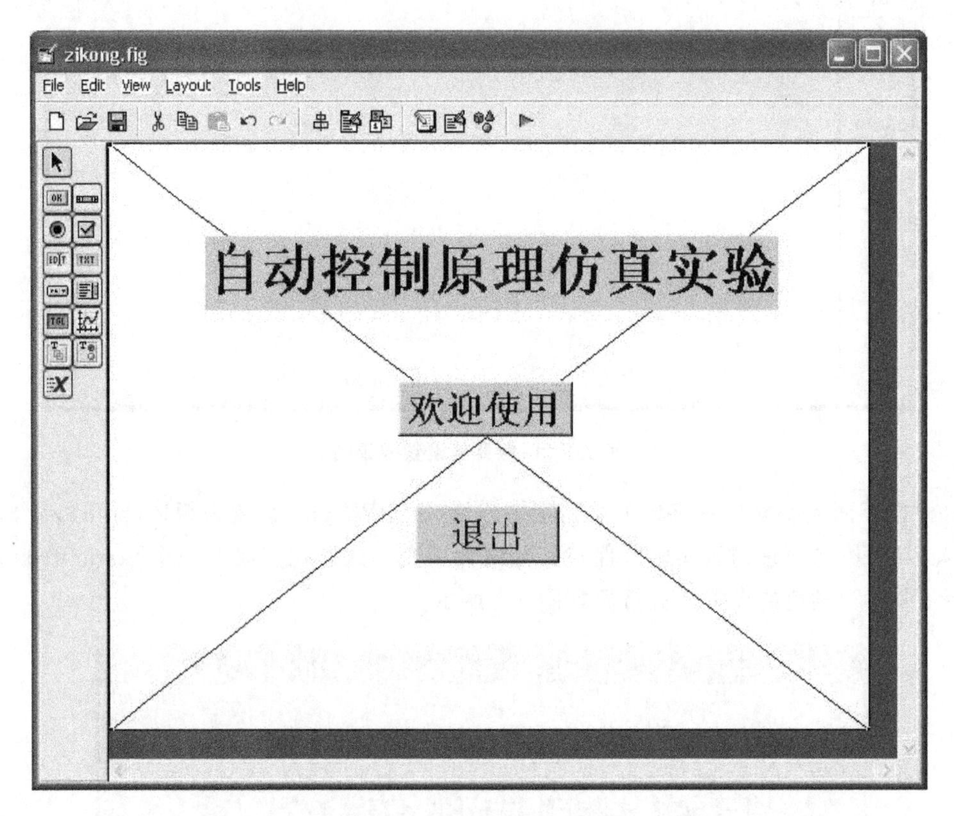

图 9-7　引入通道界面效果图

现在设置回调函数(Call back 栏)。双击"欢迎使用"键,打开其 Inspector 属性检查器,将 Call back 栏的回调函数改为"shiyan","shiyan"为一个一级操作界面的名称,这个界面后面会制作出来,在这里利用回调函数调用"shiyan"这个界面。双击"关闭"键,打开其 Inspector 属性检查器,将 Call back 栏的回调函数改为"close"(关闭命令)。设置完成后,按保存键,保存文件名改为"Matlabshiyan",为以后打开引入通道提供方便,并保存在指定的文件夹下。制作好的引入通道界面如图 9-7 所示,运行时界面如图 9-8 所示。

9.3.2　操作通道的建立

操作通道的建立方法和建立引入通道一样,根据此次实验制作的需要,将操作通道按照先后顺序分为四个级别,分别是一级操作通道、二级操作通道、三级操作通道、四级操作通道。

图 9-8　引入通道界面效果图

1. 一级操作通道的建立

按照实验的具体情况，一级操作通道有三个静态文本，三个功能按键，其中两个功能按键是调用文件回调函数按键，一个功能键是返回键，执行返回命令，其回调函数 Call back 设置为"Matlabshiyan"。现在着重介绍两个回调函数的设置。软件介绍的返回调用函数 Call back 为"shiyan0"，介绍此软件的结构和功能。接下来将课本实验的回调函数 Call back 设置为"shiyan00"，"shiyan00"是一个二级操作通道界面，也是一个中间性质的连接通道，此界面在下面的介绍中讲到。制作出一级操作通道界面，保存文件名改为"shiyan"。界面如图 9-9 所示。

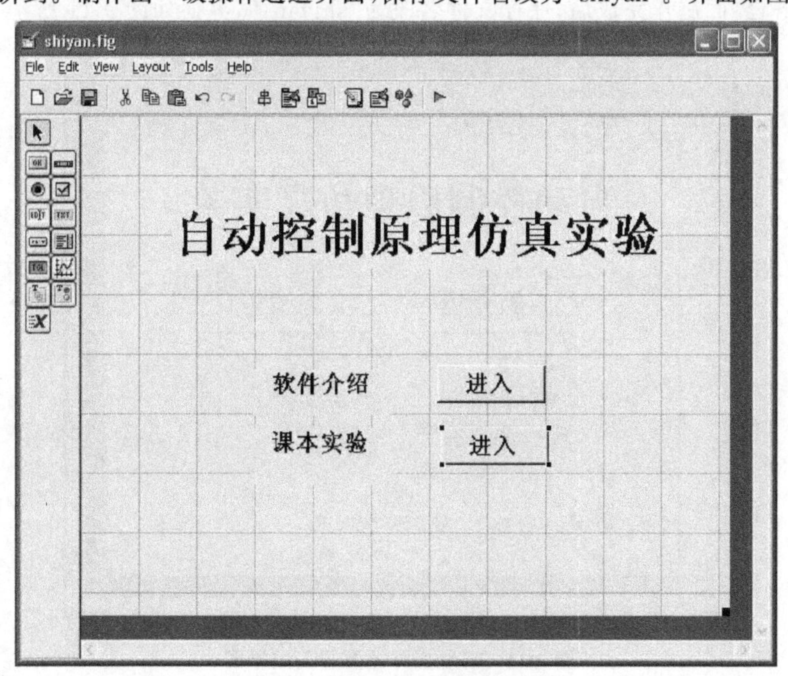

图 9-9　一级通道界面效果图

2. 二级操作通道的建立

用相同的方法，制作出进入课本实验的二级操作界面，一共有6个课本实验，点击相应的功能按键就可以进入对应的实验。利用 Align Objects 工具可以进行界面控件的对齐。界面制作完成后，保存文件名改为“shiyan00”，如图9-10所示。

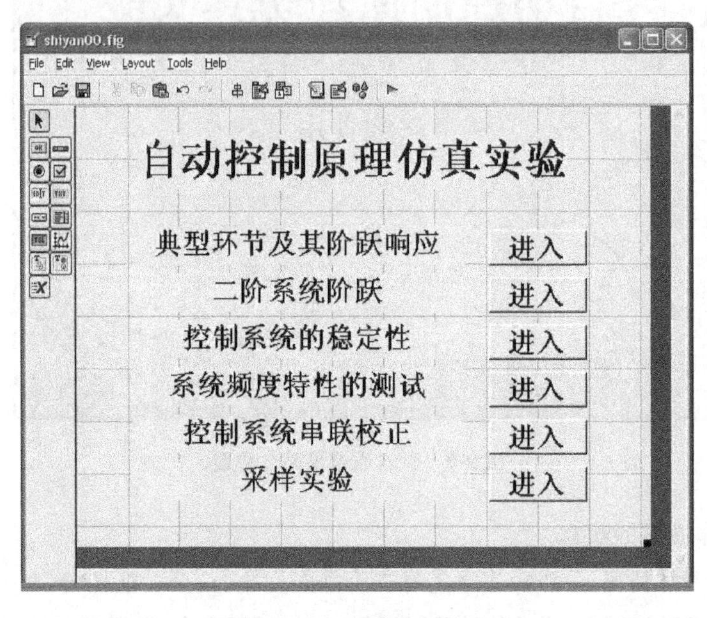

图9-10　二级通道界面效果图

3. 三级操作通道的建立

将所有二级界面制作好后，就可以进入三级操作界面，在此，以二阶系统阶跃响应为例，制作一个三级操作界面，此界面包括四个实验基本内容，分别是实验介绍、仿真模型、程序文件和实验报告，界面制作完成后，保存文件名改为“shiyan1”，界面如图9-11所示。

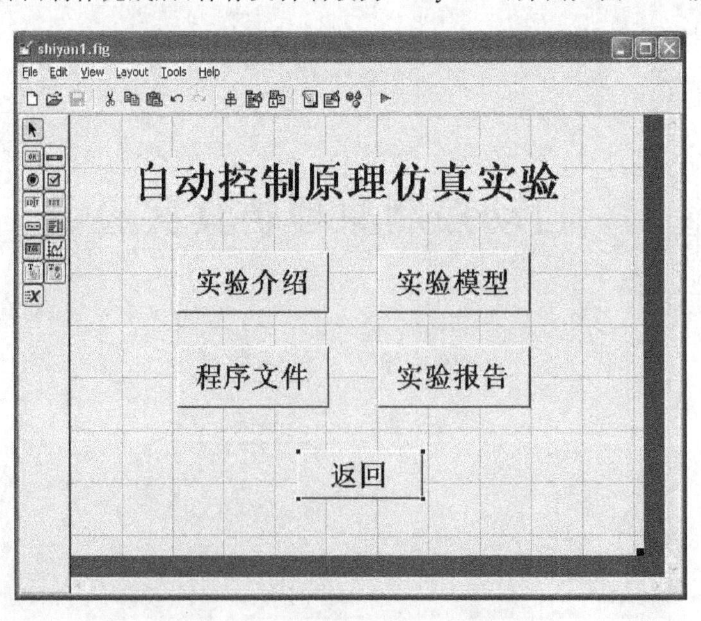

图9-11　三级操作通道界面效果图

三级操作界面生成的主要 M 程序：

```
function varargout=shiyan1(varargin)
gui_Singleton=1;
gui_State=struct('gui_Name',       mfilename,…
                 'gui_Singleton',  gui_Singleton,…
                 'gui_OpeningFcn',@ shiyan1_OpeningFcn,…
                 'gui_OutputFcn',  @ shiyan1_OutputFcn,…
                 'gui_LayoutFcn',  [],…
                 'gui_Callback',  []);
if nargin && ischar(varargin{1})
   gui_State.gui_Callback=str2func(varargin{1});
end
if nargout
   [varargout{1:nargout}]=gui_mainfcn(gui_State,varargin{:});
else
   gui_mainfcn(gui_State,varargin{:});
end
handles.output=hObject;
guidata(hObject,handles);
function varargout=shiyan1_OutputFcn(hObject,eventdata,handles)
varargout{1}=handles.output;
function pushbutton2_Callback(hObject,eventdata,handles)
global mdl;
mdl='shiyan2';
h=waitbar(0,'please wait…');
for i=1:1000
waitbar(i/1000)
end
close(h)
open_system(mdl)
function pushbutton3_Callback(hObject,eventdata,handles)
h=waitbar(0,'please wait…');
for i=1:1000
waitbar(i/1000)
end
close(h)
edit jieyue.m;
global mdl;
mdl='jieyue';
open_system(mdl)
```

该实验平台包括四个四级操作通道，按照以上的操作方法，四级操作通道的建立在此就不再讲解了。

9.3.3 实验界面制作的总结

所有的界面制作都是按照以上方法进行，界面制作完成后，该自控原理仿真实验平台一个主要的环节已经完成。在制作界面的过程中，特别要注意思路的清晰，每一个功能按键都有一个回调函数，此函数的设置至关重要，它是连接各个界面的纽带，也是这个实验平台得以运行的重要因素。

在制作界面的过程中一定要事先准备好此界面上各个功能键的回调函数，一定不能弄混淆。对于同一级的操作通道，其返回键的回调函数一定是一样的，其他功能键按照实验要求和实验步骤来设置。界面的制作需要考虑的东西很多，比如界面内容、界面美观、界面布置等。对于界面内容而言，必须按照自控原理实验的要求来拟定，而且要符合实验人员思维方式，以更有利于使用和学习。界面制作完成后，下面开始介绍课本实验的实现。

9.4 实验的实现

在课本的 6 个实验中，都包含有实验介绍、实验模型、程序文件和实验报告这四项基本内容。为了便于对该系统的理解和操作，这里选择以二阶系统的阶跃响应实验为例，讲解课本实验的实现。

9.4.1 二阶系统模型建立

采用 Simulink 模块来制作仿真模型。首先打开 MATLAB 软件，运行 Simulink。MATLAB 的指令窗口输入 Simulink 按回车键，出现名为 SimulinkLibrary Browser 的对话框，在菜单中选择 File→New→Model，出现名为 untitled 的新建模型窗口，根据二阶系统的阶跃响应结构图来建立二阶系统阶跃响应仿真模型，完成建模后保存文件名为“shiyan2”，以便实验调用。建立模型如图 9-12 所示。

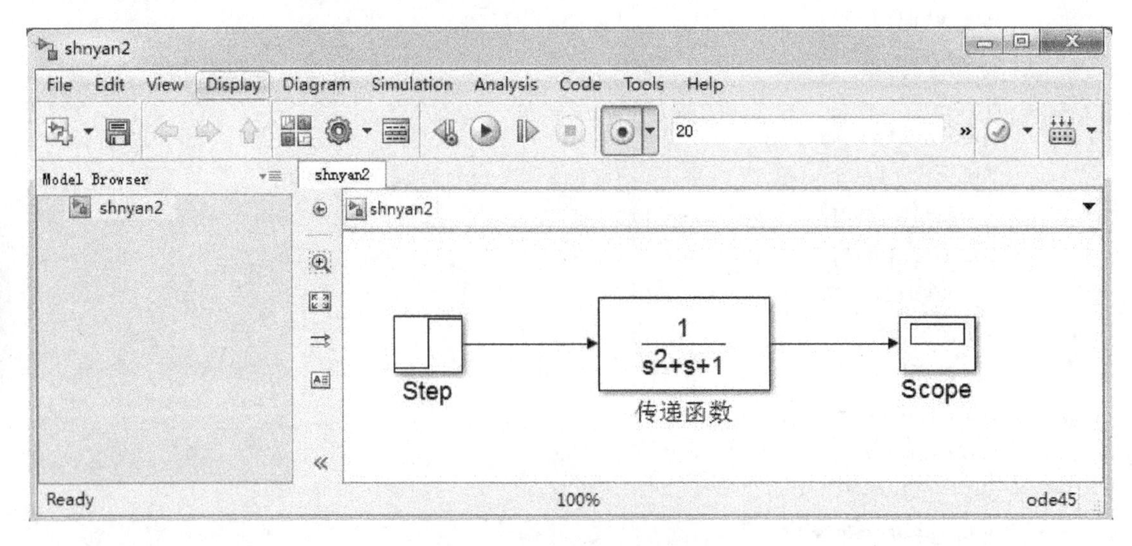

图 9-12　二阶系统模型图

双击传递函数模块会出现如图 9-13 所示的对话框，可以任意设置传递函数分子分母的数值，以达到实验要求的数据。

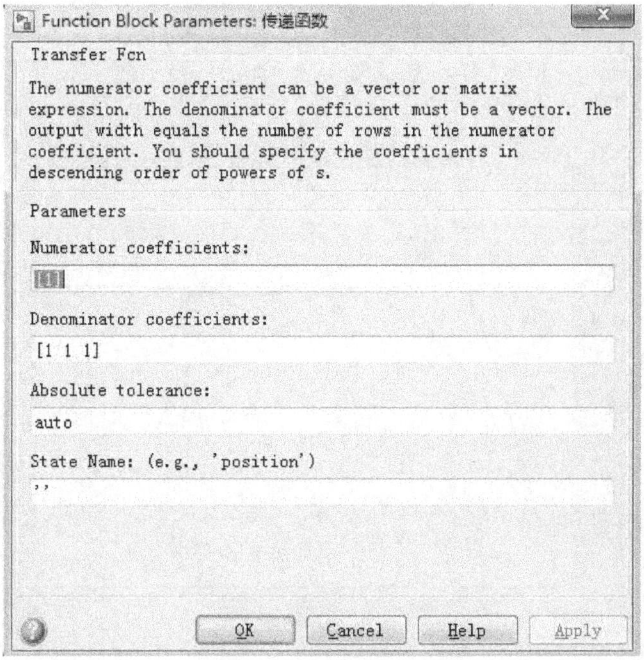

Function Block Parameters: 传递函数

Transfer Fcn

The numerator coefficient can be a vector or matrix expression. The denominator coefficient must be a vector. The output width equals the number of rows in the numerator coefficient. You should specify the coefficients in descending order of powers of s.

Parameters

Numerator coefficients:

[1]

Denominator coefficients:

[1 1 1]

Absolute tolerance:

auto

State Name: (e.g., 'position')

''

OK Cancel Help Apply

图 9-13 传递函数设置框

比如在 Numerator coefficients 栏设置为[1]，在 Denominator coefficients 栏设置为[1 1 1]，即将传递函数设置为：$G(s)=\frac{1}{s^2+s+1}$

9.4.2 二阶系统阶跃响应曲线

可以利用 MATLAB 绘制单位阶跃响应曲线，有两种方法，第 1 种是在 MATLAB 主界面功能框中输入相应程序，函数为 step(sys)；第 2 种是在 Simulink 中建模、仿真，得出单位阶跃响应曲线，用这两种方法分别绘制单位阶跃响应曲线。

设传递函数为：$G(s)=\frac{1}{s^2+s+1}$

方法 1：

打开 MATLAB 软件，在 Command Window 命令窗口输入程序。

MATLAB 程序：

```
num=[1];den=[1 1 1];  %对分子分母进行初始化,其值可以根据实验要求设置
sys=tf(num,den);      %显示传递函数
step(sys);            %阶跃响应
```

将程序文件保存为 jieyue.m。运行 M 文件后，得到响应曲线如图 9-14 所示。

方法 2：

使用 MATLAB 的 Simulink 模块建立二阶系统模型，在第 2 节中已经将模型建立好了，用鼠标单击运行按键，同样可以得到仿真图像，如图 9-14 所示。

9.4.3 课本实验的演示

在此，以二阶系统阶跃响应例来介绍自控原理仿真实验系统。下面介绍如何进入该实

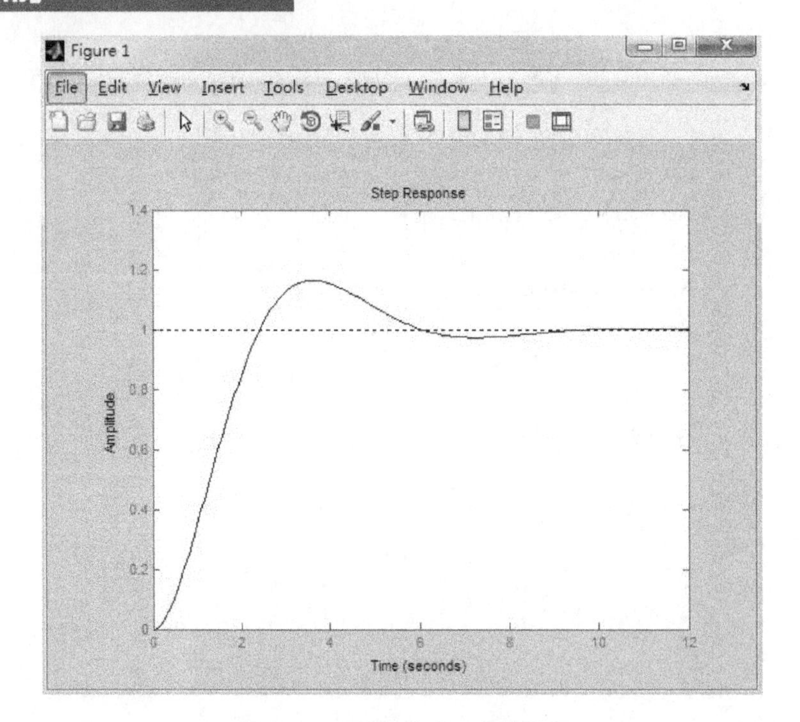

图 9-14　二阶系统阶跃响应曲线

验系统、如何调节实验数据，从而达到理想的实验效果。

启动 MATLAB 软件后，先修改搜索路径，将搜索路径改为包含仿真实验系统文件夹所在的路径，在命令窗口输入 Matlabshiyan，按回车键，打开进入自控原理仿真实验的通道界面，点击“关闭”则退出通道，点击“欢迎使用”则进入一级界面。其中一级界面包含三个功能键，点击软件介绍则会出现一个二级界面，主要介绍该自控原理仿真实验系统的组成和优点。

点击课本实验则会进入如图 9-8 所示界面。

点击“返回”按键则会放回都上一个一级界面。在这个二级界面中，可以任意点击进入不同的实验，在此，点击进入二阶系统阶跃响应这个实验，则进入一个三级界面(见图 9-9)。

界面上包含了实验的四个方面，分别是实验介绍、实验模型、程序文件和实验报告。点击不同功能按键则会出现不同的界面，除了仿真模型，其他都是 GUI 制作完成。

下面介绍 mdl 文件(实验模型)的调用。

这里设计单击图 9-10 中的“实验模型”时，调用出二阶系统仿真 mdl 模型。

点击“实验模型”按键时，出现如图 9-12 所示界面，运行该仿真得到的波形如图 9-14 所示。

这里需要对三级操作通道界面 shiyan1. fig(见图 9-9)中的“实验模型”按键编写回调函数。

通过单击菜单栏 view，找开 M－file editer，在 M 文件中找到如下按键 2 的函数标题：function pushbutton2_Callback(hObject，eventdata，handles)，在标题下编写回调函数体如下：

```
global mdl;mdl='shiyan2';
h=waitbar(0,'please wait…');
for i=1:1000
waitbar(i/1000)
end
close(h);open_system(mdl)
```

shiyan2 为存储于当前目录下的二阶系统仿真 mdl 模型(见图 9-12)。

下面介绍 M 程序文件的调用。

这里设计单击图 9-10 中的“程序文件”时，调用二阶系统 M 程序文件。即点击“程序文件”按键时，能够出现如图 9-15 所示的界面。

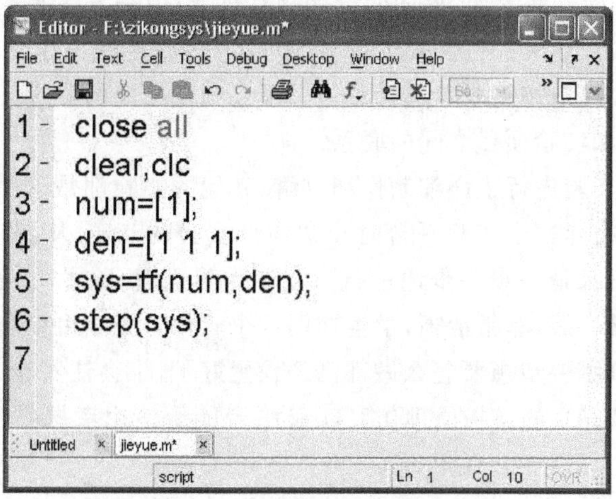

```
close all
clear,clc
num=[1];
den=[1 1 1];
sys=tf(num,den);
step(sys);
```

图 9-15　二阶系统阶跃响应程序

这里需要对三级操作通道界面 shiyan1. fig (图 9-10)中的“程序文件”按键编写回调函数：

找到如下按键 3 的函数标题：function pushbutton3 _ Callback (hObject, eventdata, handles),

编写回调函数体如下：

```
h=waitbar(0,'please wait…');
for i=1:1000
waitbar(i/1000)
end
close(h)
edit jieyue.m;
global mdl;mdl='jieyue';
open_system(mdl)
```

jieyue 为存储于当前目录下的二阶阶跃系统的 M 文件(见图 9-15)。

该自控原理实验平台设计较为清晰，在演示的过程中，点击相应的功能键，就会出现对应的界面。对于实验的演示介绍，只是做了一个简单的验证实验，在整个设计过程中，只需要了解实验内容，清晰实验流程，设计好实验所需要的传递函数就可以了。

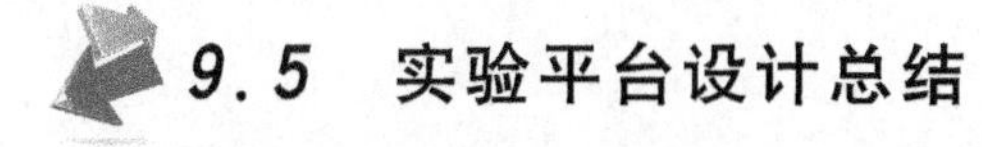

9.5　实验平台设计总结

该实验平台紧扣课本教学大纲要求，建立科学的教学实验环境。该平台分为软件介绍和课本上实验这两个部分，其中软件介绍是为了让学生了解该平台的整体设计结构，正确运用该软件，知道该软件的优点；课本实验是选择了一组难度呈现梯度变化的六个实验，也是学生应该掌握的实验，这六个实验分别是典型环节及其阶跃响应、二阶系统阶跃响应、控制系统的稳定性分析、系统频率特性的测试、控制系统串联校正、采样实验。

此设计主要涉及两个方面的内容，第一个是用GUI实现系统界面设计；第二个是建立实验界面与实验项目之间的联系。系统界面由引入通道和操作通道组成，采用MATLAB的图形界面GUI来创建这些界面，界面的设计相对复杂，但是方法基本相似。GUI的M文件是由guide命令生成，M文件包含有运行GUI(GUI控件响应也在内)的所有代码，它决定用户行为的响应，比如单击按键或者选择菜单项都会出现相应的响应。通过编写GUI的M文件来建立实验界面和实验项目之间的联系。

本章选取了一个实验进行了详细制作和讲解，其他的实验都是运用相同的方法制作的，所以没有再赘述。在搭建这个实验平台时非常注重实验的节奏，从制作软件界面到实验模型建立再到实验仿真，都是一步一步地进行。在制作界面时，除了引入通道外，还制作了多个操作界面，一级串着一级，非常清晰，学生在用这个软件时完全可以自己操作，这些界面都是带有指引性的，做到哪一步想要怎么做都已经设置好了，不会让实验人员产生疑惑。

另外，基于MATLAB的自控原理仿真实验平台能给使用者提供一个舒适、方便、简洁的实验环境。

对话框中参数的设定方法也与Simulink模块库中的内部模块完全相同，子系统的封装技术这里不作进一步的描述。

本章小结

本章利用MATLAB/GUI制作了一个简单的自动控制系统仿真实验平台，通过这个平台，将前面所做的控制仿真实验内嵌到这个平台中，成为一个综合性的模拟仿真实验室，可以通过对自动控制仿真实验的实践，更好的学习与理解自动控制原理。

具体操作涉及MATLAB环境，M文件编辑器的使用，Simulink仿真环境的使用，图形的界面嵌入，自动控制仿真中mdl文件和M文件的调用，多级操作通道的设计等知识。

习 题 9

1. 什么是回调函数，它的作用是什么？举例说明。
2. 如何在MATLAB/GUI中，实现图片的嵌入？
3. 如何在MATLAB/GUI中，实现mdl文件、M文件的调用？
4. 查阅资料，学习GUI界面中，各种控件的使用，包括滚动条、按键、文本框、坐标轴等控件。
5. 按照本章内容，根据需要，自己设计一个自控仿真实验平台，并将前面做过的实验放到所做的实验平台中。

参考文献

[1] 何寿松.自动控制原理[M].4版.北京:科学出版社,2001.

[2] 张静,等.MATLAB在控制系统中的应用[M].北京:电子工业出版社,2007.

[3] 张袅娜,冯雷.控制系统仿真[M].北京:机械工业出版社,2013.

[4] 党宏社.控制系统仿真[M].西安:西安电子科技大学出版社,2008.

[5] 何衍庆,姜捷,江艳君,郑莹.控制系统分析、设计和应用——MATLAB语言的应用[M].北京:化学工业出版社,2003.

[6] 翁思义.自动控制理论[M].北京:中国电力出版社,2001.

[7] 阮毅,陈伯时.电力拖动自动控制系统[M].4版.北京:机械工业出版社,2010.

[8] 蒋珉,柴干.控制系统计算机仿真[M].2版.北京:电子工业出版社,2013.

[9] 王正林,王胜开,陈国顺,王祺.MATLAB/Simulink与控制系统仿真[M].3版.北京:电子工业出版社,2012.

[10] 张德丰.MATLAB控制系统设计与仿真[M].北京:清华大学出版社,2014.

[11] 祝龙记.电气工程与自动化控制系统的MATLAB仿真[M].北京:中国矿业大学出版社,2014.

[12] 王敏.控制系统原理与MATLAB仿真实现[M].北京:电子工业出版社,2014.

[13] 黄忠霖,黄京.控制系统MATLAB计算及仿真[M].3版.北京:国防工业出版社,2009.

[14] 杨佳,许强,徐鹏,余成波.控制系统MATLAB仿真与设计[M].北京:清华大学出版社,2012.

[15] 张聚.基于MATLAB的控制系统仿真及应用[M].北京:电子工业出版社,2012.

[16] 赵广元.MATLAB与控制系统仿真实践[M].2版.北京:北京航空航天大学出版社,2012.

[17] 顾春雷,陈中.电力拖动自动控制系统与MATLAB仿真[M].北京:清华大学出版社,2011.

[18] 杨莉.MATLAB语言与控制系统仿真[M].黑龙江:哈尔滨工程大学出版社,2013.

[19] 薛定宇.控制系统仿真与计算机辅助设计[M].2版.北京:机械工业出版社,2009.

[20] 管凤旭,姜倩.控制系统仿真实验技术[M].北京:清华大学出版,2015.

[21] 张俊红,王亚慧,陈一民.控制系统仿真及MATLAB应用.北京:机械工业出版社,2010.

[22] 李国勇.计算机仿真技术与CAD——基于MATLAB的控制系统[M].3版.北京:电子工业出版社,2012.

[23] 黄忠霖.新编控制系统MATLAB仿真实训[M].3版.北京:机械工业出版社,2013.

[24]John J. D Azzo,Constantine H. Houpis,Stuart N,sheden.基于MATLAB的线性控制系统分析与设计[M].5版.张武,王玲芳,孙鹏译.北京:机械工业出版社,2008.

[25] 赵景波.MATLAB控制系统仿真与设计[M].北京:机械工业出版社,2010.

[26] 宋志安,朱绪力,谷青松,等.MATLAB/Simulink与机电控制系统仿真[M].2版.北京:国防工业出版社,2011.

[27] 夏玮.MATLAB控制系统仿真与实例详解[M].北京:人民邮电出版社,2008.

[28] 孙亮.MATLAB语言与控制系统仿真[M].北京:北京工业大学出版社,2004.

[29] 刘振全,杨世凤.MATLAB语言与控制系统仿真实训教程[M].北京:化学工业出版社,2009.

[30] 樊京,刘叔军,盖晓华,崔世林.MATLAB控制系统应用与实例[M].北京:清华大学出版社,2008.

[31] 于浩洋,初红霞,王希凤,等.MATLAB实用教程——控制系统仿真与应用[M].北京:化学工业出版社,2009.

[32] 刘坤.MATLAB自动控制原理习题精解[M].北京:国防工业出版社,2004.